"十二五"普通高等教育本科国家级规划教材
中国科学技术大学国家基础科学人才培养基地物理学丛书
主　编　杨国桢　　副主编　程福臻

热学　热力学与统计物理(下册)

(第二版)

周子舫　曹烈兆　编著

科学出版社
北　京

内 容 简 介

本书分上、下册，包括普通物理的“热学”部分和四大力学的“热力学与统计物理”的主要内容. 在内容取舍上，避免重复，以满足教学学时缩短的需要.

上册包括温度、热力学三定律及热力学函数的应用，相变及非平衡热力学. 同时把气体运动论作为统计物理的初步介绍.

下册包括玻尔兹曼统计、费米统计和玻色统计，并由此导出了经典统计. 书中还介绍了系综理论、非平衡态的玻尔兹曼输运方程、涨落理论和布朗运动.

本书适合物理学相关专业学生以及其他需要物理知识较多的非物理专业的学生使用.

图书在版编目(CIP)数据

热学、热力学与统计物理. 下册/周子舫，曹烈兆编著. —2 版. —北京：科学出版社，2014. 12
中国科学技术大学国家基础科学人才培养基地物理学丛书/杨国桢主编
“十二五”普通高等教育本科国家级规划教材
ISBN 978-7-03-041614-8

Ⅰ. ①热… Ⅱ. ①周… ②曹… Ⅲ. ①热学-高等学校-教材 ②热力学-高等学校-教材 ③统计物理学-高等学校-教材 Ⅳ. ①O551 ②O414

中国版本图书馆 CIP 数据核字(2014)第 183806 号

责任编辑：窦京涛 王 刚 / 责任校对：张怡君
责任印制：张 伟 / 封面设计：迷底书装

科学出版社 出版
北京东黄城根北街 16 号
邮政编码：100717
http://www.sciencep.com
北京虎彩文化传播有限公司 印刷
科学出版社发行 各地新华书店经销
*
2008 年 2 月第 一 版 开本：787×1092 1/16
2014 年 12 月第 二 版 印张：15 1/2
2023 年 11 月第十四次印刷 字数：367 000

定价：45.00 元

(如有印装质量问题，我社负责调换)

第二版丛书序

2008年这套丛书正式出版，至今使用已五年，回想当初编书动机，有一点值得一提. 我初到中国科学技术大学理学院担任院长，一次拜访吴杭生先生，向他问起科大的特点在哪里，他回答在于它的本科教学，数理基础课教得认真，学生学得努力，特别体现在十年CUSPEA考试(中美联合招收赴美攻读物理博士生考试)中，科大学生表现突出. 接着谈起一所大学对社会最重要的贡献是什么，他认为是培养出优秀的学生，当前特别是培养出优秀的本科生. 这次交谈给了我很深的印象和启示. 后来一些参加过CUSPEA教学的老教师向我提出，编一套科大物理类本科生物理教材，我便欣然同意，并且在大家一致的请求下担任了主编. 我的期望是，通过编写这套丛书将CUSPEA教学的一些成果能保留下来，进而发扬光大.

应该说这套书是在十年CUSPEA班的教学内容与经验基础上发展出来的，它所涵盖的内容有相当的深度与广度，系统性与科学的严谨性突出；另外，注重了普通物理与理论物理的关联与融合、各本书物理内容的相互呼应. 但是，使用了五年后，经过教师的教学实践与学生的互动，发现了一些不尽如人意的地方和错误，这次能纳入"'十二五'普通高等教育本科国家级规划教材"是个很好的修改机会，同时大家也同意出版配套的习题解答，也许更便于校内外的教师选用. 为大学本科生教学做一点贡献是我们的责任，也是我们的荣幸. 盼望更多的使用本套书的老师和同学提出宝贵建议.

杨国桢

2013年10月于合肥

第一版丛书序

2008年是中国科学技术大学建校五十周年.值此筹备校庆之际,由几位长年从事基础物理教学的老师建议,编著一套理科基础物理教程,向校庆五十周年献礼.这一建议在理学院很快达成了共识,并受到学校的高度重视和大力支持.随后,理学院立即组织了在理科基础物理教学方面有丰富教学经验的老师,组成了老、中、青相结合的班子,着手编著这套丛书,并以此进一步推动理科基础物理的教学改革与创新.

中国科学技术大学在老一辈物理学家、教育家吴有训先生、严济慈先生、钱临照先生、赵忠尧先生、施汝为先生的亲自带领和指导下,一贯重视基础物理教学,历经五十年如一日的坚持,现已形成良好的教学传统.特别是严济慈和钱临照两位先生在世时身体力行,多年讲授本科生的力学、理论力学、电磁学、电动力学等基础课.他们以渊博的学识、精湛的讲课艺术、高尚的师德,带领出一批又一批杰出的年轻教员,培养了一届又一届优秀学生.这套丛书的作者,应该说都直接或间接受到过两位先生的教诲.出版这套丛书也是表达作者对先生的深深感激和最好纪念.

这套丛书共九本:《力学与理论力学》(上、下)、《电磁学与电动力学》(上、下)、《光学》、《原子物理与量子力学》(上、下)、《热学　热力学与统计物理》(上、下).每本约40万字,主要是为物理学相关专业本科生编写的,也可供工科专业物理教师参考.每本书的教学学时约为72学时.可以认为,这套丛书系列不仅是普通物理与理论物理横向关联、纵向自洽的基础物理教程,同时更加适合我校理科人才培养的教学安排,并充分考虑了与数学教学的相互配合.因此,在教材的设置上,《力学与理论力学》(上、下)、《电磁学与电动力学》(上、下)中,上册部分分别是普通物理内容,而下册部分为理论物理内容.还要指出的是,在《原子物理与量子力学》(上、下)、《热学　热力学与统计物理》(上、下)中,考虑到普通物理与理论物理内容的界限已不再那样泾渭分明,而比较直接地用现代的、实用的概念、物理图像和理论来阐述,这确实不失为是一种有意义的尝试.

这套丛书在编著过程中,不仅广泛吸取了校内老师的经验,采纳了学生的意见,而且还征求了中国科学院许多相关专家的意见和建议,体现了"所系结合"的特点.同时,还聘请了兄弟院校及校内有丰富教学经验的教授进行双重审稿,期望将其错误概率降至最低.

历经几年,在科学出版社大力支持下,这套丛书终于面世,愿她能在理科教学改革与创新中起到一点作用,成为引玉之砖,共同来促进物理学教学水平的提高及其优秀人才的培养,并望广大师生及有关专家们继续提出宝贵意见和建议,以便改进.最后,对方方面面为这套丛书编著与出版的完成所付出艰辛努力及其给予关心、帮助的同志表示深切感谢!

中国科学技术大学理学院院长

杨国桢 院士

2007 年 10 月

第二版前言

本书第二版保持了第一版的基本结构和特色，对一些讲得不足和不妥之处进行了修改和补充，对一些文字和公式上的错误都一一作了改正，使全书读起来更加流畅.

与本书习题配套的习题解答不久也将面世，它的出版将有助于学生对所学知识的理解，巩固和提高学习效果，这将有利于这门课程的教学.

自 2008 年本书出版以来，受到了广大读者的欢迎，在使用本书过程中，一些同仁和学生提出了许多宝贵的意见和建议，有的已在本书第二版中得到了响应；此外，科学出版社的领导和工作人员在本书的出版中给予了许多指导和帮助，在此，一并向他们表示衷心的感谢.

周子舫　曹烈兆

2013 年 11 月

第一版前言

本书是在中国科学技术大学物理系和近代物理系多年讲授“热力学与统计物理”课程的基础上编写的. 1977 年恢复高考招生后,吴杭生先生讲授物理系和近代物理系的“热力学与统计物理”课程. 在他的提议下,把“热力学与统计物理”课程改到“量子力学”课程后面讲. 他连续讲授了三年,在此期间我们随堂听课和记录. 三年后我们接替他讲授“热力学与统计物理”课程至今. 在我们后来的讲课过程中他一直给予密切的关注和指导,这使我们受益匪浅. 在 20 世纪 90 年代吴杭生先生本想让我们把讲课记录整理出来,写一本“热力学与统计物理”书,但因种种原因他放弃了自己写书的打算. 后来又让我们来编写,但他还没有来得及看我们编写的稿子,就过早地离开了我们. 我们谨以本书表达对吴杭生先生的衷心感谢和深切怀念.

我们在讲授“热力学与统计物理”课程和编写此书时,注重以下几个特点:①把熵流和熵产生提前到热力学第二定律中讲述,给热力学第二定律以全面的阐述;②为强调内能和熵两个最基本的热力学函数,其他用不同自变量定义的热力学函数均以勒让德变换给出;③用“最小尺度”的观点把微观可逆性和宏观不可逆性统一起来;④由于本课程在量子力学后面讲述,三种统计均以量子概念引进,而经典统计仅放在玻尔兹曼统计后面以经典极限给出.

根据我校理学院和科学出版社签订的协议,出版一套普通物理的四部分和四大力学连通的教材(还包括光学和现代光学). “热学”和“热力学与统计物理”合在一起分两册出版,但与其他部分不同的是热学和热力学部分重复的内容较多,因此我们就把热学和热力学部分合在一起写成一册. 按照中国科学技术大学理学院的教学计划,“热学”课程要在本科第二学期讲授,而“热力学与统计物理”在第六学期讲授,这会带来不便,但好处是本书的内容可以连贯起来,给学生一个处理热现象的整体的理论体系.

本课程的安排如下:“热学”课程讲授第 1、2、3、5、9 和 10 章(其中第 3 章中的 3.6 和 3.7 节可以放在“热力学与统计物理” 课程中讲授). “热力学与统计物理”课程讲授第 1、2 和 3 章时可用较少的学时(8 学时左右),这几章重复还是必要的,而且要做相应的习题. 在重复部分,每章的习题之前面部分用于“热学”课程,后面较难的部分可用于“热力学与统计物理”课程. 第 4、6、7 和 8 章由“热力学与统计物理”课程讲述. “热力学与统计物理”课程中的热力学部分大约用 30 学时;下册的统计物理部分用 50 学时. 具体安排请参考正文之后的学时分配和习题安排的参考意见. 本书有些内容已超出教学大纲的要求,这些已用 * 号标出,供有兴趣的读者参阅.

在本书的编写过程中,得到了中国科学技术大学教务处和理学院领导的关心和大力支持,也得到了许多同行的鼓励和帮助. 中国科学院物理所的陈兆甲教授和中国科学技术大学的郑久仁教授审阅了书稿,中国科学院物理所的李宏成教授仔细阅读了本书,提出了不少宝贵的意见和有益的建议. 编者在此一并向他们表示衷心的感谢.

由于编者的学识水平有限,书中难免有不妥之处,恳请同行和读者提出宝贵意见.

周子舫　曹烈兆

2007 年 9 月

目　　录

第1章　微观可逆性和宏观不可逆性

1.1　统计物理学的任务

在本书的上册中我们讨论了热学理论中的热力学和气体动理论两部分内容，它们都是研究与物质的热运动有关的宏观规律和宏观性质. 热力学是宏观理论，它是以在热现象中观测到的大量的实验事实归纳出的热力学第一定律、热力学第二定律和热力学第三定律定律为基础，引进了系统的宏观热力学量，如温度、压强、内能和熵等，通过逻辑推理和演绎，可以得出物质的各种宏观性质以及它们的相互关系，也可给出宏观过程进行的方向和限度，但热力学不考虑物质的分子结构. 和热力学不同，统计物理学是热物理的微观理论，它是从一切宏观物质都是由大量的微观粒子组成的这一事实出发的，统计物理学的基本出发点是：

(1)宏观物质是由大量的原子、分子、电子和光子等微观粒子所组成的；

(2)微观粒子的运动服从力学规律. 从本质上说，微观粒子的运动服从量子力学规律，然而，在一定的条件下可以用经典力学作近似处理；

(3)认为系统以一定的概率出现在各个微观状态上，物质的宏观性质是大量的微观粒子性质的集体表现，运用概率论和力学规律可求出各个微观量的统计平均值，这个平均值就是此微观量相应的宏观量.

由此可见，统计物理学的理论体系是建立在哈密顿力学原理和数理统计的基础之上. 统计物理学要回答诸如在热力学定律背后的微观规律是什么，如何从这些规律去解释热力学定律，以及为什么某种宏观物质会显示出这种热力学性质等问题. 本书的下册将学习统计物理学和如何应用统计物理学去求宏观物质的宏观性质，并阐明导致这些性质的微观机理.

众所周知，宏观物体所包含的粒子数十分巨大，例如，在标准状况下，1cm^3 的气体就有个数为 10^{19} 量级的分子，系统的宏观热力学性质显然与大量分子的运动状态有关. 那么我们是否可以通过求解包含在物质中的所有粒子的力学运动方程来求得系统的宏观性质呢？回答是否定的. 这一方面由于大量的分子在物质中的运动是极其复杂的，我们不可能求解如此巨大数目粒子的薛定谔(Schrödinger)方程或牛顿方程，实验上也无法确切地给出每个粒子的初始状态；另一方面，我们知道，尽管大量微观粒子的运动是极其复杂的，而经验和实验都告诉我们宏观物体的热性质遵循确定而简单的规律，并且这些性质只需要少数几个热力学量就能导出.

因此，系统的宏观热力学性质与组成它的大量粒子的运动状态有关，但又不是粒子运动的简单的叠加．宏观系统由于有大量微观粒子的存在，当系统的宏观条件确定后，系统的微观运动状态并没有完全确定，会出现许多各种各样的微观状态，即使系统处于平衡态，分子还可能作各种无规则热运动，这是宏观条件所不能完全控制的．因此，对于一个宏观系统，当系统的宏观条件给定后，各种微观状态将以一定的概率出现，这将导致一种在性质上全新的规律性——统计规律性．统计规律性是以系统存在大量粒子为先决条件，当把它应用到粒子数不多的力学系统时，它便失去了任何意义．具有大量粒子的系统的运动与粒子数不多的系统的运动遵循同样的力学规律，然而对于大量粒子组成的宏观物体，由于统计规律性的出现．物体的宏观性质是不能仅靠具有时间可逆的力学规律得到的，只有将力学规律性和统计规律性一起考虑才能解释宏观物体的性质和宏观的热力学过程的不可逆性．为了说明统计规律性出现的必然性，我们将引入最小尺度概念，并讨论它与运动规律之间的关系．

1.1.1 最小尺度和运动规律

每门学科都有一个它所能分辨的最小空间尺度和最小时间尺度，最小尺度不同，描述运动的规律也不同，所得到的结论也会不同．例如，肉眼能分辨的最小空间尺度约为10^{-3}cm，光学显微镜能分辨的最小空间尺度约为 10^{-5}cm，而电子显微镜能分辨的最小空间尺度为$10^{-7}\sim10^{-8}$cm．因此，在肉眼看来十分平整的一块铁片，在显微镜下会看出它的凹凸不平，而在电子显微镜下，或者通过 X 射线衍射，则能探测到它的空间点阵结构．

同样，测量时间也有最小尺度，例如，人的视觉能分辨的最小时间尺度为 0.05s，所以由于人的视觉残留，对于以每秒 24 幅放映的电影看到的已不再是 24 幅分离的画面，而是一幅连续的活动画面了．

在物理学中每门学科都有各自的最小尺度．在原子物理学中，空间的最小尺度应远大于原子核的直径，时间的最小尺度应大于 $\frac{a_0}{v}$，式中 a_0 为原子的玻尔半径，v 是原子中电子运动速度．因此在原子物理学中，我们不再考虑原子核的内部结构，而把原子核看成带有 Ze 正电荷的有一定质量和核自旋的粒子，有 Z 个质量为m_e、电荷为 $-e$ 和自旋为 $\frac{1}{2}\hbar$的电子绕原子核运动，原子运动规律服从量子力学的薛定谔方程．

如果我们把最小空间尺度扩大到远大于分子运动的平均自由距离，最小时间尺度扩大到远大于分子运动的平均自由时间，在这一尺度下看到的气体和液体不再是一个个分子，而是由许许多多分子连在一起组成的连续流体，它们的运动不再遵循分子运动的量子力学规律，而是服从流体力学规律，而原子分子运动的性质反映在黏滞系数和扩散系数等等物理量上了，这些量并不反映单个粒子运动的特性，而是反映大量粒子在宏观小微观大的测量区域内和在宏观短微观长的观测时间内流体运动的平均效果，也即反映了物质的宏观性质.

因此，每门学科都在各自的最小时间和空间尺度下描述物质的运动，总结出各门学科的运动规律. 最小尺度改变了，描述物质运动的规律也应随着改变.

1.1.2 统计物理的最小尺度

统计物理学描述宏观物体的热运动规律，它的最小空间尺度应远大于分子运动的平均自由距离，它的最小时间尺度应远大于分子运动的平均自由时间. 在这一空间尺度的体积内包含有大量的分子，在这一时间尺度内分子的运动状态已经发生了各种各样的变化. 从微观上看统计物理学的最小时空尺度是大的，但从宏观上看，它们又是足够小，小于物体宏观性质时空变化的特征尺度，因此，能够反映物体宏观性质随时间和空间的变化. 实际测量的宏观量是相应的微观量在这种宏观小、微观大的时空尺度范围内的平均值，它们并不需要知道每一个分子的确切的运动状态，重要的是宏观量的平均值. 一个大家熟知的例子很好地说明了这一问题，在麦克斯韦速度分布率中，我们关心的只是在宏观小、微观大的速度间隔内的平均分子数，而并不要求确切知道每个分子的速度究竟是多少，分子数是按各种不同速度间隔分群来计算的. 正如麦克斯韦(Maxwell)在《热学理论》(1897年)一书中所指出的："这里我想指出，采用这种统计方法，只考虑按速度挑选的各群分子的平均数，我们就放弃了那种严格的动力学方法，并不去追踪每一个分子在其整个旅程中的确切运动情况. 因此有这样的可能，我们会得出一些结果，只要假设研究的是大量气体，这些结果尽管完全能描述气体的实际情况，但是假如我们的官能和仪器变得如此敏锐，以致能够觉察和控制每一个分子，并能在发展进程中跟踪它，这些结果就会不再有用."

下面以气体的密度 $\rho(\boldsymbol{r},t)$ 和压强 $p(\boldsymbol{r},t)$ 为例来说明.

1. 气体密度 $\rho(\boldsymbol{r},t)$

按定义在体积 ΔV 内气体的平均密度为

$$\bar{\rho}(\boldsymbol{r},t)=\frac{m\Delta N(\boldsymbol{r},t)}{\Delta V}=m\bar{n}(\boldsymbol{r},t)$$

式中，m 为分子质量，$\Delta N(\boldsymbol{r},t)$ 为位置在 $\boldsymbol{r}$ 到 $\boldsymbol{r}+\Delta\boldsymbol{r}$ 的体积 ΔV 内的平均分子数. 当 $\Delta V=\Delta x\Delta y\Delta z$ 越来越小，立方体的边长 Δx 比原子的直径还要小时，例如，$\Delta x\sim10^{-12}\mathrm{m}$，则有的点测得的密度 ρ 很大，有的点测得的密度 ρ 很小，甚至为零，没有确定的值，这时作为宏观量的密度 ρ 就没有意义了. 因此，求密度时 $\Delta V\to0$ 并不是数学上的零，而是在一个微观大的体积 ΔV 内求密度的平均值，Δx 应远大于

分子运动的平均自由程，ΔV 内包含很多分子，可以求得 ΔV 内的平均分子数. 另一方面 Δx 在宏观上又应足够小，小于测量仪器的空间分辨尺度，以显示密度随位置的变化. 如果要测量的密度不均匀性的特征长度为 Λ，则可以取 $\lambda \ll \Delta x \ll \Lambda$，式中 λ 为分子运动的平均自由程. 这就是说 Δx 和 ΔV 都应该取宏观小、微观大的量. $\rho(\boldsymbol{r},t)$ 是气体在这种微观大、宏观小的体积 ΔV 内的平均密度.

气体密度 ρ 也可以是时间的函数，由于气体分子不停地运动和碰撞，ΔV 内分子进进出出，分子数随时间不断变化，通常测量得到的 ρ 是对 Δt 这段时间内的平均值，从微观上看这段时间必须足够长，以便使粒子数密度 n 的平均值具有稳定的数值；但在宏观上看 Δt 又要足够短，它应小于测量仪器的时间分辨尺度，这样才能显示出密度随时间的变化. 如果要测量的气体的密度随时间变化的宏观特征时间为 T，则 Δt 可以取为 $\tau \ll \Delta t \ll T$，其中 τ 为分子的平均自由时间.

那么这种宏观小、微观大的时间空间尺度内求气体密度的平均值是否能在实验中实现呢？答案是肯定的. 在标准状况下，气体的分子数密度 $n=2.7\times10^{19}\,\text{cm}^{-3}$，气体分子的平均自由程 $\lambda\sim10^{-6}\,\text{cm}$，平均自由时间 $\tau\sim10^{-9}\,\text{s}$. 如果密度的空间不均匀性的特征长度 $\Lambda=10^{-1}\,\text{cm}$，则取 $\Delta x=10^{-3}\,\text{cm}$，在 $\Delta V=10^{-9}\,\text{cm}^3$ 的立方体内仍含有 2.7×10^{10} 个分子. 从宏观上看 ΔV 很小，但从微观上看 ΔV 很大，其中包含有大量的分子. 气体密度正是这种意义下的平均密度 $\dfrac{m\Delta N}{\Delta V}$. 其次，在 1cm^3 体积内的分子在 1s 内相互碰撞次数约为 $10^{29}\,\text{s}^{-1}$. 如果密度的时间不均匀性的时间尺度 $T=10^{-1}\,\text{s}$，则取 $\Delta t=10^{-3}\,\text{s}$，这在宏观看来是足够短了，但在这段时间内，在 $\Delta V=10^{-9}\,\text{cm}^3$ 体积内，分子发生了 10^{17} 次碰撞，测量得到的是大量分子经过频繁的碰撞后的平均密度. 可见在统计物理学的最小尺度范围内求平均密度能够在实验中实现.

2. 压强 p

按照气体动理论，在 Δt 时间内碰到面积为 ΔA 器壁上的分子传给器壁的动量为

$$\iiint nf(\boldsymbol{v})\cdot 2mv\cos\theta\cdot v\cos\theta\cdot\Delta t\Delta A\,\mathrm{d}\boldsymbol{v}$$

式中，$\boldsymbol{v}$ 为分子的速度，θ 为速度 $\boldsymbol{v}$ 和 ΔA 的法线方向之间的夹角，$nf(\boldsymbol{v})\mathrm{d}\boldsymbol{v}$ 为单位体积内速度在 $\boldsymbol{v}$ 到 $\boldsymbol{v}+\mathrm{d}\boldsymbol{v}$ 间隔内的分子数. 单位时间内气体分子传给单位面积器壁的动量就是气体对器壁的压强

$$p=2mn\iiint f(\boldsymbol{v})v^2\cos^2\theta\,\mathrm{d}\boldsymbol{v} \tag{1.1.1}$$

这里的 ΔA 应为一个宏观小微观大的面积元，而 Δt 应为宏观短微观长的时间间隔. 如在上述的例子中，取 $\Delta A=10^{-6}\,\text{cm}^2$，$\Delta t=10^{-3}\,\text{s}$，则在 Δt 时间内约有 10^{14} 个气体分子碰到 ΔA 面积上，从气压计上测出的是在这段时间内由于大量气体分子碰撞在这一面积上而对器壁产生的平均压强.

从上面的讨论可以看到,宏观系统包含有大量的原子分子,这些粒子的运动服从力学规律,它们的运动在微观上是可逆的,但是宏观仪器测量不到单个粒子在微观短时间内单个粒子的行为,而只能观察到许多粒子在微观长的时间内的平均性质. 宏观物体的热力学性质是大量分子在观测时间内的平均值,正是这种平均把仪器能够测量到的信息保留下来,而把仪器测量不到的个体信息抹平了,测量得到的只是平均值. 统计平均使我们得到了宏观热力学性质,然而宏观热现象就不再是可逆的了. 最小尺度的观点把微观尺度上的可逆性和宏观尺度上的不可逆性统一起来了.

这里需要对平均值作一点说明,任何宏观量的测量都是在宏观短微观长的时间内进行的,测量得到的是时间平均值;而在统计物理学中的宏观量是与宏观量相应的微观量对所有可能的微观运动状态的统计平均值,在含义上与时间平均值并不完全相同. 然而由于每一次的测量都是在微观长的时间内进行的,在测量的时间内,系统的微观状态已经发生了千变万化,系统遍历了各种各样的微观状态,所以,每一次测量的结果几乎等于对一切可能的微观状态的统计平均值.

1.2 宏观状态和微观状态

我们知道密度 ρ 和压强 p 是宏观量,现在来考察它们和分子运动的关系,显然它们与分子的位置和动量有关. 设有 N 个可以分辨的分子所组成的理想气体,装在一个容器中,分子之间的相互作用可以忽略不计,除碰撞瞬间外,分子做自由运动. 设想用一个隔板将容器分隔成体积相等的两部分,考虑 N 个分子在左右两半容器内的分布,以 n 表示左半容器的分子数,以 n' 表示右半容器的分子数,则有

$$n+n'=N$$

如果系统处于平衡态,N 又很大,通常我们会发现 $n\approx n'$,但这只是近似相等,因为由于分子的运动和分子之间以及分子与器壁之间的不断碰撞,分子不断改变着它们的位置和速度. 在统计物理学中可以用两种方法来描述分子的运动状态:一种是着眼于分布在左右两边容器中的分子数,而不问究竟哪几个分子在左边容器,哪几个分子在右边容器,用一组数 (n,n') 代表了分子的空间分布,(n,n') 称为分布. 系统的一个宏观状态对应于分子在空间的一个分布 (n,n'),左右两边分子在自己一半的容器中交换,或者左右两边分子的一对一的对换都不会改变这一分布,也不会改变系统的宏观状态.

另一种描述是确定气体中每一个分子是在左边容器还是在右边容器,它描述了每个分子在容器两边的一种特定的分配方式,每一种特定分配方式称为系统的一个微观状态. 通常一个分布可以包含很多个不同的微观状态. 容器中每个分子可能在左边,也可能在右边,当气体处于平衡态时,一个分子处在容器左边和右边

的概率相等. 每个分子有两种分配方式,N 个分子共有 2^N 种分配方式,因此总共有 2^N 种微观状态,但系统的分布 (n,n') 却只有$(N,0)$,$(N-1,1)$,…,$(0,N)$共 $N+1$ 种. 通常一个分布$(n,N-n)$包含有许多个不同的微观状态. 令 $W(n,N-n)$ 为分布$(n,N-n)$所包含的微观状态数,则

$$W(n,N-n)=C_N^n=\frac{N!}{n!(N-n)!} \tag{1.2.1}$$

式中,C_N^n 为组合数,$N!$ 为 N 个分子的全排列方式数,$n!$ 和 $(N-n)!$ 为左右两边容器内分子在各自一半容器内所有可能的交换数,因为这种交换不给出新的分配方式,因此应在 $N!$ 个排列方式中除去.

例如,当 $N=4$ 时,4 个分子的各种可能的分布和它所包含的微观状态数如表 1.1 所示.

表 1.1

分布	(4,0)	(3,1)	(2,2)	(1,3)	(0,4)
微观状态数 W	1	4	6	4	1

我们看到当 $n=N/2=2$ 时,这一分布所包含的微观状态数最大,为 6,也即在 $n=N/2$ 时,$W(N/2,N/2)$ 有一个极大值,这个极大值随着 N 的增加急剧增大. 当 $N\approx10^{23}$时,分布 $n=N/2$ 的宏观状态所包含的微观状态数 $W(N/2,N/2)$有一个极其尖锐的极大值,当 n 稍微偏离 $N/2$ 时,$W(n,N-n)$就急剧减小,以致和极大值 $W(N/2,N/2)$相比完全可以忽略.

现将上面的讨论作一推广,将容器 V 分成体积相等的 s 个小室,s 是个大数,N 个气体分子将占据这 s 个小室,每个小室的体积为 $v=\frac{V}{s}$,$v\ll V$,但每个小室 v 中仍有很多分子. 设某种分布为在 v_1 中有 n_1 个分子,在 v_2 中有 n_2 个分子,……,在 v_s 中有 n_s 个分子,显然分布 $(n_1,n_2,\cdots,n_s)$ 应满足条件

$$\sum_{i=1}^{s}n_i=N \tag{1.2.2}$$

分布 $(n_1,n_2,\cdots,n_s)$ 描述了系统的一种宏观分布,这种分布所包含的微观状态数为

$$W(n_1,n_2,\cdots,n_s)=C_N^{n_1,n_2,\cdots,n_s}=\frac{N!}{\prod_{i=1}^{s}n_i!} \tag{1.2.3}$$

当 N 很大时,W 在 $n_1=n_2=\cdots=n_s=\frac{N}{s}$ 处有一个极其尖锐的极大值,其他分布的 W 值和它相比可以忽略不计,这意味着在平衡态时 N 个分子均匀地分布在容器中.

一般说来,要确定系统的宏观态通常只需要测定少数几个宏观量,例如,温度、

压强、密度等. 然而从经典力学观点来看,由大量的原子或分子组成的系统,有巨大的自由度,可以通过尽可能精确地指定系统的动力学量来定义系统微观态,似乎 s 可以很大,体积 v_s 可以任意小,其实不然. 回想起统计物理学有最小尺度, v_s 的线度应比气体分子的平均自由程要大的多, v_s 的体积是宏观上小,微观上大的"粗粒",在这种粗粒内有大量的分子, n_i 可以用粗粒中的平均分子数来表示,粗粒的位置可用 v_s 的中心坐标来表示.

微观状态的描述在经典力学中和量子力学中是不同的,在经典统计物理学中,粒子的运动用经典力学来描述. 对于一个有 f 个自由度的系统,它有 f 个广义坐标 $(q_1,q_2,\cdots,q_f)$ 和 f 个与 q_i 共轭的广义动量 $(p_1,p_2,\cdots,p_f)$,平衡系统的微观态可以通过指定 $(q_1,q_2,\cdots,q_f,p_1,p_2,\cdots,p_f)$ 的一组值来确定. 因此,经典统计物理中的微观态的集合是系统在 $2f$ 维相空间中的连续的点集,而更确切地说是 $2f$ 相空间中粗粒的各种微观态的集合.

在量子统计物理学中,平衡系统的微观态由薛定谔方程

$$\widehat{H}\varphi_l = E_l\varphi_l \tag{1.2.4}$$

所确定的波函数 φ_l 来描写, E_l 为系统的能量, l 为描述系统状态的量子数, $\widehat{H}$ 是系统的哈密顿算符. 因此,在量子统计物理中的微观态的集合就是量子数 l (或一组量子数)所表示的量子态 φ_l 的可数集.

当系统处于平衡态时,系统的宏观量不随时间变化. 然而,从微观上看,系统的分子从来没有停止过运动,人们无法精确地说出系统究竟处于哪一个微观态. 在求系统的宏观性质时,我们不可能也不必要知道粒子微观状态的复杂的变化,只要知道各个微观态出现的概率,就可以用统计的方法来求出微观量的统计平均值,在统计物理中把它作为与此微观量相应的宏观量.

1.3 统计假设

确定各个微观态出现的概率是统计物理的根本问题,它由玻尔兹曼(Boltzmann)在19世纪70年代提出的等概率原理而得以解决. 等概率原理认为,对于处于热力学平衡态的孤立系统,系统的各个可能的微观状态出现的概率相等.

等概率原理认为处于热力学平衡态的孤立系统中的各个微观状态是平权的. 对于处于平衡态的孤立系统,粒子运动通常是非常不规则的,所有可能的微观状态都满足同样的宏观条件,我们没有任何理由认为其中哪一个微观状态出现的概率应当更大一些,哪一个更小一些,因此,认为系统中每一个微观状态出现的概率都相等是一个自然而合理的假设,但这不是证明,这一假设是不能通过实验来验证的. 等概率原理是统计物理学的一个基本假设,它的正确性只能由它所得到的各种推论和实验事实相一致而得到充分的肯定.

在1.2节中描述的装有N个理想气体分子的容器,被假想的隔板分成体积相等的两部分的例子中,系统的微观状态总数为2^N,由等概率原理得到出现分布为$(n,N-n)$的概率为

$$p(n,N-n)=\frac{1}{2^N}W(n,N-n)=\frac{1}{2^N}\frac{N!}{n!(N-n)!} \tag{1.3.1}$$

$p(n,N-n)$是归一化的,$\sum_{n=0}^{N}p(n,N-n)=1$.

当N很大时,$W(n,N-n)$在$n=N/2$处有一个尖锐的极大,也即分布$(N/2,N/2)$具有最大的微观状态数,分布$(N/2,N/2)$称为最概然分布.对于N很大的宏观系统,n与$N/2$稍有偏离的其他分布的微观状态数,即与最概然分布的微观状态数相比完全可以忽略不计.由等概率原理可知$p(n,N-n)$与$W(n,N-n)$成正比,n偏离$N/2$的状态可能出现,但它出现的概率非常小,小到宏观上几乎观察不到,实际观察到的状态是分布概率最大的宏观状态,即N个分子均匀地分布在左右两边容器内,这正是系统处于平衡态时的宏观状态.玻尔兹曼认为,由于涨落等因素的存在,不可能找到一个把一切可能的微观状态都包含进去的分布,但假如一个分布所包含的微观状态数远大于其他分布的微观状态数,可以认为这个最概然分布所对应的宏观状态就是平衡态,其他分布的宏观状态不是绝对地不出现,但出现的概率极小,可以忽略不计.由此得到玻尔兹曼统计法的第二个基本假设:

对于处于热力学平衡态的孤立系统,系统的宏观态就是最概然分布所对应的宏观状态.

这一假设告诉我们,尽管有许多宏观态可能出现,但当系统处于热力学平衡态时,最概然分布所对应的微观状态数几乎等于系统的全部可能的微观状态数,实际测量到的是最概然分布所对应的宏观状态.

综上所述,在讨论宏观系统的热运动时,我们必须把组成该系统粒子的力学规律和统计规律结合在一起才能得到系统的热运动规律和系统的宏观性质,因此,人们又把这门学科称为统计力学.

第2章 近独立子系组成的系统的统计理论

2.1 近独立子系

统计物理学研究的对象是大量粒子组成的系统，这里的粒子指的是组成系统的基本单元，例如，分子、原子、电子和光子等.系统的宏观性质与组成系统的粒子的运动属性有关，因此，我们可以把粒子的某种运动自由度取为基本单元.此外，也可以把物体的某种运动属性取为基本单元，这是一种有粒子属性而无粒子实体的准粒子，如固体中晶格振动的声子.粒子、粒子的某种运动自由度和准粒子都可以作为组成系统的基本单元，统称为子系.

如果一个子系和其他子系之间的相互作用的平均能量远小于子系的平均能量，子系之间的相互作用对物体性质的影响可以忽略不计，系统的总能量等于各个单粒子能量之和，我们把这样的系统称为近独立子系组成的系统.这种系统的哈密顿量可以表示为每个子系的哈密顿量之和.设第 i 个子系的哈密顿量为 h_i，则系统的哈密顿量为

$$H=\sum_{i=1}^{N}h_i \tag{2.1.1}$$

其中，N 为系统中子系的个数.

下面列举几个近独立子系组成的系统的例子.

1. 单原子分子理想气体

取气体分子为子系，对于理想气体，分子之间的相互作用可以忽略不计，因此，是一个近独立粒子组成的系统，$h_i=\sum\limits_{j=1}^{3}\frac{p_j^2}{2m}$，系统的哈密顿量为

$$H=\sum_{i=1}^{N}h_i=\sum_{j=1}^{3N}\frac{p_j^2}{2m} \tag{2.1.2}$$

其中，p_j 为分子动量的第 i 个分量.

2. 固体

固体中原子之间的距离很小，它们只能在各自的平衡位置附近做微振动，每个原子有三个振动自由度，每个振动可以近似看作一个谐振子，整个固体可看成 $3N$ 个独立的谐振子，爱因斯坦(Einstein)假设这 $3N$ 个振子的振动角频率都是 ω，第 i 个谐振子的动量为 p_i，离开平衡位置的距离为 x_i，它的哈密顿量为

$$h_i=\frac{p_i^2}{2m}+\frac{1}{2}m\omega^2x_i^2 \tag{2.1.3}$$

固体的哈密顿量

$$H = \sum_{i=1}^{3N}\left(\frac{p_i^2}{2m} + \frac{1}{2}m\omega^2 x_i^2\right) \tag{2.1.4}$$

以上所举的例子中,系统只有一种子系,每个子系的哈密顿量 h_i 的表达式都是相同的,这种子系组成的系统称为单组元系统或单组元系. 德拜(Debye)在爱因斯坦理论的基础上,对 $3N$ 个振子的频率进行了改进,他认为 $3N$ 个振子的振动频率 ω_i 各不相同,因此,固体的哈密顿量

$$H = \sum_{i=1}^{3N}\left(\frac{p_i^2}{2m} + \frac{1}{2}m\omega_i^2 x_i^2\right) \tag{2.1.5}$$

由于 $3N$ 个振子的频率 ω_i 各不相同,所以德拜模型下的固体是一个多组元系.

如果进一步把固体的振动激发的自由度看成一种准粒子——声子,则可把固体的微振动看成为声子理想气体.

3. 多原子分子理想气体

理想气体中的分子运动是各自独立的,每个分子运动的能量可以表示为分子的质心平动动能、分子绕过质心的轴的转动动能和分子中原子之间振动的能量之和 $h_i = h_i^t + h_i^r + h_i^v$,系统的哈密顿量可表示为

$$H = \sum_{i=1}^{N} h_i = \sum_{i=1}^{N}(h_i^t + h_i^r + h_i^v) \tag{2.1.6}$$

其中,h_i^t、h_i^r 和 h_i^v 分别为分子的平动、转动和振动的哈密顿量,因此,也可以把多原子分子理想气体看成三组元的理想气体.

2.2 系统微观状态的量子描述

下面的讨论局限于单组元系统. 在经典力学中,哈密顿量 h_i 和 H 是广义坐标 q_i 和广义动量 p_i 的函数,运动方程由哈密顿方程给出

$$\dot{p}_i = -\frac{\partial h_i}{\partial q_i}$$

$$\dot{q}_i = -\frac{\partial h_i}{\partial p_i}$$

在量子力学中,由 N 个近独立粒子所组成系统的哈密顿算符为

$$\hat{H} = \sum_{i=1}^{N}\hat{h}_i \tag{2.2.1}$$

其中,$\hat{h}_i$ 为单粒子的哈密顿算符. 令 $\Psi(\boldsymbol{r}_1, \boldsymbol{r}_2, \cdots, \boldsymbol{r}_N, t)$ 表示系统的波函数,它表征了系统在 t 时刻的状态,波函数随时间变化的规律由薛定谔方程来确定

$$\hat{H}\Psi(\boldsymbol{r}_1, \boldsymbol{r}_2, \cdots, \boldsymbol{r}_N, t) = \mathrm{i}\hbar\frac{\partial}{\partial t}\Psi(\boldsymbol{r}_1, \boldsymbol{r}_2, \cdots, \boldsymbol{r}_N, t)$$

对于能量为 E 的稳定系统，哈密顿算符 $\hat{H}$ 不显含时间，设

$$\Psi(\boldsymbol{r}_1,\boldsymbol{r}_2,\cdots,\boldsymbol{r}_N,t)=\psi(\boldsymbol{r}_1,\boldsymbol{r}_2,\cdots,\boldsymbol{r}_N)\mathrm{e}^{-\frac{\mathrm{i}}{\hbar}Et}$$

将上式代入薛定谔方程，得 $\psi(\boldsymbol{r}_1,\boldsymbol{r}_2,\cdots,\boldsymbol{r}_N)$ 满足的定态薛定谔方程

$$\hat{H}\psi(\boldsymbol{r}_1,\boldsymbol{r}_2,\cdots,\boldsymbol{r}_N)=E\psi(\boldsymbol{r}_1,\boldsymbol{r}_2,\cdots,\boldsymbol{r}_N) \tag{2.2.2}$$

利用分离变量法可将上述方程分解为各个单粒子波函数 $\varphi_{l\alpha}(\boldsymbol{r})$ 所满足的薛定谔方程

$$\hat{h}\varphi_{l\alpha}(\boldsymbol{r})=\varepsilon_l\varphi_{l\alpha}(\boldsymbol{r}) \tag{2.2.3}$$

其中，下标 l 表示粒子的能级，α 表示属于能量 ε_l 的第 α 个量子态 $\varphi_{l\alpha}(\boldsymbol{r})$，$\alpha=1,2,\cdots,\omega_l$，$\omega_l$ 是能级 ε_l 的简并度.

设处在能级 ε_l 上的粒子数为 a_l，则系统的总能量 E 为各个粒子的能量之和

$$E=\sum_l a_l\varepsilon_l$$

由 N 个性质完全相同粒子组成的系统称为全同粒子系统. 从经典的观点看，每个粒子都有确定的轨道，因此尽管每个粒子完全相同，但我们仍可以用轨道加以区分，粒子是可以分辨的. 因此，在经典物理中给定系统中各个粒子所处的状态(即给定每一个粒子在相空间中的位置)，就给定了系统的一个微观状态，粒子是局域的. 在量子物理中，每个粒子既有粒子性，又有波动性，微观粒子的状态用波函数描述，粒子可以以一定的概率处于空间中的某个区域内，粒子是非局域的. 因此，全同粒子是不可分辨的. 由于全同粒子的不可分辨性，我们只能说有几个粒子处在量子态 φ_a，有几个粒子处在量子态 φ_b……而不能指定是哪几个粒子处在量子态 φ_a，哪几个粒子处在量子态 φ_b…… 因此，对系统微观态的描述不是给出每个粒子所处的量子态，而是给出系统中粒子在各个可能的量子态中的分配情况. 我们把系统中的粒子按量子态的某一特定的分配方式称为系统的一个微观态，量子统计物理中的微观态的集合就是系统中的粒子在由量子数 l(或一组量子数)所表示的量子态上各种可能的分配方式数的可数集合.

在全同粒子系统中，将任意两个粒子交换不会改变系统的微观运动状态，这一性质称为全同性原理. 下面我们会看到全同性原理将对系统的波函数加上很强的限制. 为简单起见，用 k_i 代替 $l\alpha_i$ 表示单粒子态的一组完备的量子数. 先考虑只有两个全同粒子组成的系统，两个粒子中的一个处于 φ_{k_1} 态，另一个处于 φ_{k_2} 态，用 ξ_1 和 ξ_2 表示这两个粒子的位置和自旋坐标的集合，ξ_1 和 ξ_2 交换表示两个粒子的交换，则 $\varphi_{k_1}(\xi_1)\varphi_{k_2}(\xi_2)$ 和 $\varphi_{k_1}(\xi_2)\varphi_{k_2}(\xi_1)$ 以及它们的线性组合所对应的状态的能量都是 $\varepsilon_1+\varepsilon_2$，但它们不一定都具有粒子的交换对称性. 设系统的状态用波函数 $\psi(\xi_1,\xi_2)$ 来描述，由于粒子的全同性，当两个粒子交换时，系统的状态不变

$$|\psi(\xi_1,\xi_2)|^2=|\psi(\xi_2,\xi_1)|^2$$

因此，当两个粒子交换时，波函数可能出现两种情况

$$\psi(\xi_1,\xi_2)=\pm\psi(\xi_2,\xi_1) \tag{2.2.4}$$

当两个粒子交换时，波函数符号不变者称为对称波函数，波函数反号者称为反对称波函数. 两粒子系统的对称和反对称波函数可分别表示为

$$\psi_S(\xi_1,\xi_2)=\frac{1}{\sqrt{2}}[\varphi_{k_1}(\xi_1)\varphi_{k_2}(\xi_2)+\varphi_{k_1}(\xi_2)\varphi_{k_2}(\xi_1)] \tag{2.2.5}$$

$$\psi_A(\xi_1,\xi_2)=\frac{1}{\sqrt{2}}[\varphi_{k_1}(\xi_1)\varphi_{k_2}(\xi_2)-\varphi_{k_1}(\xi_2)\varphi_{k_2}(\xi_1)] \tag{2.2.6}$$

自旋是微观粒子的基本属性，各种不同的粒子有不同的自旋. 实验表明，自然界中每一类全同粒子波函数的交换对称性是完全确定的，而且与粒子的自旋有确定的联系，粒子的自旋不同，波函数的对称性不同，全同粒子系统的统计性质也不同. 人们发现对于自旋（以 $\hbar$ 为单位）为半整数的粒子，两个粒子交换时波函数是反对称的，我们称这种粒子为费米子，如电子、质子、中子等都是费米子；对于自旋为零或整数的粒子，两个粒子交换时，波函数是对称的，我们称这种粒子为玻色子，如光子、氦原子核等都是玻色子. 下面我们将分别讨论这两种粒子组成的系统的统计性质.

2.2.1 费米(Fermi)系统

由全同的自旋为半整数的费米子组成的系统叫做费米系统，两个费米子系统的波函数 ψ 是反对称的，可用式(2.2.6)表示，它可写成一个行列式形式，称为斯莱特(Slater)行列式

$$\begin{aligned}\psi_A(\xi_1,\xi_2)&=\frac{1}{\sqrt{2}}[\varphi_{k_1}(\xi_1)\varphi_{k_2}(\xi_2)-\varphi_{k_1}(\xi_2)\varphi_{k_2}(\xi_1)]\\&=\frac{1}{\sqrt{2}}\begin{vmatrix}\varphi_{k_1}(\xi_1) & \varphi_{k_1}(\xi_2)\\ \varphi_{k_2}(\xi_1) & \varphi_{k_2}(\xi_2)\end{vmatrix}\end{aligned} \tag{2.2.7}$$

对于 N 个费米子系统，N 个费米子处在 $k_1,k_2,\cdots,k_N$ 态上，系统的反对称波函数仍可用斯莱特行列式表示

$$\begin{aligned}\psi_A(\xi_1,\xi_2,\cdots,\xi_N)&=\frac{1}{\sqrt{N!}}\sum_P\delta_P\hat{P}\prod_{i=1}^N\varphi_{k_i}(\xi_i)\\&=\frac{1}{\sqrt{N!}}\begin{vmatrix}\varphi_{k_1}(\xi_1) & \cdots & \varphi_{k_1}(\xi_N)\\ \varphi_{k_2}(\xi_1) & \cdots & \varphi_{k_2}(\xi_N)\\ \vdots & & \vdots\\ \varphi_{k_N}(\xi_1) & \cdots & \varphi_{k_N}(\xi_N)\end{vmatrix}\end{aligned} \tag{2.2.8}$$

其中，$\frac{1}{\sqrt{N!}}$为归一化常数，$\hat{P}$ 为两个粒子交换算符，$\sum_P\delta_P\hat{P}\prod_{i=1}^N\varphi_{k_i}(\xi_i)$ 表示对各种

可能的两粒子交换求和，从标准排列式 $\varphi_{k_1}(\xi_1)\varphi_{k_2}(\xi_2)\cdots\varphi_{k_N}(\xi_N)$ 出发，若经过奇数次交换达到 $\hat{P}[\varphi_{k_1}(\xi_1)\varphi_{k_2}(\xi_2)\cdots\varphi_{k_N}(\xi_N)]$，这种 $\hat{P}$ 称为奇置换，$\delta_P=-1$；若经过偶数次交换达到 $\hat{P}[\varphi_{k_1}(\xi_1)\varphi_{k_2}(\xi_2)\cdots\varphi_{k_N}(\xi_N)]$，这种 $\hat{P}$ 称为偶置换，$\delta_P=+1$. 在总共 $N!$ 个置换中，偶置换和奇置换各占一半，因此，在式(2.2.8)求和中，有一半为正项，一半为负项.

由费米系统波函数的反对称性，很容易证明费米系统服从泡利(Pauli)不相容原理，该原理说："占据一个量子态的费米子不能多于一个."如果费米子1和2占据同一量子态，在式(2.2.8)中取态 $k_1=k_2$，则式中第1、2两行完全相同，$\Psi_A=0$. 因此，两个全同的费米子不可能占据同一个量子态.

2.2.2 玻色(Bose)系统

由全同的自旋为零或整数的粒子所组成的系统叫做玻色系统，玻色系统的波函数是对称的. 对于两个玻色子的系统，波函数由式(2.2.5)表示.

对于由 N 个玻色子组成的系统，因为玻色系统不遵守泡利不相容原理，可以有任意多的玻色子占据相同的量子态. 设 N 个玻色子中有 n_1 个处于 k_1 态，n_2 个处于 k_2 态，……，n_i 的和满足条件

$$\sum_i n_i = N$$

其中，n_i 可以为0或正整数. 系统的波函数可以表示为

$$\sum_P \hat{P}[\varphi_{k_1}(\xi_1)\cdots\varphi_{k_1}(\xi_{n_1})\varphi_{k_2}(\xi_{n_1+1})\cdots\varphi_{k_2}(\xi_{n_1+n_2})\cdots\varphi_{k_N}(\xi_{N-n_N+1})\cdots\varphi_{k_N}(\xi_N)]$$

这里的 $\hat{P}$ 是指只对那些处于不同状态的玻色子进行交换而构成的置换. 只有这样，上式求和中各项波函数才相互正交，这种置换共有

$$\frac{N!}{n_1!n_2!\cdots n_N!}=\frac{N!}{\prod_i n_i!}$$

项，因此，归一化的波函数为

$$\psi_S(\xi_1,\xi_2,\cdots,\xi_N)=\sqrt{\frac{\prod_i n_i!}{N!}}\sum_P \hat{P}[\varphi_{k_1}(\xi_1)\cdots\varphi_{k_N}(\xi_N)] \qquad (2.2.9)$$

费米系统和玻色系统的状态用波函数描写，粒子可以以一定的概率处在系统的某个可能的空间范围内，统称为非局域系. 非局域系中的全同粒子是不可分辨的，系统必须遵守全同性原理，任何两个粒子交换后系统不产生新的量子态，系统的波函数或是对称的或是反对称的. 微观粒子全同性原理给系统的波函数的形式加上了很强的限制. 然而，在某些特殊的情况下，粒子的运动被局限在系统某一小的空间范围内，全同性原理显得不那么重要，可以认为粒子是可分辨的，这种粒子

称为局域子，由局域子所组成的系统称为局域系统. 例如，在固体中，粒子局限在格点位置上做微振动，我们可以通过其空间位置(即格点)来区分它们；理想气体中的分子可以通过分子的轨道来区分它们. 局域子可以编号，交换任意两个局域子将构成系统新的微观状态.

2.2.3 局域系统

局域系统又称为玻尔兹曼系统. 由于粒子是可以分辨的，系统不遵循全同性原理，也不需遵循泡利不相容原理. 系统的波函数可以表示为各个单粒子波函数的乘积

$$\psi(\xi_1,\xi_2,\cdots,\xi_N)=\prod_{i=1}^{N}\varphi_{k_i}(\xi_i) \tag{2.2.10}$$

描述这种系统的微观状态需给出每个粒子所处的单粒子态 $\varphi_{k_i}(i=1,2,\cdots,N)$. 例如，在固体的晶格振动中，需给出每个粒子的振动量子数. 就统计的角度而言，它与经典统计没有本质上的区别.

下面将用一个简单的例子来说明三种统计系统可能有的微观状态，以及它们之间的差异. 考虑一个由两个粒子组成的系统，每个粒子有三个可能的单粒子量子态，以 $\varphi_i(i=1,2,3)$表示这三个单粒子量子态，求三种系统可能有的微观状态. 对于玻尔兹曼系统，粒子可以分辨，以 A、B 表示可以分辨的两个粒子，每个单粒子量子态能容纳的粒子数不受限制. 因此，可能有的微观状态为

φ_1	φ_2	φ_3
AB		
	AB	
		AB
A	B	
B	A	
A		B
B		A
	A	B
	B	A

玻尔兹曼系统共有 9 个不同的微观状态.

对于玻色系统，粒子不可分辨，即 $B=A$，每个单粒子量子态所能容纳的粒子数不受限制，可能有的微观状态为

φ_1	φ_2	φ_3
AA		
	AA	
		AA
A	A	
A		A
	A	A

因此,玻色系统共有 6 个不同的微观状态.

对于费米系统. 粒子不可分辨,每个单粒子量子态最多只能容纳一个粒子,可能有的微观状态为

φ_1	φ_2	φ_3
A	A	
A		A
	A	A

因此,费米系统只可能有 3 个不同的微观状态.

2.3 粒子按能级的分布和微观状态数

设一个孤立系由 N 个全同的近独立粒子组成,已知单粒子能级和简并度分别为 ε_l 和 ω_l,在能级 ε_l 上的粒子数为 a_l,那么 N 个粒子在各能级的分布情况可以列举如下:

能级	$\varepsilon_1\ \varepsilon_2\ \cdots\ \varepsilon_l\ \cdots$
简并度	$\omega_1\ \omega_2\ \cdots\ \omega_l\ \cdots$
粒子数	$a_1\ a_2\ \cdots\ a_l\ \cdots$

占据各个能级的粒子数序列 $a_1,a_2,\cdots,a_l\cdots$给定了粒子在各能级上的分布,记作$\{a_l\}$,称为一个分布. 分布$\{a_l\}$决定了系统的宏观性质,对于具有确定粒子数 N、体积 V 和能量 E 的孤立系统,分布$\{a_l\}$应满足以下的宏观条件:

$$\sum_l a_l = N, \quad \sum_l a_l \varepsilon_l = E \tag{2.3.1}$$

从微观上考虑,满足宏观条件式(2.3.1)的分布$\{a_l\}$非常之多,而且在给定一个分布后,系统还可以处于各种不同的微观状态. 应当指出,分布和微观状态是两个不同的概念. 给定粒子按能级的分布$\{a_l\}$,只是确定了 N 个粒子在各个单粒子能级上的粒子数,并没有唯一确定微观状态. 由于单粒子能级通常是简并的,能级 ε_l 上有 ω_l 个量子态,给定了 a_l 并没有确定 a_l 个粒子在 ω_l 个量子态中如何分配,系统的一个特定的微观状态只与各个 a_l 的一种特定的分配方式对应. 通常这种分配方式数是大量的,因此,一个分布$\{a_l\}$可以有许多不同的微观状态. 这种分配方式和分配方式数还与系统是局域系还是非局域系有关,在非局域系中还与系统是费米系统还是玻色系统有关. 对于不同的统计系统,即使在同一个分布下,微观状态数也是不同的. 下面讨论在给定一个分布$\{a_l\}$后,三种不同的统计系统的微观状态数 $W(\{a_l\})$.

1. 费米系统

对于费米系统,粒子是不可分辨的,粒子在量子态中的分配应遵循泡利不相容

原理,每个量子态最多能容纳一个粒子.所以对能级 ε_l,必有 $a_l \leqslant \omega_l$. a_l 个粒子分配到 ω_l 个量子态中去,相当于从 ω_l 个量子态中挑出 a_l 个来为粒子所占据,因此共有 $C_{\omega_l}^{a_l}=\dfrac{\omega_l!}{a_l!(\omega_l-a_l)!}$种可能的方式.将各个能级的结果 $C_{\omega_l}^{a_l}$ 相乘,就得到与分布 $\{a_l\}$ 相应的费米系统的微观状态数

$$W_F(\{a_l\})=\prod_l \frac{\omega_l!}{a_l!(\omega_l-a_l)!} \tag{2.3.2}$$

2. 玻色系统

对于玻色系统,粒子是不可分辨的,每个单粒子量子态能够容纳的粒子不受限制.首先计算 a_l 个粒子占据 ω_l 个量子态的可能的方式数.若以 ω_l 个盒子□表示 ω_l 个量子态,以 a_l 个球○表示 a_l 个粒子,将它们排成一行,使左端第一个为盒子□.在每个盒子□的右方紧邻盒子的球○的个数即为占据该量子态的粒子的个数.图2.1表示8个粒子和5个量子态的一种排列,它表示第一个量子态有2个粒子,第二个量子态没有粒子,第三个量子态有3个粒子,第四个量子态有2个粒子,第五个量子态有1个粒子.为了计算 a_l 个玻色子在 ω_l 个量子态中的分配方式数,先除去最左端的那个盒子后,将其余的 $(a_l+\omega_l-1)$ 个○和□作全排列,共有 $(a_l+\omega_l-1)!$ 种方式,因为粒子和量子态都是不可分辨的,应除去粒子之间的相互交换数 $a_l!$ 和量子态之间的相互交换数 $(\omega_l-1)!$.这样就得到 a_l 个粒子占据 ω_l 个量子态的可能的方式数为$\dfrac{(a_l+\omega_l-1)!}{a_l!(\omega_l-1)!}$,将各个能级的结果相乘,就得到与分布 $\{a_l\}$ 相应的玻色系统的微观状态数

$$W_B(\{a_l\})=\prod_l \frac{(a_l+\omega_l-1)!}{a_l!(\omega_l-1)!} \tag{2.3.3}$$

□○○□□○○○□○○□○

图2.1 玻色系统微观状态数的计算

3. 玻尔兹曼系统

对于玻尔兹曼系统,粒子可以分辨,每个单粒子量子态可以容纳的粒子数不受限制.对于可以分辨的 a_l 个粒子中的任何一个都可以占据能级 ε_l 上 ω_l 个量子态中的任何一个,a_l 个粒子共有 $\omega_l^{a_l}$ 种方式,对分布 $\{a_l\}$ 总共有 $\prod_l \omega_l^{a_l}$ 种方式数.此外,由于粒子可以分辨,各个不同的 a_l 中的粒子相互交换将会给出不同的微观状态,N 个粒子交换的总数为 $N!$,同一能级上 a_l 个粒子之间的相互交换数为 $a_l!$,这些交换不会改变分布 $\{a_l\}$,应从交换总数中除去,因此,还需乘上因子 $\dfrac{N!}{\prod_l a_l!}$.考虑到上述因素,最后得到与分布 $\{a_l\}$ 相应的玻尔兹曼系统的微观状态数

$$W_{\mathrm{Bol}} = \frac{N!}{\prod_l a_l!} \prod_l \omega_l^{a_l} \tag{2.3.4}$$

2.4 热力学平衡态

考虑一个处于热力学平衡态的孤立系统，它具有确定的粒子数 N、体积 V 和能量 E. 因此，系统的分布 $\{a_l\}$ 必须满足宏观条件

$$\sum_l a_l = N, \quad \sum_l a_l \varepsilon_l = E \tag{2.4.1}$$

2.3 节已经导出了与分布 $\{a_l\}$ 相应的微观状态数 $W(\{a_l\})$，当系统的 N,V 和 E 给定时，系统的微观状态总数为

$$C(N,V,E) = \sum_{\{a_l\}} W(\{a_l\},N,V,E) \tag{2.4.2}$$

其中，求和号表示对满足条件式(2.4.1)的一切可能的分布 $\{a_l\}$ 求和.

根据等概率原理，当系统处于热力学平衡态时，每一个微观状态出现的概率相等，都等于 $1/C(N,V,E)$，所以分布 $\{a_l\}$ 出现的概率为

$$\frac{W(\{a_l\},N,V,E)}{C(N,V,E)} \tag{2.4.3}$$

这一概率与微观状态数 $W(\{a_l\})$ 成正比，$W(\{a_l\})$ 越大，出现分布 $\{a_l\}$ 的概率也越大，所以，普朗克(Planck)把 $W(\{a_l\})$ 称为热力学概率. 使微观状态数 W 取最大值 W_{m} 的分布 $\{a_l\}$ 称为最概然分布，W_{m} 称为最概然分布对应的微观状态数. 在热力学中，一个孤立系统最终将达到热力学平衡态. 从统计物理学来看，这就是系统自发地趋于最概然分布. 在热力学平衡态，这种分布所对应的微观状态数远大于其他分布所对应的微观状态数，从而可以忽略其他分布所对应的所有的微观状态数，即 $W_{\mathrm{m}}(\{a_l\},N,V,E) \simeq C(N,V,E)$. 这就使得玻尔兹曼统计法的第二个基本假设：把最概然分布当作平衡态的唯一分布变得合理了. 因此，寻求系统在平衡态时粒子在各单粒子能级上的分布就变成寻求满足一定宏观条件的最概然分布，求平衡态分布的这种方法称为最概然统计法.

以下各节我们将对三种统计系统分别求出它们的最概然分布 $\{a_l\}$ 和热力学公式.

2.5 玻尔兹曼分布

本节将导出具有确定 N,V,E，并处于热力学平衡态的玻尔兹曼系统的最概然分布 $\{a_l\}_m$，即求在满足宏观条件

$$\sum_l a_l = N, \quad \sum_l a_l \varepsilon_l = E \tag{2.5.1}$$

下的微观状态数

$$W_{\text{Bol}} = \frac{N!}{\prod_l a_l !} \prod_l \omega_l^{a_l} \tag{2.5.2}$$

的极大值. 由于 $\ln W$ 随 W 的变化是单调的,所以讨论 W 的极大值和讨论 $\ln W$ 的极大值是等效的. 在计算 $\ln W$ 时要用到斯特林(Stirling)近似公式

$$\ln n! \simeq n(\ln n - 1), \quad n \gg 1 \tag{2.5.3}$$

假设 $a_l \gg 1$,对 W_{Bol}取对数,并利用斯特林公式,得

$$\ln W_{\text{Bol}} = \ln N! + \sum_l (a_l \ln\omega_l - \ln a_l !) \simeq N\ln N + \sum_l a_l(\ln\omega_l - \ln a_l) \tag{2.5.4}$$

令 a_l 变化 δa_l,使 $\ln W_{\text{Bol}}$取极大值的分布,必有一级变分 $\delta\ln W_{\text{Bol}}=0$,即

$$\delta\ln W_{\text{Bol}} = -\sum_l \ln\left(\frac{a_l}{\omega_l}\right)\delta a_l = 0$$

但是 δa_l 并不是完全独立的,a_l 必须满足两个宏观约束条件式(2.5.1),它们的变分

$$\delta N = \sum_l \delta a_l = 0, \quad \delta E = \sum_l \varepsilon_l \delta a_l = 0 \tag{2.5.5}$$

利用拉格朗日未定乘子法,用未定乘子 α 和 β 分别乘上面两式,并将它们从 δW_{Bol}中减去,得

$$\delta\ln W_{\text{Bol}} - \alpha\delta N - \beta\delta E = -\sum_l \left(\ln\frac{a_l}{\omega_l} + \alpha + \beta\varepsilon_l\right)\delta a_l = 0 \tag{2.5.6}$$

要使上式为零,要求每个 δa_l 的系数都等于 0,故得

$$\ln\frac{a_l}{\omega_l} + \alpha + \beta\varepsilon_l = 0$$

由此得到

$$a_l = \omega_l e^{-\alpha-\beta\varepsilon_l} \tag{2.5.7}$$

这就是玻尔兹曼系统中粒子的最概然分布,称为玻尔兹曼分布,它给出了系统处于平衡态时占据能级 ε_l 上的粒子数 a_l. 能级 ε_l 有 ω_l 个量子态,所以处在一个能量为 ε_s 的量子态的平均粒子数

$$f_s = \frac{a_l}{\omega_l} = e^{-\alpha-\beta\varepsilon_s} \tag{2.5.8}$$

拉格朗日未定乘子 α 和 β 由

$$N = \sum_l \omega_l e^{-\alpha-\beta\varepsilon_l} = \sum_s e^{-\alpha-\beta\varepsilon_s}$$

$$E = \sum_l \varepsilon_l \omega_l e^{-\alpha-\beta\varepsilon_l} = \sum_s \varepsilon_s e^{-\alpha-\beta\varepsilon_s} \tag{2.5.9}$$

确定,式中 $\sum\limits_{l}$ 表示对能级 l 求和,$\sum\limits_{s}$ 表示对量子态 s 求和.

下面将对玻尔兹曼分布作如下的说明:

(1) 玻尔兹曼分布是在系统的粒子数 N 和能量 E 不变条件下使 $\ln W$ 取极值的分布,现在来证明玻尔兹曼分布是使 $\ln W$ 取极大值的分布. 为此求 $\ln W$ 的二级变分 $\delta^2 \ln W$,即

$$\delta^2 \ln W = -\delta\left[\sum_l \ln\left(\frac{a_l}{\omega_l}\right)\delta a_l\right] = -\sum_l \frac{(\delta a_l)^2}{a_l} \tag{2.5.10}$$

由于 $a_l > 0$,所以 $\delta^2 \ln W$ 总是负的. 这就证明了在系统的粒子数 N 和能量 E 不变条件下玻尔兹曼分布是使 $\ln W$ 取极大值的分布,因此,玻尔兹曼分布就是最概然分布.

(2) 玻尔兹曼分布是使 $W(\{a_l\})$ 取极大值的分布,这种分布出现的概率最大. 原则上说,在满足 N,V,E 给定的条件下的任何分布都有可能出现,不过对于一个宏观系统,与最概然分布 $\{a_l\}$ 相应的微观状态数 $W_m(\{a_l\})$ 的最大值非常陡,使得与最概然分布 $\{a_l\}$ 稍有偏离的其他分布的微观状态数与 $W_m(\{a_l\})$ 相比完全可以忽略. 为了说明这一点,设与玻尔兹曼分布 $\{a_l\}$ 相应的微观状态数为 $W_m(\{a_l\})$,与玻尔兹曼分布 $\{a_l\}$ 稍有偏离的分布 $\{a_l+\Delta a_l\}$ 相应的微观状态数为 $W(\{a_l+\Delta a_l\})$,将 $\ln W(\{a_l+\Delta a_l\})$ 在 $\{a_l\}$ 处展开,保留到 Δa_l 的二次项,得

$$\ln W(\{a_l+\Delta a_l\}) = \ln W_m(\{a_l\}) + \frac{1}{2}\delta^2 \ln W$$

其中已经用了 $\delta \ln W = 0$,将式(2.5.10)代入上式得到

$$\ln \frac{W(\{a_l+\Delta a_l\})}{W_m(\{a_l\})} = -\frac{1}{2}\sum_l \left(\frac{\Delta a_l}{a_l}\right)^2 a_l = -\frac{1}{2}N\overline{\left(\frac{\Delta a}{a}\right)^2} \tag{2.5.11}$$

其中

$$\overline{\left(\frac{\Delta a}{a}\right)^2} = \frac{\sum\limits_l \left(\frac{\Delta a_l}{a_l}\right)^2 a_l}{\sum\limits_l a_l} = \frac{1}{N}\sum_l \left(\frac{\Delta a_l}{a_l}\right)^2 a_l \tag{2.5.12}$$

为 $\left(\frac{\Delta a}{a}\right)^2$ 的平均值. 假设与玻尔兹曼分布 a_l 的平均相对偏差 $\sqrt{\overline{\left(\frac{\Delta a}{a}\right)^2}} \sim 10^{-6}$,则

$$\ln \frac{W(\{a_l+\Delta a_l\})}{W_m(\{a_l\})} = -\frac{1}{2}\times 10^{-12} N$$

对于宏观系统 $N \approx 10^{23}$,$\frac{W(\{a_l+\Delta a_l\})}{W_m(\{a_l\})} \approx e^{-10^{11}} = 0$. 这一估算说明对于 N 很大的宏观系统,即使系统的分布的粒子数与最概然分布的粒子数仅有百万分之一的相对偏差,它的微观状态数和最概然分布的微观状态数相比也完全可以忽略不计. 这就是说对于处于平衡态的孤立系统,最概然分布的微观状态数几乎等于系统

的全部可能的微观状态数，而认为处于平衡态下系统的粒子真实分布就是玻尔兹曼分布，其所引起的误差完全可以忽略不计.

(3) 在求最概然分布时我们用了 $a_l \gg 1$ 的条件，这一条件实际上可能并不满足，这是最概然统计法的一个严重缺陷. 在第 3 章中，我们将用系综理论，对在近独立粒子近似下的局域系重新得到了玻尔兹曼分布，从而证明了玻尔兹曼分布的正确性.

(4) 未定乘子 α 和 β 的物理意义. 假设有两个近独立子系组成的系统 1 和 2，分别用单撇号“′”和双撇号“″”标志两个系统的物理量. 它们的粒子数分别为 N' 和 N''，能量分别为 E' 和 E''. 现在不改变两个系统的外参量的情况下，让这两个系统通过导热壁进行热接触，系统 1 和 2 组成一个复合孤立系. 当复合系统达到平衡时，这两个系统的粒子分布分别为 $\{a_l'\}$ 和 $\{a_l''\}$. 复合系统的微观状态数是这两个系统的微观状态数的乘积，即

$$W(\{a_l'\},\{a_l''\}) = \prod_l \frac{{\omega'_l}^{a_l'}}{a'_l!} \prod_l \frac{{\omega''_l}^{a_l''}}{a''_l!} \tag{2.5.13}$$

其中，ω_l' 和 ω_l'' 分别为能级 ε_l' 和 ε_l'' 的简并度(由于考虑粒子的全同性，W 的表达式中不再出现因子 $N'!N''!$，见 2.7 节). 热接触不改变两个系统的粒子数，但每个系统的能量不再保持恒定，只有复合系统的能量 $E=E'+E''$ 才保持恒定. 所以，分布应满足如下的宏观条件：

$$\begin{aligned} N' &= \sum_l a_l' \\ N'' &= \sum_l a_l'' \\ E &= \sum_l a_l' \omega'_l + \sum_l a_l'' \omega''_l \end{aligned} \tag{2.5.14}$$

引入三个未定乘子 α'、α''、β，分别乘上面三式，利用拉格朗日未定乘子法，求得两个系统的最概然分布分别为

$$\begin{aligned} a'_l &= \omega'_l e^{-\alpha'-\beta\varepsilon_l'} \\ a''_l &= \omega''_l e^{-\alpha''-\beta\varepsilon_l''} \end{aligned} \tag{2.5.15}$$

从式(2.5.15)看出，两个分布的 α 不同，但 β 相同. 由此可见，当两个系统通过热接触达到平衡时，它们的平衡分布有共同的 β. 由热力学知道，两个系统通过热接触达到平衡时，它们有共同的温度. 因此，β 和温度具有同样的性质，它们都是标志系统热平衡的量，故 β 是温度的函数，$\beta=\beta(T)$.

可用类似的方法讨论未定乘子 α 的物理意义. 假设系统 1 和 2 中的分子为同种分子，但它们处于不同的相，它们组成的复合系统为一孤立系统. 现将分隔两系统的隔板抽掉，两个系统可以交换分子和能量，但复合系统的总的分子数 N 和总能量 E 保持不变，当复合系统达到平衡时，求它们各自的最概然分布.

设复合系统达到平衡态时，系统 1 和 2 的分布分别为 $\{a_l'\}$ 和 $\{a_l''\}$，则复合系统

的微观状态数仍由式(2.5.13)表示,分布须满足的宏观条件是

$$
\begin{aligned}
N &= \sum_l a_l' + \sum_l a_l'' \\
E &= \sum_l a_l' \varepsilon_l' + \sum_l a_l'' \varepsilon_l''
\end{aligned}
\tag{2.5.16}
$$

引入两个未定乘子 α 和 β,分别乘上面两式,利用拉格朗日未定乘子法,可求得在复合系统达到平衡时,两个系统的最概然分布分别为

$$
\begin{aligned}
a_l' &= \omega_l' \mathrm{e}^{-\alpha-\beta\varepsilon_l'} \\
a_l'' &= \omega_l'' \mathrm{e}^{-\alpha-\beta\varepsilon_l''}
\end{aligned}
\tag{2.5.17}
$$

这一结果表明,当处于不同相的两个系统达到平衡时,两个系统具有相同的 α 和 β. 由热力学单元复相系平衡条件知,复相系达到平衡时,两相的温度 T 和化学势 μ 相等. β 是标志系统热平衡的量,与温度 T 有关,α 是标志相平衡的量,所以 α 应是化学势 μ 和温度 T 的函数,即 $\alpha=\alpha(\mu,T)$. 至于 $\beta(T)$ 和 $\alpha(\mu,T)$ 的具体函数形式,必须把统计物理和热力学联系起来考虑才能得到.

2.6 玻色分布和费米分布

对于玻色系统和费米系统,可以利用与 2.5 节类似的推导方法得到它们各自的最概然分布,分别称为玻色分布和费米分布.

假设系统具有确定的粒子数 N、体积 V 和能量 E,分布 $\{a_l\}$ 必须满足下列宏观条件:

$$
\begin{aligned}
N &= \sum_l a_l \\
E &= \sum_l a_l \omega_l
\end{aligned}
\tag{2.6.1}
$$

下面分别讨论处于平衡态的玻色系统和费米系统的分布函数. 对于玻色系统,与分布 $\{a_l\}$ 对应的微观状态数是

$$
W_{\mathrm{B}}(\{a_l\}) = \prod_l \frac{(a_l+\omega_l-1)!}{a_l!(\omega_l-1)!} \tag{2.6.2}
$$

假设 $a_l \gg 1, \omega_l \gg 1$,则可取近似 $\omega_l - 1 \approx \omega_l, a_l+\omega_l-1 \approx a_l+\omega_l$. 由斯特林公式,得

$$
\ln W_{\mathrm{B}}(\{a_l\}) \simeq \sum_l \{(a_l+\omega_l)\ln(a_l+\omega_l) - a_l \ln a_l - \omega_l \ln \omega_l\} \tag{2.6.3}
$$

利用拉格朗日未定乘子法,引入 α、β 两个未定乘子,当 a_l 改变 δa_l 时有

$$
\delta \ln W_{\mathrm{B}} - \alpha \delta N - \beta \delta E = \sum_l \left\{ \ln\left(\frac{\omega_l}{a_l}+1\right) - \alpha - \beta\varepsilon_l \right\} \delta a_l = 0 \tag{2.6.4}
$$

由于每个粒子数变分 δa_l 都是独立的,因此,每个 δa_l 的系数都等于零,故得

$$
\ln\left(\frac{\omega_l}{a_l}+1\right) - \alpha - \beta\varepsilon_l = 0
$$

即

$$a_l = \frac{\omega_l}{e^{\alpha+\beta\varepsilon_l} - 1} \tag{2.6.5}$$

式(2.6.5)给出了玻色系统的最概然分布,称为玻色分布,又称玻色-爱因斯坦分布.拉格朗日乘子 α 和 β 由宏观条件

$$\sum_l \frac{\omega_l}{e^{\alpha+\beta\varepsilon_l} - 1} = N, \quad \sum_l \frac{\varepsilon_l \omega_l}{e^{\alpha+\beta\varepsilon_l} - 1} = E \tag{2.6.6}$$

确定,其中 $\sum_l$ 表示对所有的单粒子能级求和.

对于费米系统,与分布 $\{a_l\}$ 相应的微观状态数是

$$W_{\mathrm{F}}(\{a_l\}) = \sum_l \frac{\omega_l!}{a_l!(\omega_l - a_l)!} \tag{2.6.7}$$

用与求玻色分布相同的方法,假设 $a_l \gg 1$, $\omega_l \gg 1$, $\omega_l - a_l \gg 1$,得到

$$\ln W_{\mathrm{F}} = \sum_l \{\omega_l \ln \omega_l - a_l \ln a_l - (\omega_l - a_l)\ln(\omega_l - a_l)\} \tag{2.6.8}$$

利用拉格朗日未定乘子法,引入 α,β 两个未定乘子,则有

$$\delta \ln W_{\mathrm{F}} - \alpha \delta N - \beta \delta E = \sum_l \left\{\ln\left(\frac{\omega_l}{a_l} - 1\right) - \alpha - \beta\varepsilon_l\right\}\delta a_l = 0$$

由于每个粒子数变分 δa_l 都是独立的,因此,每个 δa_l 的系数都等于零,得费米分布,或费米-狄拉克(Dirac)分布

$$a_l = \frac{\omega_l}{e^{\alpha+\beta\varepsilon_l} + 1} \tag{2.6.9}$$

拉格朗日乘子 α 和 β 由宏观条件

$$\sum_l \frac{\omega_l}{e^{\alpha+\beta\varepsilon_l} + 1} = N, \quad \sum_l \frac{\varepsilon_l \omega_l}{e^{\alpha+\beta\varepsilon_l} + 1} = E \tag{2.6.10}$$

确定,其中 $\sum_l$ 表示对所有的单粒子能级求和.

能级 ε_l 有 ω_l 个量子态,因此,由式(2.6.5)和式(2.6.9)两式得到处在能量为 ε_s 的量子态上的平均粒子数为

$$f_s = \frac{a_l}{\omega_l} = \frac{1}{e^{\alpha+\beta\varepsilon_s} \pm 1} \tag{2.6.11}$$

两个宏观条件也可表示为

$$N = \sum_s \frac{1}{e^{\alpha+\beta\omega_s} \pm 1}, \quad E = \sum_s \frac{\varepsilon_s}{e^{\alpha+\beta\omega_s} \pm 1} \tag{2.6.12}$$

其中,$\sum_s$ 表示对粒子的所有量子态 s 求和,其中分母中的正号对应于费米分布,负号对应于玻色分布.

2.7 经典极限条件

统计物理学是建立在力学和数理统计基础上的科学，建立在经典力学基础上的统计物理学称为经典统计物理学，建立在量子力学基础上的统计物理学称为量子统计物理学.既然在原子世界中适用的力学是量子力学，那么正确的统计物理学就是量子统计物理学，经典统计物理学只是作为量子统计物理学在某种近似下的统计理论.然而无论从理论上和从应用上来看，经典统计物理学都有着不可替代的巨大价值.本节将讨论量子统计物理学向经典统计物理学过渡的条件和必要的修正.

量子统计物理的力学基础是量子力学.在统计物理中，量子性质体现在两个方面：一个是粒子全同性原理；另一个是能量的量子化，也即能量取值是不连续的.

首先讨论粒子全同性原理对统计分布的影响.在2.5节和2.6节已经导出了三种分布，玻尔兹曼分布为

$$a_l = \omega_l e^{-\alpha-\beta\varepsilon_l} \tag{2.7.1}$$

玻色分布和费米分布为

$$a_l = \frac{\omega_l}{e^{\alpha+\beta\varepsilon_l} \pm 1} \tag{2.7.2}$$

由玻色分布和费米分布的表达式可以看出，当 $e^{\alpha+\beta\varepsilon_l} \gg 1$ 时，分母中的±1可以忽略不计，三种分布的形式趋向一致，玻色分布和费米分布都过渡到玻尔兹曼分布$a_l = \omega_l e^{-\alpha-\beta\varepsilon_l}$.这一条件对所有能级都成立，特别是对最低能级 ε_0 也成立，不失一般性，可选取 $\varepsilon_0 = 0$，则 $e^{\alpha+\beta\varepsilon_l} \gg 1$ 的充分条件是

$$e^{\alpha} \gg 1 \tag{2.7.3}$$

式(2.7.3)称为非简并条件，它的等效的形式是

$$\frac{a_l}{\omega_l} \ll 1 \quad (\text{对于所有的 } l) \tag{2.7.4}$$

式(2.7.4)表示粒子在每个量子态上的平均粒子数远远小于1，这就是说，绝大多数的量子态都是空的，有两个或两个以上粒子同时处在同一个量子态的概率极小，泡利原理可以不予考虑；稍后我们还将看到，这是一种高温和低密度极限，在这种极限下粒子的波动性可以忽略，粒子全同性原理也可以不予考虑.因此，在非简并条件下玻色分布和费米分布都过渡到玻尔兹曼分布.

再来考察三种系统的微观状态数，在非简并条件下，$a_l \ll \omega_l$，则有

$$\frac{\omega_l!}{a_l!(\omega_l - a_l)!} \approx \frac{\omega_l(\omega_l - 1)\cdots(\omega_l - a_l + 1)}{a_l!} \approx \frac{\omega_l^{a_l}}{a_l!}$$

$$\frac{(\omega_l + a_l - 1)!}{a_l!(\omega_l - 1)!} = \frac{(\omega_l + a_l - 1)(\omega_l + a_l - 2)\cdots\omega_l}{a_l!} \approx \frac{\omega_l^{a_l}}{a_l!}$$

因此有

$$\prod_l \frac{\omega_l!}{a_l!(\omega_l - a_l)!} \approx \prod_l \frac{(\omega_l + a_l - 1)!}{a_l!(\omega_l - 1)!} \approx \prod_l \frac{\omega^l}{a_l!}$$

也即

$$W_{\mathrm{F}} \approx W_{\mathrm{B}} \approx W_{\mathrm{Bol}}/N! = \prod_l \frac{\omega_l^{a_l}}{a_l!} \tag{2.7.5}$$

式(2.7.5)反映了粒子全同性原理对系统微观状态数计数的影响,在玻尔兹曼系统中认为全同粒子是可以分辨的,N 个全同粒子的交换将给出新的微观状态,而在玻色系统和费米系统中认为全同粒子是不可分辨的,这 $N!$ 个微观状态其实是同一个微观状态. 因此,在非简并条件下,与分布$\{a_l\}$对应的费米和玻色系统的微观状态数应趋近于 $\prod_l \frac{\omega_l^{a_l}}{a_l!}$,它等于玻尔兹曼微观状态数 W_{Bol} 除以 $N!$. 由此可见,在非简并条件下,局域系和非局域系之间统计分布和微观状态数的差异都消失了.

其次再来讨论能量量子化对统计分布的影响. 设粒子的能级间隔为 $\Delta\varepsilon$,如果 $\Delta\varepsilon$ 远小于粒子的平均热能,即满足条件

$$\Delta\varepsilon \ll kT \tag{2.7.6}$$

时,粒子的能量是准连续的,那么能量量子化效应可以忽略不计. 因此,我们得到如下的结论,经典统计理论成立的条件是:

(1) 满足非简并条件,$e^{\alpha} \gg 1$;

(2) 能级准连续,$\Delta\varepsilon \ll kT$.

上述两个条件称为经典极限条件. 对于满足经典极限条件的系统,量子统计过渡到经典统计,经典统计将给出正确的结果.

在经典极限条件下,粒子全同性原理和能量量子化可以不予考虑,粒子的能量 ε 可以用粒子的广义坐标、广义动量和系统外参量 y 的连续函数来表示

$$\varepsilon = \varepsilon(q_1, q_2, \cdots, q_r, p_1, p_2, \cdots, p_r, y)$$

量子统计向经典统计的过渡. 为了完成这种过渡,需要找出量子态和相空间体积元之间的对应关系. 在经典力学中,粒子在某一时刻的运动状态由它的 r 个广义坐标 $q_1, q_2, \cdots, q_r$ 和 r 个广义动量 $p_1, p_2, \cdots, p_r$ 确定,r 是粒子的自由度. 由 $2r$ 个 q_i 和 p_i 为直角坐标轴构成的 $2r$ 维相空间称为 μ 空间. μ 空间中的一个点代表粒子的一种运动状态,称为代表点. 粒子的运动由哈密顿方程

$$\dot{q}_i = \frac{\partial H}{\partial p_i}, \quad \dot{p}_i = -\frac{\partial H}{\partial q_i} \quad (i = 1, 2, \cdots, r) \tag{2.7.7}$$

确定,式中 $H = H(p, q, t)$为单粒子哈密顿量. 系统在某一时刻的运动状态由 μ 空间中的 N 个代表点来确定. 粒子和系统的能量等物理量都是 q 和 p 的连续函数,粒子的微观态集是 μ 空间中不可数的点集. 为了计算微观状态数,我们将 q_i 和 p_i 分成大小相等的小间隔,在经典力学中,这一小间隔可以任意小,但在量子力学中,

由于微观粒子具有波粒二象性，粒子的坐标和动量不能同时精确测定. 设 Δq_i 代表粒子坐标的不确定量，Δp_i 是与 Δq_i 对应的共轭动量的不确定量，量子力学的测不准关系给出

$$\Delta q_i \Delta p_i \sim h \tag{2.7.8}$$

其中，h 为普朗克常量. 当普朗克常量 $h \to 0$ 时，量子效应可以忽略，量子力学回到经典力学. 因此，在量子力学中一个一维运动粒子的一个状态并不对应 μ 空间中的一个点，而是对应一个大小为 h 的小区域. 对于一个自由度为 r 的粒子，它的一个状态在 μ 空间中对应大小为 h^r 的体积元，这一大小为 h^r 的小体积元称为相格. 在 μ 空间中一个宏观上很小的体积元 $\mathrm{d}\omega = \mathrm{d}q_1 \mathrm{d}q_2 \cdots \mathrm{d}q_r \mathrm{d}p_1 \mathrm{d}p_2 \cdots \mathrm{d}p_r$ 中包含的相格数，也即微观状态数等于

$$\frac{\mathrm{d}\omega}{h^r} \tag{2.7.9}$$

下面将举一些例子说明经典力学中的相空间体积和量子力学中量子态之间的这种对应关系.

例 2.1 自由粒子.

对于在 $0 \sim L$ 范围内运动的一维自由粒子，在经典力学中粒子的一个运动状态 (x, p) 可用 μ 空间内的一个点表示，粒子的能量 $\varepsilon = \dfrac{p^2}{2m}$，能量为 ε 的粒子的动量 $p = \pm\sqrt{2m\varepsilon}$，它在 μ 空间中为两条直线段，如图 2.1 所示. 粒子的能量小于或等于 ε 的 μ 空间体积为

$$\Omega_\varepsilon = 2L\sqrt{2m\varepsilon} = \sqrt{8m\varepsilon}L \tag{2.7.10}$$

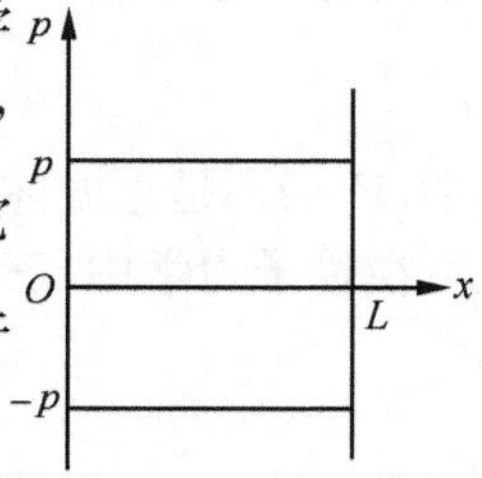

图 2.1 一维自由粒子的 μ 空间

在量子力学中，粒子的运动由薛定谔方程

$$\mathrm{i}\hbar \frac{\partial \psi}{\partial t} = \hat{H}\psi$$

描述，对于稳定状态，定态薛定谔方程为

$$\hat{H}\varphi = \varepsilon\varphi$$

一维自由粒子的哈密顿算符为

$$\hat{H} = -\frac{\hbar^2}{2m}\frac{\mathrm{d}^2}{\mathrm{d}x^2}$$

满足边界条件 $\varphi(x=0)=0, \varphi(x=L)=0$ 的波函数 φ 为

$$\varphi(x) = A\sin kx$$

其中，A 为归一化常数，$k = \sqrt{2m\varepsilon}/\hbar$ 为波数，它满足如下的量子化条件：

$$kL = n\pi, \quad n = 1, 2, \cdots$$

粒子的能量为

$$\varepsilon_n = \frac{\hbar^2 k^2}{2m} = \frac{h^2}{8mL^2} n^2$$

粒子的能量在 0 和 ε 之间的量子态数为

$$W_\varepsilon = n = \frac{\sqrt{8m\varepsilon}}{h} L \tag{2.7.11}$$

式(2.7.10)与式(2.7.11)两式比较可得

$$W_\varepsilon = \frac{\Omega_\varepsilon}{h} \tag{2.7.12}$$

式(2.7.12)说明了在量子力学中粒子的能量在 0 和 ε 之间的量子态数，等于粒子在经典力学中的相空间体积除以 h，也即一个一维自由粒子的一个量子态对应的相格为 h.

对于在边长为 L 的立方体中运动的三维自由粒子，在经典力学中，粒子的能量为

$$\varepsilon = \frac{1}{2m}(p_x^2 + p_y^2 + p_z^2) = \frac{p^2}{2m}$$

粒子的能量小于或等于 ε 的 μ 空间体积为

$$\Omega_\varepsilon = \frac{4\pi V}{3} p^3 = \frac{4\pi V}{3}(2m\varepsilon)^{\frac{3}{2}} \tag{2.7.13}$$

其中，$V=L^3$ 是立方体的体积.

在量子力学中，三维自由粒子的哈密顿算符为

$$\hat{H} = -\frac{\hbar^2}{2m}\left(\frac{\partial^2}{\partial x^2} + \frac{\partial^2}{\partial y^2} + \frac{\partial^2}{\partial z^2}\right)$$

波函数 $\varphi(x,y,z)$ 要满足的边界条件是在立方体的表面上，$\varphi=0$，即当 $x=0,L$；$y=0,L$；$z=0,L$ 时

$$\varphi(x,y,z) = 0$$

满足上述边界条件的波函数为

$$\varphi(x,y,z) = A\sin k_x x \sin k_y y \sin k_z z$$

其中，$\boldsymbol{k}$ 为波数，它满足如下的量子化条件：

$$\begin{cases} k_x L = n_x \pi \\ k_y L = n_y \pi, \quad n_x, n_y, n_z = 1, 2, \cdots \\ k_z L = n_z \pi \end{cases}$$

粒子的能量为

$$\varepsilon(n_x, n_y, n_z) = \frac{\hbar^2 k^2}{2m} = \frac{h^2}{8mL^2}(n_x^2 + n_y^2 + n_z^2)$$

或

$$n_x^2 + n_y^2 + n_z^2 = \frac{8m\varepsilon L^2}{h^2}$$

上式是以 n_x、n_y、n_z 为直角坐标的三个坐标轴的半径为$\frac{\sqrt{8m\varepsilon L^2}}{h}$的球面方程. 粒子的能量在 0 和 ε 之间的量子态数,等于在 μ 空间内能量为 ε 的球面内满足条件

$$n_x^2+n_y^2+n_z^2\leqslant\frac{8m\varepsilon L^2}{h^2}$$

下的量子数组(n_x,n_y,n_z)的各种可能的组态的总数. 它等于

$$W_\varepsilon=\frac{1}{8}\frac{4\pi}{3}\left(\frac{\sqrt{8m\varepsilon L^2}}{h}\right)^3=\frac{4\pi V}{3}\frac{(2m\varepsilon)^{\frac{3}{2}}}{h^3}\tag{2.7.14}$$

式(2.7.14)中的因子$\frac{1}{8}$是考虑到 n_x,n_y,n_z 只能取大于零的整数. 式(2.7.13)与式(2.7.14)两式比较可得

$$W_\varepsilon=\frac{\Omega_\varepsilon}{h^3}\tag{2.7.15}$$

式(2.7.15)说明了在量子力学中三维自由粒子的能量在 0 和 ε 之间的量子态数,等于粒子在经典力学中的相空间体积除以 h^3. 因此,三维自由粒子的一个量子态对应的相格为 h^3.

例 2.2 一维谐振子.

经典谐振子的能量为

$$\varepsilon=\frac{p^2}{2m}+\frac{1}{2}m\omega^2x^2\tag{2.7.16}$$

能量方程可改写为 $1=\frac{x^2}{2\varepsilon/m\omega^2}+\frac{p^2}{2m\varepsilon}$,在以$(x,p)$为坐标轴的二维 μ 空间中是一个椭圆,椭圆的两轴分别为 $a=\sqrt{\frac{2\varepsilon}{m\omega^2}}$, $b=\sqrt{2m\varepsilon}$,如图 2.2 所示. 谐振子的能量小于或等于 ε 的 μ 空间体积为

$$\Omega_\varepsilon=\pi\sqrt{2m\varepsilon}\sqrt{\frac{2\varepsilon}{m\omega^2}}=\pi\frac{2\varepsilon}{\omega}\tag{2.7.17}$$

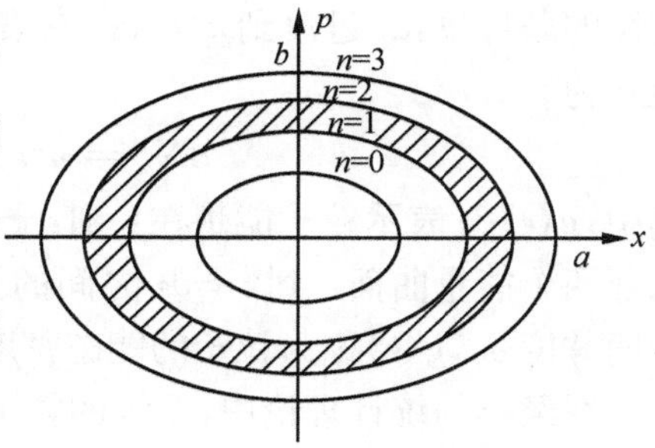

图 2.2 一维谐振子的 μ 空间与等能曲线

在量子力学中,一维谐振子的哈密顿算符为

$$\hat{H}=-\frac{\hbar^2}{2m}\frac{\mathrm{d}^2}{\mathrm{d}x^2}+\frac{1}{2}m\omega^2x^2$$

谐振子的能量为

$$\varepsilon_n=\hbar\omega\left(n+\frac{1}{2}\right),\quad n=0,1,2,\cdots$$

能量在 0 和 ε 之间的量子态数为(当 n 大时)

$$W_\varepsilon = \frac{\varepsilon}{\hbar\omega} \tag{2.7.18}$$

式(2.7.17)与式(2.7.18)比较得到

$$W_\varepsilon = \frac{\Omega_\varepsilon}{h} \tag{2.7.19}$$

式(2.7.19)说明了在量子力学中谐振子的能量在0和ε之间的量子态数，等于在经典力学中的相空间体积除以h. 一个量子态对应的相格为h，它等于两相邻的相轨道之间的面积.

上述两个例子表明，对于一个自由度为r的粒子，它的一个量子态在μ空间中的体积等于大小为h^r的相格. 在μ空间中，体积元$d\omega = dq_1 dq_2 \cdots dq_r dp_1 dp_2 \cdots dp_r$中包含的量子态数等于

$$\frac{d\omega}{h^r} \tag{2.7.20}$$

故在满足非简并条件和能级准连续条件下μ空间体积元$d\omega$内包含的粒子数为

$$dN_\omega = n(q,p)d\omega = e^{-\alpha-\beta\varepsilon}\frac{d\omega}{h^r} \tag{2.7.21}$$

式中$n(q, p)$为单位μ空间体积元内的粒子数，等式右边的$e^{-\alpha-\beta\varepsilon}$是能量为$\varepsilon$的一个量子态上的平均粒子数，$\frac{d\omega}{h^r}$是$\mu$空间体积元$d\omega$内的量子态数.

在量子描述中用粒子按能级的分布$\{a_l\}$描述系统的宏观状态，在粒子能量准连续的条件下，a_l过渡到$n(\varepsilon)d\varepsilon$，它表示能量在$\varepsilon$到$\varepsilon+d\varepsilon$范围内的粒子数，其表达式为

$$dN_\omega = n(\varepsilon)d\varepsilon = e^{-\alpha-\beta\varepsilon}g(\varepsilon)d\varepsilon \tag{2.7.22}$$

其中，$g(\varepsilon)d\varepsilon$表示粒子能量在$\varepsilon$到$\varepsilon+d\varepsilon$之间的微观状态数，也可以看作在$\mu$空间相邻两个能量曲面$\varepsilon$到$\varepsilon+d\varepsilon$之间的微观状态数，它对应于量子力学中粒子能级的简并度ω_l，$g(\varepsilon)$称为粒子的能态密度，简称为态密度.

在经典的统计理论中，系统的粒子数N和能量E分别表示为

$$\begin{aligned} N &= \int\cdots\int n(q,p)d\omega = e^{-\alpha}\int\cdots\int e^{-\beta\varepsilon}\frac{d\omega}{h^r} = e^{-\alpha}\int e^{-\beta\varepsilon}g(\varepsilon)d\varepsilon \\ E &= \int\cdots\int \varepsilon n(q,p)d\omega = e^{-\alpha}\int\cdots\int \varepsilon e^{-\beta\varepsilon}\frac{d\omega}{h^r} = e^{-\alpha}\int \varepsilon e^{-\beta\varepsilon}g(\varepsilon)d\varepsilon \end{aligned} \tag{2.7.23}$$

2.8 玻尔兹曼系统的热力学函数

本节将用玻尔兹曼分布讨论系统的热力学性质. 由玻尔兹曼分布得到系统的粒子总数N和平均能量E分别为

$$N = \sum_l a_l = \sum_l \omega_l e^{-\alpha-\beta\varepsilon_l} = e^{-\alpha}\sum_l \omega_l e^{-\beta\varepsilon_l}$$
$$E = \sum_l a_l \varepsilon_l = e^{-\alpha}\sum_l \varepsilon_l \omega_l e^{-\beta\varepsilon_l} \tag{2.8.1}$$

定义单粒子配分函数

$$Z_1(\beta, y) = \sum_l \omega_l e^{-\beta\varepsilon_l} = \sum_s e^{-\beta\varepsilon_s} \tag{2.8.2}$$

由于粒子的能级 ε_l 是系统外参量 y 的函数，因此配分函数 Z_1 是 β 和 y 的函数. 式中 $\sum_l$ 表示对单粒子的所有可能的能级求和，$\sum_s$ 表示对所有可能的单粒子量子态求和.

由式(2.8.1)得

$$e^{-\alpha} = \frac{N}{Z_1} \tag{2.8.3}$$

由式(2.8.3)和玻尔兹曼分布得到一个粒子占据能量为 ε_l 的一个量子态的概率是

$$p_s = \frac{1}{N}\frac{a_l}{\omega_l} = \frac{1}{Z_1}e^{-\beta\varepsilon_l} \propto e^{-\beta\varepsilon_l}$$

其中，$e^{-\beta\varepsilon_l}$ 称为玻尔兹曼因子，$\beta=1/kT$（见本节稍后的讨论），它反映了一个粒子占据能级 ε_l 的概率与能级 ε_l 和温度之间的关系. 当 T 固定时，占据概率随能级增高而减少；因此，处于高能级的粒子数少于处于低能级的粒子数.

将式(2.8.3)代入式(2.8.1)，得

$$E = \frac{N}{Z_1}\sum_l \varepsilon_l \omega_l e^{-\beta\varepsilon_l} = -\frac{N}{Z_1}\left(\frac{\partial Z_1}{\partial \beta}\right)_y = -N\left(\frac{\partial \ln Z_1}{\partial \beta}\right)_y \tag{2.8.4}$$

式(2.8.4)中 E 是系统的平均能量，即系统的内能 U 的统计表达式.

由热力学第一定律知道，在一个无穷小的过程中，系统内能的增量 dU 等于在这一过程中外界对系统所做的功 $đW$ 与系统从外界吸收的热量 $đQ$ 之和

$$dU = đW + đQ$$

如果是准静态过程，则 $đW = Y dy$，其中 dy 是外参量的改变量，Y 是与外参量 y 相应的广义力，例如，当系统在准静态过程中体积改变 dV 时，广义力为 $-p$，外界对系统所做的功为 $đW = -p dV$.

为了求得系统的热力学量，必须把统计物理和热力学联系起来. 对于一无穷小的准静态过程，系统内能的改变为

$$dU = d\left(\sum_l a_l \varepsilon_l\right) = \sum_l a_l d\varepsilon_l + \sum_l \varepsilon_l da_l \tag{2.8.5}$$

式(2.8.5)等号右边第一项 $\sum_l a_l d\varepsilon_l$ 表示粒子在各能级 ε_l 上的分布 $\{a_l\}$ 保持不变时，由于能级的改变而引起内能的变化. 粒子的能级 ε_l 是外参量 y 的函数，例如，

自由粒子的能量 ε_l 是系统体积 V 的函数. 当外参量 y 改变时，外界对系统做功，粒子的能级 ε_l 发生变化. 所以第一项代表在准静态过程中外界对系统所做的功，即

$$đW = \sum_l a_l \mathrm{d}\varepsilon_l = \sum_l a_l \frac{\mathrm{d}\varepsilon_l}{\mathrm{d}y}\mathrm{d}y \tag{2.8.6}$$

与热力学中在准静态过程中外界对系统所做功的表达式 $đW = Y\mathrm{d}y$ 比较，得到广义力

$$Y = \sum_l a_l \frac{\mathrm{d}\varepsilon_l}{\mathrm{d}y} \tag{2.8.7}$$

式(2.8.7)告诉我们，由于外参量的改变，外界作用在系统上的广义力 Y 是微观量$\frac{\mathrm{d}\varepsilon_l}{\mathrm{d}y}$的统计平均值，因此，可以把$\frac{\mathrm{d}\varepsilon_l}{\mathrm{d}y}$看作外界作用于能级 ε_l 上的一个粒子的微观力. 把式(2.8.3)和玻尔兹曼分布代入式(2.8.7)，得

$$Y = \mathrm{e}^{-\alpha}\sum_l \omega_l \mathrm{e}^{-\beta\varepsilon_l}\frac{\mathrm{d}\varepsilon_l}{\mathrm{d}y} = \frac{N}{Z_1}\left(-\frac{1}{\beta}\frac{\partial}{\partial y}\right)_\beta \sum_l \omega_l \mathrm{e}^{-\beta\varepsilon_l} = -\frac{N}{\beta}\left(\frac{\partial \ln Z_1}{\partial y}\right)_\beta \tag{2.8.8}$$

特别是当 $y=V$，$Y=-p$ 时，有压强

$$p = \frac{N}{\beta}\left(\frac{\partial \ln Z_1}{\partial V}\right)_\beta \tag{2.8.9}$$

式(2.8.5)右边的第二项 $\sum_l \varepsilon_l \mathrm{d}a_l$ 是粒子能级不变时由于粒子分布改变所引起的内能变化. 在准静态过程中系统从外界吸收的热量等于粒子在各能级中重新分配所增加的内能，这就是在准静态过程中系统所吸收热量的统计诠释. 所以，第二项表示系统从外界吸收的热量，即

$$đQ = \sum_l \varepsilon_l \mathrm{d}a_l \tag{2.8.10}$$

与内能 U 和广义力 Y 不同，热量和熵是热学量，没有与热量和熵对应的微观力学量，需通过与热力学基本方程比较得到这些量. 由热力学知道，$đQ$ 不是全微分，它有一个积分因子$\frac{1}{T}$，用$\frac{1}{T}$乘 $đQ$ 后得到熵 S 的全微分 $\mathrm{d}S$，即

$$\frac{1}{T}đQ = \frac{1}{T}(\mathrm{d}U - Y\mathrm{d}y) = \mathrm{d}S \tag{2.8.11}$$

由式(2.8.4)和式(2.8.8)可得

$$\begin{aligned}\beta(\mathrm{d}U - Y\mathrm{d}y) &= -N\beta\mathrm{d}\frac{\partial \ln Z_1}{\partial \beta} + N\frac{\partial \ln Z_1}{\partial y}\mathrm{d}y \\ &= N\left\{-\mathrm{d}\left(\beta\frac{\partial \ln Z_1}{\partial \beta}\right) + \frac{\partial \ln Z_1}{\partial \beta}\mathrm{d}\beta + \frac{\partial \ln Z_1}{\partial y}\mathrm{d}y\right\}\end{aligned} \tag{2.8.12}$$

配分函数 Z_1 是 β 和 y 的函数，$\ln Z_1$ 的全微分为

$$\mathrm{d}\ln Z_1 = \frac{\partial \ln Z_1}{\partial \beta}\mathrm{d}\beta + \frac{\partial \ln Z_1}{\partial y}\mathrm{d}y$$

将上式代入式(2.8.12),得

$$\beta(\mathrm{d}U - Y\mathrm{d}y) = N\mathrm{d}\left(\ln Z_1 - \beta\frac{\partial \ln Z_1}{\partial\beta}\right) \tag{2.8.13}$$

式(2.8.13)表明 β 为 $\text{đ}Q=\mathrm{d}U-Y\mathrm{d}y$ 的积分因子,这就是说 β 和 $\frac{1}{T}$ 同为 $\text{đ}Q$ 的积分因子,因此可以令

$$\beta = \frac{1}{kT} \tag{2.8.14}$$

根据微分方程关于积分因子的理论,当微分方程有一个积分因子时,它就有无穷多个积分因子,任意两个积分因子之比是 S 的函数,$\mathrm{d}S$ 是 $\text{đ}Q$ 乘积分因子后所得熵的全微分. 这就是说,k 可以是熵 S 的函数. 在 2.5 节中已经证明了,对于两个处于热平衡的系统,它们有共同的 β,所以 β 只可能是温度的函数,而不可能是 S 的函数,由此得出 k 只能是一个常量. 上面的讨论对任何系统都适用,因此,k 是一个普适常数. 如果把这里得到的理论应用到理想气体,可以得到 $k=\frac{R}{N_0}$,式中 $R=8.314\mathrm{J}\cdot\mathrm{K}^{-1}\cdot\mathrm{mol}^{-1}$是摩尔气体常量,$N_0=6.023\times10^{23}\mathrm{mol}^{-1}$是阿伏伽德罗常量,由此得到

$$k = 1.381\times10^{-23}\mathrm{J}\cdot\mathrm{K}^{-1} \tag{2.8.15}$$

k 就是玻尔兹曼常量. 若把式(2.8.14)的 β 代入,式(2.8.13)就是热力学基本方程的统计表达式. 比较式(2.8.11)和式(2.8.13),并考虑到 $\beta=1/kT$,可得

$$\mathrm{d}S = Nk\,\mathrm{d}\left(\ln Z_1 - \beta\frac{\partial \ln Z_1}{\partial\beta}\right) \tag{2.8.16}$$

积分后得到

$$S = Nk\left(\ln Z_1 - \beta\frac{\partial \ln Z_1}{\partial\beta}\right) \tag{2.8.17}$$

其中已将积分常数取为零,式(2.8.17)就是熵的统计表达式.

由式(2.8.3)取对数,得

$$\ln Z_1 = \ln N + \alpha$$

代入式(2.8.17),得

$$\begin{aligned} S &= k(N\ln N + \alpha N + \beta E) = k\left\{N\ln N + \sum_l(\alpha+\beta\varepsilon_l)a_l\right\} \\ &= k\left(N\ln N + \sum a_l\ln\frac{\omega_l}{a_l}\right) \end{aligned} \tag{2.8.18}$$

式(2.8.18)最后一步已用了玻尔兹曼分布,$\alpha+\beta\varepsilon_l=\ln\frac{\omega_l}{a_l}$.

由式(2.5.4)知道,式(2.8.18)熵的最后一个表达式的括号内的量,正是与玻尔兹曼分布相对应的微观状态数 W 的对数,由此得到

$$S = k\ln W \tag{2.8.19}$$

式(2.8.19)称为玻尔兹曼关系. 其中 W 是与玻尔兹曼分布 $\{a_l\}$ 相对应的最大微观状态数. 系统的微观状态数是由粒子在各能级的量子态上分配的方式数来确定的. 对于一种分布,如果粒子的运动越混乱,粒子占据的能级范围越广,则这种分布对应的微观状态数也越多,其熵值也越大. 当系统达到平衡态时,系统中的粒子分布由玻尔兹曼分布给定,此时 W 达到极大值,系统的熵也达到极大值.

需要指出的是熵的这一表达式只适用于粒子可以分辨的局域系统. 对于满足非简并条件的玻色系统或费米系统,考虑到粒子全同性原理,系统的微观状态数 $W=W_{\mathrm{Bol}}/N!$,因此,对于粒子不可分辨系统的熵的表达式应改写为

$$S = Nk\left(\ln Z_1 - \beta\frac{\partial\ln Z_1}{\partial\beta}\right) - k\ln N! \tag{2.8.20}$$

系统的微观状态数 W 不仅对平衡态有意义,而且对非平衡态也有意义. 若把 $\{a_l\}$ 理解为非平衡态下的出现概率最大的分布,$W(\{a_l\})$ 是与 $\{a_l\}$ 对应的最大的微观状态数,则可以把式(2.8.19)推广到非平衡态

$$S = k\ln W(\{a_l\}) \tag{2.8.21}$$

式(2.8.21)称为广义玻尔兹曼关系.

由玻尔兹曼关系可以解释熵增加原理. 在热力学中,一个孤立系统总会自发地通过实际的热力学过程向熵增加方向发展,达到平衡态时系统的熵最大. 在统计物理中,熵的增加表示一个孤立系统从非平衡态的微观状态数较小的分布状态向微观状态数较大的分布状态过渡,达到平衡态时系统处于微观状态数最大的宏观态,熵最大. 因此,一个孤立系统总是从比较有规则、有秩序的非平衡态向更加无规则、无秩序的平衡态过渡.

从上面的讨论知道,如果已经求得了配分函数 Z_1,则由公式(2.8.4)、式(2.8.17)和式(2.8.8)就可以得到基本热力学函数内能、熵和状态方程,从而确定系统的所有的热力学量. 配分函数 Z_1 是以 β、y 为变量的特性函数,对于简单系统 Z_1 是 T、V 的函数. 在热力学中已经讲过,以 T、V 为变量的特性函数是自由能 $F=U-TS$,将式(2.8.4)和式(2.8.17)两式代入,得

$$F = -N\frac{\partial\ln Z_1}{\partial\beta} - NkT\left(\ln Z_1 - \beta\frac{\partial\ln Z_1}{\partial\beta}\right) = -NkT\ln Z_1 \tag{2.8.22}$$

对于粒子不可分辨的系统,熵由式(2.8.20)表示,自由能改写为

$$F = -NkT\ln Z_1 + kT\ln N! = -NkT\ln\frac{Z_1 \mathrm{e}}{N} \tag{2.8.23}$$

两式分别适用于局域系统和满足非简并条件的玻色系统或费米系统.

化学势可以由 F 对 N 的偏微商得到

$$\mu = \left(\frac{\partial F}{\partial N}\right)_{T,V} = -kT\ln\frac{Z_1}{N} = -kT\alpha \tag{2.8.24}$$

综上所述，在玻尔兹曼统计理论中，求处于平衡态的系统的热力学量的一般程序是：首先通过量子力学理论计算，求得粒子的能级和能级的简并度，然后按式(2.8.2)求和得到配分函数 Z_1，再求得自由能 F，由特性函数 F 可求得系统的所有热力学量.

现在来讨论在能级连续的经典统计系统的粒子数和配分函数的表达式. 经典的玻尔兹曼分布可由按能级分布的玻尔兹曼分布得到，只要把玻尔兹曼分布中的 ω_l 用 $\frac{\Delta\omega}{h^r}$ 代替即可，在相空间体积元 $\Delta\omega$ 内的粒子数为

$$\mathrm{d}N_\omega = n(p,q)\Delta\omega = \mathrm{e}^{-\alpha-\beta\varepsilon}\frac{\Delta\omega}{h^r} \tag{2.8.25}$$

其中，$\Delta\omega$ 表示与粒子能量为 ε 相应的 μ 空间的体积元. 配分函数的经典表达式为

$$Z_1 = \sum \mathrm{e}^{-\beta\varepsilon}\frac{\Delta\omega}{h^r} \tag{2.8.26}$$

如果 $\Delta\omega$ 取得足够小，式(2.8.26)的求和就转化为对相空间求积分，即

$$Z_1 = \int \mathrm{e}^{-\beta\varepsilon}\frac{\mathrm{d}\omega}{h^r} = \int\cdots\int \mathrm{e}^{-\beta\varepsilon(q,p)}\frac{\mathrm{d}q_1\mathrm{d}q_2\cdots\mathrm{d}q_r\mathrm{d}p_1\mathrm{d}p_2\cdots\mathrm{d}p_r}{h^r} \tag{2.8.27}$$

式(2.8.27)就是经典的单粒子配分函数，系统的热力学量可按上面导出的公式由 $\ln Z_1$ 得到.

2.9 单原子分子理想气体的热容量和麦克斯韦速度分布率

对于单原子分子理想气体，分子可以看作没有内部自由度的质点. 理想气体忽略分子间的相互作用，在无外场时，分子可以在容器内自由运动.

在量子力学中，解在边长为 L 的立方体内运动的三维自由粒子的薛定谔方程，得粒子的能级

$$\varepsilon = \frac{h^2}{8mL^2}(n_x^2 + n_y^2 + n_z^2) \tag{2.9.1}$$

其中，n_x, n_y, n_z 为三个平动量子数，它们的值都取为正整数 1,2,3,…. 单粒子配分函数为

$$\begin{aligned} Z_1 &= \sum_{n_x=1}^{\infty}\sum_{n_y=1}^{\infty}\sum_{n_z=1}^{\infty}\exp\left[-\frac{\beta h^2}{8mL^2}(n_x^2 + n_y^2 + n_z^2)\right] \\ &= \left\{\sum_{n_x=1}^{\infty}\exp(-\beta\Delta\varepsilon_t n_x^2)\right\}^3 \end{aligned} \tag{2.9.2}$$

其中，$\Delta\varepsilon_t = \frac{h^2}{8mL^2}$ 为平动能级间距. 对于常温下在宏观尺度范围内运动的气体分子，取 $L=0.1\mathrm{m}$，$T=300\mathrm{K}$，$m=m_p=1.67\times10^{-27}\mathrm{kg}$，则有

$$\beta\Delta\varepsilon_t = \frac{\Delta\varepsilon_t}{kT} = \frac{h^2}{8mL^2kT} \sim 10^{-16} \ll 1$$

当 n_x 改变 1 时，$\exp(-\beta\Delta\varepsilon_t n_x^2)$ 变化很小，因此，可以把粒子的能量 ε 当作 n_x 的连续函数，即

$$\sum_{n_x=1}^{\infty}\exp(-\beta\Delta\varepsilon_t n_x^2)\approx\int_0^{\infty}\exp(-\beta\Delta\varepsilon_t n_x^2)\mathrm{d}n_x-1\approx\frac{1}{2}\sqrt{\frac{\pi}{\beta\Delta\varepsilon_t}} \tag{2.9.3}$$

由于 $\beta\Delta\varepsilon_t\ll1$，所以式(2.9.3)中的 -1 已经略去. 将式(2.9.3)代入式(2.9.2)，得

$$Z_1=\left(\frac{1}{2}\sqrt{\frac{\pi}{\beta\Delta\varepsilon_t}}\right)^3=\left(\frac{2\pi m}{\beta h^2}\right)^{\frac{3}{2}}V \tag{2.9.4}$$

其中，$V=L^3$ 是气体的体积. 对于通常的气体，粒子平动能级间距总是远小于粒子的平均热能，$\beta\Delta\varepsilon_t\ll1$，所以平动能量 ε 可看作动量 $\boldsymbol{p}$ 的连续函数

$$\varepsilon=\frac{1}{2m}(p_x^2+p_y^2+p_z^2) \tag{2.9.5}$$

由式(2.8.27)，单粒子配分函数可用 μ 空间积分得到，即

$$\begin{aligned}Z_1&=\frac{1}{h^3}\iiint\iiint\exp\left\{-\frac{\beta}{2m}(p_x^2+p_y^2+p_z^2)\right\}\mathrm{d}x\mathrm{d}y\mathrm{d}z\mathrm{d}p_x\mathrm{d}p_y\mathrm{d}p_z\\&=\frac{V}{h^3}\left[\int_{-\infty}^{\infty}\exp\left(-\frac{\beta p_x^2}{2m}\right)\mathrm{d}p_x\right]^3=\left(\frac{2\pi m}{\beta h^2}\right)^{\frac{3}{2}}V\end{aligned} \tag{2.9.6}$$

这与式(2.9.4)按量子态求和所得到的结果完全相同.

单原子分子理想气体的压强为

$$p=\frac{N}{\beta}\frac{\partial\ln Z_1}{\partial V}=\frac{N}{V}kT \tag{2.9.7}$$

与理想气体的状态方程 $pV=\nu RT$ 比较可得

$$k=\frac{R}{N_0}=1.38\times10^{-23}\,\mathrm{J\cdot K^{-1}} \tag{2.9.8}$$

其中，R 为摩尔气体常量，k 为玻尔兹曼常量. 气体的内能、热容量和熵分别为

$$\begin{aligned}&U=-N\frac{\partial\ln Z_1}{\partial\beta}=\frac{3}{2}NkT\\&C_V=\frac{\partial U}{\partial T}=\frac{3}{2}kN\\&S=Nk\left\{\ln Z_1-\beta\frac{\partial\ln Z_1}{\partial\beta}\right\}-\ln N!=Nk\ln\left[\frac{V}{N}\left(\frac{2\pi mkT}{h^2}\right)^{\frac{3}{2}}\right]+\frac{5}{2}Nk\end{aligned} \tag{2.9.9}$$

由式(2.8.3)和式(2.9.4)两式得

$$\mathrm{e}^{\alpha}=\frac{Z_1}{N}=\frac{V}{N}\left(\frac{2\pi mkT}{h^2}\right)^{\frac{3}{2}} \tag{2.9.10}$$

由式(2.9.10)可知，如果气体分子的数密度 $\frac{N}{V}$ 越小，气体的温度 T 越高，分子质量 m 越大，则非简并条件 $\mathrm{e}^{\alpha}\gg1$ 越容易满足. 表 2.1 列出了几种气体在 1atm(1atm=

1.01325×10^5 Pa)下沸点时的 e^α 值.从表中可以看出,除了低温下的 He 气外,其他气体都满足非简并条件,玻尔兹曼分布适用.对于在几开低温下的 He 气,它和玻尔兹曼分布的偏离应该可以观察到,但在极低温度下 He 气密度 $\frac{N}{V}$ 很大,原子间的相互作用已经是不容忽略了.

表 2.1 几种气体在 1atm 下沸点时的 e^α 值

气 体	1atm 下的沸点/K	e^α
He	4.2	7.5
Ne	27.2	9.3×10^3
Ar	87.4	4.7×10^5

由式(2.9.10),非简并条件 $e^\alpha \gg 1$ 还可以用另一种形式来表述

$$\left(\frac{V}{N}\right)^{\frac{1}{3}} \gg \frac{h}{\sqrt{2\pi mkT}} \tag{2.9.11}$$

式(2.9.11)的左边为气体中两个分子之间的平均距离 $\bar{l}$,右边 $\frac{h}{\sqrt{2\pi mkT}} = \sqrt{\frac{3}{2\pi}}\frac{h}{\sqrt{2m\bar{\varepsilon}}} = \lambda_T$,其中 $\bar{\varepsilon} = \frac{3}{2}kT$ 是分子的平均动能,λ_T 表示分子的热运动的平均德布罗意波长,所以,非简并条件也可表示为

$$\bar{l} \gg \lambda_T \tag{2.9.12}$$

这就是说,当气体分子之间的平均距离远大于分子热运动的德布罗意波长时,非简并条件适用,而且由于平动能级间距 $\Delta\varepsilon_t \ll kT$,因此平动自由度满足经典极限条件遵循玻尔兹曼分布, 可用经典统计理论处理.

由玻尔兹曼分布可以导出理想气体分子的速度分布率.在经典极限条件下,分子的动能 ε 可看作为分子动量的准连续函数,在体积 V 内,分子的动量在 $dp_x dp_y dp_z$ 范围内的微观状态数为 $\frac{V}{h^3}dp_x dp_y dp_z$,每个状态的平均分子数为 $e^{-\alpha-\beta\varepsilon}$. 因此,在体积 V 内,分子的动量在 $dp_x dp_y dp_z$ 范围内的分子数为

$$dN_p = \frac{V}{h^3} e^{-\alpha-\frac{\beta}{2m}(p_x^2+p_y^2+p_z^2)} dp_x dp_y dp_z \tag{2.9.13}$$

将式(2.9.10)的 e^α 代入式(2.9.13),得

$$dN_p = N\left(\frac{1}{2\pi mkT}\right)^{\frac{3}{2}} e^{-\frac{1}{2mkT}(p_x^2+p_y^2+p_z^2)} dp_x dp_y dp_z \tag{2.9.14}$$

式(2.9.14)与普朗克常量 h 无关,这正是我们所期待的经典统计的结果.

如果用分子的速度作为自变量,将动量 $\boldsymbol{p}=m\boldsymbol{v}$ 代入式(2.9.13),得到气体中速度在 $dv_x dv_y dv_z$ 范围内的分子数为

$$\mathrm{d}N_v = N\left(\frac{m}{2\pi kT}\right)^{\frac{3}{2}} \mathrm{e}^{-\frac{m}{2kT}(v_x^2+v_y^2+v_z^2)} \mathrm{d}v_x \mathrm{d}v_y \mathrm{d}v_z \tag{2.9.15}$$

单位体积内速度在 $\mathrm{d}v_x\mathrm{d}v_y\mathrm{d}v_z$ 范围内的分子数为

$$\mathrm{d}n_v = \frac{\mathrm{d}N_v}{V} = n\left(\frac{m}{2\pi kT}\right)^{\frac{3}{2}} \mathrm{e}^{-\frac{m}{2kT}(v_x^2+v_y^2+v_z^2)} \mathrm{d}v_x \mathrm{d}v_y \mathrm{d}v_z \tag{2.9.16}$$

一个分子速度在 $\boldsymbol{v} \sim \boldsymbol{v}+\mathrm{d}\boldsymbol{v}$ 内的概率分布函数为

$$f(v_x, v_y, v_z)\mathrm{d}v_x \mathrm{d}v_y \mathrm{d}v_z = \frac{\mathrm{d}N_v}{N} = \left(\frac{m}{2\pi kT}\right)^{\frac{3}{2}} \mathrm{e}^{-\frac{m}{2kT}(v_x^2+v_y^2+v_z^2)} \mathrm{d}v_x \mathrm{d}v_y \mathrm{d}v_z \tag{2.9.17}$$

它满足归一化条件

$$\iiint_{-\infty}^{+\infty} f(v_x, v_y, v_z)\mathrm{d}v_x \mathrm{d}v_y \mathrm{d}v_z = 1 \tag{2.9.18}$$

式(2.9.15)~式(2.9.17)就是我们熟知的麦克斯韦速度分布律.

如果我们只关心速度的大小,而不考虑速度的方向,可引入速度空间中的球坐标 v,θ,φ,速度空间体积元 $\mathrm{d}v_x\mathrm{d}v_y\mathrm{d}v_z = v^2\mathrm{d}v\sin\theta\mathrm{d}\theta\mathrm{d}\varphi$,完成对角度 θ 和 φ 的积分后,得到在单位体积内分子速率在 $v \sim v+\mathrm{d}v$ 范围内的分子数为

$$F(v)\mathrm{d}v = 4\pi n\left(\frac{m}{2\pi kT}\right)^{\frac{3}{2}} \mathrm{e}^{-\frac{m}{2kT}v^2} v^2 \mathrm{d}v \tag{2.9.19}$$

式(2.9.19)对所有可能的速率积分,得到

$$\int_0^{\infty} F(v)\mathrm{d}v = 4\pi n\left(\frac{m}{2\pi kT}\right)^{\frac{3}{2}} \int_0^{\infty} \mathrm{e}^{-\frac{m}{2kT}v^2} v^2 \mathrm{d}v = n \tag{2.9.20}$$

式(2.9.19)即为麦克斯韦速率分布率.

麦克斯韦速率分布函数有一极大值,速率分布函数取极大值的速率称为最概然速率,以 v_{m} 表示,它由下式确定:

$$\frac{\mathrm{d}}{\mathrm{d}v}\left(\mathrm{e}^{-\frac{m}{2kT}v^2} v^2\right)\Big|_{v_{\mathrm{m}}} = 0 \tag{2.9.21}$$

由此得到

$$v_{\mathrm{m}} = \sqrt{\frac{2kT}{m}} \tag{2.9.22}$$

气体分子还有另外两个特征速率:平均速率 $\bar{v}$ 和方均根速率 v_{s},它们的值分别为

$$\bar{v} = 4\pi\left(\frac{m}{2\pi kT}\right)^{\frac{3}{2}} \int_0^{\infty} v\,\mathrm{e}^{-\frac{m}{2kT}v^2} v^2 \mathrm{d}v = \sqrt{\frac{8kT}{\pi m}} \tag{2.9.23}$$

方均根速率 v_{s} 是 v^2 平均值的平方根

$$v_{\mathrm{s}}^2 = \overline{v^2} = 4\pi\left(\frac{m}{2\pi kT}\right)^{\frac{3}{2}} \int_0^{\infty} v^2 \mathrm{e}^{-\frac{m}{2kT}v^2} v^2 \mathrm{d}v = \frac{3kT}{m} \tag{2.9.24}$$

因此

$$v_s = \sqrt{\overline{v^2}} = \sqrt{\frac{3kT}{m}} \tag{2.9.25}$$

三个特征速率的值之比为

$$v_m : \bar{v} : v_s = 1 : \frac{2}{\sqrt{\pi}} : \sqrt{\frac{3}{2}} = 1 : 1.128 : 1.225 \tag{2.9.26}$$

它们大小的数量级相同，都可以用$\sqrt{\frac{kT}{m}}$来表示.

2.10 双原子分子理想气体的振动热容量和转动热容量

在2.9节讨论中已经看到，对于理想气体，通常都满足非简并条件，可用玻尔兹曼分布处理. 如果分子的某种运动的任意两个相邻能级的能量差$\Delta\varepsilon$远小于热运动的平均能量kT，分子的能量可以看作是准连续的，则经典统计适用. 在经典统计物理中有一个应用十分广泛的定理——能量均分定理. 下面介绍这一定理.

能量均分定理 对于处在温度为T的平衡状态的经典系统，粒子能量中的广义动量p_i或广义坐标q_i的每一个平方项的平均值都等于$\frac{1}{2}kT$.

设粒子有r个自由度，粒子的能量为动能ε_p和势能ε_q之和，动能可表示为r个广义动量的平方项之和，势能中有$r'(r'\leqslant r)$个可表示为广义坐标的平方项，其余部分ε_q'为$q_{r'+1}, q_{r'+2}, \cdots, q_r$的函数，即

$$\varepsilon = \varepsilon_p + \varepsilon_q = \frac{1}{2}\sum_{i=1}^{r} a_i p_i^2 + \frac{1}{2}\sum_{i=1}^{r'} b_i q_i^2 + \varepsilon_q'(q_{r'+1}, \cdots, q_r) \tag{2.10.1}$$

其中，系数a_i都是正数，它们可能是$q_1, \cdots, q_r$的函数，但与$p_1, \cdots, p_r$无关；b_i也都是正数，它们可能是$q_{r'+1}, \cdots, q_r$的函数，但与$q_1, \cdots, q_{r'}$无关，则可证明

$$\overline{\frac{1}{2}a_i p_i^2} = \overline{\frac{1}{2}b_i q_i^2} = \frac{1}{2}kT \tag{2.10.2}$$

证 按玻尔兹曼分布，$\frac{1}{2}a_i p_i^2$的平均值可以用μ空间的积分表示为

$$\overline{\frac{1}{2}a_i p_i^2} = \frac{1}{N}\int\cdots\int \frac{1}{2}a_i p_i^2 e^{-\alpha-\beta\varepsilon}\frac{d\omega}{h^r} = \frac{1}{Z_1 h^r}\int\cdots\int \frac{1}{2}a_i p_i^2 e^{-\beta\varepsilon} dp_1\cdots dp_r dq_1\cdots dq_r \tag{2.10.3}$$

对dp_i进行分部积分

$$\begin{aligned}\int_{-\infty}^{+\infty}\frac{1}{2}a_i p_i^2 e^{-\frac{1}{2}\beta a_i p_i^2} dp_i &= \left[-\frac{p_i}{2\beta}e^{-\frac{1}{2}\beta a_i p_i^2}\right]_{-\infty}^{+\infty} + \frac{1}{2\beta}\int_{-\infty}^{+\infty} e^{-\frac{1}{2}\beta a_i p_i^2} dp_i \\ &= \frac{1}{2}kT\int_{-\infty}^{+\infty} e^{-\frac{1}{2}\beta a_i p_i^2} dp_i\end{aligned} \tag{2.10.4}$$

将式(2.10.4)代回式(2.10.3),得

$$\overline{\frac{1}{2}a_i p_i^2} = \frac{1}{2}kT \frac{1}{Z_1}\int\cdots\int \mathrm{e}^{-\beta\varepsilon}\frac{\mathrm{d}\omega}{h^r} = \frac{1}{2}kT \tag{2.10.5}$$

用类似的方法可以证明

$$\overline{\frac{1}{2}b_i q_i^2} = \frac{1}{2}kT \tag{2.10.6}$$

按照能量均分定理,能量如式(2.10.1)表示的粒子的平均能量可表示为

$$\bar{\varepsilon} = \frac{1}{2}(r+r')kT + \overline{\varepsilon_q'} \tag{2.10.7}$$

现在用经典统计的能量均分定理讨论理想气体的内能和热容量. 对于单原子分子理想气体,分子只有平动动能,有 3 个动量平方项, 按能量均分定理, 分子的平均能量 $\bar{\varepsilon}=\frac{3}{2}kT$,气体的内能和热容量分别为 $U=\frac{3}{2}NkT$,$C_V=\frac{3}{2}Nk$, $C_p=\frac{5}{2}Nk$, 热容比 $\gamma=C_p/C_V=\frac{5}{3}$,这些结论都与实验结果符合得很好.

对于双原子分子理想气体,分子的运动由质心的平动、绕质心的转动和两个原子之间的振动三部分组成,平动能有 3 个动量平方项,转动能有 2 个角动量平方项,如果把振动看作为简谐振动,则它有 1 个动量平方项和 1 个坐标平方项,分子能量共有动量、坐标的 7 个平方项,按能量均分定理,分子的平均能量 $\bar{\varepsilon}=\frac{7}{2}kT$,气体的内能和热容量分别为 $U=\frac{7}{2}NkT$ 和 $C_V=\frac{7}{2}Nk$,$\gamma=\frac{9}{7}$. 这些结论与常温下大部分双原子分子理想气体的实验结果 $U=\frac{5}{2}NkT$,$C_V=\frac{5}{2}Nk$ 和 $\gamma=\frac{7}{5}$ 明显不符. 这种不符合暴露了经典统计理论的缺陷,只有用量子统计理论才能给出双原子分子理想气体的热容量的正确解释.

下面讨论双原子分子理想气体的内能和热容量的量子统计理论. 对于理想气体,玻尔兹曼分布适用. 对双原子分子,除了要考虑分子作为整体的平动(质心运动)外,还需要考虑分子的内部运动. 分子的内部运动包括分子的振动、转动和分子内电子的运动. 由于原子中电子的激发态和基态的能量差约为 1～10eV,相应的电子运动的特征温度 $\Theta_e=\frac{\Delta\varepsilon_e}{k}=10^4\sim10^5\mathrm{K}$,在一般的温度下热能不能使电子跃迁到激发态,因此,分子中的电子只能处在基态,对分子的热容量没有贡献,可以不予考虑. 双原子分子的能量 ε_l 可以近似表示为平动能 ε_t、振动能 ε_v 和转动能 ε_r 三者之和

$$\varepsilon_l = \varepsilon_t + \varepsilon_v + \varepsilon_r \tag{2.10.8}$$

其中,l 表示平动、振动和转动量子数(t,v,r)的集合. 设三种能级的简并度分别为 ω_t、ω_v、ω_r,分子的配分函数为

$$Z_1 = \sum_l \omega_l e^{-\beta\varepsilon_l} = \sum_{t,v,r} \omega_t \omega_v \omega_r e^{-\beta(\varepsilon_t+\varepsilon_v+\varepsilon_r)}$$
$$= \sum_t \omega_t e^{-\beta\varepsilon_t} \sum_v \omega_v e^{-\beta\varepsilon_v} \sum_r \omega_r e^{-\beta\varepsilon_r} = Z_1^t \cdot Z_1^v \cdot Z_1^r \qquad (2.10.9)$$

即双原子分子的配分函数 Z_1 等于平动配分函数 Z_1^t、振动配分函数 Z_1^v 和转动配分函数 Z_1^r 三者的乘积.

双原子分子理想气体的内能为

$$U = -N\frac{\partial}{\partial\beta}\ln Z_1 = -N\frac{\partial}{\partial\beta}(\ln Z_1^t + \ln Z_1^v + \ln Z_1^r) = U^t + U^v + U^r \qquad (2.10.10)$$

定容热容量为

$$C_V = \left(\frac{\partial U}{\partial T}\right)_V = C_V^t + C_V^v + C_V^r \qquad (2.10.11)$$

即系统的内能和热容量分别为三种运动的内能和热容量之和. 下面将分别讨论分子的平动、振动和转动三种运动的配分函数,以及它们对内能和热容量的贡献.

2.10.1 平动

平动的配分函数、内能和热容量已由 2.9 节的式(2.9.4)和式(2.9.9)两式给出,即

$$Z_1^t = V\left(\frac{2\pi m}{\beta h^2}\right)^{\frac{3}{2}}$$
$$U^t = \frac{3}{2}NkT,\quad C_V^t = \frac{3}{2}Nk \qquad (2.10.12)$$

对平动自由度 $\Delta\varepsilon_t \ll kT$,经典统计的能量均分定理适用,由此定理立即可以得到 $\bar{\varepsilon}_t = \frac{3}{2}kT$, $U = N\bar{\varepsilon}_t$, 与式(2.10.12)一致.

2.10.2 振动

双原子分子中两个原子之间的相对振动可以近似地看成为角频率为 ω 的线性谐振子. 由量子力学知谐振子的能级可表示为

$$\varepsilon_n = \left(n + \frac{1}{2}\right)\hbar\omega,\quad n = 0, 1, 2, \cdots \qquad (2.10.13)$$

振动能级的简并度 $\omega_n = 1$,振动配分函数为

$$Z_1^v = \sum_{n=0}^{\infty} e^{-\beta\hbar\omega\left(n+\frac{1}{2}\right)} = e^{-\frac{1}{2}\beta\hbar\omega}\sum_{n=0}^{\infty}(e^{-\beta\hbar\omega})^n = \frac{e^{-\frac{1}{2}\beta\hbar\omega}}{1 - e^{-\beta\hbar\omega}} \qquad (2.10.14)$$

因此,振动对内能的贡献为

$$U^v = -N\frac{\partial}{\partial\beta}\ln Z_1^v = \frac{1}{2}N\hbar\omega + \frac{N\hbar\omega}{e^{\beta\hbar\omega} - 1} \qquad (2.10.15)$$

式(2.10.15)第一项与温度无关,是 N 个振子的零点能,第二项是 N 个振子的激发能,与温度有关,只有这一项才对振动热容量有贡献,由内能的表达式(2.10.15)求微商,得到振动定容热容量

$$C_V^v = \left(\frac{\partial U}{\partial T}\right)_V = Nk\left(\frac{\hbar\omega}{kT}\right)^2 \frac{e^{\frac{\hbar\omega}{kT}}}{\left(e^{\frac{\hbar\omega}{kT}}-1\right)^2} = Nk\left(\frac{\hbar\omega}{kT}\right)^2 \frac{1}{4\sinh^2\frac{\hbar\omega}{2kT}} \tag{2.10.16}$$

引入振动特征温度

$$\Theta_v = \frac{\hbar\omega}{k} \tag{2.10.17}$$

则可将振动内能和热容量表示为

$$\begin{aligned} U^v &= \frac{1}{2}Nk\Theta_v + \frac{Nk\Theta_v}{e^{\frac{\Theta_v}{T}}-1} \\ C_V^v &= Nk\left(\frac{\Theta_v}{T}\right)^2 \frac{1}{4\sinh^2\frac{\Theta_v}{2T}} \end{aligned} \tag{2.10.18}$$

由光谱学的数据可以求得分子的振动频率 ω 和特征温度 Θ_v. 表 2.2 列出了几种双原子分子的振动特征温度 Θ_v 和转动特征温度 Θ_r 的值.

表 2.2

分 子	$\Theta_v/10^3$K	Θ_r/K	分 子	$\Theta_v/10^3$K	Θ_r/K
H_2	6.10	85.4	CO	3.07	2.77
N_2	3.34	2.86	NO	2.69	2.42
O_2	2.23	2.70	HCl	4.14	15.1

从表 2.2 看到双原子分子的 Θ_v 都在 10^3K 的数量级. 因此,在常温下有 $\Theta_v/T \gg 1$,振动对内能和热容量的贡献可近似表示为

$$\begin{aligned} U^v &= \frac{1}{2}Nk\Theta_v + Nk\Theta_v e^{-\frac{\Theta_v}{T}} \\ C_V^v &= Nk\left(\frac{\Theta_v}{T}\right)^2 e^{-\frac{\Theta_v}{T}} \end{aligned} \tag{2.10.19}$$

即在常温下振动对气体内能的贡献近似为$\frac{1}{2}Nk\Theta_v$,对热容量的贡献近似为零. 这是因为在常温下,$\Theta_v/T \gg 1$,分子的振动能级间距 $\hbar\omega$ 远大于分子的平均热能 kT,振子跃迁到激发态的概率极小,几乎所有的振子都冻结在基态. 因此,$U^v \approx \frac{1}{2}Nk\Theta_v$,$C_V^v \approx 0$.

在高温极限下,$\Theta_v/T \ll 1$,振动对内能和热容量的贡献分别为

$$U^v \approx NkT$$

$$C_V^v \approx Nk \tag{2.10.20}$$

这就是说，在高温时，kT 远大于振动能级间隔 $\Delta\varepsilon_v$，基态的分子将被激发到各个振动激发态，振动自由度参与能量均分. 按经典能量均分定理，每个振动自由度对平均能量的贡献为 kT，所以，振动对内能的贡献为 NkT，对热容量的贡献为 Nk.

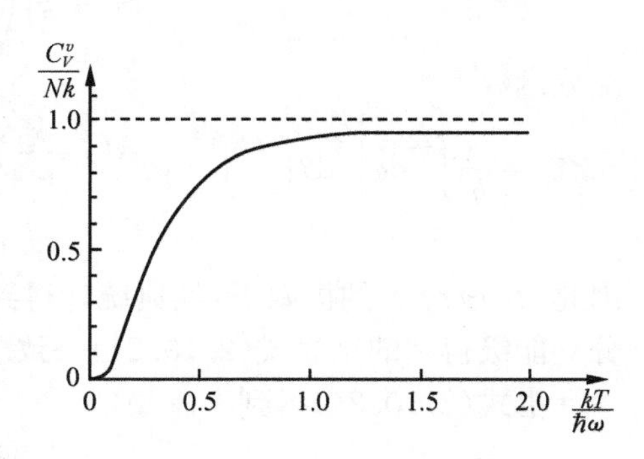

图 2.3 双原子分子理想气体的振动热容量随温度的变化

综上所述，双原子分子理想气体的振动热容量随温度的变化如图 2.3 所示，低温时几乎所有的分子都处于振动基态，$C_V^v \approx 0$；高温时分子的振动自由度充分激发，$C_V^v \approx Nk$. 在 $kT \sim \hbar\omega$ 处，C_V^v 由公式(2.10.18)给出.

2.10.3 转动

由量子力学粒子全同性原理的考虑，在讨论双原子分子的转动时，需要区分同核双原子分子和异核双原子分子两种不同的情形. 首先讨论异核双原子分子，例如，CO、NO 和 HCl 等. 双原子分子的转动自由度为 2，在量子力学中双原子分子的转动能级为

$$\varepsilon_l^r = \frac{l(l+1)\hbar^2}{2I}, \quad l = 0,1,2,\cdots \tag{2.10.21}$$

其中，l 是转动量子数，I 是分子的转动惯量. 能级 ε_l^r 的简并度为 $2l+1$，分子的转动配分函数为

$$Z_1^r = \sum_{l=0}^{\infty}(2l+1)\mathrm{e}^{-\frac{l(l+1)\hbar^2}{2IkT}} = \sum_{l=0}^{\infty}(2l+1)\mathrm{e}^{-l(l+1)\frac{\Theta_r}{T}} \tag{2.10.22}$$

其中

$$\Theta_r = \frac{\hbar^2}{2Ik} \tag{2.10.23}$$

为分子转动的特征温度. 表 2.2 列出了几种气体分子的转动特征温度 Θ_r. 从表中 Θ_r 的数值可以看出，在通常的温度范围内，均有 $\Theta_r/T \ll 1$，当 l 改变时，$l(l+1)\frac{\Theta_r}{T}$ 可以近似看作连续变量，注意到 $\Delta l = 1$，则式(2.10.22)可以近似用积分来代替

$$Z_1^r = \int_0^{\infty}(2l+1)\mathrm{e}^{-l(l+1)\frac{\Theta_r}{T}}\mathrm{d}l = \frac{T}{\Theta_r}\int_0^{\infty}\mathrm{e}^{-x}\mathrm{d}x = \frac{T}{\Theta_r} = \frac{2I}{\beta\hbar^2} \tag{2.10.24}$$

其中，$x = l(l+1)\frac{\Theta_r}{T}$. 在经典力学中，双原子分子的转动能为

$$\varepsilon^r = \frac{1}{2I}\left(p_\theta^2 + \frac{p_\varphi^2}{\sin^2\theta}\right) \tag{2.10.25}$$

配分函数

$$Z_{1c}^r = \frac{1}{h^2}\int_0^{2\pi}\mathrm{d}\varphi\int_0^{\pi}\mathrm{d}\theta\int_{-\infty}^{\infty}\int_{-\infty}^{\infty}\mathrm{e}^{-\frac{\beta}{2I}\left(p_\theta^2+\frac{p_\varphi^2}{\sin^2\theta}\right)}\mathrm{d}p_\theta\,\mathrm{d}p_\varphi = \frac{4\pi^2 I}{h^2\beta}\int_0^{\pi}\sin\theta\mathrm{d}\theta = \frac{8\pi^2 I}{h^2\beta} = \frac{2I}{h^2\beta} \tag{2.10.26}$$

因此,在 $\Theta_r \ll T$ 的极限下,经典统计得到的配分函数式(2.10.26)与量子力学考虑分立能级得到的结果式(2.10.24)一致.

由式(2.10.24)得到

$$U^r = -N\frac{\partial}{\partial\beta}\ln Z_1^r = NkT \tag{2.10.27}$$

$$C_V^r = Nk$$

这正是能量均分定理的结果.这是容易理解的,因为在常温下,kT 远大于分子转动能级间距,转动能级可以看成是连续的.转动动能有两个动量的平方项,由能量均分定理得,$\bar{\varepsilon} = kT$,$U = N\bar{\varepsilon} = NkT$.量子统计和经典统计得到相同的转动能量和转动热容量.

另一种极限情形是 $T\to 0$,此时$\frac{\Theta_r}{T}\gg 1$,转动配分函数由式(2.10.22)给出,该式中的各项随着 l 的增加而迅速减小,对 l 求和只要考虑第一、二项就够了

$$Z_1^r = 1 + 3\mathrm{e}^{-2\frac{\Theta_r}{T}} \tag{2.10.28}$$

配分函数的对数 $\ln Z_1^r = \ln(1+3\mathrm{e}^{-2\frac{\Theta_r}{T}}) \approx 3\mathrm{e}^{-2\frac{\Theta_r}{T}}$,转动对气体的内能和热容量的贡献分别为

$$U^r = -N\frac{\partial}{\partial\beta}\ln Z_1^r = 6Nk\Theta_r\mathrm{e}^{-2\frac{\Theta_r}{T}} \tag{2.10.29}$$

$$C_V^r = \frac{\partial U^r}{\partial T} = 12Nk\left(\frac{\Theta_r}{T}\right)^2\mathrm{e}^{-2\frac{\Theta_r}{T}} \tag{2.10.30}$$

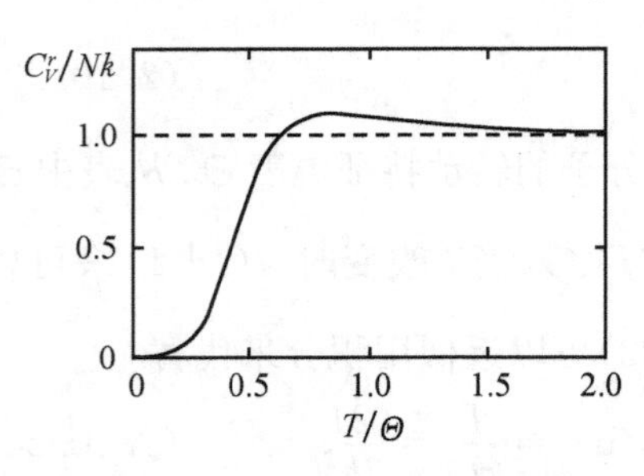

图 2.4 双原子分子理想气体的转动热容量随温度的变化

这些量都是随温度 T 的减少而递减的函数,当 $T\to 0\mathrm{K}$ 时,$C_V^r\to 0$.

转动热容量 C_V^r 随温度 T 的变化如图 2.4 所示.

同核双原子分子与异核双原子分子的差别在于同核分子中的两个原子核是全同粒子,必须考虑核的全同性原理对分子转动状态和配分函数的影响.这里只讨论氢分子的转动,氢分子的核由两个质子组成,质子的核自旋量

子数 $s=\frac{1}{2}$，是费米子. 根据粒子全同性原理，氢分子核的波函数 ψ_N 应是反对称的. ψ_N 可以表示为核的平动波函数 φ_t、振动波函数 φ_v、转动波函数 φ_r 和自旋波函数 φ_s 的乘积，即

$$\psi_N = \varphi_t \varphi_v \varphi_r \varphi_s \tag{2.10.31}$$

其中，φ_t 和 φ_v 在两个氢核交换时是对称的，因此，要求 φ_r 和 φ_s 在两个氢核交换时是反对称的. 氢分子核的转动波函数 $\varphi_r = Y_l^m(\theta,\varphi)$ 的交换对称性由转动量子数 l 的奇偶性决定，l 等于奇数时转动波函数是反对称的，l 等于偶数或零时转动波函数是对称的. 氢原子核的自旋 $s=1/2$，氢分子共有 $2^2=4$ 个独立的核自旋态：其中有三个是对称态，属于总自旋 $S=1$；一个是反对称态，属于总自旋 $S=0$. 因此，氢分子可能出现如下两种情形：①氢分子的核自旋 $S=1$，φ_s 在两个氢核交换时是对称的，这就要求 φ_r 在两个氢核交换时是反对称的，转动量子数 l 只能取奇数. 核自旋 $S=1$ 的氢分子称为正氢分子；②假如两个氢核的自旋是反平行的，氢分子的核自旋$S=0$，φ_s 在两个氢核交换时是反对称的，这就要求 φ_r 在两个氢核交换时是对称的，转动量子数 l 只能取零或偶数. 核自旋 $S=0$ 的氢分子称为仲氢分子. 正氢和仲氢两种状态转换的概率很小，自然界中的氢气实际上是正氢和仲氢两种氢气的混合物. 通常氢气的样品都是在室温条件下制备和保存的，其中正氢约占 3/4，仲氢约占 1/4. 正氢和仲氢的转动配分函数 $Z_{1\mathrm{o}}^r$和 $Z_{1\mathrm{p}}^r$分别为

$$Z_{1\mathrm{o}}^r = \sum_{l=1,3,5,\cdots} (2l+1)\mathrm{e}^{-l(l+1)\frac{\Theta_r}{T}} \tag{2.10.32}$$

$$Z_{1\mathrm{p}}^r = \sum_{l=0,2,4,\cdots} (2l+1)\mathrm{e}^{-l(l+1)\frac{\Theta_r}{T}} \tag{2.10.33}$$

氢分子转动配分函数的对数为

$$\ln Z_1^r = \frac{3}{4}\ln Z_{1\mathrm{o}}^r + \frac{1}{4}\ln Z_{1\mathrm{p}}^r \tag{2.10.34}$$

氢气的转动能和热容量分别为

$$\begin{aligned} U^r &= -N\frac{\partial}{\partial\beta}\ln Z_1^r = \frac{3}{4}N\overline{\varepsilon_\mathrm{o}^r} + \frac{1}{4}N\overline{\varepsilon_\mathrm{p}^r} \\ C_V^r &= \frac{3}{4}Nc_{V\mathrm{o}}^r + \frac{1}{4}Nc_{V\mathrm{p}}^r \end{aligned} \tag{2.10.35}$$

其中，$\overline{\varepsilon_\mathrm{o}^r} = -\frac{\partial}{\partial\beta}\ln Z_{1\mathrm{o}}^r$和$\overline{\varepsilon_\mathrm{p}^r} = -\frac{\partial}{\partial\beta}\ln Z_{1\mathrm{p}}^r$分别为正氢分子和仲氢分子的平均转动能，$c_{V\mathrm{o}}^r = \left(\frac{\partial}{\partial T}\overline{\varepsilon_\mathrm{o}^r}\right)_V$ 和 $c_{V\mathrm{p}}^r = \left(\frac{\partial}{\partial T}\overline{\varepsilon_\mathrm{p}^r}\right)_V$ 分别为正氢分子和仲氢分子的转动热容量. 按照式(2.10.35)得到的氢气的转动热容量与实验结果相符合.

氢分子的转动特征温度 $\Theta_r=85.4\mathrm{K}$，当 $T\gg\Theta_r$ 时，氢分子的转动能级可以看作准连续的，式(2.10.32)和式(2.10.33)两式求和近似相等

$$\sum_{l=1,3,5,\cdots}(2l+1)\mathrm{e}^{-l(l+1)\frac{\Theta_r}{T}} \approx \sum_{l=0,2,4,\cdots}(2l+1)\mathrm{e}^{-l(l+1)\frac{\Theta_r}{T}} \tag{2.10.36}$$

当$\Theta_r/T \ll 1$时，和异核双原子分子情形一样，Z_1^r的求和可用积分来代替，其值由式(2.10.24)给出，因此有

$$Z_{1o}^r \approx Z_{1p}^r \approx \frac{1}{2}Z_1^r \approx \frac{I}{\beta h^2} \tag{2.10.37}$$

转动能和转动热容量分别为

$$\begin{aligned} U^r &= NkT \\ C_V^r &= Nk \end{aligned} \tag{2.10.38}$$

和经典能量均分定理的结果一致. 由于氢分子的转动惯量小，氢分子的Θ_r值比其他分子要大，所以，在较低的温度(如$T<100\mathrm{K}$)，氢气的转动热容量的值将明显地偏离它的经典值Nk，此时C_V^r的值应由式(2.10.35)来计算.

这一节讲述了经典能量均分定理及理想气体的内能和热容量的量子统计理论. 在玻尔兹曼分布适用的情形下，如果气体的温度T比气体分子的某个自由度的特征温度Θ大得多，那么对应这一自由度的运动，能量均分定理适用，由量子统计和由经典统计得到的内能和热容量是相同的；相反，如果气体的温度小于某种运动的特征温度$T \leqslant \Theta$，能量均分定理不再适用，气体的这种运动的内能和热容量必须用量子统计理论来处理.

2.11 固体的顺磁性

物质的顺磁性是玻尔兹曼统计成功处理的一个重要实例. 众所周知，很多物质的原子或离子具有固有磁矩μ. 当它处于外磁场$\boldsymbol{H}$中时，磁矩将沿着磁场方向排列，其能量$\varepsilon=-\boldsymbol{\mu}\cdot\boldsymbol{B}$，其中$\boldsymbol{B}=\mu_0\boldsymbol{H}$为磁感应强度. 另一方面，磁性原子的热运动将使磁矩排列方向变得混乱. 因此，在一定的温度和一定的磁场下顺磁物质的总磁矩$\boldsymbol{M}$将由这两种不同机制竞争决定. 由于磁性原子固定在晶体的格点上，若它们之间的相互作用可以忽略不计，则顺磁性固体可以看作是由局域的近独立磁性原子组成的系统，服从玻尔兹曼分布.

为简单起见，设磁性原子的角动量为$\frac{1}{2}\hbar$，磁矩为μ，它在外磁场$\boldsymbol{H}$中分裂成能量为

$$\varepsilon = -\boldsymbol{\mu}\cdot\boldsymbol{B} = \mp\mu B \tag{2.11.1}$$

的两个能级，当磁矩沿外磁场方向时，上式取负号，逆向时取正号，磁矩的配分函数为

$$Z_1 = \mathrm{e}^{\beta\mu B} + \mathrm{e}^{-\beta\mu B} = 2\cosh\beta\mu B \tag{2.11.2}$$

系统的自由能为

$$F(T,B)=-NkT\ln Z_1=-NkT\ln(2\cosh\beta\mu B) \tag{2.11.3}$$

系统的总磁矩为

$$M=N\bar{\mu}=N\mu\frac{e^{\beta\mu B}-e^{-\beta\mu B}}{Z_1}=N\mu\tanh\beta\mu B \tag{2.11.4}$$

其中，$\bar{\mu}=\mu\dfrac{e^{\beta\mu B}-e^{-\beta\mu B}}{Z_1}=\mu\tanh\beta\mu B$ 是原子的平均磁矩. 磁化强度为

$$m=\frac{M}{V}=n\mu\tanh\beta\mu B \tag{2.11.5}$$

图 2.5 给出了磁化强度 m 随 $\mu B/kT$ 变化的曲线. 在弱场和高温极限下，$\mu B/kT\ll 1$，$\tanh\dfrac{\mu B}{kT}\approx\dfrac{\mu B}{kT}$，则有

$$m=\frac{n\mu^2}{kT}B=\frac{n\mu^2\mu_0}{kT}H=\frac{CH}{T} \tag{2.11.6}$$

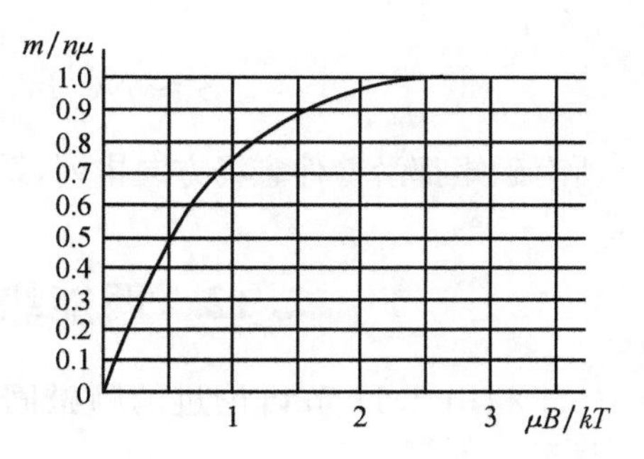

图 2.5 磁化强度随磁场和温度的变化曲线

其中，$C=\dfrac{n\mu^2\mu_0}{k}$ 是一个与温度和磁场无关的常数. 磁化率为

$$\chi=\frac{\partial m}{\partial H}=\frac{n\mu^2\mu_0}{kT}=\frac{C}{T} \tag{2.11.7}$$

式(2.11.6)和式(2.11.7)两式就是人们熟知的顺磁体的居里定律.

在强场和低温极限下，$\dfrac{\mu B}{kT}\gg 1$，$\tanh\dfrac{\mu B}{kT}\approx 1$，得到

$$m=n\mu \tag{2.11.8}$$

即在强磁场和低温度下几乎所有的原子磁矩都沿着外磁场方向排列，磁化强度达到饱和.

由式(2.11.2)和式(2.11.4)两式，得顺磁体的内能

$$U=-N\frac{\partial}{\partial\beta}\ln Z_1=-N\mu B\tanh\frac{\mu B}{kT}=-MB \tag{2.11.9}$$

MB 是顺磁体在磁化过程中放出的能量，因此在磁化过程中顺磁体的内能减少.

顺磁体的熵

$$S=Nk\left(\ln Z_1-\beta\frac{\partial}{\partial\beta}\ln Z_1\right)=Nk\left\{\ln 2+\ln\cosh\left(\frac{\mu B}{kT}\right)-\left(\frac{\mu B}{kT}\right)\tanh\left(\frac{\mu B}{kT}\right)\right\} \tag{2.11.10}$$

在弱场和高温极限下，$\mu B/kT\ll 1$，$\cosh\dfrac{\mu B}{kT}\approx 1+\dfrac{1}{2}\left(\dfrac{\mu B}{kT}\right)^2$，故有

$$S \approx Nk\left\{\ln 2 - \frac{1}{2}\left(\frac{\mu B}{kT}\right)^2\right\} \approx Nk\ln 2 \tag{2.11.11}$$

由式(2.11.11)和玻尔兹曼关系 $S=k\ln W$,得到顺磁体在弱场和高温极限下的微观状态数 $W=2^N$. 这是因为在弱场和高温极限下,每个磁矩沿磁场方向取向和逆磁场方向取向的概率相等,有两个微观状态,所以,系统总的微观状态数为 2^N,熵 $S=k\ln 2^N=Nk\ln 2$.

在强场和低温极限下,$\mu B/kT \gg 1$,$\cosh\frac{\mu B}{kT} \approx \frac{1}{2}e^{\frac{\mu B}{kT}}$,得

$$S \approx Nk\left\{\ln 2 + \ln\left(\frac{1}{2}e^{\frac{\mu B}{kT}}\right) - \frac{\mu B}{kT}\right\} \approx 0 \tag{2.11.12}$$

所有磁矩都沿着外磁场方向排列,系统的微观状态数为 1,系统最有序,熵 $S=0$.

2.12 两能级系统中的负温度状态

利用 2.11 节讨论过的顺磁固体的例子,可以把温度的概念推广到负温度状态.

由热力学基本方程得知,系统的温度 T 可由在保持外参量 y 不变时,系统的熵随内能的变化率来表示

$$\frac{1}{T} = \left(\frac{\partial S}{\partial E}\right)_y \tag{2.12.1}$$

在我们通常遇到的系统中,系统的内能越高时,可能出现的微观状态数越多,熵也越大. 熵是内能的单调增函数,对这样的系统,温度恒为正. 但热力学并不排斥出现负温度的可能性. 如果系统的内能增加而熵反而减少,系统就可能出现负温度状态. 磁矩系统就是一个例子.

为简单起见,考虑自旋量子数为$\frac{1}{2}$、磁矩为 $\mu=\frac{e\hbar}{2m}$的 N 个原子组成的磁矩系统,在外磁场 $\boldsymbol{B}$ 的作用下,磁矩可以与外磁场平行或反平行,其能量

$$\varepsilon_\mu = -\boldsymbol{\mu}\cdot\boldsymbol{B} = \mp\frac{e\hbar}{2m}B \tag{2.12.2}$$

每个磁矩都只能有两个能级. 记 $\varepsilon=\frac{e\hbar}{2m}B$,用 N_+ 和 N_- 分别表示能量为 $\pm\varepsilon$ 的磁矩数,则有

$$\begin{aligned} N &= N_+ + N_- \\ E &= (N_+ - N_-)\varepsilon \end{aligned} \tag{2.12.3}$$

其中,E 为系统的能量. 由式(2.12.3)得到

$$N_+ = \frac{1}{2}\left(N + \frac{E}{\varepsilon}\right)$$

$$N_- = \frac{1}{2}\left(N - \frac{E}{\varepsilon}\right) \tag{2.12.4}$$

对给定的外磁场$\boldsymbol{B}$、总磁矩数为N和总能量为E的系统的微观状态数为

$$W(E,N,B) = \frac{N!}{N_+!N_-!} = \frac{N!}{\left[\frac{1}{2}\left(N+\frac{E}{\varepsilon}\right)\right]!\left[\frac{1}{2}\left(N-\frac{E}{\varepsilon}\right)\right]!} \tag{2.12.5}$$

系统的熵为

$$\begin{aligned} S(E,N,B) &= k\ln W = k(N\ln N - N_+\ln N_+ - N_-\ln N_-) \\ &= Nk\left\{\ln 2 - \frac{1}{2}\left(1+\frac{E}{N\varepsilon}\right)\ln\left(1+\frac{E}{N\varepsilon}\right) - \frac{1}{2}\left(1-\frac{E}{N\varepsilon}\right)\ln\left(1-\frac{E}{N\varepsilon}\right)\right\} \end{aligned} \tag{2.12.6}$$

式中已利用了斯特林近似公式. 由式(2.12.1)和式(2.12.6)两式可得

$$\frac{1}{T} = \left(\frac{\partial S}{\partial E}\right)_B = \frac{k}{2\varepsilon}\ln\left[\frac{1-\frac{E}{N\varepsilon}}{1+\frac{E}{N\varepsilon}}\right] \tag{2.12.7}$$

式(2.12.6)给出了S对E的依赖关系，如图2.6所示，S是E的偶函数，图形以$E=0$的轴左右对称. 在绝对零度时，N个磁矩都处在低能级$-\varepsilon$上，系统完全有序，总能量$E=-N\varepsilon$，熵$S=0$. 随着温度T的升高，有一些磁矩激发到高能级$+\varepsilon$，但只要$E<0$，$N_+<N_-$时，曲线的斜率总是大于零，$T>0$，这就是通常的正温度状态. 现在要问，能否通过增加系统的温度，使N个磁矩全部激发到高能级$+\varepsilon$上去？如果可以，这个温度应该是多少？

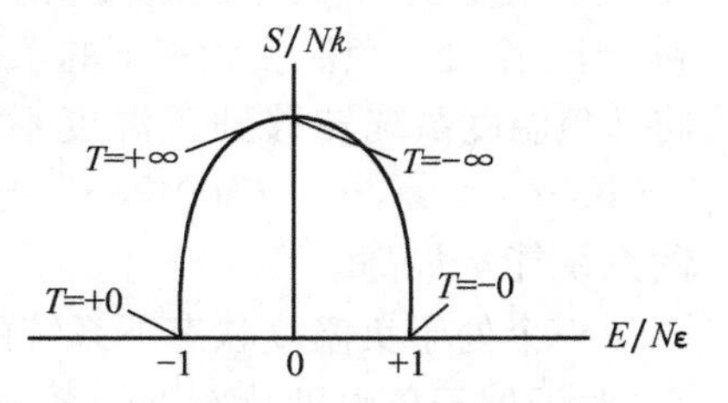

图2.6 磁矩系统的熵随内能的变化

初看起来，温度升高，磁矩的无规热运动的平均动能增加，只要T足够高时，总可以使系统大部分的磁矩激发到高能级$+\varepsilon$上. 其实不然，按照玻尔兹曼统计，磁矩占据能级$\pm\varepsilon$的概率分别为$f_+\sim e^{-\beta\varepsilon}$和$f_-\sim e^{+\beta\varepsilon}$，当$T\to+\infty$时，$\beta=\frac{1}{kT}\to 0^+$，$f_+=f_-$，此时占据上下能级的磁矩数相等，都为$\frac{N}{2}$. 这就是说，即使$T\to+\infty$，占据高能级的磁矩数最多为$\frac{N}{2}$，$E=0$，系统的微观状态数$W$和熵$S$分别为

$$W = \frac{N!}{\left[\left(\frac{N}{2}\right)!\right]^2},\quad S = Nk\ln 2 \tag{2.12.8}$$

两者都达到了它们的最大值，系统最无序.

那么有没有可能出现 $f_+ > f_-$，$E>0$ 的情形呢？答案是肯定的，只要取 $\beta<0$，也即 $T<0$，系统处于负温度状态，即可做到这一点. 从图 2.6 看到，当 $N_+ \leqslant N_-$ 时，从 $E<0$ 方向趋近于 $E=0$ 点时，N_+ 增加，系统的内能和熵都增加，$\left(\frac{\partial S}{\partial E}\right)_B>0$，即 $T>0$. 在 $E=0$ 处，$N_+=N_-$，温度 T 趋于 $+\infty$，熵 S 达到它的最大值. 当 E 越过 $E=0$ 的点而进入 $E>0$ 区域时，占据高能级的磁矩数 N_+ 大于低能级的磁矩数 N_-，$\left(\frac{\partial S}{\partial E}\right)_B<0$，系统处于负温度状态. 因此，当系统的能量从 $E>0$ 区域趋近 $E=0$ 时，系统的温度从负有限值趋于 $-\infty$，$N_+=N_-$. 当 N_+ 从 $\frac{N}{2}$ 继续增加时，$\frac{\partial S}{\partial E}<0$，$T<0$，温度为负值，而且随着 N_+ 的增加，温度仍保持为负值，但其绝对值减小，直到所有磁矩都占据高能级，$N_+=N$，$E=N\varepsilon$，$S=0$，系统完全有序，此时系统的温度为 $T=0^-$.

综上所述，可以得到如下结论：在 $N_+<N_-$，$E<0$ 区域(E-S 曲线的左半部分)，系统处于正温度状态；在 $N_+>N_-$，$E>0$ 区域(E-S 曲线的右半部分)，系统处于负温度状态. 处于负温度状态下系统的能量高于处于正温度状态下系统的能量. 当一个处于负温度状态下的系统与一个处于正温度状态下的系统热接触时，热量将从负温度系统转移到正温度系统. 系统从“冷”到“热”的温度顺序为 $+0$K，…，300K，…，$\pm\infty$，…，-300K，…，-0K，温度为 $+0$K 的系统能量最低，温度为 -0K 的系统能量最高.

一个处于负温度状态下系统的能量比处于任何正温度状态下系统的能量都要高. 对于处于负温度状态下的系统，占据高能级的磁矩数比占据低能级的磁矩数要多，$N_+>N_-$. 系统的这种状态称为粒子数反转状态. 粒子数反转状态不仅在磁矩系统中存在，而且在激光系统中也十分重要.

负温度现象最早是由珀塞耳(Purcell)和庞德(Pound)于 1951 年在 LiF 晶体的核自旋系统中发现的. 他们把 LiF 晶体在强磁场和低温下磁化，让尽可能多的核自旋沿着磁场方向排列起来. LiF 晶体的核自旋之间热平衡的弛豫时间 $\tau_1 \sim 10^{-5}$ s，所以经过 τ_1 时间后核自旋系统达到平衡. 现在突然将磁场反向，经过数量级为 τ_1 的弛豫时间后，核自旋系统达到了新的平衡态，此时 $N_+>N_-$，这是一个粒子数反转态，即负温度状态. 必须指出，整个 LiF 晶体仍处在实验室温度，只有核自旋系统受到磁场突然反向的影响，大多数核自旋占据与磁场方向相反的高能级 $+\varepsilon$ 态. LiF 晶体和核自旋系统达到热平衡的弛豫时间 τ_2 很大，约为 5min，因此可以在 τ_2 时间内用测量与磁场方向相反的负的核磁矩来确定核自旋系统的负温度状态. 在经过约 5min 时间后，由于核自旋和晶体之间的相互作用，核自旋逐渐反向，沿着磁场方向排列起来，核自旋系统重新回到正温度状态.

负温度状态只能在特定的系统中才能存在，它必须满足以下两个条件：①粒子的能级必须有上限.一般的系统不满足这个条件,例如,具有平动、转动或振动自由度的粒子,其能级没有上限,系统可能有的微观状态数将随能量增加而增加,系统的熵是能量的单调增函数,所以能级没有上限的系统温度恒为正;②系统内部达到平衡的弛豫时间 τ_1 很短,能使系统很快能达到平衡(局部平衡),而且系统必须与任何正温度系统热隔绝,或者与正温度系统达到平衡的弛豫时间 τ_2 较长,满足 $\tau_2 \gg \tau_1$ 时,才能使系统处于负温度状态,并在实验中观察到.

2.13 玻色系统和费米系统的热力学函数

在 2.9～2.11 节中我们用玻尔兹曼分布讨论了满足非简并条件 $e^{\alpha} \gg 1$ 的近独立粒子系统的平衡性质,满足非简并条件的气体称为非简并气体,遵循玻尔兹曼分布,反之,不满足非简并条件的气体称为简并气体,简并气体必须计及粒子全同性原理,需要用玻色分布或费米分布来处理.玻色分布和费米分布的表达式分别为

$$a_l = \frac{\omega_l}{e^{\alpha+\beta\varepsilon_l} \pm 1} \tag{2.13.1}$$

其中,"+"号对应费米分布,"−"号对应玻色分布.把 α、β 和外参量 y 作为自变量,则系统的平均粒子数和平均能量分别为

$$\begin{aligned} \bar{N} &= \sum_l a_l = \sum_l \frac{\omega_l}{e^{\alpha+\beta\varepsilon_l} \pm 1} \\ \bar{E} &= \sum_l a_l \varepsilon_l = \sum_l \frac{\omega_l \varepsilon_l}{e^{\alpha+\beta\varepsilon_l} \pm 1} \end{aligned} \tag{2.13.2}$$

$\bar{E}$ 就是系统的内能 U.先讨论玻色系统,定义巨配分函数

$$\Xi = \prod_l \Xi_l = \prod_l (1 - e^{-\alpha-\beta\varepsilon_l})^{-\omega_l} \tag{2.13.3}$$

它的对数为

$$\ln\Xi = -\sum_l \omega_l \ln(1 - e^{-\alpha-\beta\varepsilon_l}) \tag{2.13.4}$$

利用 $\ln\Xi$,式(2.13.2)可改写成

$$\begin{aligned} \bar{N} &= \sum_l \frac{\omega_l}{e^{\alpha+\beta\varepsilon} - 1} = -\frac{\partial}{\partial\alpha}\ln\Xi \\ U &= \sum_l \frac{\omega_l \varepsilon_l}{e^{\alpha+\beta\varepsilon_l} - 1} = -\frac{\partial}{\partial\beta}\ln\Xi \end{aligned} \tag{2.13.5}$$

外界作用在系统上的广义力 Y 是$\frac{\partial\varepsilon_l}{\partial y}$的统计平均值

$$Y = \sum_l \frac{\partial\varepsilon_l}{\partial y} a_l = \sum_l \frac{\partial\varepsilon_l}{\partial y} \frac{\omega_l}{e^{\alpha+\beta\varepsilon_l} - 1} = -\frac{1}{\beta}\frac{\partial}{\partial y}\ln\Xi \tag{2.13.6}$$

例如,当外参量 $y=V$ 时,广义力 $Y=-p$,压强

$$p=\frac{1}{\beta}\frac{\partial}{\partial V}\ln\Xi \tag{2.13.7}$$

作函数

$$\beta\left(\mathrm{d}U-Y\mathrm{d}y+\frac{\alpha}{\beta}\mathrm{d}\bar{N}\right)=-\beta\mathrm{d}\left(\frac{\partial}{\partial\beta}\ln\Xi\right)+\left(\frac{\partial}{\partial y}\ln\Xi\right)\mathrm{d}y-\alpha\,\mathrm{d}\left(\frac{\partial}{\partial\alpha}\ln\Xi\right)$$

$\ln\Xi$ 是 α、β、y 的函数,它的全微分为

$$\mathrm{d}\ln\Xi=\frac{\partial\ln\Xi}{\partial\alpha}\mathrm{d}\alpha+\frac{\partial\ln\Xi}{\partial\beta}\mathrm{d}\beta+\frac{\partial\ln\Xi}{\partial y}\mathrm{d}y \tag{2.13.8}$$

将式(2.13.8)代入上式得

$$\beta\left(\mathrm{d}U-Y\mathrm{d}y+\frac{\alpha}{\beta}\mathrm{d}\bar{N}\right)=\mathrm{d}\left(\ln\Xi-\alpha\frac{\partial\ln\Xi}{\partial\alpha}-\beta\frac{\partial\ln\Xi}{\partial\beta}\right) \tag{2.13.9}$$

式(2.13.9)表示 β 是 $\mathrm{d}U-Y\mathrm{d}y+\frac{\alpha}{\beta}\mathrm{d}\bar{N}$ 的积分因子,与开放系的热力学基本方程

$$\frac{1}{T}\mathrm{d}Q=\frac{1}{T}(\mathrm{d}U-Y\mathrm{d}y-\mu\,\mathrm{d}N)=\mathrm{d}S \tag{2.13.10}$$

比较,知 β 和 $\frac{1}{T}$ 都是 $\mathrm{d}Q$ 积分因子,由此得到

$$\beta=\frac{1}{kT},\quad \alpha=-\beta\mu=-\frac{\mu}{kT} \tag{2.13.11}$$

其中,k 为玻尔兹曼常量.熵 S 的微分为

$$\mathrm{d}S=k\mathrm{d}\left(\ln\Xi-\alpha\frac{\partial\ln\Xi}{\partial\alpha}-\beta\frac{\partial\ln\Xi}{\partial\beta}\right) \tag{2.13.12}$$

将式(2.13.12)积分得

$$S=k\left(\ln\Xi-\alpha\frac{\partial\ln\Xi}{\partial\alpha}-\beta\frac{\partial\ln\Xi}{\partial\beta}\right)=k(\ln\Xi+\alpha\bar{N}+\beta U) \tag{2.13.13}$$

其中已将熵的积分常数取为零.由式(2.13.1)和式(2.13.4)得

$$\alpha+\beta\varepsilon_l=\ln\frac{\omega_l+a_l}{a_l}$$

$$\ln\Xi=-\sum_l\omega_l\ln\frac{\omega_l}{\omega_l+a_l}$$

将上面两式代入式(2.13.13),得

$$S=k\sum_l\{(\omega_l+a_l)\ln(\omega_l+a_l)-a_l\ln a_l-\omega_l\ln\omega_l\} \tag{2.13.14}$$

将式(2.13.14)与式(2.6.3)比较得到玻色系统熵的玻尔兹曼关系

$$S=k\ln W \tag{2.13.15}$$

其中,W 是与玻色分布相应的微观状态数.

从上面的讨论可以得出,只要给定了 $\ln\Xi$ 即可求得基本热力学函数,从而确定系统所有的平衡性质,$\ln\Xi$ 是系统以 α,β,y 为变量的特征函数.热力学中讲过对于

以 μ、T、V 为变量的简单系统，巨势 $J=U-TS-N\mu$ 是特征函数. 在统计物理中，由式(2.13.11)与式(2.13.13)得到巨势 J 与 $\ln\Xi$ 的关系为

$$J=-kT\ln\Xi \tag{2.13.16}$$

对于费米系统可做类似的讨论，结论是只要将巨配分函数及其对数定义为

$$\Xi=\prod_l \Xi_l=\prod_l (1+\mathrm{e}^{-\alpha-\beta\varepsilon_l})^{\omega_l} \tag{2.13.17}$$

$$\ln\Xi=\sum_l \omega_l \ln(1+\mathrm{e}^{-\alpha-\beta\varepsilon_l}) \tag{2.13.18}$$

则对玻色系统得到的所有热力学量的统计表达式，同样适用于费米系统.

2.14 弱简并理想玻色气体和费米气体

玻色气体和费米气体在能级 ε_l 上的粒子数由玻色分布和费米分布给出

$$a_l=\frac{\omega_l}{\mathrm{e}^{\alpha+\beta\varepsilon_l}\pm 1}=\frac{\omega_l}{\frac{1}{z}\mathrm{e}^{\beta\varepsilon_l}\pm 1} \tag{2.14.1}$$

其中，“+”号对应于费米分布，“−”号对应于玻色分布，z 称为逸度，它定义为

$$z=\mathrm{e}^{-\alpha}=\mathrm{e}^{\beta\mu} \tag{2.14.2}$$

z 值的大小决定了粒子全同性原理所引起的量子效应的重要程度. 当 $z\ll 1$ 时，满足非简并条件，粒子全同性原理所引起的量子效应可以忽略，玻色分布和费米分布都过渡到玻尔兹曼分布，这种气体称为非简并气体；相反，不满足 $z\ll 1$ 条件的气体，式(2.14.1)分母中的 ± 1 不能忽略，需要考虑粒子全同性原理引起的量子效应，要用玻色分布或费米分布来处理，这种气体称为简并气体. 粒子全同性原理带来的量子统计关联效应对简并气体的宏观性质有重要的影响，使得简并气体性质不同于非简并气体，也使玻色气体性质和费米气体性质迥然不同.

在 2.9 节已经用玻尔兹曼分布讨论了理想气体的性质，得到的非简并条件可表示为

$$z=\mathrm{e}^{-\alpha}=\frac{N}{V}\left(\frac{h^2}{2\pi mkT}\right)^{\frac{3}{2}}=n\lambda^3\ll 1 \tag{2.14.3}$$

其中，n 为粒子的数密度，$\lambda=h/\sqrt{2\pi mkT}$ 为粒子的热波长. 本节将讨论 z 虽然小，但分母中的 ± 1 不能忽略的弱简并情形，所得的结果将表明简并气体与玻尔兹曼气体的宏观性质之间的差异.

玻色气体和费米气体的性质由巨配分函数的对数

$$\ln\Xi=\pm\sum_l \omega_l \ln(1\pm z\mathrm{e}^{-\beta\varepsilon_l}) \tag{2.14.4}$$

确定. 其中“+”号对应于费米分布，“−”号对应于玻色分布，z 为逸度. 为简单起

见，考虑单原子分子理想玻色气体和费米气体，粒子只有平动自由度，平动能量

$$\varepsilon=\frac{1}{2m}(p_x^2+p_y^2+p_z^2) \tag{2.14.5}$$

由于粒子的平动能级间距 $\Delta\varepsilon_l \ll kT$，因此平动能级可以看作连续的. 在体积 V 内，粒子的能量在 $\varepsilon\sim\varepsilon+\mathrm{d}\varepsilon$ 范围内的微观状态数为

$$g(\varepsilon)\mathrm{d}\varepsilon=\omega_0 2\pi V\left(\frac{2m}{h^2}\right)^{\frac{3}{2}}\varepsilon^{\frac{1}{2}}\mathrm{d}\varepsilon \tag{2.14.6}$$

其中，ω_0 是与粒子自旋有关的简并度. 利用式(2.14.6)，并用对能量 ε 求积分代替对能级 l 求和，得巨配分函数的对数

$$\ln\Xi=\pm\int_0^\infty \mathrm{d}\varepsilon g(\varepsilon)\ln(1\pm z\mathrm{e}^{-\beta\varepsilon})=\pm\omega_0 2\pi V\left(\frac{2m}{h^2}\right)^{\frac{3}{2}}\int_0^\infty \mathrm{d}\varepsilon\varepsilon^{\frac{1}{2}}\ln(1\pm z\mathrm{e}^{-\beta\varepsilon}) \tag{2.14.7}$$

利用数学公式

$$\ln(1\pm x)=-\sum_{l=1}^{\infty}\frac{(\mp 1)^l}{l}x^l,\quad |x|<1 \tag{2.14.8}$$

在 $z<1$ 的条件下，式(2.14.7)可以改写为

$$\ln\Xi=\omega_0 2\pi V\left(\frac{2m}{h^2}\right)^{\frac{3}{2}}\sum_{l=1}^{\infty}\frac{(\mp 1)^{l-1}}{l}z^l\int_0^\infty \varepsilon^{\frac{1}{2}}\mathrm{e}^{-l\beta\varepsilon}\mathrm{d}\varepsilon=\omega_0 V\left(\frac{2\pi m}{\beta h^2}\right)^{\frac{3}{2}}\sum_{l=1}^{\infty}\frac{(\mp 1)^{l-1}}{l^{\frac{5}{2}}}z^l \tag{2.14.9}$$

气体的平均粒子数、平均能量和压强分别为

$$\bar{N}=-\frac{\partial\ln\Xi}{\partial\alpha}=z\frac{\partial\ln\Xi}{\partial z}=\omega_0 V\left(\frac{2\pi m}{\beta h^2}\right)^{\frac{3}{2}}\sum_{l=1}^{\infty}\frac{(\mp 1)^{l-1}}{l^{\frac{3}{2}}}z^l \tag{2.14.10}$$

$$\bar{E}=-\frac{\partial\ln\Xi}{\partial\beta}=\frac{3}{2}\omega_0 VkT\left(\frac{2\pi m}{\beta h^2}\right)^{\frac{3}{2}}\sum_{l=1}^{\infty}\frac{(\mp 1)^{l-1}}{l^{\frac{5}{2}}}z^l=\frac{3}{2}kT\ln\Xi \tag{2.14.11}$$

$$p=-\frac{1}{\beta}\frac{\partial\ln\Xi}{\partial V}=\omega_0 kT\left(\frac{2\pi m}{\beta h^2}\right)^{\frac{3}{2}}\sum_{l=1}^{\infty}\frac{(\mp 1)^{l-1}}{l^{\frac{5}{2}}}z^l=\frac{kT}{V}\ln\Xi \tag{2.14.12}$$

因此，$p=\frac{2\bar{E}}{3V}=\frac{2}{3}u$，$u=\frac{\bar{E}}{V}$为气体的内能密度. 如果系统的粒子数 N 给定，如通常的气体和金属中的自由电子气，则 $\bar{N}=N$. 令

$$y=\frac{N}{\omega_0 V}\left(\frac{\beta h^2}{2\pi m}\right)^{\frac{3}{2}}=\frac{1}{\omega_0}n\lambda^3 \tag{2.14.13}$$

y 是粒子数密度 $n=\frac{N}{V}$和温度 T 的函数. 由式(2.14.10)得到

$$y=\sum_{l=1}^{\infty}\frac{(\mp 1)^{l-1}}{l^{\frac{3}{2}}}z^l \tag{2.14.14}$$

由式(2.14.14)反解可得逸度 $z=z(y)$. 在弱简并的情形下,$y\ll1$,z 可展成 y 的幂级数

$$z=a_0+a_1y+a_2y^2+\cdots \tag{2.14.15}$$

将式(2.14.15)代入式(2.14.14),并比较两边 y 各次幂的系数,可得

$$a_0=0,a_1=1,a_2=\pm\frac{1}{2^{\frac{3}{2}}},a_3=\frac{1}{4}-\frac{1}{3^{\frac{3}{2}}},a_4=\pm\left(\frac{1}{8}+\frac{5}{8^{\frac{3}{2}}}-\frac{5}{6^{\frac{3}{2}}}\right),\cdots \tag{2.14.16}$$

将式(2.14.16)的系数代入式(2.14.15)和式(2.14.9),得

$$z=\mathrm{e}^{-\alpha}=y\left\{1\pm\frac{1}{2^{\frac{3}{2}}}y+\left(\frac{1}{4}-\frac{1}{3^{\frac{3}{2}}}\right)y^2\pm\left(\frac{1}{8}+\frac{5}{8^{\frac{3}{2}}}-\frac{5}{6^{\frac{3}{2}}}\right)y^3+\cdots\right\} \tag{2.14.17}$$

$$\ln\Xi=N\left\{1\pm\frac{1}{2^{\frac{5}{2}}}y-\left(\frac{2}{3^{\frac{5}{2}}}-\frac{1}{8}\right)y^2\pm\left(\frac{3}{32}+\frac{5}{2^{\frac{11}{2}}}-\frac{3}{6^{\frac{3}{2}}}\right)y^3-\cdots\right\} \tag{2.14.18}$$

由式(2.14.11)、式(2.14.12)和式(2.14.18)得到理想费米气体和玻色气体的能量和状态方程

$$\bar{E}=\frac{3}{2}kT\ln\Xi=\frac{3}{2}NkT\left\{1\pm\frac{1}{2^{\frac{5}{2}}}y-\left(\frac{2}{3^{\frac{5}{2}}}-\frac{1}{8}\right)y^2\pm\left(\frac{3}{32}+\frac{5}{2^{\frac{11}{2}}}-\frac{3}{6^{\frac{3}{2}}}\right)y^3-\cdots\right\} \tag{2.14.19}$$

$$pV=kT\ln\Xi=NkT\left\{1\pm\frac{1}{2^{\frac{5}{2}}}y-\left(\frac{2}{3^{\frac{5}{2}}}-\frac{1}{8}\right)y^2\pm\left(\frac{3}{32}+\frac{5}{2^{\frac{11}{2}}}-\frac{3}{6^{\frac{3}{2}}}\right)y^3-\cdots\right\} \tag{2.14.20}$$

对于弱简并气体,只需保留 y 的一次方项,得

$$\bar{E}=\frac{3}{2}NkT\left(1\pm\frac{1}{2^{\frac{5}{2}}}y\right) \tag{2.14.21}$$

$$p=\frac{N}{V}kT\left(1\pm\frac{1}{2^{\frac{5}{2}}}y\right) \tag{2.14.22}$$

式(2.14.21)和式(2.14.22)的第一项正是单原子分子理想气体的内能和状态方程,含 y 一次方的第二项是由于考虑弱简并气体的粒子全同性原理后所导致的附加内能和附加压强. 值得注意的是玻色气体和费米气体对内能和压强的影响是不同的,费米气体的附加内能和压强为正,玻色气体的附加内能和压强为负,所以粒子全同性原理导致的量子效应使费米粒子之间出现等效的排斥作用,而使玻色粒子之间出现等效的吸引作用. 回想起全同的费米子遵循泡利不相容原理,每个量子态最多只能容纳一个粒子,而玻色子不必遵守这一原理,每个量子态可以容纳任意多个粒子,就不难理解这一点. 这种等效相互作用所引起的分子之间的关联称为统

计关联.统计关联起源于粒子全同性原理，纯粹是量子力学效应，而与坐标空间中的粒子间的直接相互作用无关.对于简并气体，由于存在着这种统计关联，使气体的内能不仅与温度有关，而且还与气体的密度 n 有关.在 $y\to 0$ 的非简并条件下，内能和压强附加项是一个很小的量，统计关联可以不予考虑，玻尔兹曼分布将和玻色分布、费米分布一样对气体的性质给出正确的结果.

2.15 理想玻色气体的性质 玻色-爱因斯坦凝结

在 2.14 节的讨论中已经看到理想玻色气体在高温和低密度下

$$y=\frac{N}{\omega_0 V}\left(\frac{\beta h^2}{2\pi m}\right)^{\frac{3}{2}}\ll 1 \tag{2.15.1}$$

将过渡到玻尔兹曼气体.相反，在低温与高密度下，y 增大，玻色气体与经典理想气体的差别就会显现出来.本节将讨论逸度 z 接近 1，但仍小于 1 的强简并理想玻色气体的性质.

设由 N 个玻色子组成的理想玻色气体，当气体的体积为 V，温度为 T 时，处在能级 ε_l 上的粒子数由玻色分布

$$a_l=\frac{\omega_l}{e^{\beta(\varepsilon_l-\mu)}-1} \tag{2.15.2}$$

给定.所有能级上的粒子数 a_l 都应大于或等于零，因此，对所有的 l 都有 $\varepsilon_l>\mu$，特别是若取最低能级 $\varepsilon_0=0$，则 $\mu<0$，理想玻色气体的化学势为负值.

由于粒子平动能级间距 $\Delta\varepsilon_l\ll kT$，能量可以看成是连续的，对能级求和 $\sum\limits_l\cdots\omega_l$ 可用对能量的积分 $\int\cdots g(\varepsilon)\mathrm{d}\varepsilon$ 来代替，其中 $g(\varepsilon)$ 为能态密度，由式(2.14.6)给出.对于玻色气体 $\mu<0$，逸度 $z<1$，因此 2.14 节的式(2.14.9)～(2.14.12)均成立，巨配分函数的对数由式(2.14.9)给出

$$\ln\Xi=-\omega_0 2\pi V\left(\frac{2m}{h^2}\right)^{\frac{3}{2}}\int_0^\infty \mathrm{d}\varepsilon\varepsilon^{\frac{1}{2}}\ln(1-z\mathrm{e}^{-\beta\varepsilon})=\omega_0 V\left(\frac{2\pi m}{\beta h^2}\right)^{\frac{3}{2}}\sum_{l=1}^\infty\frac{z^l}{l^{\frac{5}{2}}} \tag{2.15.3}$$

玻色气体的平均粒子数和平均能量分别为

$$\bar{N}=-\frac{\partial\ln\Xi}{\partial\alpha}=z\frac{\partial\ln\Xi}{\partial z}=\omega_0 V\left(\frac{2\pi m}{\beta h^2}\right)^{\frac{3}{2}}\sum_{l=1}^\infty\frac{z^l}{l^{\frac{3}{2}}} \tag{2.15.4}$$

$$\bar{E}=-\frac{\partial\ln\Xi}{\partial\beta}=\frac{3}{2\beta}\ln\Xi=\frac{3}{2}\omega_0 VkT\left(\frac{2\pi m}{\beta h^2}\right)^{\frac{3}{2}}\sum_{l=1}^\infty\frac{z^l}{l^{\frac{5}{2}}} \tag{2.15.5}$$

当玻色粒子数 N 一定时，$\bar{N}=N$，粒子数密度 $n=\dfrac{N}{V}$ 保持不变.由式(2.15.4)知道，

当温度降低时，z 值必定增加. 然而 $z=e^{\beta\mu}<1$，是有限的，因此，存在着一个临界温度 T_c，当温度降低到 $T=T_c$ 时，z 达到它的最大值 1，化学势 μ 也达到它的最大值 0. 将 $T=T_c$ 和 $z=1$ 代入式(2.15.4)，得

$$\frac{N}{V}=\omega_0\left(\frac{2\pi mkT_c}{h^2}\right)^{\frac{3}{2}}\sum_{l=1}^{\infty}\frac{1}{l^{\frac{3}{2}}} \tag{2.15.6}$$

把 $\sum_{l=1}^{\infty}\frac{1}{l^{\frac{3}{2}}}\approx 2.612$ 代入式(2.15.6)，得临界温度

$$T_c=\frac{h^2}{2\pi mk}\left(\frac{N}{2.612\omega_0 V}\right)^{\frac{2}{3}} \tag{2.15.7}$$

如果温度继续降低，使 $T<T_c$，z 将保持它的最大值 1，式(2.15.4)右边的值将小于 N. 产生这一矛盾的原因在于求 $\ln\Xi$ 时用积分式(2.15.3)代替求和并不是一个很好的近似. 尽管单粒子能级彼此非常接近，但还是不连续的，随着温度的下降，占据 $\varepsilon=0$ 状态的粒子数增加了，但在积分式(2.15.3)中，由于因子 $\varepsilon^{\frac{1}{2}}$ 的存在，$\varepsilon=0$ 状态对 $\ln\Xi$ 没有贡献，因此，这一状态对 N 的贡献也被忽略了. 在高温时，从宏观上看由于占据 $\varepsilon=0$ 的能级的粒子数非常少，可以忽略它对 $\ln\Xi$ 和 N 的贡献. 然而，当 $T<T_c$ 时，占据 $\varepsilon=0$ 状态的粒子数不再是宏观小了，而是粒子总数 N 的某个分数，在计算 $\ln\Xi$ 和 N 时必须把 $\varepsilon=0$ 状态的贡献单独列出来. 按玻色分布，占据 $\varepsilon=0$ 状态的粒子数为

$$N_0=\frac{\omega_0}{z^{-1}-1} \tag{2.15.8}$$

如果令 $z=1$，则 $N_0\to\infty$. 因此，对任何有限的系统，在任何的温度下，z 都不是严格地等于 1. 现假定除了 $\varepsilon=0$ 的能级外，激发态的能级均可视为连续的，则式(2.15.3)应改写为

$$\begin{aligned}\ln\Xi&=-\omega_0\ln(1-z)+2\pi\omega_0 V\left(\frac{2m}{h^2}\right)^{\frac{3}{2}}\int_0^{\infty}\ln(1-ze^{-\beta\varepsilon})\varepsilon^{\frac{1}{2}}\,d\varepsilon\\&=-\omega_0\ln(1-z)+\omega_0 V\left(\frac{2\pi m}{\beta h^2}\right)^{\frac{3}{2}}\sum_{l=1}^{\infty}\frac{z^l}{l^{\frac{5}{2}}}\end{aligned} \tag{2.15.9}$$

式(2.15.9)右边第一项代表基态($\varepsilon=0$)粒子对 $\ln\Xi$ 的贡献，第二项代表所有激发态粒子的贡献. 由上式得到

$$N=z\frac{\partial\ln\Xi}{\partial z}=\frac{\omega_0}{z^{-1}-1}+\omega_0 V\left(\frac{2\pi m}{\beta h^2}\right)^{\frac{3}{2}}\sum_{l=1}^{\infty}\frac{z^l}{l^{\frac{3}{2}}} \tag{2.15.10}$$

或

$$N=N_0+\omega_0 V\left(\frac{2\pi m}{\beta h^2}\right)^{\frac{3}{2}}\sum_{l=1}^{\infty}\frac{z^l}{l^{\frac{3}{2}}}=N_0+N_{ex} \tag{2.15.11}$$

其中,N_0 和 N_{ex}分别为占据基态和所有激发态上的粒子数.当 $T>T_c$ 时,$z<1$,N_0 与 N 相比很小,可以忽略,式(2.15.11)与式(2.15.4)一致.当 $T<T_c$ 时,$z\approx1$,式(2.15.4)应由式(2.15.11)代替.令式(2.15.11)中 $z=1$,得

$$N=N_0+2.612\omega_0 V\left(\frac{2\pi mkT}{h^2}\right)^{\frac{3}{2}} \tag{2.15.12}$$

将式(2.15.7)T_c 代入式(2.15.12),得

$$N=N_0+N\left(\frac{T}{T_c}\right)^{\frac{3}{2}} \tag{2.15.13}$$

由式(2.15.13),可得占据 $\varepsilon=0$ 能级的粒子数 N_0 和占据 $\varepsilon>0$ 的激发态的粒子数 N_{ex}分别为

$$\begin{aligned} N_0&=N\left[1-\left(\frac{T}{T_c}\right)^{\frac{3}{2}}\right] \\ N_{ex}&=N-N_0=N\left(\frac{T}{T_c}\right)^{\frac{3}{2}} \end{aligned} \tag{2.15.14}$$

与式(2.15.8)比较,得逸度

$$z=\frac{1}{\frac{\omega_0}{N_0}+1}=\frac{1}{\frac{\omega_0}{N}\left[1-\left(\frac{T}{T_c}\right)^{\frac{3}{2}}\right]^{-1}+1} \tag{2.15.15}$$

由于$\frac{\omega_0}{N}$是一个很小的量,所以当 $T<T_c$ 时,$z\approx1$.

综上所述,玻色气体的逸度 z 和化学势 μ 都是粒子数密度和温度的函数.当 $T>T_c$ 时,μ 为负值,$z<1$.随着温度降低,μ 和 z 都在增加,当 $T\to T_c$ 时,$\mu\to0$,$z\to1$,但只要 $T>T_c$,和 N_{ex}相比,占据基态的粒子数 N_0 宏观上总是可以忽略的.当 $T<T_c$ 时,可令 $\mu\approx0$,$z\approx1$,N_0 可达到与 N 同一数量级.这就是说,对于玻色气体,存在一个临界温度 T_c,当 $T<T_c$ 时,占据基态的粒子数再也不能忽略了,有宏观数量的粒子从激发态聚集到基态上,而且随着温度下降占据基态的粒子数逐渐增加.当 $T\to0$K 时,所有粒子都将聚集在基态能级上.玻色气体的这种现象称为玻色-爱因斯坦凝结,或称为玻色凝结,临界温度 T_c 又称为玻色凝结温度.应该指出这种凝结不是位置空间的凝结,而是动量空间的凝结,是强简并玻色气体向$\varepsilon=0$的基态的凝聚现象,完全是简并气体的量子效应所引起的.

下面将讨论玻色气体的内能和热容量.当 $T<T_c$ 时,$\mu=0$,$z=1$,$N_0\neq0$,玻色气体中的 N_0 和 N_{ex}由式(2.15.14)给出,内能

$$U=\bar{E}=-\frac{\partial\ln\Xi}{\partial\beta}=\frac{3}{2}kT\omega_0 V\left(\frac{2\pi m}{\beta h^2}\right)^{\frac{3}{2}}\sum_{l=1}^{\infty}\frac{1}{l^{\frac{5}{2}}} \tag{2.15.16}$$

将式(2.15.6)和 $\sum\limits_{l=1}^{\infty}\frac{1}{l^{\frac{5}{2}}}=1.341$ 代入式(2.15.16),得

$$U=\frac{3}{2}NkT\left(\frac{T}{T_{\mathrm{c}}}\right)^{\frac{3}{2}}\frac{1.341}{2.612}=0.770NkT\left(\frac{T}{T_{\mathrm{c}}}\right)^{\frac{3}{2}},\quad T<T_{\mathrm{c}}\tag{2.15.17}$$

定容热容量

$$C_V=\left(\frac{\partial U}{\partial T}\right)_V=1.925Nk\left(\frac{T}{T_{\mathrm{c}}}\right)^{\frac{3}{2}},\quad T<T_{\mathrm{c}}\tag{2.15.18}$$

当 $T\to 0\mathrm{K}$ 时,$C_V\to 0$,符合热力学第三定律. 当 $T\to T_{\mathrm{c}}$ 时,$C_V\to 1.925Nk$.

当 $T>T_{\mathrm{c}}$ 时,和 N_{ex} 相比,处于基态的粒子数可以忽略不计,$N_0=0$,μ 和 z 是 T 和 n 的函数. 引入函数

$$g_n(z)=\sum_{l=1}^{\infty}\frac{z^l}{l^n}\tag{2.15.19}$$

则式(2.15.4)和式(2.15.5)两式可改写为

$$N=\omega_0V\left(\frac{2\pi m}{\beta h^2}\right)^{\frac{3}{2}}g_{\frac{3}{2}}(z)\tag{2.15.20}$$

$$U=\frac{3}{2}kT\omega_0V\left(\frac{2\pi m}{\beta h^2}\right)^{\frac{3}{2}}g_{\frac{5}{2}}(z)\tag{2.15.21}$$

由式(2.15.20)和式(2.15.21)得到内能

$$U=\frac{3}{2}NkT\frac{g_{\frac{5}{2}}(z)}{g_{\frac{3}{2}}(z)}\tag{2.15.22}$$

定容热容量

$$C_V=\left(\frac{\partial U}{\partial T}\right)_V=\frac{3}{2}Nk\frac{g_{\frac{5}{2}}(z)}{g_{\frac{3}{2}}(z)}+\frac{3}{2}NkT\frac{g'_{\frac{5}{2}}(z)g_{\frac{3}{2}}(z)-g_{\frac{5}{2}}(z)g'_{\frac{3}{2}}(z)}{\left[g_{\frac{3}{2}}(z)\right]^2}\frac{\partial z}{\partial T}\tag{2.15.23}$$

其中

$$g'_n(z)=\frac{\mathrm{d}g_n(z)}{\mathrm{d}z}=\frac{1}{z}g_{n-1}(z)\tag{2.15.24}$$

式(2.15.20)对 T 求偏导数,得

$$0=\omega_0V\left(\frac{2\pi m}{\beta h^2}\right)^{\frac{3}{2}}\left[\frac{3}{2T}g_{\frac{3}{2}}(z)+g'_{\frac{3}{2}}(z)\frac{\partial z}{\partial T}\right]$$

由此解得

$$\frac{\partial z}{\partial T}=-\frac{3}{2T}\frac{g_{\frac{3}{2}}(z)}{g'_{\frac{3}{2}}(z)}=-\frac{3z}{2T}\frac{g_{\frac{3}{2}}(z)}{g_{\frac{1}{2}}(z)}\tag{2.15.25}$$

将式(2.15.24)和式(2.15.25)两式代入式(2.15.23),得

$$C_V=\frac{15}{4}Nk\frac{g_{\frac{5}{2}}(z)}{g_{\frac{3}{2}}(z)}-\frac{9}{4}Nk\frac{g_{\frac{3}{2}}(z)}{g_{\frac{1}{2}}(z)},\quad T>T_{\mathrm{c}}\tag{2.15.26}$$

当 T 很大时,$z\to 0$,$g_n(z)\to z$,得到 C_V 的经典极限值

$$C_V=\left(\frac{15}{4}-\frac{9}{4}\right)Nk=\frac{3}{2}Nk \tag{2.15.27}$$

当 $T\to T_c$ 时,$z\to 1$,$g_{\frac{1}{2}}(z)$发散,式(2.15.26)的第二项为零,将 $g_{\frac{3}{2}}(1)=2.612$ 和 $g_{\frac{5}{2}}(1)=1.341$ 代入,得

$$C_V=\frac{15}{4}Nk\frac{g_{\frac{5}{2}}(1)}{g_{\frac{3}{2}}(1)}=1.925Nk \tag{2.15.28}$$

式(2.15.28)表明在 $T=T_c$ 处,热容量 C_V 是连续的.

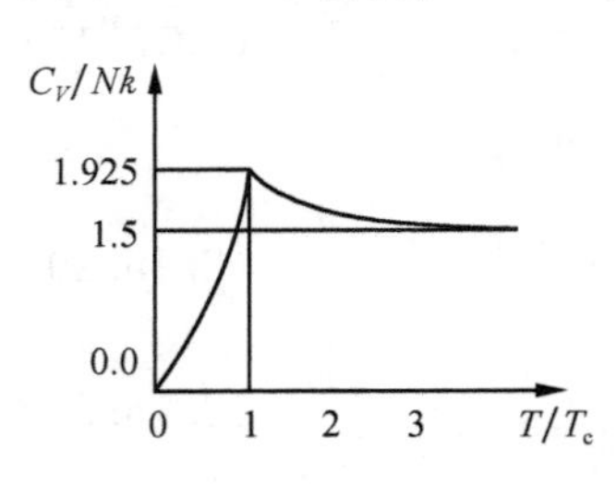

图 2.7 玻色气体的热容量随温度的变化

用式(2.15.18)和式(2.15.26)两式表示的热容量如图 2.7 所示. 在 $T<T_c$ 的区域内,C_V 以 $T^{\frac{3}{2}}$ 律从 $T=0\text{K}$ 时的零上升到 $T=T_c$ 时的极大值 $1.925Nk$. 在 $T\to\infty$时,C_V 趋于经典极限值$\frac{3}{2}Nk$. C_V 在整个温度范围内是 T 的连续函数,在 $T=T_c$ 处出现一个尖峰,C_V 在尖峰处连续,C_V 对 T 的偏导数在该处发生突变. 这说明理想玻色气体在 $T=T_c$ 处确实发生了相变,$T<T_c$ 和 $T>T_c$ 两相的热力学性质不同,玻色凝结现象是由粒子全同性原理引起的统计关联,在动量空间中发生的一种三级相变.

在爱因斯坦预言玻色气体中存在着玻色凝结现象之后,如何在实验室中实现并观察到玻色凝结现象成为人们关注的问题. ^4He 是玻色子,在 1atm 下^4He 的沸点为 4.2K,液氦在 $T_\lambda=2.17\text{K}$ 处发生一个相变,称为 λ 相变,在 $T>T_\lambda$ 时,^4He 为正常液体,称为 HeI,$T<T_\lambda$ 时,液氦^4He 具有超流动性,称为 HeII. 在 1938 年伦敦(London)提出^4He 的 λ 相变可能就是玻色凝结. 把^4He 的数据 $m=6.65\times10^{-27}\text{Kg}$,$v=27.6\times10^{-6}\text{m}^3\cdot\text{mol}^{-1}$代入式(2.15.7)(取 $\omega_0=1$),求得 $T_c=3.13\text{K}$,与 T_λ 接近,但是并不相等,而且实验得到的 λ 峰要比理论的峰尖锐得多,实际上液氦的正常—超流相变是二级相变. 要对液氦的相变给出定量的解释,还必须考虑^4He 粒子之间的相互作用,使得^4He 的玻色凝结理论分析和有关实验变得更加复杂.

由式(2.15.6)可将理想玻色气体凝结的条件 $T\leqslant T_c$ 改写为

$$n\lambda^3\geqslant 2.612 \tag{2.15.29}$$

其中,$\lambda=\frac{h}{\sqrt{2\pi mkT}}$为粒子的热波长. 由此可知,增加气体的密度和降低气体的温度能用来达到这一条件,当粒子的热波长大于粒子之间的平均距离时,粒子的波包彼此重叠,将会有宏观数量的粒子向基态聚集,从而实现玻色凝结.

玻色凝结的实验研究碰到的一个困难是在极低的温度下如何维持原子系统的气体状态,因为在冷却过程中气体将变成液体或固体. 为防止在冷却过程中的液化

或固化的相变,必须使气体处于极低的密度.例如,比标准状态下的气体密度低5个数量级,使蒸气变成液相或固相的时间很长,而气体的热平衡时间很短,使气体在一个很长的时间内保持在亚稳态(超饱和蒸气),从而有可能在发生通常的相变前实现玻色凝结.

式(2.15.29)表明,为了实现玻色凝结,n越小,临界温度T_c越低,当比标准状态下的气体密度低5个数量级时,$n\approx 10^{14}\sim 10^{15}\,\mathrm{cm}^{-3}$,$T_c$约为$\mu$K的量级.为了实现这一目标,各国科学家做了大量的工作,特别是从20世纪80年代以来,随着激光冷却、磁光阱和蒸发冷却技术取得了巨大的进步,终于在1995年由美国Colorado大学、Rice大学和MIT相继在碱金属^{87}Rb、^{7}Li和^{23}Na蒸气中实现了玻色凝结.Colorado大学在172nK的^{87}Rb蒸气中观测到玻色凝结,凝聚体的原子密度为$2.6\times 10^{12}\,\mathrm{cm}^{-3}$,凝聚在基态上的原子数目约为$10^3$个;Rice大学在400nK的^{7}Li蒸气中观测到玻色凝结,原子密度为$10^{12}\,\mathrm{cm}^{-3}$,凝聚在基态上的原子数目约为$10^3$个;MIT在2$\mu$K的^{23}Na蒸气中观测到玻色凝结,原子密度为$10^{14}\,\mathrm{cm}^{-3}$,凝聚在基态上的原子数目约为$5\times 10^5$个.1997年Ketterle研究组还观测到一分为二的玻色凝聚体在重叠时的干涉条纹,它显示了玻色凝聚体是高密度的相干的物质波.

需要指出的是约束在磁光陷阱中的原子不是自由原子,它们可以看作在三维谐振势场中运动的三维谐振子,谐振子的能量为

$$\varepsilon=\left(n_1+\frac{1}{2}\right)\hbar\omega_1+\left(n_2+\frac{1}{2}\right)\hbar\omega_2+\left(n_3+\frac{1}{2}\right)\hbar\omega_3,\quad n_1,n_2,n_3=0,1,2,\cdots \tag{2.15.30}$$

磁阱中原子气体的玻色凝结的临界温度T_c和凝聚气体密度n的关系请参看本章习题2.44、2.45.

2.16 光子气体和声子气体

本节将用玻色分布讨论平衡辐射场和固体的晶格振动,这是玻色分布的两个重要的应用.

受热的物体会辐射电磁波,辐射场就是物体所发射的电磁波场.辐射场中的电磁波具有各种频率,以$u_\nu \mathrm{d}\nu$表示频率在ν和$\nu+\mathrm{d}\nu$间隔内的辐射场的能量密度.在热力学理论中已经证明了平衡辐射场的能量密度的谱函数u_ν只是温度T和频率ν的函数,在这一节中我们用玻色分布导出这个函数的表达式.

微观粒子有波粒二象性,可以把辐射场看成由各种波矢为$\boldsymbol{k}$和角频率为ω的电磁波组成,也可看成由各种动量为$\boldsymbol{p}$和能量为ε的光子组成.光子的动量与波矢、能量与角频率之间的联系由德布罗意关系给出

$$\boldsymbol{p}=\hbar\boldsymbol{k},\quad \varepsilon=\hbar\omega \tag{2.16.1}$$

光子的能量与动量以及波的圆频率与波矢的关系为

$$\varepsilon = cp, \quad \omega = 2\pi\nu = ck \tag{2.16.2}$$

由于光子的静止质量为零,所以在任何情形下光子气体都是简并气体. 光子的自旋为 1,为玻色子,服从玻色分布律. 从历史上来看,玻色就是在研究光子气体时首先建立这一分布律的.

辐射场达到平衡时,空腔的器壁不断发射和吸收光子,光子数是不守恒的. 在推导玻色分布时少了 $\sum_l a_l = N$ 的限制,不必引入与此有关的拉格朗日因子 α,因此,$\alpha=0$,光子气体的化学势为零. 由于辐射场中的光子之间几乎没有相互作用,故可认为光子气体是一种理想玻色气体. 光子气体的玻色分布和巨配分函数的对数分别为

$$a_l = \frac{\omega_l}{e^{\beta\varepsilon_l}-1}$$
$$\ln\Xi = -\sum \omega_l \ln(1-e^{-\beta\varepsilon_l}) \tag{2.16.3}$$

光子的自旋为 1,它的状态可以用它的动量 $\boldsymbol{p}$ 和螺旋性 $\sigma=\pm1$ 来描写,光子自旋的简并度 $\omega_0=2$. 光子的能量可以看成是连续的. 所以在体积为 V 的辐射场内,光子气体的动量在 $p\sim p+dp$ 内量子态数为

$$g(p)dp = 2\frac{4\pi V}{h^3}p^2 dp \tag{2.16.4}$$

光子气体的角频率在 $\omega\sim\omega+d\omega$ 内的量子态数为

$$g(\omega)d\omega = \frac{V}{\pi^2 c^3}\omega^2 d\omega \tag{2.16.5}$$

将式(2.16.5)代入式(2.16.3),得光子气体的巨配分函数的对数为

$$\ln\Xi = -\frac{V}{\pi^2 c^3}\int_0^\infty d\omega\omega^2 \ln(1-e^{-\beta\hbar\omega}) \tag{2.16.6}$$

光子气体的总能量

$$U(T) = -\frac{\partial\ln\Xi}{\partial\beta} = \frac{V}{\pi^2 c^3}\int_0^\infty \frac{\hbar\omega^3}{e^{\beta\hbar\omega}-1}d\omega \tag{2.16.7}$$

总能量可以表示为能量谱密度的积分,$U(T)=\int_0^\infty U(T,\omega)d\omega = V\int_0^\infty u(T,\omega)d\omega$. 与式(2.16.7)比较,得光子气体的角频率在$(\omega,\omega+d\omega)$内的能量为

$$U(T,\omega)d\omega = Vu(T,\omega)d\omega = \frac{V}{\pi^2 c^3}\frac{\hbar\omega^3}{e^{\beta\hbar\omega}-1}d\omega \tag{2.16.8}$$

式(2.15.8)即为热辐射的普朗克公式,它和实验结果完全符合. 1900 年普朗克首次引入了能量量子化的新概念,得到了这一公式. 普朗克的理论开创了量子物理的新纪元.

下面将对普朗克公式作一些讨论.

(1) 低频极限，$\hbar\omega \ll kT$，$e^{\beta\hbar\omega} \approx 1+\beta\hbar\omega$，代入式(2.16.8)，得

$$U(T,\omega)\mathrm{d}\omega = \frac{V}{\pi^2 c^3}\omega^2 kT \mathrm{d}\omega \tag{2.16.9}$$

式(2.16.9)称为瑞利(Rayleigh)-金斯(Jeans)公式，瑞利和金斯基于波的观点，并应用经典统计的能量均分定理得到了这一结果，它在低频段和实验结果符合得很好，但在高频段出现发散，由此暴露出经典统计理论的严重缺陷.

(2) 高频极限，$\hbar\omega \gg kT$，忽略式(2.16.8)分母中的-1，得到

$$U(T,\omega)\mathrm{d}\omega = \frac{V}{\pi^2 c^3}\hbar\omega^3 e^{-\frac{\hbar\omega}{kT}} \mathrm{d}\omega \tag{2.16.10}$$

式(2.16.10)称为维恩(Wien)公式，它是1896年维恩基于粒子的观点用半经验的方法得到的. 它在高频段随$\hbar\omega$的增加以$\hbar\omega$的负指数形式迅速减少，当$\hbar\omega \to \infty$时，$U(T,\omega)\to 0$，与实验结果符合，但在低频段与实验不符. 由(1)和(2)两点说明了在经典统计理论的基础上，不可能得到完全正确的结果. 只有在量子理论的基础上，才能得到完全正确的、和实验一致的结果.

(3) 辐射场的总能量，由式(2.16.7)积分得

$$U(T) = \frac{V}{\pi^2 c^3}\int_0^\infty \frac{\hbar\omega^3}{e^{\beta\hbar\omega}-1}\mathrm{d}\omega = \frac{V\hbar}{\pi^2 c^3}\left(\frac{kT}{\hbar}\right)^4 \int_0^\infty \frac{x^3}{e^x-1}\mathrm{d}x$$

其中，$x=\frac{\hbar\omega}{kT}$. 上式积分$\int_0^\infty \frac{x^3}{e^x-1}\mathrm{d}x = 6\sum_{l=1}^{\infty}\frac{1}{l^4} = \frac{\pi^4}{15}$，代入得辐射场的总能量

$$U(T) = \frac{\pi^2 k^4}{15c^3\hbar^3}VT^4 \tag{2.16.11}$$

由此可见，辐射场的总能量与绝对温度的四次方成正比. 在实验上通常是测量辐射通量密度J，它和能量密度u之间的关系为

$$J = \frac{1}{4}cu = \frac{\pi^2 k^4}{60c^2\hbar^3}T^4 = \sigma T^4 \tag{2.16.12}$$

其中

$$\sigma = \frac{\pi^2 k^4}{60c^2\hbar^3} = 5.67\times 10^{-8}\,\mathrm{W\cdot m^{-2}\cdot K^{-4}} \tag{2.16.13}$$

式(2.16.12)称为斯特藩(Stefan)-玻尔兹曼定律，σ称为斯特藩常量，式(2.16.13)的计算值与实验测量的结果一致.

(4) 维恩位移定律. 普朗克公式(2.16.7)还可以用波长在$\lambda \sim \lambda+\mathrm{d}\lambda$内的辐射场能量来表示，由$\lambda=\frac{c}{\nu}=\frac{2\pi c}{\omega}$，可得

$$U(T,\lambda)\mathrm{d}\lambda = \frac{8\pi hc}{\lambda^5}\frac{1}{e^{\frac{hc}{\lambda kT}}-1}\mathrm{d}\lambda \tag{2.16.14}$$

辐射能按波长的分布$U(T,\lambda)$有一个极大值,令使$U(T,\lambda)$取极大值的波长为λ_m,由$\left.\frac{dU(T,\lambda)}{d\lambda}\right|_{\lambda=\lambda_m}=0$,得

$$1-\frac{x_m}{5}-e^{-x_m}=0$$

其中,$x_m=\frac{hc}{\lambda_m kT}$. 由上式解得$x_m=4.965$,故得

$$\lambda_m T=2.898\times10^{-3}\mathrm{m}\cdot\mathrm{K} \tag{2.16.15}$$

式(2.16.15)称为维恩位移定律. 它告诉我们,当辐射场的温度升高时,辐射能量谱密度为极大的波长λ_m向短波方向移动.

利用斯特藩-玻尔兹曼定律和维恩位移定律的原理可以用来制造辐射温度计,它们可用来测量很高的温度.

光子气体的热力学函数可由巨配分函数的对数$\ln\Xi$得到,利用对数函数的泰勒级数展开公式

$$\ln(1-x)=-\sum_{l=1}^{\infty}\frac{x^l}{l},\quad |x|<1$$

由式(2.16.6),得

$$\ln\Xi=-\frac{V}{\pi^2c^3}\int_0^{\infty}\omega^2\ln(1-e^{-\beta\hbar\omega})d\omega=\frac{V}{\pi^2c^3}\sum_{l=1}^{\infty}\frac{1}{l}\int_0^{\infty}\omega^2e^{-l\beta\hbar\omega}d\omega$$

$$=\frac{2V}{\pi^2c^3\hbar^3\beta^3}\sum_{l=1}^{\infty}\frac{1}{l^4}=\frac{1}{45}\frac{\pi^2V}{\hbar^3c^3\beta^3} \tag{2.16.16}$$

辐射场的总能量

$$U=-\frac{\partial\ln\Xi}{\partial\beta}=\frac{\pi^2k^4}{15\hbar^3c^3}VT^4 \tag{2.16.17}$$

它与式(2.16.11)一致. 辐射场的压强

$$p=\frac{1}{\beta}\frac{\partial\ln\Xi}{\partial V}=\frac{\pi^2k^4}{45\hbar^3c^3}T^4=\frac{1}{3}u \tag{2.16.18}$$

其中,$u=\frac{U}{V}$为辐射场的能量密度. 这个结果与电磁学中的光压表达式一致. 辐射场的熵

$$S=k\left(\ln\Xi-\beta\frac{\partial\ln\Xi}{\partial\beta}\right)=\frac{4\pi^2k^4}{45c^3\hbar^3}VT^3 \tag{2.16.19}$$

辐射场的熵S随T^3趋于零,符合热力学第三定律.

下面将用玻色统计理论处理固体的热容量. 固体中相邻原子(或离子)间的距离很小,原子之间的相互作用很强,每个原子只能在其平衡位置附近做微振动,微振动是固体热运动的最基本的特征. 设固体中有N个原子,每个原子有三个自由度,所以固体共有$3N-6\approx3N$个振动自由度. 记原子的第i个振动自由度偏离它

的平衡位置的位移为x_i，相应的动量为p_i，则固体的动能为$\sum_{i=1}^{3N}\frac{p_i^2}{2m}$，它的势能$\Phi$为$x_i(i=1,2,\cdots,3N)$的函数．由于是微振动，$\Phi$可在原子的平衡位置处展成$x_i$的幂级数，准确到$x_i$的二次项，得

$$\Phi=\Phi_0+\sum_i\left(\frac{\partial\Phi}{\partial x_i}\right)_0 x_i+\frac{1}{2}\sum_i\sum_j\left(\frac{\partial^2\Phi}{\partial x_i\partial x_j}\right)_0 x_i x_j \tag{2.16.20}$$

其中，Φ_0为所有原子都处于它的平衡位置时原子之间的相互作用能．当所有原子都在它的平衡位置时，各个原子都不受力，固体的势能最低，因此，$\left(\frac{\partial\Phi}{\partial x_i}\right)_0=0$．记$a_{ij}=\left(\frac{\partial^2\Phi}{\partial x_i\partial x_j}\right)_0$，则固体的能量

$$E=\sum_{i=1}^{3N}\frac{p_i^2}{2m}+\frac{1}{2}\sum_i\sum_j a_{ij}x_i x_j+\Phi_0 \tag{2.16.21}$$

$\sum_i\sum_{j\neq i}a_{ij}x_i x_j$是一个对称的二次型．在线性代数中讲过，一个对称的二次型可以通过正交变换$q_i=q_i(\{x_j\})$，将它变成q_i的平方和．因而式(2.16.21)可简化为

$$E=\sum_{i=1}^{3N}\left(\frac{p_i^2}{2m}+\frac{1}{2}m\omega_i^2 q_i^2\right)+\Phi_0 \tag{2.16.22}$$

q_i称为简正坐标，它是由所有原子坐标x_i的线性组合而得到的一种集体坐标，是固体集体运动的坐标；p_i是与q_i对应的广义动量．式(2.16.22)描述了$3N$个相互独立的简谐振动，称为简正振动，振动的特征频率为$\omega_i(i=1,2,\cdots,3N)$．这样我们通过正交变换将$3N$个强耦合的微振动转换为$3N$个独立的简正振动．按照量子理论，这$3N$个振动频率为$\omega_i(i=1,2,\cdots,3N)$的简正振动的能量是量子化的，因此，式(2.16.22)可以改写为

$$E=\sum_{i=1}^{3N}\hbar\omega_i\left(n_i+\frac{1}{2}\right)+\Phi_0,\quad n_i=0,1,2,\cdots \tag{2.16.23}$$

其中，n_i是描述第i个简正振动的量子数．可以用波矢$\boldsymbol{k}$和偏振方向来标志这$3N$个简正振动，这$3N$个简正振动模式中每一个都对应晶体点阵中传播的振动波，而且每种简正振动模式的能量都是量子化的，以$\hbar\omega$为单元．因此，可以把简正振动的能量量子看成一种准粒子，称为声子．由于简正振动是整个固体的集体运动形式，因此，声子是固体集体振动产生的准粒子，它不属于固体中的某个原子，声子的能谱和它所服从的统计分布也与固体原子的类型没有必然的联系．声子的准动量$\boldsymbol{p}$及能量ε与简正振动的波矢$\boldsymbol{k}$及频率ω的关系分别为

$$\boldsymbol{p}=\hbar\boldsymbol{k},\quad \varepsilon=\hbar\omega \tag{2.16.24}$$

具有某种波矢和偏振的简正振动处在量子数为n的激发态，相当于产生了n个具有某种准动量和极化的声子．不同波矢和偏振的简正振动，对应于不同状态的声

子. 由于简正振动的量子数 n 可取零或任意正整数,处于某一状态的声子数是任意的,因此,声子遵循玻色分布. 从微观上看在平衡态下各简正振动的能量不断变化,相当于各种状态的声子不断被产生和消灭,声子数不是恒定的,因此,声子的化学势为零. 在温度为 T 时处在能量为 $\hbar\omega$ 的一个状态上的平均声子数为

$$\bar{n} = \frac{1}{e^{\frac{\hbar\omega}{kT}} - 1} \tag{2.16.25}$$

一个声子的能量为 $\hbar\omega$,因此,温度为 T 时固体的平均能量即内能为

$$U = \bar{E} = \sum_{i=1}^{3N} \hbar\omega_i \left(\bar{n}_i + \frac{1}{2}\right) + \Phi_0 = U_0 + \sum_{i=1}^{3N} \frac{\hbar\omega_i}{e^{\frac{\hbar\omega_i}{kT}} - 1} = U_0 + \bar{E}_{ex} \tag{2.16.26}$$

其中,$U_0 = \Phi_0 + \sum\limits_{i=1}^{3N} \frac{1}{2}\hbar\omega_i$ 为固体的结合能,$\bar{E}_{ex}$ 为声子激发态的平均能量.

综上所述,我们通过正交变换把固体中原子的 $3N$ 个强耦合振动变换为 $3N$ 个近独立的简正振动,再把激发的简正振动看成准粒子——声子. 这样便把固体中 N 个有相互作用的原子系统简化为声子理想气体,从而可用玻色分布来处理.

若要求出固体热运动的能量,需要知道 $3N$ 个简正振动的频率,也即简正振动的频谱. 通常采用两种办法解决,一种是从实验上测得简正振动的频谱;另一种是从理论上作某种假设,用假设的频谱去计算系统的热力学函数,并与实验结果比较. 这里介绍两种频谱模型. 一种是爱因斯坦模型,另一种是德拜模型. 爱因斯坦选择了最简单的频谱,他假设 $3N$ 个简正振动的频率都相同,记为 ω_E,ω_E 称为爱因斯坦特征频率. 在爱因斯坦模型中,声子的圆频率都是 ω_E,声子气体的巨配分函数的对数为

$$\ln\Xi = -3N\ln(1 - e^{-\beta\hbar\omega_E}) \tag{2.16.27}$$

声子气体的平均能量为

$$\bar{E}_{ex} = -\frac{\partial \ln\Xi}{\partial\beta} = 3N\frac{\hbar\omega_E}{e^{\beta\hbar\omega_E} - 1} \tag{2.16.28}$$

固体的内能和热容量分别为

$$U = U_0 + \bar{E}_{ex} = U_0 + 3N\frac{\hbar\omega_E}{e^{\beta\hbar\omega_E} - 1} \tag{2.16.29}$$

$$\begin{aligned} C_V = \left(\frac{\partial U}{\partial T}\right)_V &= 3Nk\left(\frac{\hbar\omega_E}{kT}\right)^2 \frac{e^{\hbar\omega_E/kT}}{(e^{\hbar\omega_E/kT} - 1)^2} \\ &= 3Nk\left(\frac{\Theta_E}{T}\right)^2 \frac{e^{\Theta_E/T}}{(e^{\Theta_E/T} - 1)^2} = 3NkE\left(\frac{\Theta_E}{T}\right) \end{aligned} \tag{2.16.30}$$

其中,$U_0 = \Phi_0 + \frac{3}{2}N\hbar\omega_E$ 为固体的结合能,$\Theta_E = \hbar\omega_E/k$ 为爱因斯坦温度,而

$$E(x) = \frac{x^2 e^x}{(e^x - 1)^2} \tag{2.16.31}$$

称为爱因斯坦函数. 在高温($T\gg\Theta_E$)和低温($T\ll\Theta_E$)极限情形下,E 和 C_V 的值分别为

$$\begin{aligned}
&E\left(\frac{\Theta_E}{T}\right)\approx 1, \qquad C_V\approx 3Nk, \qquad T\gg\Theta_E \\
&E\left(\frac{\Theta_E}{T}\right)\approx\left(\frac{\Theta_E}{T}\right)^2 e^{-\Theta_E/T}, \quad C_V\approx 3Nk\left(\frac{\Theta_E}{T}\right)^2 e^{-\Theta_E/T}, \quad T\ll\Theta_E
\end{aligned} \tag{2.16.32}$$

由式(2.16.32)看出,高温时固体热容量为 $3Nk$,与经典能量均分定理得到的结果一致;低温时趋于零,符合热力学第三定律. 这些结论都和实验结果定性符合. 但在 T 趋于零时,爱因斯坦热容量以指数形式趋于零,下降得太快,在定量上与实验结果符合得不太好. 其原因在于爱因斯坦模型中假设了所有的简正振动的频率都等于 ω_E,当 $kT<\hbar\omega_E$ 时,这 $3N$ 个振子都被冻结在基态,对热容量没有贡献.

德拜改进了爱因斯坦模型,提出了另一种声子谱模型——德拜模型. 德拜假设这 $3N$ 个简正振动为一系列低频振动,所有的振动都为在固体中传播的波动,当低频波的波长比固体的晶格常数大得多时,可以认为固体是连续弹性介质,$3N$ 个简正振动形成 $3N$ 支弹性波,低频弹性波又称为声波. 假设固体为均匀的各向同性连续介质,弹性波的传播速度与传播方向无关. 弹性波可分为纵波(膨胀压缩波)和横波(剪切波)两种. 纵波有一个偏振方向,横波有两个偏振方向. 可以用波矢 $\boldsymbol{k}$ 和偏振方向来标志这 $3N$ 个简正振动. 每种简正振动模式的能量都是量子化的,以 $\hbar\omega$ 为单元. 因此,可以把固体中的弹性波看成声子理想气体,声子的准动量和能量由式(2.16.24)给出. 以 c_l 和 c_t 分别表示纵波声子和横波声子的传播速度,二者的角频率和波矢大小的关系为

$$\omega=c_l k, \quad \omega=c_t k \tag{2.16.33}$$

声子的能量和动量成线性关系,纵波声子和横波声子的能量分别为

$$\varepsilon=c_l p, \quad \varepsilon=c_t p \tag{2.16.34}$$

类似于光子气体态密度的计算,并考虑到纵波声子只有一个偏振方向,横波声子有两个偏振方向,得到声子气体的态密度为

$$g(\varepsilon)\mathrm{d}\varepsilon=\frac{V}{2\pi^2\hbar^3}\left(\frac{1}{c_l^3}+\frac{2}{c_t^3}\right)\varepsilon^2\mathrm{d}\varepsilon \tag{2.16.35}$$

将 $\varepsilon=\hbar\omega$ 代入,得角频率在 $\omega\sim\omega+\mathrm{d}\omega$ 内的声子态密度为

$$g(\omega)\mathrm{d}\omega=\frac{V}{2\pi^2}\left(\frac{1}{c_l^3}+\frac{2}{c_t^3}\right)\omega^2\mathrm{d}\omega=B\omega^2\mathrm{d}\omega \tag{2.16.36}$$

其中,$B=\frac{V}{2\pi^2}\left(\frac{1}{c_l^3}+\frac{2}{c_t^3}\right)$. 由于声子气体的自由度有限,总共只有 $3N$ 个状态,所以必定存在着一个最大的角频率 ω_D,使得

$$\int_0^{\omega_D} g(\omega)\mathrm{d}\omega=3N$$

ω_D 称为德拜频率. 由上式可得

$$B = \frac{9N}{\omega_D^3} \tag{2.16.37}$$

声子气体的巨配分函数的对数为

$$\ln\Xi = -\frac{9N}{\omega_D^3}\int_0^{\omega_D}\omega^2\ln(1-e^{-\beta\hbar\omega})d\omega \tag{2.16.38}$$

声子气体的平均能量为

$$\bar{E} = -\frac{\partial\ln\Xi}{\partial\beta} = \frac{9N}{\omega_D^3}\int_0^{\omega_D}\frac{\hbar\omega^3}{e^{\beta\hbar\omega}-1}d\omega \tag{2.16.39}$$

引入变量

$$y = \beta\hbar\omega, \quad x = \beta\hbar\omega_D = \frac{\Theta_D}{T}$$

其中,$\Theta_D = \frac{\hbar\omega_D}{k}$称为德拜温度. Θ_D 的数值可由热容量的数据给出,也可由弹性波在固体中传播速度求得. 表 2.3 列出了一些物质的 Θ_D 的值,其中第一行的值由热容量数据得到,第二行的值由测量弹性常数得到.

表 2.3

物质	Ag	Zn	Cu	Al	C	NaCl	MgO
Θ_D/K	215	308	345	398	~1850	308	~850
Θ_D/K	214	305	332	402	—	320	~950

由式(2.16.39)得到声子气体的平均能量为

$$\bar{E} = \frac{9NkT}{x^3}\int_0^x\frac{y^3}{e^y-1}dy = 3NkTD(x) \tag{2.16.40}$$

其中

$$D(x) = \frac{3}{x^3}\int_0^x\frac{y^3}{e^y-1}dy \tag{2.16.41}$$

称为德拜函数,$x=\Theta_D/T$. 固体的内能和热容量分别为

$$U = U_0 + 3NkTD(x) \tag{2.16.42}$$

其中,$U_0 = \Phi_0 + \int_0^{\omega_D}g(\omega)\frac{1}{2}\hbar\omega\,d\omega = \Phi_0 + \frac{9}{8}N\hbar\omega_D$ 是固体的结合能,与温度无关. 固体的热容量为

$$C_V = \left(\frac{\partial U}{\partial T}\right)_V = 3Nk\{D(x) - xD'(x)\} \tag{2.16.43}$$

由式(2.16.41)可以得到 $D(x)$的微商为

$$D'(x) = \frac{3}{e^x-1} - \frac{3}{x}D(x) \tag{2.16.44}$$

代入式(2.16.43),得

$$C_V = 3Nk\left\{4D(x) - \frac{3x}{e^x - 1}\right\} \tag{2.16.45}$$

由于德拜函数不是一个简单的初等函数，所以U和C_V也不是简单的函数．下面讨论在高温和低温极限情形下固体的内能和热容量的表达式．

（1）在高温极限下，$T \gg \Theta_D$，$x \ll 1$，被积函数$e^y - 1 \approx y$，代入式(2.16.41)，得

$$D(x) \approx 1$$

因此，在高温极限下，固体的内能和热容量分别为

$$\begin{aligned} U &= U_0 + 3NkT \\ C_V &= 3Nk \end{aligned} \tag{2.16.46}$$

这正是经典能量均分定理的结果，与固体热容量的杜隆(Dulong)-珀蒂(Petit)公式一致．

（2）在低温极限下，$T \ll \Theta_D$，$x \gg 1$，由于$D(x)$的被积函数的主要贡献在y小时，所以可将积分上限取为无穷大，即

$$D(x) \approx \frac{3}{x^3}\int_0^\infty \frac{y^3}{e^y - 1}dy = \frac{3}{x^3}6\sum_{l=1}^{\infty}\frac{1}{l^4} = \frac{\pi^4}{5x^3}$$

因此，在低温极限下，固体的内能和热容量分别为

$$\begin{aligned} U &= U_0 + \frac{3}{5}Nk\pi^4\frac{T^4}{\Theta^3} \\ C_V &= \frac{12}{5}Nk\pi^4\frac{T^3}{\Theta^3} = AT^3 \end{aligned} \tag{2.16.47}$$

其中，$A = \frac{12\pi^4}{5\Theta^3}Nk$．热容量公式(2.16.47)称为德拜$T^3$律，对于非金属固体，与实验结果符合；对于金属，在极低温度下，其热容量除了晶格振动的贡献外，还应包含自由电子对热容量的贡献，这将在本章2.18节讨论．

在德拜模型中，只考虑了低频弹性波，把固体看成弹性连续体，而完全忽略了固体中原子的点阵结构和高频波的影响．设固体的晶格常数为a，当简正振动的波长$\lambda \gg a$时，德拜模型适用．但当$\lambda \leqslant a$时，固体中不连续的点阵结构的影响就不能忽略了，德拜模型得到的热容量将会与实验结果有偏差．一般说来，德拜理论只适用单原子分子晶体，不适用于多原子分子晶体，因为多原子分子中的原子之间相对运动将激发频率较高的振动．图2.8给出了实验测得的Al的频谱曲线，虚线为德拜频谱曲线，实线是由X射线测得的在T=300K时实测的频谱曲线．从图中可以看出，在低频范围内两者符合，在高频范围内两者有明显的差异．不过热容量是各种简正振动贡献的相加而成的，其值对频谱结构并不十分敏感，所以在低温下德拜热容量的T^3律与实验符合得很好．图2.9给出了由爱因斯坦理论(虚线)、德拜理论的T^3律(实线)和实验(圆圈)得到的铜的热容量曲线的比较．

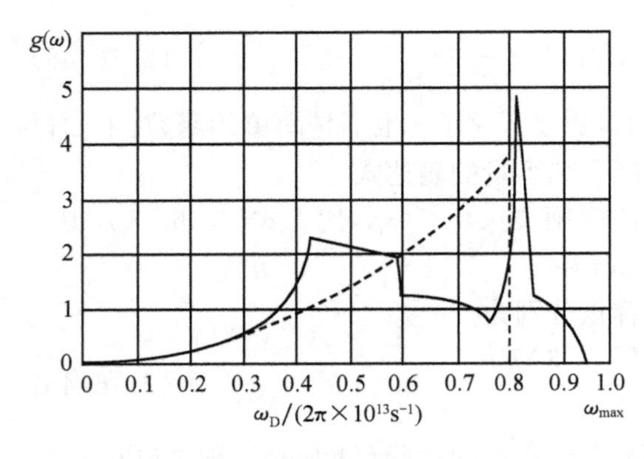

图 2.8 铝的振动频谱 $g(\omega)$

实线是由 X 射线测得的在 300K 下铝的频谱；
虚线为德拜频谱

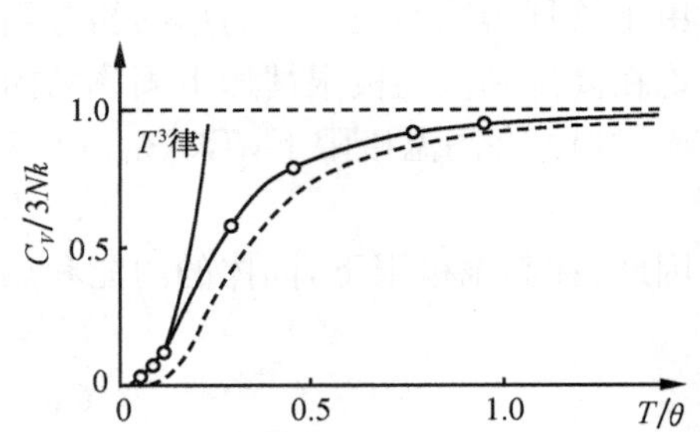

图 2.9 固体热容量的爱因斯坦理论（虚线）、德拜理论的 T^3 律（实线）与实验结果(∘)的比较

*2.17 液氦的性质和朗道超流理论

氦有两种稳定的同位素：^{3}He 和^{4}He. ^{3}He 的自旋为 $\hbar/2$，是费米子；^{4}He 的自旋为零，是玻色子. 通常所说的氦指的是^{4}He，它的正常沸点是 4.2K. 液氦有两个性质完全不同的相：HeI 和 HeII. HeI 和普通的液体一样，HeII 有许多异乎寻常的性质，在本书的上册 6.7 节中已有详细的阐述，这里只给出下列与本节讨论有关的一些性质：

(1) HeII 最引人注目也是最重要的性质是它的超流动性. 实验发现，HeII 在流过直径约为 0.1～1μm 量级的毛细管时不呈现黏滞性，黏滞系数在 10^{-11}Pa・s 以下，可以认为是零，HeII 的这种性质称为超流动性. 实验还发现 HeII 存在一个临界流速 v_c，当流速超过 v_c 时，超流动性消失. 此外，如果将用细丝悬挂的圆盘浸在 HeII 中，让圆盘做扭转振动，圆盘将受到阻尼. 用圆盘法测得的黏滞系数强烈地依赖于温度，且随 $T\to 0$K 而趋于零.

(2) 超导热性. 实验发现处于超流态下的 HeII 的热导率异常的大，比高温下铜的热导率还大近万倍，具有超导热性.

(3) 力热效应、热力效应和喷泉效应. 设有两个盛有 HeII 的容器，中间用超漏相连(超漏是填满金刚砂粉的管子，金刚砂粉填充得非常致密，细粉之间只留有宽约为 100nm 的狭窄通道，使得只有超流体能够通过，而正常流体不能通过). 如果两容器的温度分别保持在 T 和 $T+\Delta T$，$\Delta T>0$，则 HeII 将从温度为 T 的容器流向温度为 $T+\Delta T$ 的容器，达到平衡后两容器的液面将有高度差，其压强差$\Delta p=\rho s\Delta T$(s 是 HeII 的比熵，即单位质量的熵). HeII 的这种由温度差导致压强差的现象称为热力效应，反之，如果维持两容器的压强分别为 p 和 $p+\Delta p$，$\Delta p>0$，则

HeII 将从压强为 $p+\Delta p$ 的容器流向压强为 p 的容器，而使前者升温，后者降温，平衡后产生温度差 ΔT，HeII 的这种由压强差导致温度差的现象称为力热效应. 喷泉效应就是一种热力效应.

液体是一个短程有序而长程无序的系统，完全用统计物理的方法处理液氦问题较难，下面仅介绍描述 HeII 的两种唯象的方法.

1）二流体模型

为了描述 HeII 的热力学性质，蒂萨（Tisza）在 1938 年提出了二流体模型. 二流体模型认为，HeII 由正常流体和超流体两种流体组成，正常流体密度为 ρ_n，具有普通流体的性质，有普通流体的黏滞系数和不为零的熵，而超流体的密度为 ρ_s，具有超流动性，黏滞系数可以视为零，它的熵也为零. HeII 的密度

$$\rho=\rho_n+\rho_s \tag{2.17.1}$$

ρ_n 和 ρ_s 之比与温度有关. 液氦在温度 T_λ 处从 HeII 到 HeI 的相变可解释为 HeII 中的超流体消失，全部变成正常流体，而当温度 $T\to 0\mathrm{K}$ 时，HeII 中的正常流体全部变成超流体.

二流体模型可以解释上述的实验事实. 若液氦流动的速度为 $\boldsymbol{v}$，正常流体和超流体的速度分别为 $\boldsymbol{v}_n$ 和 $\boldsymbol{v}_s$，则液氦的质量流密度为 $\rho\boldsymbol{v}=\rho_n\boldsymbol{v}_n+\rho_s\boldsymbol{v}_s$，黏滞系数为零的超流体可以流过毛细管，HeII 呈现超流动性，而黏滞系数不为零的正常流体对圆盘的振动产生阻尼，因此，用圆盘法测定 HeII 的黏滞系数不为零，并且强烈地依赖于温度，当 $T\to 0\mathrm{K}$ 时，正常流体全部变成超流体，黏滞系数趋于零.

HeII 的超导热性在于 HeII 的导热机制与普通流体完全不同. 设想在温度均匀的 HeII 中，某一点的局域温度由于涨落而升高，由二流体模型知热点的 ρ_s/ρ 减少，ρ_n/ρ 增加，为了恢复平衡，热点周围的超流成分将向热点流动，正常成分将离开热点，这种调整过程进行得很快，使 HeII 具有超导热性，高导热率使 HeII 不出现沸腾现象，蒸发仅在液体表面进行.

利用二流体模型还可以定性解释热力效应和力热效应. 设两个温度和压强分别为 (T,p) 和 $(T+\Delta T,p+\Delta p)$ 的容器用超漏相连，当达到平衡时，两容器的化学势相等

$$\mu(T,p)=\mu(T+\Delta T,p+\Delta p) \tag{2.17.2}$$

设 ΔT、Δp 为一小量，将 μ 在 (T,p) 处展成泰勒级数，保留到一级小量，得

$$\mu(T+\Delta T,p+\Delta p)=\mu(T,p)-s\Delta T+v\Delta p$$

其中，$v=1/\rho$ 是比容. 将上式代入式(2.17.2)，得

$$\Delta p=\frac{1}{v}s\Delta T=\rho s\Delta T \tag{2.17.3}$$

式(2.17.3)表明如果两个容器之间出现温度差 ΔT，则必然有压强差 Δp，温度高的容器，压强也高，这就是热力效应和力热效应. 若开始时 $T_B>T_A$，$p_B=p_A$，液氦

中的超流体将从比较冷的容器 A 流向比较热的容器 B，使容器 B 的压强增加. 这和热力学第二定律所描述的热量不可能自发地从低温物体流向高温物体的表述并不矛盾，因为按二流体模型超流体的熵为零，超流体从低温容器 A 流向高温容器 B 并不违背热力学第二定律. 喷泉效应也可用式(2.17.3)来解释，用光辐射照 HeII 容器后，温度升高 ΔT，液池中的超流体涌入容器内，引起容器内的压强增加 Δp，导致喷泉效应.

2) 朗道(Landau)的超流理论

二流体模型在解释液 HeII 的性质上取得了成功，但它只是一种唯象理论，未能说明超流动性的本质. 为了从本质上说明超流动性，必须考虑氦原子之间的相互作用. 对于这样一个具有强相互作用的液氦系统，严格求解薛定谔方程非常困难，至今仍未解决. 由于我们实际关心的不是液氦中的个别原子，而是整个 HeII 系统，需要知道的是考虑了粒子之间相互作用后，HeII 作为一个整体所处的量子态和相应的能级. 因此，朗道没有直接去解薛定谔方程，而是采用了另一条途径，他把温度不十分接近 T_λ 的 HeII 看成处于弱激发状态的量子玻色系统，当 $T=0\text{K}$ 时，整个液氦为超流体的静背景；当 $T\neq 0\text{K}$ 时，系统偏离基态，在基态背景下产生了元激发或准粒子. 元激发对应于正常流体，而静背景代表超流体，HeII 的密度为正常流体密度和超流体密度之和，由式(2.17.1)给出. 在温度很低时，HeII 只能在基态及和基态相距很近的低激发态，在计算配分函数时只涉及基态能级及离基态不远的低激发态能级，高激发态对配分函数的贡献可以忽略不计. 因此，在处理液氦问题时，朗道把液氦中粒子之间的相互作用都概括到元激发中. 由于系统处于弱激发态，这些元激发的数目足够少，它们彼此之间的相互作用足够弱. 这些元激发的行为就像在体积 V 内运动的具有一定能量和动量的准粒子，它们的集合可以看成是元激发的理想气体. 系统的能量等于基态的能量和元激发的能量之和，动量等于元激发的动量之和

$$
\begin{aligned}
E &= E_0 + \sum_p n(p)\varepsilon(p) \\
p &= \sum_p n(p)p
\end{aligned}
\tag{2.17.4}
$$

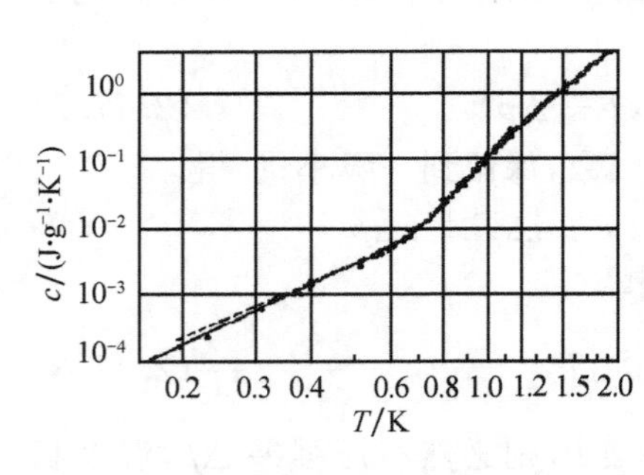

图 2.10 HeII 的比热

为了得到元激发的能谱(色散关系)，朗道分析了 HeII 的比热实验数据，见图 2.10. 他发现在 $T<0.6\text{K}$ 时，HeII 的比热正比于 T^3，这是声子气体的特征，声子的能量和动量之间成线性关系. 液氦是各向同性的，声子的能量 $\varepsilon(p)=cp$，p 为声子动量的大小. 由于液氦的黏滞系数很小，不会有横波声子存在，只有一支纵向声波，所以 c 为纵向声波的速度. 当温

度升高时,热容量迅速上升,表明有另一类激发产生. 在 0.6K 与 1.4K 之间比热正比于 $T^{6.2}$,比热行为犹如含有 $e^{-\frac{\Delta}{kT}}$ 的项,这表明在能谱中存在一个能隙. 因此,朗道把高温端的 HeII 激发的色散关系表示为

$$\varepsilon(p)=\Delta+\frac{(p-p_0)^2}{2m^*}$$

对这些实验事实作综合分析后,朗道提出了低温下 HeII 中元激发的能谱表示为

$$\begin{cases}\varepsilon(p)=cp & (\text{在 } p\to 0 \text{ 的低动量区})\\ \varepsilon(p)=\Delta+\dfrac{(p-p_0)^2}{2m^*} & (\text{在高动量区})\end{cases} \tag{2.17.5}$$

其中,c 是声速,Δ 是能隙,m^* 为准粒子的有效质量. 能谱的形状如图 2.11 所示. 低动量区的元激发是声子,高动量区的元激发是旋子. 1954 年费曼指出朗道提出的能谱可从可靠的物理原理导出,1961 年它又为中子的非弹性散射实验结果所证实. 因此,朗道的能谱已被人们普遍接受. 当温度为 1.1K 时,实验所确定的参量分别为

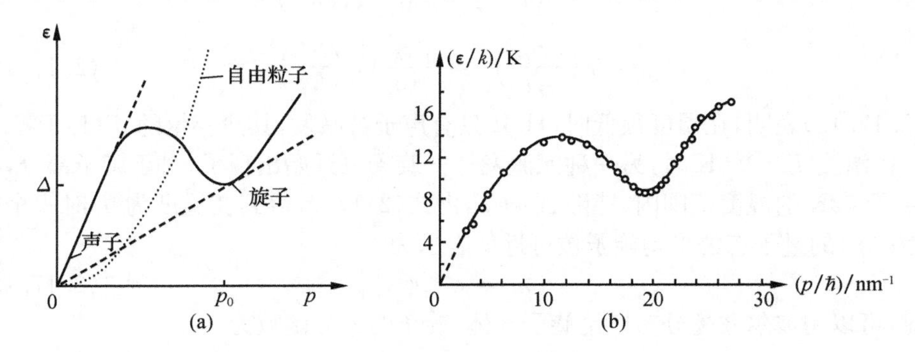

图 2.11 液 HeII 元激发的能谱

(a)朗道假设;(b)实验结果

$$c=238\mathrm{m\cdot s^{-1}},\quad \frac{p_0}{\hbar}=19.2\mathrm{nm}^{-1},\quad \frac{\Delta}{k}=8.65\mathrm{K},\quad m^*=0.16m_4 \tag{2.17.6}$$

其中,m_4 是 ^{4}He 原子的质量. 上述参量通常与液氦的温度和压强有关,在朗道的处理中取为常数. 由于元激发数 n 可取 0,1,2,…可能的值,声子和旋子都遵循玻色分布,而且由于系统的元激发数不确定,因此,它们的化学势 μ 为零. 由此可得,在温度为 T 的平衡态下,能量为 $\varepsilon(p)$ 的一个量子态的平均元激发数为

$$\bar{n}=\frac{1}{e^{\beta\varepsilon(p)}-1} \tag{2.17.7}$$

先讨论声子部分,在 HeII 中声波是纵波,声子的简并度 $\omega_0=1$,在体积 V 内动量在 $p\sim p+\mathrm{d}p$ 范围内的声子状态数 $g(p)\mathrm{d}p=\frac{4\pi V}{h^3}p^2\mathrm{d}p$,声子的巨配分函数的对数为

$$\ln\Xi_{ph}=-\frac{4\pi V}{h^3}\int_0^\infty p^2\ln(1-\mathrm{e}^{-\beta cp})\mathrm{d}p=-\frac{4\pi V}{h^3}\left(\frac{1}{\beta c}\right)^3\int_0^\infty x^2\ln(1-\mathrm{e}^{-x})\mathrm{d}x$$

$$=\frac{4\pi V}{3h^3}\left(\frac{1}{\beta c}\right)^3\int_0^\infty\frac{x^3}{\mathrm{e}^x-1}\mathrm{d}x=\frac{4\pi^5 V}{45}\left(\frac{1}{h\beta c}\right)^3 \tag{2.17.8}$$

其中，$x=\beta cp$. 由于这里考虑的是在低温范围内，对积分的贡献主要来自 x 值小的这部分. 因此，在式(2.17.8)中已将积分上限扩展到无穷大，且利用了积分公式

$$\int_0^\infty\frac{x^3}{\mathrm{e}^x-1}\mathrm{d}x=\Gamma(4)\sum_{l=1}^\infty\frac{1}{l^4}=\frac{\pi^4}{15}$$

声子气体的内能、自由能、熵和定容热容量分别为

$$U_{ph}=-\frac{\partial\ln\Xi_{ph}}{\partial\beta}=\frac{4\pi^5}{15}VkT\left(\frac{kT}{hc}\right)^3 \tag{2.17.9}$$

$$F_{ph}=-kT\ln\Xi_{ph}=-\frac{4\pi^5}{45}VkT\left(\frac{kT}{hc}\right)^3 \tag{2.17.10}$$

$$S_{ph}=-\left(\frac{\partial F_{ph}}{\partial T}\right)_V=\frac{16\pi^5}{45}Vk\left(\frac{kT}{hc}\right)^3 \tag{2.17.11}$$

$$C_{Vph}=T\left(\frac{\partial S_{ph}}{\partial T}\right)_V=\frac{16\pi^5}{15}Vk\left(\frac{kT}{hc}\right)^3 \tag{2.17.12}$$

式(2.17.12)表明，在温度很低时，HeII 只有声子被激发，其热容量随 T^3 趋于零.

在温度 $T>0.6\mathrm{K}$ 时，另一种元激发——旋子也开始出现了. 对于旋子部分，在温度 $T\leqslant 2\mathrm{K}$ 的温度范围内，能隙 $\Delta\gg kT$，由式(2.17.7)得到在温度为 T 时一个能量为 $\varepsilon(p)$ 的量子态的平均旋子数可近似表示为

$$\overline{n_r}=\mathrm{e}^{-\beta\varepsilon(p)} \tag{2.17.13}$$

因此，可以用玻尔兹曼分布讨论旋子气体. 旋子的配分函数为

$$Z_1=\sum_l\omega_l\mathrm{e}^{-\beta\varepsilon_l}=\frac{4\pi V}{h^3}\mathrm{e}^{-\beta\Delta}\int_0^\infty\mathrm{e}^{-\beta\frac{(p-p_0)^2}{2m^*}}p^2\mathrm{d}p \tag{2.17.14}$$

做变量代换 $x=\sqrt{\frac{\beta}{2m^*}}(p-p_0)$，代入式(2.17.14)，得

$$Z_1=\frac{4\pi V}{h^3}\mathrm{e}^{-\beta\Delta}p_0^2\sqrt{\frac{2m^*}{\beta}}\int_{-\infty}^\infty\mathrm{e}^{-x^2}\left\{1+\sqrt{\frac{2m^*}{\beta p_0^2}}x\right\}^2\mathrm{d}x$$

由式(2.17.6)给出的参数可知$\frac{2m^*}{\beta p_0^2}\ll 1$，且上式的积分中含有 e^{-x^2}，积分的主要贡献来自 x 小时，因此，已将上式 x 的积分下限取为 $-\infty$. 在上式的被积函数中的 x 线性项对积分的贡献为零，x^2 项对积分的贡献可忽略不计. 考虑到这些因素后，上式中的积分值为 $\int_{-\infty}^\infty\mathrm{e}^{-x^2}\mathrm{d}x=\sqrt{\pi}$，所以

$$Z_1=\frac{4\pi V}{h^3}p_0^2\left(\frac{2\pi m^*}{\beta}\right)^{\frac{1}{2}}\mathrm{e}^{-\beta\Delta} \tag{2.17.15}$$

旋子是玻色子，旋子气体是非局域系. 因此，旋子气体的自由能为

$$F_r = -N_r kT\ln Z_1 + N_r kT(\ln N_r - 1) \tag{2.17.16}$$

平均旋子数$\overline{N_r}$可由自由能 F_r 取极小值的条件得到，由

$$\left(\frac{\partial F}{\partial N_r}\right)_{N_r=\overline{N_r}} = -kT\ln Z_1 + kT\ln \overline{N_r} = 0 \tag{2.17.17}$$

得

$$\overline{N_r} = Z_1 = \frac{4\pi V}{h^3}p_0^2(2\pi m^* kT)^{\frac{1}{2}}\mathrm{e}^{-\frac{\Delta}{kT}} \tag{2.17.18}$$

代入式(2.17.16)，得旋子气体的自由能为

$$F_r = -\overline{N_r}kT = -\frac{4\pi V}{h^3}p_0^2(2\pi m^*)^{\frac{1}{2}}(kT)^{\frac{3}{2}}\mathrm{e}^{-\frac{\Delta}{kT}} \tag{2.17.19}$$

旋子气体的熵、内能和定容热容量分别为

$$S_r = -\left(\frac{\partial F_r}{\partial T}\right)_V = -F_r\left(\frac{3}{2T}+\frac{\Delta}{kT^2}\right) = \overline{N_r}k\left(\frac{3}{2}+\frac{\Delta}{kT}\right) \tag{2.17.20}$$

$$U_r = F_r + TS_r = \overline{N_r}\left(\Delta + \frac{kT}{2}\right) \tag{2.17.21}$$

$$C_{Vr} = T\left(\frac{\partial S_r}{\partial T}\right)_V = \overline{N_r}k\left\{\frac{3}{4}+\frac{\Delta}{kT}+\left(\frac{\Delta}{kT}\right)^2\right\} \tag{2.17.22}$$

式(2.17.18)～式(2.17.22)表明，当 $T\to 0\mathrm{K}$ 时，旋子气体的这些热力学量都按指数率 $\mathrm{e}^{-\frac{\Delta}{kT}}$ 趋于零.

将声子部分和旋子部分的定容热容量相加得到 HeII 的定容热容量

$$C_V = C_{Vph} + C_{Vr} = \frac{16\pi^5}{15}Vk\left(\frac{kT}{hc}\right)^3 + \overline{N_r}k\left\{\frac{3}{4}+\frac{\Delta}{kT}+\left(\frac{\Delta}{kT}\right)^2\right\} \tag{2.17.23}$$

在 $T<0.6\mathrm{K}$ 时，仅有低能激发，HeII 的热力学性质主要来自声子的贡献，$C_V\propto T^3$. 在温度高于 0.6K 时，另一种元激发——旋子开始出现，在 0.6～1K，HeII 的性质由声子和旋子共同确定. 当温度在 1K 以上，声子部分对 HeII 性质的影响变成次要的了，其主要的贡献来自旋子部分. 温度 $T<1.2\mathrm{K}$ 时，液氦处于低激发态，朗道理论的结果和实验符合得很好.

最后来讨论超流动的临界速度 v_c. 只讨论 $T=0\mathrm{K}$ 时液氦处于基态的情形，那时液氦全部是超流体. 设做整体运动的超流体的质量为 M，它的动能 $E=\frac{1}{2}Mv^2$，动量 $\boldsymbol{p}=M\boldsymbol{v}$，动能的变化由下式给出：

$$\delta E = \boldsymbol{v}\cdot\delta\boldsymbol{p} \tag{2.17.24}$$

假设这些变化是由于在液体中产生一个动量为 $\boldsymbol{p}$ 和能量为 $\varepsilon(p)$ 的元激发所引起的，按动量和能量守恒原理应有

$$\delta E = -\varepsilon,\quad \delta \boldsymbol{p} = -\boldsymbol{p} \tag{2.17.25}$$

由式(2.17.24)和式(2.17.25)两式得

$$\varepsilon = \boldsymbol{v}\cdot\boldsymbol{p} \leqslant vp \quad 或 \quad v \geqslant \frac{\varepsilon}{p} \tag{2.17.26}$$

式(2.17.26)表明,除非液体的漂移速度 v 比 ε/p 大,或者至少等于它,否则不可能在流体中产生能量为 $\varepsilon(p)$ 的元激发.因此,如果 v 比 ε/p 的最小值还小的话,则不可能在流体中产生任何元激发,从而使液体继续保持其超流动性.由此可得维持液体超流动性的条件是

$$v < v_c = \frac{\varepsilon}{p}\bigg|_{极小} \tag{2.17.27}$$

式(2.17.27)称为朗道超流判据,v_c 是超流的临界速度,它标志着流速的一个上限,当流速 $v<v_c$ 时,液体显示出超流动性,超过临界速度将在液体中产生元激发,出现正常流体.

$\dfrac{\varepsilon(p)}{p}$的极小值可由$\dfrac{\mathrm{d}}{\mathrm{d}p}\left(\dfrac{\varepsilon(p)}{p}\right)=0$ 得到,其值为

$$\frac{\varepsilon}{p}\bigg|_{极小} = \frac{\mathrm{d}\varepsilon}{\mathrm{d}p} \tag{2.17.28}$$

式(2.17.28)表明,如果在 ε-p 图中从原点到能谱曲线 $\varepsilon(p)$ 上某一点的直线是该点的切线,则该点的 ε/p 就是极小值.将这一判据应用到如图 2.11 的朗道能谱曲线,对于声子激发

$$v_c = \frac{\varepsilon(p)}{p} = c = 238\mathrm{m}\cdot\mathrm{s}^{-1}$$

对于旋子激发(在极小点 p_0 附近)

$$v_c \approx \frac{\Delta}{p_0} = 58\mathrm{m}\cdot\mathrm{s}^{-1}$$

临界速度的实验观测值约在 $0.1\sim 70\mathrm{cm}\cdot\mathrm{s}^{-1}$,且与毛细管的管径有关,管径越小,其临界速度越大.朗道理论得到的临界速度比实验观测值大得多,为了解释这一差异,费曼提出液氦还有另一种集体激发——量子化涡旋,其能量和动量的关系为 $\varepsilon\propto p^{\frac{1}{2}}$.对于在毛细管中流动的超流体,量子化涡旋产生的临界速度与实验观测值大致相符.

2.18 强简并费米气体 金属中的自由电子气

前几节讨论了玻色气体,本节将以金属中的自由电子气体为例,讨论强简并费米气体.

金属中的价电子脱离原子后形成了可在整个金属内运动的公有化电子,失去

电子的原子成为离子，形成正电荷背景电场. 在初步近似中，人们常把公有化电子看成可在金属内部自由运动的自由电子. 电子的自旋 $s=\frac{1}{2}$，是费米子，由于电子的小质量和自由电子气的高电子密度，使金属中的自由电子气成为逸度 $z\gg 1$ 的强简并费米气体. 以铜为例，铜的密度为 $8.9\mathrm{g\cdot cm^{-3}}$，原子量为 63，若一个铜原子贡献一个自由电子，则自由电子的数密度 $n=8.5\times 10^{28}\mathrm{m^{-3}}$，取 $T=300\mathrm{K}$，得

$$n\lambda^3=n\left(\frac{h^2}{2\pi mkT}\right)^{\frac{3}{2}}\approx 3400\gg 1$$

因此，金属中的自由电子气是强简并费米气体.

费米分布给出了温度为 T 时处在能量为 ε 的一个量子态的平均电子数

$$f=\frac{1}{\mathrm{e}^{\frac{\varepsilon-\mu}{kT}}+1} \tag{2.18.1}$$

电子的动能可以看成是连续的，考虑到电子自旋的两个取向，$\omega_0=2$，在体积 V 内，能量在 $\varepsilon\sim\varepsilon+\mathrm{d}\varepsilon$ 内电子气的量子态数为

$$g(\varepsilon)\mathrm{d}\varepsilon=4\pi V\left(\frac{2m}{h^2}\right)^{\frac{3}{2}}\varepsilon^{\frac{1}{2}}\mathrm{d}\varepsilon \tag{2.18.2}$$

所以，系统的平均电子数

$$\bar{N}=\int_0^\infty g(\varepsilon)f(\varepsilon)\mathrm{d}\varepsilon=4\pi V\left(\frac{2m}{h^2}\right)^{\frac{3}{2}}\int_0^\infty\frac{\varepsilon^{\frac{1}{2}}}{\mathrm{e}^{\frac{\varepsilon-\mu}{kT}}+1}\mathrm{d}\varepsilon \tag{2.18.3}$$

在给定电子数 N、温度 T 和体积 V 时，化学势 μ 由式(2.18.3)确定，μ 为温度 T 和电子数密度 n 的函数.

首先讨论绝对零度下的电子气体. 记 $T=0\mathrm{K}$ 时电子气体的化学势为 μ_0，则由式(2.18.1)得

$$f=\begin{cases}1, & \varepsilon<\mu_0\\ 0, & \varepsilon>\mu_0\end{cases} \tag{2.18.4}$$

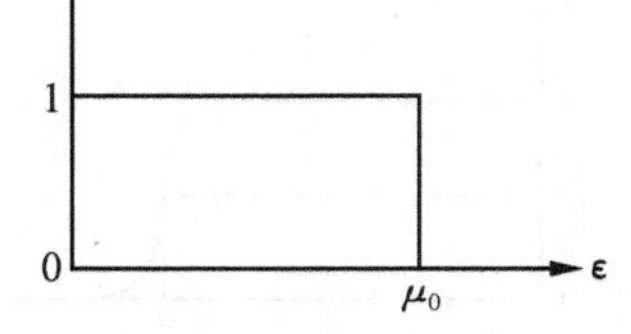

图 2.12　绝对零度下的费米分布

f 随 ε 变化如图 2.12 所示. 式(2.18.4)表示，在 $T=0\mathrm{K}$ 时，电子占据了 $\varepsilon<\mu_0$ 的每一个量子态，而 $\varepsilon>\mu_0$ 的所有量子态都是空的. 这是因为电子要占据能量尽可能低的量子态，而泡利不相容原理要求每一个量子态最多只能容纳一个电子，所以在 $T=0\mathrm{K}$ 时，电子从 $\varepsilon=0$ 的状态起依次填充至 $\varepsilon=\mu_0$ 的状态，每个量子态一个电子，μ_0 为 $T=0\mathrm{K}$ 时电子最大的能量. 由式(2.18.3)和式(2.18.4)得电子数密度

$$n=\frac{N}{V}=4\pi\left(\frac{2m}{h^2}\right)^{\frac{3}{2}}\int_0^{\mu_0}\varepsilon^{\frac{1}{2}}\mathrm{d}\varepsilon=\frac{8\pi}{3}\left(\frac{2m}{h^2}\right)^{\frac{3}{2}}\mu_0^{\frac{3}{2}} \tag{2.18.5}$$

由此解得

$$\varepsilon_{\mathrm{F}}=\mu_0=\frac{\hbar^2}{2m}(3\pi^2 n)^{\frac{2}{3}} \tag{2.18.6}$$

ε_F 称为费米能级. 由费米能级还可以定义费米动量 p_F 和费米温度 T_F，它们分别为

$$p_F = \sqrt{2m\varepsilon_F} = \hbar(3\pi^2 n)^{\frac{1}{3}}$$

$$T_F = \frac{\varepsilon_F}{k} = \frac{\hbar^2}{2mk}(3\pi^2 n)^{\frac{2}{3}}$$

利用前面已经给出的铜的自由电子数密度，金属铜的费米能级和费米温度分别为

$$\mu_0 = \varepsilon_F = 1.12 \times 10^{-18}\text{J} = 7.0\text{eV}$$

$$T_F = 8.2 \times 10^4 \text{K}$$

和室温及室温下自由电子的平均动能相比，费米温度及费米能级都很高，$T_F \gg T$，$\varepsilon_F \gg kT$. $T=0\text{K}$ 时，电子气体的内能和压强分别为

$$U = \int_0^\infty \varepsilon g(\varepsilon) f(\varepsilon) d\varepsilon = 4\pi V\left(\frac{2m}{h^2}\right)^{\frac{3}{2}} \int_0^{\mu_0} \varepsilon^{\frac{3}{2}} d\varepsilon$$

$$= \frac{8\pi V}{5}\left(\frac{2m}{h^2}\right)^{\frac{3}{2}} \mu_0^{\frac{5}{2}} = \frac{3}{5} N\mu_0 \tag{2.18.7}$$

$$p = -\frac{\partial U}{\partial V} = \frac{2}{3} \cdot \frac{U}{V} = \frac{2}{5} n\mu_0 \tag{2.18.8}$$

p 称为电子气的简并压. 对于铜 p 的值可高达 $3.8 \times 10^5 \text{atm}$，这是一个极高的压强. 它是由于电子气体具有很高的数密度和泡利不相容原理引起的. 金属中电子气体的巨大的简并压和电子与离子之间的静电吸引力达到平衡.

当温度 $T > 0\text{K}$ 时，化学势 $\mu = \mu(T, n)$ 是温度和电子数密度的函数. 由式(2.18.1)可得如图 2.13 所示的费米分布，当 $\varepsilon < \mu$ 时，$f > \frac{1}{2}$；当 $\varepsilon = \mu$ 时，$f = \frac{1}{2}$；当 $\varepsilon > \mu$ 时，$f < \frac{1}{2}$.

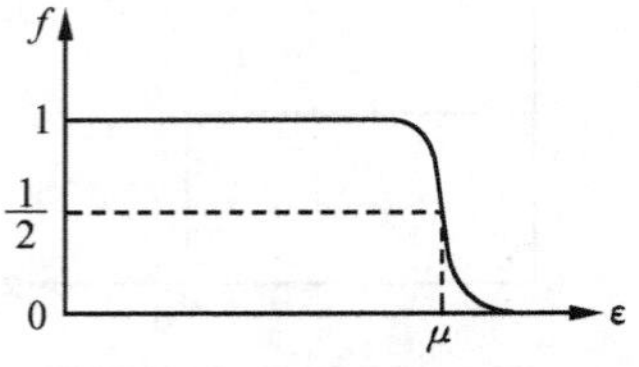

图 2.13　有限温度下的费米分布示意图

由于通常的温度 $T \ll T_F$，泡利不相容原理使得在 $\varepsilon < \mu$ 的绝大部分区域内的电子只能留在原来的状态而不能跃迁，只有在费米面附近厚度为 kT 范围内的电子，才有可能受到热激发而跃迁到高能级. 因此，只有在 μ 附近宽度为 kT 的很窄的能量范围内分布 f 才有显著的变化. $\mu(T)$ 与 μ_0 十分接近，热激发的电子数约为 $\frac{kT}{\mu_0}N$，系统中的大部分电子的状态不受热激发的影响，这是强简并费米气体的重要特征.

为了得到 $T > 0\text{K}$ 时电子气体的热力学函数，为此计算电子气体的巨配分函数的对数

$$\ln\Xi = 4\pi V\left(\frac{2m}{h^2}\right)^{\frac{3}{2}} \int_0^\infty \varepsilon^{\frac{1}{2}} \ln(1 + e^{-\alpha - \beta\varepsilon}) d\varepsilon$$

$$= 4\pi V\left(\frac{2m}{h^2}\right)^{\frac{3}{2}} \frac{2\beta}{3}\int_0^{\infty} \varepsilon^{\frac{3}{2}} f(\varepsilon)\mathrm{d}\varepsilon \tag{2.18.9}$$

其中，在第二个等式中用了分部积分，$f(\varepsilon)$为费米分布，由式(2.18.1)表示. 为了计算式(2.18.9)中的积分，下面给出在费米统计中经常用到的一个公式. 如果函数$\varphi(\varepsilon)$在$\varepsilon=\mu$处连续可微，而且在$|\varepsilon-\mu|\leqslant kT$范围内变化较慢，则有

$$I = \int_0^{\infty} \varphi(\varepsilon) f(\varepsilon)\mathrm{d}\varepsilon = \int_0^{\mu} \varphi(\varepsilon)\mathrm{d}\varepsilon + \frac{\pi^2}{6}(kT)^2 \varphi'(\mu) + \cdots \tag{2.18.10}$$

若令$g'(\varepsilon)=\varphi(\varepsilon)$，则式(2.18.10)可改写为另一种形式

$$I = -g(0) - \int_0^{\infty} g(\varepsilon)\frac{\mathrm{d}f(\varepsilon)}{\mathrm{d}\varepsilon}\mathrm{d}\varepsilon = g(\mu) - g(0) + \frac{\pi^2}{6}(kT)^2 g''(\mu) + \cdots \tag{2.18.10$'$}$$

现在证明式(2.18.10). 利用分部积分，得

$$I = \int_0^{\infty} \varphi(\varepsilon) f(\varepsilon)\mathrm{d}\varepsilon = \int_0^{\infty} f(\varepsilon)\frac{\mathrm{d}g(\varepsilon)}{\mathrm{d}\varepsilon}\mathrm{d}\varepsilon = -g(0) - \int_0^{\infty} g(\varepsilon)\frac{\partial f}{\partial \varepsilon}\mathrm{d}\varepsilon$$

由于$T\ll T_{\mathrm{F}}$，只有能量在$\varepsilon\approx\mu$附近时，$\frac{\partial f}{\partial \varepsilon}$才不等于零. 因此，可将$g(\varepsilon)$在$\varepsilon=\mu$处做泰勒展开

$$g(\varepsilon) = g(\mu) + g'(\mu)(\varepsilon-\mu) + \frac{1}{2}g''(\mu)(\varepsilon-\mu)^2 + \cdots$$

代入I的积分中，得

$$\begin{aligned} I &= -g(0) - g(\mu)\int_0^{\infty}\frac{\partial f}{\partial \varepsilon}\mathrm{d}\varepsilon - g'(\mu)\int_0^{\infty}(\varepsilon-\mu)\frac{\partial f}{\partial \varepsilon}\mathrm{d}\varepsilon - \frac{1}{2}g''(\mu)\int_0^{\infty}(\varepsilon-\mu)^2\frac{\partial f}{\partial \varepsilon}\mathrm{d}\varepsilon - \cdots \\ &\approx g(\mu) - g(0) - g'(\mu)kT\int_{-\frac{\mu}{kT}}^{\infty}\xi\frac{\partial f}{\partial \xi}\mathrm{d}\xi - \frac{1}{2}g''(\mu)(kT)^2\int_{-\frac{\mu}{kT}}^{\infty}\xi^2\frac{\partial f}{\partial \xi}\mathrm{d}\xi - \cdots \end{aligned}$$

其中，$\xi=\frac{\varepsilon-\mu}{kT}$. 由于$\mu\gg kT$，而积分的贡献主要来自$\varepsilon\approx\mu$处，也即来自$|\xi|$小时的贡献. 所以，上式中的积分下限$-\frac{\mu}{kT}$可近似地用$-\infty$来代替. 第二项中的$\frac{\partial f}{\partial \xi}$是$\xi$的偶函数，被积函数是$\xi$的奇函数，其积分值为零. 第三项积分的被积函数是$\xi$的偶函数，其积分值为

$$\begin{aligned} -\int_{-\infty}^{\infty}\xi^2\frac{\partial f}{\partial \xi}\mathrm{d}\xi &= 2\int_0^{\infty}\frac{\xi^2\mathrm{e}^{-\xi}}{(1+\mathrm{e}^{-\xi})^2}\mathrm{d}\xi \\ &= 2\sum_{l=0}^{\infty}(-1)^l(l+1)\int_0^{\infty}\xi^2\mathrm{e}^{-(l+1)\xi}\mathrm{d}\xi = 4\sum_{l=0}^{\infty}\frac{(-1)^l}{(l+1)^2} = \frac{\pi^2}{3} \end{aligned}$$

其中，已经利用了泰勒展开式$(1+x)^{-2}=\sum\limits_{l=0}^{\infty}(-1)^l(l+1)x^l$，后两个等式中利用

了Γ函数和求和公式$\sum_{n=1}^{\infty}\frac{(-1)^{n-1}}{n^2}=\frac{\pi^2}{12}$,将上面的结果代入$I$的表达式,即得式(2.18.10).

利用式(2.18.10)和$\alpha=-\mu/kT$,由式(2.18.9)得$\ln\Xi$的表达式

$$\ln\Xi=4\pi V\left(\frac{2m}{\beta h^2}\right)^{\frac{3}{2}}\left[\frac{4}{15}(-\alpha)^{\frac{5}{2}}+\frac{\pi^2}{6}(-\alpha)^{\frac{1}{2}}\right] \tag{2.18.11}$$

由式(2.18.11),可得到电子气体的平均电子数、平均能量、压强和熵等热力学函数

$$\bar{N}=-\frac{\partial\ln\Xi}{\partial\alpha}=\frac{8\pi V}{3}\left(\frac{2m}{\beta h^2}\right)^{\frac{3}{2}}(-\alpha)^{\frac{3}{2}}\left(1+\frac{\pi^2}{8\alpha^2}\right) \tag{2.18.12}$$

$$U=\bar{E}=-\frac{\partial\ln\Xi}{\partial\beta}=\frac{3}{2\beta}\ln\Xi \tag{2.18.13}$$

$$p=\frac{1}{\beta}\frac{\partial\ln\Xi}{\partial V}=\frac{1}{\beta V}\ln\Xi=\frac{2}{3}\frac{U}{V} \tag{2.18.14}$$

$$S=k\left(\ln\Xi-\alpha\frac{\partial\ln\Xi}{\partial\alpha}-\beta\frac{\partial\ln\Xi}{\partial\beta}\right)=k\left(\frac{5}{2}\ln\Xi+N\alpha\right) \tag{2.18.15}$$

在式(2.18.11)~式(2.18.15)中,各热力学量都是以α、β、V作为自变量的,$\bar{N}$和$\bar{E}$为平均电子数和平均能量.在电子气体问题中,电子数$N=\bar{N}$是给定的,以T、V、N作为自变量.从式(2.18.12)得到

$$-\alpha=\beta\frac{\hbar^2}{2m}(3\pi^2 n)^{\frac{2}{3}}\left(1+\frac{\pi^2}{8\alpha^2}\right)^{-\frac{2}{3}}=\frac{\mu_0}{kT}\left(1+\frac{\pi^2}{8\alpha^2}\right)^{-\frac{2}{3}} \tag{2.18.16}$$

其中,μ_0为$T=0\text{K}$时电子的化学势,$-\alpha=\mu/kT\approx\mu_0/kT\gg1$,作为一级近似式(2.18.16)右边的$\alpha^2$用$(\mu_0/kT)^2$代入,则得

$$-\alpha\approx\frac{\mu_0}{kT}\left[1+\frac{\pi^2}{8}\left(\frac{kT}{\mu_0}\right)^2\right]^{-\frac{2}{3}}\approx\frac{\mu_0}{kT}\left[1-\frac{\pi^2}{12}\left(\frac{kT}{\mu_0}\right)^2\right] \tag{2.18.17}$$

由此得到化学势

$$\mu=\mu_0\left[1-\frac{\pi^2}{12}\left(\frac{kT}{\mu_0}\right)^2\right] \tag{2.18.18}$$

将式(2.18.17)代入式(2.18.11)和式(2.18.13)~式(2.18.15),得

$$\ln\Xi=\frac{2N}{5}\frac{\mu_0}{kT}\left[1+\frac{5\pi^2}{12}\left(\frac{kT}{\mu_0}\right)^2\right] \tag{2.18.19}$$

$$U=\frac{3}{5}N\mu_0\left[1+\frac{5\pi^2}{12}\left(\frac{kT}{\mu_0}\right)^2\right] \tag{2.18.20}$$

$$p=\frac{2}{5}n\mu_0\left[1+\frac{5\pi^2}{12}\left(\frac{kT}{\mu_0}\right)^2\right] \tag{2.18.21}$$

$$S=Nk\frac{\pi^2}{2}\frac{kT}{\mu_0} \tag{2.18.22}$$

电子气体的定容热容量

$$C_V = \left(\frac{\partial U}{\partial T}\right)_V = Nk\,\frac{\pi^2}{2}\,\frac{kT}{\mu_0} = \gamma T \tag{2.18.23}$$

其中，$\gamma=\frac{Nk^2\pi^2}{2\mu_0}$. 由此可知，当 $T\to 0\text{K}$ 时，$S\to 0$，$C_V\to 0$，符合热力学第三定律. 对于金属铜中的自由电子气体，其热容量为

$$C_V = 0.61\times 10^{-4}NkT \tag{2.18.24}$$

所以在通常的温度下，电子气体的热容量很小，和晶格振动的热容量相比，可以忽略不计. 然而，在很低的温度下，情况便不同了. 低温下，金属中晶格振动的热容量随温度的三次方趋于零，而电子气的热容量随温度的一次方趋于零，因此在极低的温度下，电子气对热容量的贡献可能成为主要的了，电子气的热容量和晶格振动的热容量之比为

$$\frac{C_{V\text{e}}}{C_{V\text{i}}} = \frac{\gamma T}{AT^3} = \frac{5}{24\pi^2}\,\frac{kT}{\mu_0}\left(\frac{\Theta_\text{D}}{T}\right)^3 = 2.6\times 10^{-7}\,\frac{\Theta_\text{D}^3}{T^2}$$

对铜取 $\Theta_\text{D}=345\text{K}$，当 $T=3.2\text{K}$ 时，这一比值为 1. 所以当温度 $T<3.2\text{K}$ 时，金属中的电子气对热容量将起主要作用. 由此可知，在非常低的温度下，金属的热容量不再遵循德拜 T^3 律了.

计及电子和离子振动的热容量，低温下金属的定容热容量可表示为

$$C_V = C_{V\text{e}} + C_{V\text{i}} = \gamma T + AT^3 \tag{2.18.25}$$

若以 C_V/T 为纵坐标，T^2 为横坐标，画出在低温下金属铜的实验结果，发现实验值呈一条直线，直线与纵坐标的截距 $\gamma=0.688\text{mJ}\cdot\text{mol}^{-1}\cdot\text{K}^{-2}$，与式(2.18.24)给出的理论值 $\gamma=0.50\text{mJ}\cdot\text{mol}^{-1}\cdot\text{K}^{-2}$ 相比有一定差异.

出现这一差异的原因在于，金属中的电子是在晶格离子产生的周期势场中运动，电子与晶格上的离子存在着长程的库仑力. 一个电子一方面要排斥其他电子，另一方面又要吸引周围的正离子，从而在一个电子的周围出现等效的正电荷，使电子的电场受到屏蔽. 由于这种屏蔽效应使电子之间的长程库仑力变成了作用半径 λ(称为德拜半径)约为 10^{-9}m 的短程的屏蔽库仑力. 作为一种近似，可以忽略电子间的这种短程作用，把电子看作近独立粒子. 然而这里的电子已不再是自由状态下的“裸”电子，而是受正电荷云环绕的准粒子，称为准电子. 准电子的质量不再是裸电子的质量 m，而是有效质量 m^*. 此外，金属中的周期势场和离子的振动也对电子的运动产生影响，也可改变准电子的质量，这些影响都可包括在有效质量 m^* 中. 因此，在上面公式中的电子质量 m 应该用准电子的有效质量 m^* 来代替，从而解释了 γ 的理论值和实验值的差异.

*2.19 白 矮 星

白矮星是一种晚期的恒星,星体中的热核燃料氢已基本耗尽.星体物质的主要成分是氢核聚变后的产物氦.白矮星发出的光的亮度很小,其辐射的能量主要来自星体收缩时所释放的引力势能.白矮星的质量与太阳的质量相当,它的半径约为太阳半径的几十分之一到百分之一,因此,白矮星的密度异常的高.白矮星的一组典型的数据是:质量 $M\approx 10^{30}\,\mathrm{kg}$,密度 $\rho\approx 10^{7}\sim 10^{10}\,\mathrm{kg\cdot m^{-3}}$,星体中心的温度 $T\approx 10^{7}\,\mathrm{K}$.在这样高的温度下,氦原子将全部电离成电子和氦原子核.设白矮星由 N 个电子和 $N/2$ 个氦核组成,它的质量

$$M\approx N(m+2m_{\mathrm{p}})\approx 2Nm_{\mathrm{p}} \tag{2.19.1}$$

其中,m 为电子的质量,m_{p} 为质子的质量.电子的数密度

$$n=\frac{N}{V}\approx\frac{\rho}{2m_{\mathrm{p}}} \tag{2.19.2}$$

白矮星的电子数密度约为 $10^{36}\,\mathrm{m^{-3}}$,电子气的费米能级

$$\mu_0=\frac{\hbar^2}{2m}(3\pi^2 n)^{\frac{2}{3}}\approx 0.5\times 10^{-13}\,\mathrm{J}\approx 0.3\,\mathrm{MeV}$$

相应的费米温度 $T_{\mathrm{F}}=\mu_0/k\approx 4\times 10^{9}\,\mathrm{K}$,$T_{\mathrm{F}}$ 远高于白矮星的温度,因此,白矮星中的电子气可看作是在绝对零度下的强简并的费米气体.电子的静止能量 $\varepsilon_0=mc^2\approx 0.5\,\mathrm{MeV}$,$\varepsilon_0$ 和 μ_0 具有相同的数量级,有显著的相对论效应,但并不是主要的,电子的动能仍可用非相对论表达式 $\varepsilon=p^2/2m$.

从上面的分析可构建如下的物理图像:白矮星的质量和星体的引力主要来自氦核,电子气体可看成为绝对零度下的费米气体.如果没有电子气的简并压与引力相抗衡,则白矮星的自身引力将使它猛烈塌缩.白矮星的存在正是由于有电子气的简并压与引力达到平衡.氦核组成的系统是非简并气体,可以忽略氦核所产生的压强.假设星体是球形的,由于电子气的简并压的存在,当星体的半径减少 $\mathrm{d}R$ 时,其内能增量为

$$\mathrm{d}E_{\mathrm{p}}=-p\cdot 4\pi R^2\,\mathrm{d}R \tag{2.19.3}$$

其中,p 为电子气的简并压.下面考虑两种情形下的 p 值.

(1) 电子气是非相对论性的,电子气简并压为

$$p=\frac{2}{5}n\mu_0=\frac{2}{5}n\frac{\hbar^2}{2m}(3\pi^2 n)^{\frac{2}{3}} \tag{2.19.4}$$

(2) 电子气是极端相对论性的,$\varepsilon=pc$,电子气的简并压为

$$p=\frac{1}{4}nc\hbar(3\pi^2 n)^{\frac{1}{3}} \tag{2.19.5}$$

另一方面白矮星的引力势能可表示为

$$E_g = -\alpha \frac{GM^2}{R} \tag{2.19.6}$$

其中,G 为引力常数,α 是量级为 1 的常数.如果星体的密度 ρ 为一常数,则 $\alpha=\frac{3}{5}$.当星体的半径改变 $\mathrm{d}R$ 时,引力势能的改变为

$$\mathrm{d}E_g = \alpha \frac{GM^2}{R^2}\mathrm{d}R \tag{2.19.7}$$

把星体看成绝热系统,则在平衡时有

$$\mathrm{d}E_p + \mathrm{d}E_g = 0 \tag{2.19.8}$$

将式(2.19.3)和式(2.19.7)代入式(2.19.8),得电子气的简并压为

$$p = \alpha \frac{GM^2}{4\pi R^4} \tag{2.19.9}$$

将非相对论性简并压的表达式(2.19.4)代入式(2.19.9),并考虑到 $n=\frac{N}{V}=\frac{M}{2m_p}\left(\frac{4\pi}{3}R^3\right)^{-1}$,得到

$$M^{\frac{1}{3}}R = \frac{3}{40\alpha G}\left(\frac{9\pi}{m_{\mathrm{p}}}\right)^{\frac{2}{3}}\frac{\hbar^2}{mm_{\mathrm{p}}} = 8.97\times 10^{16}\,\mathrm{kg}^{\frac{1}{3}}\cdot\mathrm{m} \tag{2.19.10}$$

其中已取 $\alpha=\frac{3}{5}$.将相对论性简并压的表达式(2.19.5)代入式(2.19.9),得

$$M^2 = \frac{243\pi}{4096}\frac{c^3\hbar^3}{m_{\mathrm{p}}^4\alpha^3G^3} = 1.18\times 10^{61}\,\mathrm{kg}^2 \tag{2.19.11}$$

在非相对论性情形下得到的式(2.19.10)表明白矮星的质量越大,它的半径就越小.在极端相对论性情形下得到的式(2.19.11)有唯一解 $M_0=3.44\times 10^{30}\,\mathrm{kg}$,$M_0$ 约为太阳质量的 1.7 倍.这意味着在相对论性电子气情形下,仅当白矮星的质量等于 M_0 时,电子气的简并压才能与引力达到平衡.如果白矮星的质量小于 M_0,电子气的简并压大于引力,星体将膨胀以降低电子的动能,使大多数电子变成非相对论性.如果白矮星的质量大于 M_0,电子气的简并压小于引力,星体将塌缩,直至星体达到很高的密度而发生新的过程,如超新星爆发.所以,白矮星有一个质量极限 M_0,仅当星体的质量小于极限质量 M_0 的星体才有可能成为白矮星.M_0 称为钱德拉塞卡(Chandrasekhar)极限.精确的计算表明 M_0 是太阳质量的 1.44 倍.这一结论为迄今为止的天文测量所支持.

如果一颗白矮星的质量等于太阳的质量 $M_{\mathrm{s}}=2\times 10^{30}\,\mathrm{kg}$,则由式(2.19.10)可求得此白矮星的密度为 $\rho=1.3\times 10^9\,\mathrm{kg}\cdot\mathrm{m}^{-3}$.

如果认为脉冲星是由冷中子简并气体所构成的星体,则在式(2.19.10)中的电子质量 m 应由中子质量 m_{n} 来代替,由此得到脉冲星的

$$M^{\frac{1}{3}}R = 4.88\times 10^{13}\,\mathrm{kg}^{\frac{1}{3}}\cdot\mathrm{m} \tag{2.19.12}$$

若一颗脉冲星的质量等于太阳的质量,则该脉冲星的密度 $\rho=8.2\times10^{18}\mathrm{kg\cdot m^{-3}}$.

*2.20 金属中的热电子发射和泡利顺磁性

本节将用简并费米气体理论讨论金属中的热电子发射和电子气体的顺磁性.

2.20.1 热电子发射

金属在高温下发射电子的现象称为热电子发射.按前所述,金属中的自由电子可以看作处在一个恒定势阱中的自由粒子.设势阱的深度为χ_0,它等于将处于最低能级 $\varepsilon=0$ 的电子移到金属外所需的最小功.如果将处在费米能级 $\varepsilon=\mu$ 上的电子移到金属外,所需的最小功为

$$W=\chi_0-\mu \tag{2.20.1}$$

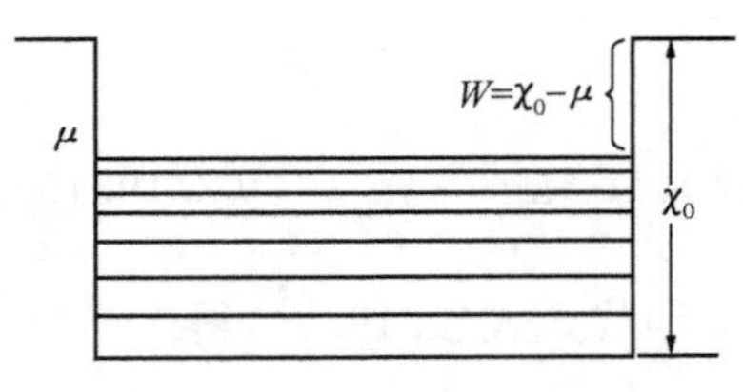

图 2.14 势阱中的自由电子

W 称为功函数,势阱深度χ_0 和 μ、W 等量的关系见图 2.14.

金属电子的发射就是电子从金属表面蒸发.当达到平衡态时,金属内外电子气的化学势相等.在统计物理中化学势相等是以 α 相等的形式表述的.设金属内部和金属外部的单位体积内速度位于($u\sim u+\mathrm{d}u$,$v\sim v+\mathrm{d}v$,$w\sim w+\mathrm{d}w$)内的电子数 $\mathrm{d}n$ 和 $\mathrm{d}n'$分别为

$$\mathrm{d}n=\frac{2m^3}{h^3}f\mathrm{d}u\mathrm{d}v\mathrm{d}w=\frac{2m^3}{h^3}\frac{\mathrm{d}u\mathrm{d}v\mathrm{d}w}{\mathrm{e}^{\alpha+\beta\frac{m}{2}(u^2+v^2+w^2)}+1} \tag{2.20.2}$$

$$\mathrm{d}n'=\frac{2m^3}{h^3}f'\mathrm{d}u\mathrm{d}v\mathrm{d}w=\frac{2m^3}{h^3}\frac{\mathrm{d}u\mathrm{d}v\mathrm{d}w}{\mathrm{e}^{\alpha'+\beta\varepsilon'}+1} \tag{2.20.3}$$

其中,$\alpha=-\dfrac{\mu}{kT}$,$\alpha'=-\dfrac{\mu'}{kT}$,$\varepsilon'$和$\mu'$分别是金属外面电子的能量和化学势

$$\varepsilon'=\chi_0+\frac{1}{2}m(u^2+v^2+w^2) \tag{2.20.4}$$

将式(2.20.4)代入式(2.20.3)得

$$\mathrm{d}n'=\frac{2m^3}{h^3}\frac{\mathrm{d}u\mathrm{d}v\mathrm{d}w}{\mathrm{e}^{\alpha''+\beta\frac{m}{2}(u^2+v^2+w^2)}+1} \tag{2.20.5}$$

其中,$\alpha''=\alpha'+\beta\chi_0$,平衡时金属内外的化学势相等,$\alpha=\alpha'$,代入得

$$\alpha''=\alpha+\beta\chi_0=\frac{\chi_0-\mu}{kT}=\frac{W}{kT}\approx\frac{\chi_0-\mu_0}{kT} \tag{2.20.6}$$

对于通常的金属,$\dfrac{kT}{\mu_0}\ll1$,$\mu\approx\mu_0$.功函数 W 约为几个电子伏特,而 T 约为

10^3 K 量级，$\alpha'' \gg 1$，因此，式(2.20.5)可简化为

$$dn' = \frac{2m^3}{h^3} e^{-\frac{W}{kT} - \frac{m}{2kT}(u^2+v^2+w^2)} du dv dw \tag{2.20.7}$$

这是带有因子 $e^{-\frac{W}{kT}}$ 的麦克斯韦速度分布律，公式(2.20.7)已为实验所证明. 在这里我们看到了由于有几个电子伏特的功函数 W 的存在，在金属中高度简并的费米电子气发射到金属外部后，变成了带有因子 $e^{-W/kT}$ 的经典电子气体，其数密度 dn' 已比金属内部大大地减少了.

由式(2.20.7)对速度 $du dv dw$ 积分，得到金属外部的电子气的数密度

$$n' = \int dn' = 2\left(\frac{2\pi mkT}{h^2}\right)^{\frac{3}{2}} e^{-\frac{W}{kT}} \tag{2.20.8}$$

对于金属外部的电子气，每秒钟碰到单位面积金属表面上的电子数为

$$\Gamma' = \frac{1}{4} n' \bar{v} = n' \sqrt{\frac{kT}{2\pi m}} = \frac{4\pi mk^2 T^2}{h^3} e^{-\frac{W}{kT}} \tag{2.20.9}$$

若令 γ 为电子在金属表面的反射率，则 $1-\gamma$ 为电子在金属表面的凝结率. 当热电子发射达到平衡时，在单位面积金属表面上每秒钟从金属内部发射的电子数，等于金属外部的电子在单位面积金属表面上凝结的电子数. 由此得到热电子发射的电流密度为

$$I = (1-\gamma) e\Gamma' = (1-\gamma) \frac{4\pi mek^2 T^2}{h^3} e^{-\frac{W}{kT}} = AT^2 e^{-\frac{W}{kT}} \tag{2.20.10}$$

其中，$A = (1-\gamma)\frac{4\pi mek^2}{h^3}$，$e$ 为电子电荷的绝对值. 式(2.20.10)称为热电子发射的里查森(Richardson)公式. 这个公式与实验符合得很好. 由实验数据作 $\ln \frac{I}{T^2}$-$\frac{1}{T}$ 的图，从直线的截距和斜率可得 A 和功函数 W. 由于 W 约为几个电子伏特，因此只有在高温时才有显著的热电子发射电流.

2.20.2 电子气的泡利顺磁性

金属中的自由电子气体在外磁场中表现出微弱的顺磁性，称为泡利顺磁性. 1927 年泡利提出金属的顺磁性是由电子的自旋磁矩而不是分子磁矩所引起的，因此不能用玻尔兹曼分布处理，而必须用费米分布来处理. 泡利顺磁性的物理机制可从电子按能级的分布来导出. 为简单起见，只考虑 $T=0$K 的情形. 当不存在外磁场时，两种自旋取向的电子数相等，金属不显示磁性，每种自旋取向电子的能量为

$$\varepsilon = \frac{p^2}{2m} \tag{2.20.11}$$

对每一种自旋，电子的能量在 $\varepsilon \sim \varepsilon + d\varepsilon$ 内的量子态数为

$$D(\varepsilon) d\varepsilon = \frac{2\pi V}{h^3}(2m)^{\frac{3}{2}} \varepsilon^{\frac{1}{2}} d\varepsilon \tag{2.20.12}$$

每种自旋取向的电子都是从能量 $\varepsilon=0$ 一直填充到费米能级 μ_0，$\varepsilon>\mu_0$ 的所有能级都是空的，如图 2.15(a)所示.

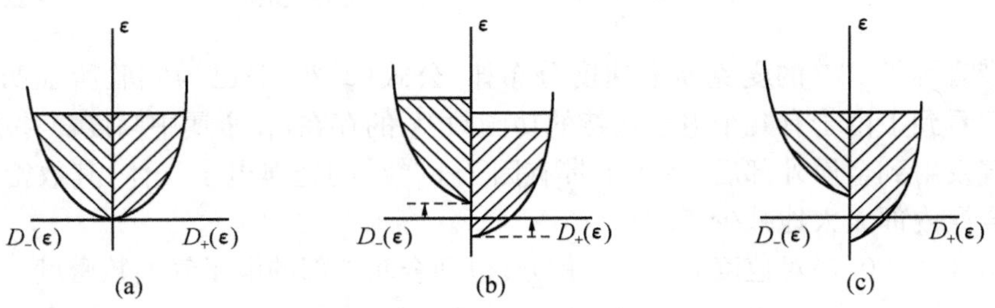

图 2.15 绝对零度下自由电子在费米能级上的分布

(a) 外磁场 $B=0$；(b) $B\neq0$，非平衡态；(c) $B\neq0$，平衡态

当加了磁感应强度为 B 的外磁场后，电子自旋磁矩 $\mu=\dfrac{e\hbar}{2m}$ 在磁场中有两个取向：平行磁场方向和反平行磁场方向，这两种状态的附加能量分别为 $-\mu B$ 和 μB. 用 ε_+ 和 ε_- 分别表示磁矩与外磁场平行和反平行电子的能量，则

$$\begin{aligned}\varepsilon_+&=\frac{p^2}{2m}-\mu B\\ \varepsilon_-&=\frac{p^2}{2m}+\mu B\end{aligned}\tag{2.20.13}$$

自旋磁矩与磁场平行电子的能量降低了，而自旋磁矩与磁场反平行电子的能量升高了，两种自旋电子的能级分布如图 2.15(b)所示. 但是这种状态不是平衡态. 在热力学平衡的情形下，电子必须首先填充能量较低的能级. 因此，在费米能级附近有一部分原先与磁场反平行的磁矩转而填充到与磁场平行磁矩的能级，直到两种磁矩取向的电子的最高能量相等，如图 2.15(c)所示. 由于有更多的电子磁矩沿着外磁场的方向，因此，金属表现出顺磁性.

若取自旋磁矩与磁场平行电子的最低能量为电子气的能量零点，则自旋磁矩与磁场反平行电子的最低能量为 $2\mu B$. 因此，在存在外磁场时，电子的能量在 $\varepsilon\sim\varepsilon+\mathrm{d}\varepsilon$ 范围内的量子态数可表示为

$$D(\varepsilon)\mathrm{d}\varepsilon=\begin{cases}\dfrac{2\pi V}{h^3}(2m)^{\frac{3}{2}}\sqrt{\varepsilon}\,\mathrm{d}\varepsilon, & 0\leqslant\varepsilon\leqslant2\mu B\\[2ex] \dfrac{2\pi V}{h^3}(2m)^{\frac{3}{2}}(\sqrt{\varepsilon}+\sqrt{\varepsilon-2\mu B})\mathrm{d}\varepsilon, & \varepsilon>2\mu B\end{cases}\tag{2.20.14}$$

其中，第一行和第二行的第一项为自旋磁矩与磁场平行的电子的量子态数，第二行的第二项是自旋磁矩与磁场反平行的电子的量子态数. 两种自旋磁矩取向电子的能量，分别从 0 和 $2\mu B$ 到能量的最大值 μ_0'，$\varepsilon>\mu_0'$ 的所有能级都是空的. 设电子的总数为 N，则

$$\int_0^{\mu_0'}D(\varepsilon)\mathrm{d}\varepsilon=N\tag{2.20.15}$$

将式(2.20.14)代入式(2.20.15)，并完成积分得

$$\frac{4\pi V}{3}\left(\frac{2m}{h^2}\right)^{\frac{3}{2}}\left[\mu_0'^{\frac{3}{2}}+(\mu_0'-2\mu B)^{\frac{3}{2}}\right]=N$$

对于弱磁场下的自由电子气 $\mu_0'\gg\mu B$，则由上式得到

$$\mu_0'=\frac{\hbar^2}{2m}(3\pi^2 n)^{\frac{2}{3}}\left(1-\frac{3}{2}\frac{\mu B}{\mu_0'}\right)^{-\frac{2}{3}}\approx\mu_0+\mu B \tag{2.20.16}$$

其中，$\mu_0=\frac{\hbar^2}{2m}(3\pi^2 n)^{\frac{2}{3}}$ 为 $T=0\mathrm{K}$ 无外磁场时自由电子气的费米能级. 电子气的磁矩为

$$M=(N_+-N_-)\mu \tag{2.20.17}$$

其中，N_+ 和 N_- 分别表示自旋磁矩与磁场平行和反平行的电子数，即

$$N_+=\int_0^{\mu_0+\mu B}2\pi V\left(\frac{2m}{h^2}\right)^{\frac{3}{2}}\sqrt{\varepsilon}\,\mathrm{d}\varepsilon=\frac{4\pi V}{3}\left(\frac{2m}{h^2}\right)^{\frac{3}{2}}(\mu_0+\mu B)^{\frac{3}{2}} \tag{2.20.18}$$

$$N_-=\int_{2\mu B}^{\mu_0+\mu B}2\pi V\left(\frac{2m}{h^2}\right)^{\frac{3}{2}}\sqrt{\varepsilon-2\mu B}\,\mathrm{d}\varepsilon=\frac{4\pi V}{3}\left(\frac{2m}{h^2}\right)^{\frac{3}{2}}(\mu_0-\mu B)^{\frac{3}{2}} \tag{2.20.19}$$

将上面两式代入式(2.20.17)，得

$$M=\frac{4\pi V}{3}\left(\frac{2m}{h^2}\right)^{\frac{3}{2}}\mu\left[(\mu_0+\mu B)^{\frac{3}{2}}-(\mu_0-\mu B)^{\frac{3}{2}}\right]$$

$$\approx 4\pi V\left(\frac{2m}{h^2}\right)^{\frac{3}{2}}\mu_0^{\frac{1}{2}}\mu^2 B=\frac{3}{2}N\mu\frac{\mu B}{\mu_0} \tag{2.20.20}$$

其中，已用了条件 $\mu_0\gg\mu B$. 电子气体的顺磁磁化强度为

$$m=\frac{M}{V}=\frac{3}{2}n\mu\frac{\mu B}{\mu_0} \tag{2.20.21}$$

电子气体的顺磁磁化率为

$$\chi=\frac{m}{B}=\frac{3}{2}n\frac{\mu^2}{\mu_0} \tag{2.20.22}$$

式(2.20.21)和式(2.20.22)说明电子气体的顺磁磁化强度和磁化率均与电子数密度 n 成正比，由于因子$\frac{\mu B}{\mu_0}\ll 1$，电子气的顺磁磁化强度和磁化率都很小. 金属中电子气体的微弱的顺磁性是同电子气体的量子行为密切相关的. 能量比费米能量小得多的状态，两种自旋取向的电子数相等，对磁矩没有贡献. 仅在费米能级附近约为 μB 范围内的能级上的自旋磁矩，才对磁化强度有贡献，这种电子的数密度约为

$$n'\sim n\frac{\mu B}{\mu_0}$$

每个电子的自旋磁矩为 μ，所以磁化强度约为

$$m\sim n'\mu=n\mu\frac{\mu B}{\mu_0}$$

它与式(2.20.21)一致.

第3章 系综理论

3.1 经典统计系综、相空间与刘维尔定理

第2章用最概然方法处理了由近独立粒子组成的系统，导出了玻尔兹曼分布、玻色分布和费米分布，并讨论了这三种分布的热力学公式和它们的应用，取得了很大的成功. 然而当系统中粒子之间的相互作用不能忽略，系统的能量中包含有粒子间相互作用势能时，单粒子态已不能从整个系统的状态中分离出来，在近独立粒子系统中，用单粒子态上的某种分布来代表系统状态的分布也不再适用了. 系综理论把大量粒子当作一个力学系统，它对系统不做任何假设，把整个系统作为统计的对象，研究大量宏观性质相同的系统在相空间各处的概率分布，并由此求出系统的宏观量. 因此，系综理论可以用来研究有相互作用粒子组成的宏观系统的热力学性质. 本章将讲述平衡态统计物理的普遍理论——系综理论. 首先介绍经典统计系综与刘维尔(Liouville)定理.

在经典的玻尔兹曼统计中曾引入了单粒子相空间——μ空间. 设粒子的自由度为r，则μ空间是由r个广义坐标q_i和r个广义动量p_i组成的$2r$维相空间. 在某一时刻粒子的微观状态由μ空间中的一个代表点表示. 如果系统由N个无相互作用的近独立粒子组成，则系统的微观状态可由μ空间中N个代表点来描述，系统的宏观性质由这些代表点的统计分布决定.

对于粒子间有相互作用的一般系统，不能用描述单粒子运动状态的μ空间来描述系统的微观状态. 系统的微观状态取决于所有粒子的运动状态，因此，与系统中所有粒子的广义坐标和广义动量

$$q_1, q_2, \cdots, q_{rN}; \quad p_1, p_2, \cdots, p_{rN}$$

有关. 仿照引进μ空间的方法，引入由rN个广义坐标和rN个广义动量为直角坐标的$2rN$维相空间，称为Γ空间. 系统在某一时刻的运动状态由$q_1, q_2, \cdots, q_{rN}$; $p_1, p_2, \cdots, p_{rN}$决定，它可用Γ空间的一个点表示，这一点称为系统运动状态的代表点，简称代表点. 系统的运动状态随时间的变化由哈密顿正则方程

$$\dot{q}_i = \frac{\partial H}{\partial p_i}, \quad \dot{p}_i = -\frac{\partial H}{\partial q_i}, \quad i = 1, 2, \cdots, rN \tag{3.1.1}$$

给出，其中，H是系统的哈密顿量，对于保守系统H就是系统的能量E

$$H = \sum_{i=1}^{rN} \frac{p_i^2}{2m} + \Phi(q_1, q_2, \cdots, q_{rN}) \tag{3.1.2}$$

其中，Φ 是粒子之间的相互作用能. 随着时间的推移，系统运动状态的代表点将在 Γ 空间中移动，其轨道由哈密顿方程(3.1.1)决定. 哈密顿量 H 及其微商均为 q、p 的单值函数，因此，经过 Γ 空间任何一点的轨道只有一条. 系统从不同的初始状态出发，代表点将沿着不同的轨道运动，不同的轨道永不相交.

如果系统是孤立的，则系统的能量 E 为常数，即

$$H(q_1, q_2, \cdots, q_{rN}; p_1, p_2, \cdots, p_{rN}) = E \tag{3.1.3}$$

因此，孤立系统的代表点只能在满足式(3.1.3)的 $2rN$ 维 Γ 空间中的 $2rN-1$ 维的能量曲面上运动. 虽然在某一时刻系统的微观状态对应于 Γ 空间的一个代表点，然而任何宏观测量总是在一个宏观短、微观长的时间 T 内进行的，在这段时间内，系统的微观状态已经发生了千变万化，这许许多多微观状态对应 Γ 空间许许多多代表点. 系统的宏观量应是在这段观测时间内对观测量 $u(t)$ 的时间平均值

$$\langle u \rangle_t = \frac{1}{T}\int_0^T u(t)\mathrm{d}t \tag{3.1.4}$$

由于在时间 T 内系统经历了绝大部分可能的微观状态，观测得到的时间平均值也可以看作 u 对各种微观状态的统计平均值 $\bar{u}$，这两种平均值应该相等，因此有

$$\bar{u} = \langle u \rangle_t \tag{3.1.5}$$

对于处于热力学平衡态的孤立系统，宏观量将不随时间而改变，只要是在宏观短微观长的时间内测量，测量时间的长短对宏观量并不重要. 因此，可以认为在一段相当长的时间内，实际上系统已经经历了一切可能的微观状态，在这段时间内测量得到的宏观量可以近似看作是在一定的宏观条件下，系统的微观量 u 对一切可能的微观状态的统计平均值，即

$$\bar{u} = \int u\rho\,\mathrm{d}\Omega \Big/ \int \rho\,\mathrm{d}\Omega \tag{3.1.6}$$

其中，$\rho\mathrm{d}\Omega = \rho\mathrm{d}q_1\cdots\mathrm{d}q_{rN}\mathrm{d}p_1\cdots\mathrm{d}p_{rN}$ 表示在这段相当长的时间内，出现在 Γ 空间体积元 $\mathrm{d}\Omega$ 内的系统的微观状态代表点的个数，$\int\rho\mathrm{d}\Omega$ 就是这段时间内系统经历的微观状态的总数.

我们可以把上面讨论的问题进一步形象化. 设在一段相当长的时间内，系统几乎经历了所有可能的微观状态，它们在 Γ 空间中对应着大量的代表点，这些代表点描述了一个系统在不同时刻的微观状态. 我们还可以从另一角度来看待这些代表点，设想在同一时刻 t，有大量的宏观性质完全相同的系统，它们分别处于由这些不同时刻的代表点所描述的微观状态. 这样，原来是一个系统在不同时刻的代表点，被想象成许多有相同的宏观条件的系统在同一时刻，但各处于不同的微观状态的代表点. 这些系统都是我们所研究的系统的复本，它们具有完全相同的宏观性质，但微观状态不同. 吉布斯(Gibbs)把这些想象的系统的集合称为统计系综，简称为系综. 系综是大量的宏观性质完全相同的、彼此独立的力学系统的集合，这些力

学系统各处于某个可到达的微观状态. 系综是系统的集合,它不是我们讨论的实际存在的客体,实际讨论的客体是组成系综的单元——力学系统,系综是处在各种可能的微观状态的力学系统总和的形象化的化身,它是为了便于进行统计平均而引入的工具. 整个系综在某一时刻的运动状态可用Γ空间中一群代表点来表示,研究这群代表点在Γ空间中的分布就相当于研究系统按微观状态的分布. 因此,式(3.1.6)中的$\rho\mathrm{d}\Omega$可以解释为系综在Γ空间体积元$\mathrm{d}\Omega$中的代表点数,ρ即为系综的分布函数. 式(3.1.6)所表示的平均值就是u的系综平均值$\langle u\rangle_e$. 综合上面的讨论,由式(3.1.5)和式(3.1.6)两式得到

$$\overline{u}=\langle u\rangle_e=\langle u\rangle_t \tag{3.1.7}$$

式(3.1.7)表明系统的宏观量$\overline{u}$是它所对应的微观量的系综平均值,这是系综理论的基本原理.

要严格证明力学量的系综平均值和时间平均值相等是极其困难的. 历史上,玻尔兹曼曾经试图把统计物理完全建立在力学基础上,提出了"各态历经假设". 这一假设可表述为:对于孤立的力学系统,只要时间足够长,系统从任一初态出发,都将经过能量曲面上的一切微观状态. 这就是说,只要时间足够长,一个代表点可以沿着一条相轨道跑遍能量曲面上的一切点. 然而,从数学上可以证明"各态历经假设"并不成立. 应当指出的是这一假设的不成立,并不表示"宏观条件所允许的那些微观状态都可能出现" 这一论点(称为"各态历经")不对. 这是因为实际的宏观孤立系统,并不是绝对的孤立,总是存在着外界对系统的微弱的干扰. 正是由于这种干扰,使代表点从一条相轨道转移到另一条相轨道,在足够长(宏观长)的时间内,代表点将经历许许多多相轨道,从而跑遍了能量曲面$E\sim E+\Delta E$的所有点,从物理上保证了"各态历经",但这已不是玻尔兹曼"假设"意义下的"各态历经假说"了(林宗涵,2007). 因此,对于一个准孤立系统,力学量长时间平均就等于它的系综平均. 在这里,我们把宏观量是对应的微观量的系综平均值作为吉布斯统计法的一个基本原理,称之为统计等效原理. 它的正确性可由平衡态统计理论的全部推论和实验符合而得到充分肯定.

一般说来,系综分布函数ρ不仅是广义坐标q和广义动量p的函数,而且还是时间t的函数,随着时间的推移,系综中每个系统的代表点都将在Γ空间运动,画出一条连续的轨迹. 代表点的运动类似于流体的运动,代表点的轨迹相应于流线,代表点的密度ρ相应于流体密度. 下面我们将导出系综密度ρ随时间变化的方程,称之为刘维尔定理.

刘维尔定理 对于保守力学系统,在Γ空间中代表点的密度ρ在运动中保持不变. 其数学表达式为

$$\frac{\mathrm{d}\rho}{\mathrm{d}t}=0 \tag{3.1.8}$$

其中，$\frac{\mathrm{d}\rho}{\mathrm{d}t}$是代表点密度的运动变化率，它代表着跟随着代表点一起运动的坐标系去观察 ρ 的时间变化率.

设想一个由大量的宏观性质完全相同的力学系统所组成的系综，它们从各自的初始状态出发沿着由哈密顿方程(3.1.1)所规定的轨道运动.系综的代表点在 Γ 空间中形成一个分布.在时刻 t，在 Γ 空间体积元 $\mathrm{d}\Omega$ 内代表点数为

$$\rho(q_i(t), p_i(t), t)\mathrm{d}\Omega \tag{3.1.9}$$

体积元 $\mathrm{d}\Omega$ 的界面为

$$q_1, q_1+\mathrm{d}q_1; q_2, q_2+\mathrm{d}q_2; \cdots; q_{rN}, q_{rN}+\mathrm{d}q_{rN};$$
$$p_1, p_1+\mathrm{d}p_1; p_2, p_2+\mathrm{d}p_2; \cdots; p_{rN}, p_{rN}+\mathrm{d}p_{rN}$$

则和 q_1 轴垂直的 Γ 空间面积元 $\mathrm{d}A$ 为

$$\mathrm{d}A=\mathrm{d}q_2\mathrm{d}q_3\cdots\mathrm{d}q_{rN}\mathrm{d}p_1\mathrm{d}p_2\cdots\mathrm{d}p_{rN}$$

Γ 空间体积元 $\mathrm{d}\Omega$ 可表示为

$$\mathrm{d}\Omega=\mathrm{d}q_1\mathrm{d}q_2\cdots\mathrm{d}q_{Nr}\mathrm{d}p_1\mathrm{d}p_2\cdots\mathrm{d}p_{Nr}=\mathrm{d}q_1\mathrm{d}A$$

在 $\mathrm{d}t$ 时间内，通过垂直于 q_1 轴的平面 q_1 的面积元 $\mathrm{d}A$ 进入 $\mathrm{d}\Omega$ 的代表点必定位于一个以 $\mathrm{d}A$ 为底，以 $\dot{q}_1\mathrm{d}t$ 为高的小柱体内，柱体的体积 $\mathrm{d}\tau=\dot{q}_1\mathrm{d}t\mathrm{d}A$. 在 $\mathrm{d}t$ 时间内，通过 $\mathrm{d}A$ 进入 $\mathrm{d}\Omega$ 内的代表点数为 $(\rho\mathrm{d}\tau)_+=(\rho\dot{q}_1)_{q_1}\mathrm{d}t\mathrm{d}A$. 同样，在 $\mathrm{d}t$ 时间内，通过垂直于 q_1 轴的平面 $q_1+\mathrm{d}q_1$ 的面积元 $\mathrm{d}A$ 离开 $\mathrm{d}\Omega$ 的代表点数为 $(\rho\mathrm{d}\tau)_-=(\rho\dot{q}_1)_{q_1+\mathrm{d}q_1}\mathrm{d}t\mathrm{d}A$. 因此，在 $\mathrm{d}t$ 时间内，通过面积为 $\mathrm{d}A$ 的这一对界面进入 $\mathrm{d}\Omega$ 的代表点的净个数为

$$[(\rho\dot{q}_1)_+-(\rho\dot{q}_1)_-]\mathrm{d}t\mathrm{d}A=[(\rho\dot{q}_1)_{q_1}-(\rho\dot{q}_1)_{q_1+\mathrm{d}q_1}]\mathrm{d}t\mathrm{d}A=-\frac{\partial(\rho\dot{q}_1)}{\partial q_1}\mathrm{d}t\mathrm{d}\Omega$$

对于 $\mathrm{d}\Omega$ 的其余各对界面进行类似的计算，并将所得到的 $2rN$ 对结果相加，便得到在 $\mathrm{d}t$ 时间内进入 Γ 空间体积元 $\mathrm{d}\Omega$ 的代表点的净个数为

$$-\sum_{i=1}^{rN}\left\{\frac{\partial(\rho\dot{q}_i)}{\partial q_i}+\frac{\partial(\rho\dot{p}_i)}{\partial p_i}\right\}\mathrm{d}t\mathrm{d}\Omega \tag{3.1.10}$$

另一方面，在 t 时刻在 $\mathrm{d}\Omega$ 内的代表点数为 $\rho(q_i, p_i, t)\mathrm{d}\Omega$，在 $t+\mathrm{d}t$ 时刻在 $\mathrm{d}\Omega$ 内的代表点数为 $\rho(q_i, p_i, t+\mathrm{d}t)\mathrm{d}\Omega$. 所以，在 $\mathrm{d}t$ 时间间隔内 Γ 空间体积元 $\mathrm{d}\Omega$ 内的代表点的增加数为

$$\{\rho(q_i, p_i, t+\mathrm{d}t)-\rho(q_i, p_i, t)\}\mathrm{d}\Omega=\frac{\partial\rho}{\partial t}\mathrm{d}t\mathrm{d}\Omega \tag{3.1.11}$$

它应等于在 $\mathrm{d}t$ 时间内进入 Γ 空间体积元 $\mathrm{d}\Omega$ 的代表点的净个数. 令式(3.1.10)和式(3.1.11)两式相等，得到

$$\frac{\partial\rho}{\partial t}=-\sum_{i=1}^{rN}\left\{\frac{\partial(\rho\dot{q}_i)}{\partial q_i}+\frac{\partial(\rho\dot{p}_i)}{\partial p_i}\right\} \tag{3.1.12}$$

由哈密顿方程(3.1.1)得

$$\frac{\partial \dot{q}_i}{\partial q_i}+\frac{\partial \dot{p}_i}{\partial p_i}=0$$

代入式(3.1.12)，得

$$\frac{\partial \rho}{\partial t}=-\sum_{i=1}^{rN}\left\{\frac{\partial \rho}{\partial q_i}\dot{q}_i+\frac{\partial \rho}{\partial p_i}\dot{p}_i\right\} \tag{3.1.13}$$

由式(3.1.13)可得 ρ 的运动变化率，即 ρ 对时间的全微商等于零

$$\frac{\mathrm{d}\rho}{\mathrm{d}t}=\frac{\partial \rho}{\partial t}+\sum_{i=1}^{rN}\left\{\frac{\partial \rho}{\partial q_i}\dot{q}_i+\frac{\partial \rho}{\partial p_i}\dot{p}_i\right\}=0 \tag{3.1.14}$$

式(3.1.14)即为刘维尔定理的数学表达式. 将哈密顿方程代入式(3.1.14)，可得刘维尔定理的另一种数学表达式

$$\frac{\partial \rho}{\partial t}=[H,\rho] \tag{3.1.15}$$

其中，$[H,\rho]=\sum\limits_{i=1}^{rN}\left(\frac{\partial H}{\partial q_i}\frac{\partial \rho}{\partial p_i}-\frac{\partial H}{\partial p_i}\frac{\partial \rho}{\partial q_i}\right)$为经典泊松括号.

刘维尔定理表明，相空间中的代表点密度，即系综分布函数 $\rho(q_i,p_i,t)$ 在运动中保持不变. 这就是说，代表点密度在运动中没有集中或分散的倾向，而保持它原来的值不变. 如果在初始时刻代表点的密度是均匀的，那么在以后的任何时刻它也是均匀的.

当系统达到平衡态时，系统的宏观量不再随时间变化，因此，系综分布函数 ρ 不显含时间 t，即

$$\frac{\partial \rho}{\partial t}=0 \tag{3.1.16}$$

满足这一条件的系综称为稳定系综. 由刘维尔定理得到稳定系综的分布函数 ρ 应同时满足式(3.1.14)和式(3.1.16)两个条件，因此，沿任何一条轨道运动时，ρ 是不随时间改变的常数，分布函数 ρ 是运动积分. 从式(3.1.15)可以看出，如果 ρ 只是哈密顿量 H 的函数，则泊松括号为零，$\frac{\partial \rho}{\partial t}=0$. 因此，稳定系综的分布函数 ρ 应该是 H 的函数. 对于一个保守力学系统，系统的哈密顿量即是系统的能量 E，E 是一个运动积分. 因此，稳定系综的 $\rho=\rho(E)$. 如果一个系统由两个子系统组成，复合系统的分布函数 ρ 是两个子系统各自的分布函数 ρ_1 和 ρ_2 的乘积：$\rho=\rho_1\rho_2$，$\ln\rho=\ln\rho_1+\ln\rho_2$. 因此，$\ln\rho$ 是可加量. 考虑到 $\ln\rho$ 和 E 都是相加量，$\ln\rho$ 和 E 成线性关系，由此可得

$$\ln\rho=\alpha+\beta E$$

其中，α、β 为常数. ρ 应是单值函数，而且不能取负值，至于 ρ 究竟取何种形式，与系

统所满足的宏观条件有关. 系综理论的任务是找出在不同宏观条件下分布函数 $\rho(E)$ 的表达式,并由此求出与实验相符合的系统的宏观量.

统计系综的类型由系统的宏观性质而定. 系综中的所有系统都满足同样的宏观约束条件,不同的宏观条件对应于不同类型的系综,因此,可以有各种不同的系综. 最常用、也是最重要的系综有三种,它们是:

(1) 微正则系综. 它是由具有同样的能量 E、体积 V 和粒子数 N 的系统所组成的系综,系综中的样本系统是孤立系统.

(2) 正则系综. 它是由具有同样的温度 T、体积 V 和粒子数 N 的系统所组成的系综, 系综中的样本系统是与大热源接触的封闭系统.

(3) 巨正则系综. 它是由具有同样的温度 T、体积 V 和化学势 μ 的系统所组成的系综, 系综中的样本系统是与一个大热源兼大粒子源接触的开放系统.

此外,还可以设计由具有同样的温度 T、压强 p 和粒子数 N 的系统所组成的系综,系综中的样本系统是与大热源接触的且压强恒定的封闭系统.

3.2 量子统计系综 密度矩阵

如果系统是由不可分辨的粒子组成的量子系统,用广义坐标和广义动量描述系统状态的经典力学不再适用,需要用量子力学来描述粒子的运动状态. 这一节将用量子力学的语言来改写系综理论,用算符表示系统的力学量,用波函数表示系统的状态. 对于一个力学系统,经典力学描述和量子力学描述是非常不同的. 就统计学而论,这种改写本身并没有引进新的物理概念,但它却能提供描述量子系统的一种必要且有效的方法. 在第 2 章中已经发现,即使对于像理想气体这样简单的系统,量子统计和经典统计给出的结果也可能是很不相同的,特别是在低温和高密度的情形下,经典统计理论往往给出与实验不符的结果,而量子统计理论则给出了令人满意的结果. 相反,在高温和低密度的极限下,系统的行为将趋近经典统计理论所预言的结果.

讨论一个由 $N(N\gg1)$ 个性质完全相同的、彼此独立的系统集合所构成的量子系综,这些系统的特征可以用它们共同的哈密顿算符 $\hat{H}$ 来表征,在时刻 t 系统的状态用波函数 $\psi(q,t)$ 来表征,式中 $q=(q_1,q_2,\cdots,q_s)$ 表示系统所有粒子的空间坐标,s 是系统的经典自由度. 对于量子系统,除了经典自由度外,还可能有非经典自由度 σ,如自旋自由度,为简单起见,在下面的讨论中常略去 σ 不写. 令 $\psi^k(q,t)$ 表示在时刻 t 系综内第 $k(k=1,2,\cdots,N)$ 个系统的归一化的波函数,$\psi^k(q,t)$ 随时间的变化由薛定谔方程确定

$$\hat{H}\psi^k(q,t)=\mathrm{i}\hbar\frac{\partial}{\partial t}\psi^k(q,t) \tag{3.2.1}$$

设$\{\varphi_n(q)\}$是某一线性算符在同一希尔伯特空间中的正交、归一、完备的定态波函数系,则$\psi^k(q,t)$可表示为$\{\varphi_n(q)\}$的线性叠加,即

$$\psi^k(q,t) = \sum_n a_n^k(t)\varphi_n(q) \tag{3.2.2}$$

其中

$$a_n^k(t) = \int \varphi_n^*(q)\psi^k(q,t)\mathrm{d}q = \langle \varphi_n(q) \mid \psi^k(q,t)\rangle \tag{3.2.3}$$

式(3.2.3)中对$\mathrm{d}q$的积分表示对坐标的积分和对自旋的求和,在等式的最后一项用了狄拉克符号.$|a_n^k(t)|^2$表示在时刻t发现系综中第k个系统处在φ_n态的概率,由于$\{\varphi_n(q)\}$是正交、归一的完备函数系,所以,对所有的系统k都有

$$\sum_n \mid a_n^k(t) \mid^2 = 1 \tag{3.2.4}$$

引入密度矩阵算符

$$\hat{\rho}(t) = \frac{1}{N}\sum_{k=1}^{N} \mid \psi^k\rangle\langle\psi^k \mid \tag{3.2.5}$$

若系综中的系统按它们所处的量子态来分类,N_1个系统处于量子态$\psi^1(q,t)$,N_2个系统处于量子态$\psi^2(q,t)$,…,N_i个系统处于量子态$\psi^i(q,t)$,…,$\sum_i N_i = N$,当N很大时,$\rho_1=\frac{N_1}{N}$,$\rho_2=\frac{N_2}{N}$,…,$\rho_i=\frac{N_i}{N}$,…,则式(3.2.5)可写为

$$\hat{\rho}(t) = \sum_i \rho_i \mid \psi^i\rangle\langle\psi^i \mid \tag{3.2.6}$$

$\hat{\rho}$的矩阵元为

$$\rho_{mn}(t) = \langle \varphi_m \mid \hat{\rho}(t) \mid \varphi_n\rangle = \frac{1}{N}\sum_{k=1}^{N} a_m^k(t)a_n^{k*}(t) = \sum_i \rho_i a_m^i a_n^{i*} \tag{3.2.7}$$

式(3.2.7)表示$\rho_{mn}(t)$是$a_m(t)a_n^*(t)$这个量的系综平均值,特别是对角元素$\rho_{nn}(t)$是概率$|a_n(t)|^2$的系综平均值.$|a_n^k(t)|^2$表示在时刻t发现系综中第k个系统处在φ_n态的概率,它本身就是一个平均值,因此,这里取的是双重平均过程:一个平均是求系统的波函数$\psi^k(q,t)$处在φ_n态的概率,另一个是求概率$|a_n^k(t)|^2$的系综平均.$\rho_{nn}(t)$表示从系综中随机选出一个系统,它在t时刻处在φ_n态的概率.由式(3.2.4)和式(3.2.7)两式得到

$$\sum_n \rho_{nn}(t) = 1 \tag{3.2.8}$$

ρ是归一化的.

在量子力学中力学量用算符表示,力学量B在第i个量子态上的平均值为

$$\langle\hat{B}\rangle_i = \langle\psi^i \mid \hat{B} \mid \psi^i\rangle = \sum_{n,m}\langle\psi^i \mid \varphi_n\rangle\langle\varphi_n \mid \hat{B} \mid \varphi_m\rangle\langle\varphi_m \mid \psi^i\rangle = \sum_{n,m} a_n^{i*} a_m^i B_{nm} \tag{3.2.9}$$

其中，B_{nm}是B的矩阵元

$$B_{nm}=\langle\varphi_n\mid B\mid\varphi_m\rangle$$

力学量$\hat{B}$的系综平均值为

$$\begin{aligned}\overline{B(t)}&=\frac{1}{N}\sum_{k=1}^{N}\langle\hat{B}\rangle_k=\sum_i\rho_i\langle\hat{B}\rangle_i=\sum_i\rho_i\sum_{n,m}a_n^{i*}a_m^iB_{nm}\\&=\sum_{n,m}\rho_{mn}B_{nm}=\sum_m(\hat{\rho}\hat{B})_{mm}=\mathrm{tr}(\hat{\rho}\hat{B})\end{aligned}\tag{3.2.10}$$

其中，tr 表示对矩阵求迹.由此可见力学量$\hat{B}$的平均值$\overline{B}$是力学量在态ψ^k上的量子力学平均和系综平均的双重平均的结果.从式(3.2.9)和式(3.2.10)两式可以看出量子力学平均和统计平均之间的差别，前者用振幅a_n^i求平均，而后者用概率ρ_i求平均，振幅是一个复数，具有模和相位，而ρ_i是一个实数，因此，量子力学平均将出现干涉现象，而统计平均却是非相干的.

由式(3.2.5)和式(3.2.1)两式可得密度算符$\hat{\rho}$的运动方程

$$\begin{aligned}\mathrm{i}\hbar\dot{\hat{\rho}}&=\frac{1}{N}\mathrm{i}\hbar\sum_{k=1}^{N}\{\mid\dot{\psi}^k\rangle\langle\psi^k\mid+\mid\psi^k\rangle\langle\dot{\psi}^k\mid\}\\&=\frac{1}{N}\sum_{k=1}^{N}\{\hat{H}\mid\psi^k\rangle\langle\psi^k\mid+\mid\psi^k\rangle\langle\psi^k\mid\hat{H}\}=\hat{H}\hat{\rho}-\hat{\rho}\hat{H}=[\hat{H},\hat{\rho}]\end{aligned}\tag{3.2.11}$$

或改写成

$$\dot{\hat{\rho}}=\frac{1}{\mathrm{i}\hbar}[\hat{H},\hat{\rho}]\tag{3.2.12}$$

其中，$[\hat{H},\hat{\rho}]$是力学量$\hat{H}$和$\hat{\rho}$的对易子，方程(3.2.11)和(3.2.12)就是量子刘维尔定理.如果把经典刘维尔定理的泊松括号$[H,\rho]$用量子力学的对易子$\frac{1}{\mathrm{i}\hbar}[\hat{H},\hat{\rho}]$代替，即可得到量子刘维尔定理.由式(3.2.11)和式(3.2.7)可得密度矩阵$\rho_{mn}(t)$的运动方程

$$\begin{aligned}\mathrm{i}\hbar\dot{\hat{\rho}}_{mn}(t)&=(\hat{H}\hat{\rho}-\hat{\rho}\hat{H})_{mn}\\&=\frac{1}{N}\sum_{k=1}^{N}\sum_l\{H_{ml}a_l^k(t)a_n^{k*}(t)-a_m^k(t)a_l^{k*}(t)H_{ln}\}\end{aligned}\tag{3.2.13}$$

如果系统处于热力学平衡态，则对应的系综应是稳定系综，$\dot{\hat{\rho}}=0$.由式(3.2.11)可得，$[\hat{H},\hat{\rho}]=0$，密度算符$\hat{\rho}$与系统的哈密顿算符$\hat{H}$对易.在量子力学中能与哈密顿算符$\hat{H}$对易的算符是守恒量，因此，密度算符$\hat{\rho}$是守恒量.这是经典统计中稳定系综的分布函数是运动积分这一结论在量子统计中的对应.

和经典统计理论中不能严格地从经典力学导出经典统计分布函数一样，我们

也不可能严格地从量子力学导出量子统计分布函数. 由于密度算符 $\hat{\rho}$ 和哈密顿算符 $\hat{H}$ 对易,因而用能量本征函数 φ_n 作为基矢是方便的,φ_n 满足方程

$$\hat{H} \mid \varphi_n \rangle = E_n \mid \varphi_n \rangle$$

在这样的基矢下,密度算符可表示为

$$\hat{\rho} = \sum_n \rho_n \mid \varphi_n \rangle \langle \varphi_n \mid \tag{3.2.14}$$

密度矩阵是对角矩阵

$$\rho_{mn} = \rho_n \delta_{mn} \tag{3.2.15}$$

其中,对角元 $\rho_n = \dfrac{1}{N} \sum\limits_{k=1}^{N} \mid a_n^k(t) \mid^2$ 是从系综中随机选取一个系统处于能量本征态 φ_n 的概率.

如果系统的能级是非简并的,对应于能量 E_n 的量子态只有一个 φ_n,则定态的密度算符必是哈密顿量的函数,因此,密度矩阵 $\hat{\rho}$ 的对角元的对数 $\ln\rho_n$ 为

$$\ln\rho_n = \alpha + \beta E_n \tag{3.2.16}$$

如果系统的能级是简并的,在同一个能级上有不止一个量子态,此时系统必定存在某些与哈密顿量 $\hat{H}$ 可对易的守恒量,如系统的动量 $\hat{p}$、角动量 $\hat{L}$ 和粒子数 $\hat{N}$ 等. 定态的密度算符 $\hat{\rho}$ 将是 $\hat{H}$ 及所有与 $\hat{H}$ 对易的算符的函数,$\hat{\rho}=\hat{\rho}(\hat{H},\hat{p},\hat{L},\hat{N})$. 若 φ_i 是算符 $\hat{H}$、$\hat{p}$、$\hat{L}$、$\hat{N}$ 的共同的本征函数,则平衡态的密度算符可表示为

$$\hat{\rho} = \sum_i \rho_i \mid \varphi_i \rangle \langle \varphi_i \mid \tag{3.2.17}$$

其中,对角矩阵元的对数可表示为系统的能量、动量、角动量和粒子数等守恒量的线性叠加

$$\ln\rho_i = \alpha + \beta E_n + \boldsymbol{\gamma} \cdot \boldsymbol{p}_j + \boldsymbol{\mu} \cdot \boldsymbol{L}_l + \sigma N_m \tag{3.2.18}$$

其中,α、β、$\boldsymbol{\gamma}$、$\boldsymbol{\mu}$、σ 为常数或常矢量.

力学量 $\hat{B}$ 的统计平均值为

$$\overline{B} = \sum_i \rho_i B_{ii} = \mathrm{tr}(\hat{\rho}\hat{B}) \tag{3.2.19}$$

量子统计力学的基本假设就是关于密度算符 $\hat{\rho}$ 的矩阵元 ρ_{mn} 的假设,对于不同的统计系综将导出不同的统计分布函数.

在其他的表象中,密度矩阵可能是对角的,也可能不是对角的. 但是一般来说,密度矩阵是对称的,即

$$\rho_{mn} = \rho_{nm} \tag{3.2.20}$$

这种对称性的物理原因在于,在统计平衡下,物理系统从一个状态转变到另一个状态的倾向,必须由在相同的两个状态之间发生逆转变的同等强度的倾向所平衡. 这就是细致平衡原理,它将使系统保持在平衡状态不变.

3.3 微正则分布

微正则系综是由大量的粒子数为 N、体积为 V 和能量为 E 的完全相同的孤立系的集合所组成的统计系综. 对于处于平衡态的孤立系，系统的能量 E 具有确定的值，然而考虑到测量恒有误差，实际系统也会通过其表面与外界发生微弱的相互作用，使孤立系统的能量可以在 $E \sim E+\Delta E$ 的间隔内有微小变化，$|\Delta E| \ll E$，当 ΔE 趋近零时便过渡到孤立系统. 因此，微正则系综内的各个系统以一定的概率分布在 $H=E$ 和 $H=E+\Delta E$ 两个能量曲面之间的微观状态中. 系统可能出现的微观状态是大量的，这些状态都满足同样的宏观条件，我们无法确定系统究竟处于哪个微观状态，也没有任何理由指出哪个微观状态出现的概率更大或更小，认为它们是平权的，似乎是一个自然的假设. 因此，可以提出这样一个统计假设：对于处于平衡态的孤立系，系统的一切可能的微观状态出现的概率都相等. 这一假设称为等概率原理，也称为微正则分布. 它是平衡态统计理论的基本假设，它的正确性由它导出的平衡态统计理论的所有推论与实验结果相符合得到充分肯定.

刘维尔定理证明了沿同一轨道的系综分布函数 ρ 为常数，但它无法证明沿不同轨道的 ρ 是否相等，而等概率原理认为所有轨道的 ρ 都相等. 由此可见，等概率原理不是力学规律的结果，而是统计规律性的一个假设.

在量子统计中，在能量表象中的密度矩阵 $\hat{\rho}$ 是对角化的，矩阵元由式(3.2.15)表示. 令 Ω 表示处于平衡态的粒子数为 N、体积为 V、能量在 $E \sim E+\Delta E$ 内的孤立系的微观状态总数，按等概率原理，系统处于能量为 E_n 态的概率为

$$\rho_n = \begin{cases} \dfrac{1}{\Omega}, & E < E_n < E+\Delta E \\ 0, & \text{其他} \end{cases} \tag{3.3.1}$$

式(3.3.1)就是等概率原理的量子表达式.

如果 ψ^i 为哈密顿算符 $\hat{H}$ 的能量为 E 的本征函数，则按式(3.2.6)，在能量表象中可把微正则系综密度算符表示为

$$\hat{\rho} = \frac{1}{\Omega}\Delta(\hat{H}-E) \tag{3.3.2}$$

函数 $\Delta(\xi)$ 只有当 $0 \leqslant \xi \leqslant \Delta E$ 时等于 1，ξ 为其他值时均为零，即

$$\Delta(\xi) = \begin{cases} 1, & 0 \leqslant \xi \leqslant \Delta E \\ 0, & \xi < 0, \xi > \Delta E \end{cases} \tag{3.3.3}$$

等概率原理的经典表达式为

$$\rho(q,p) = \begin{cases} C, & E \leqslant H(q,p) \leqslant E+\Delta E \\ 0, & H(q,p) < E, H(q,p) > E+\Delta E \end{cases} \tag{3.3.4}$$

其中,C 为常数. 如果把经典统计理解为量子统计的经典极限,对于由 N 个自由度为 r 的全同粒子组成的孤立系,系统能量在 $E \sim E+\Delta E$ 内的微观状态数为

$$\Omega = \frac{1}{N!h^{rN}} \int_{E \leqslant H(q,p) \leqslant E+\Delta E} \mathrm{d}\Omega, \quad C = \frac{1}{\Omega} \tag{3.3.5}$$

其中,$\mathrm{d}\Omega$ 为 Γ 空间体积元,积分是在能量为 $E \leqslant H(q,p) \leqslant E+\Delta E$ 的范围内进行的. h^{rN} 为系统的一个微观状态对应于 Γ 空间中相格的大小,除以 $N!$ 是考虑了 N 个全同粒子的交换所产生的 $N!$ 个排列方式,实际上是系统的同一个微观状态所做的修正.

由微正则分布得到系统微观量 u 的统计平均值 $\bar{u}$ 的量子和经典表达式分别为

$$\bar{u} = \frac{1}{\Omega} \sum_s u_s \tag{3.3.6}$$

$$\bar{u} = \lim_{\Delta E \to 0} \frac{\int_{E \leqslant H(q,p) \leqslant E+\Delta E} u\,\mathrm{d}\Omega}{\int_{E \leqslant H(q,p) \leqslant E+\Delta E} \mathrm{d}\Omega} = \lim_{\Delta E \to 0} \frac{C}{N!h^{rN}} \int_{E \leqslant H(q,p) \leqslant E+\Delta E} u\,\mathrm{d}\Omega \tag{3.3.7}$$

下面以单原子分子理想气体为例,计算系统能量在 $E \leqslant H(q,p) \leqslant E+\Delta E$ 范围内的微观状态数 Ω. 一种方便的方法是先计算能量在 $H(q,p) \leqslant E$ 的相空间球体中的微观状态数 $\Sigma(E)$,然后再计算系统能量在 $E \leqslant H(q,p) \leqslant E+\Delta E$ 范围内的微观状态数 Ω. 单原子分子理想气体的哈密顿量为

$$H(p_i) = \sum_{i=1}^{3N} \frac{p_i^2}{2m}$$

能量在 $H(q,p) \leqslant E$ 的相空间体积中的微观状态数为

$$\begin{aligned}\Sigma(E) &= \frac{1}{N!h^{3N}} \int_{H(q,p) \leqslant E} \mathrm{d}q_1 \cdots \mathrm{d}q_{3N} \mathrm{d}p_1 \cdots \mathrm{d}p_{3N} \\ &= \frac{V^N}{N!h^{3N}} \int_{H(q,p) \leqslant E} \mathrm{d}p_1 \cdots \mathrm{d}p_{3N}\end{aligned}$$

做变量变换 $p_i = \sqrt{2mE}x_i$,代入上式得到

$$\Sigma(E) = K \frac{V^N}{N!h^{3N}} (2mE)^{\frac{3N}{2}} \tag{3.3.8}$$

其中,$K = \int_{\sum_{i=1}^{3N} x_i^2 \leqslant 1} \mathrm{d}x_1 \cdots \mathrm{d}x_{3N}$ 是 $3N$ 维空间中半径为 1 的单位球体的体积. 由式(3.3.8)得到系统能量在 $E \sim E+\mathrm{d}E$ 的微观状态数是

$$\mathrm{d}\Sigma = \frac{\partial \Sigma}{\partial E} \mathrm{d}E = K \frac{V^N}{N!h^{3N}} \frac{3N}{2} (2mE)^{\frac{3N}{2}} \frac{\mathrm{d}E}{E}$$

为了计算 K 值,我们来计算 $6N$ 维相空间中的积分

$$I=\frac{1}{N!h^{3N}}\int \mathrm{e}^{-\beta E}\mathrm{d}q_1\cdots\mathrm{d}q_{3N}\mathrm{d}p_1\cdots\mathrm{d}p_{3N}$$

其中，$E=\sum_{i=1}^{3N}\frac{p_i^2}{2m}$，直接对 $\mathrm{d}q_1\cdots\mathrm{d}q_{3N}\mathrm{d}p_1\cdots\mathrm{d}p_{3N}$ 积分，得到

$$I=\frac{V^N}{N!h^{3N}}\prod_{i=1}^{3N}\int_{-\infty}^{+\infty}\mathrm{e}^{-\frac{\beta p_i^2}{2m}}\mathrm{d}p_i=\frac{V^N}{N!h^{3N}}\left(\frac{2\pi m}{\beta}\right)^{\frac{3N}{2}}$$

另一方面

$$I=\int_0^{\infty}\mathrm{e}^{-\beta E}\frac{\partial\Sigma}{\partial E}\mathrm{d}E=K\frac{V^N}{N!h^{3N}}(2m)^{\frac{3N}{2}}\frac{3N}{2}\int_0^{\infty}\mathrm{e}^{-\beta E}E^{\frac{3N}{2}-1}\mathrm{d}E$$

$$=K\frac{V^N}{N!h^{3N}}\left(\frac{2m}{\beta}\right)^{\frac{3N}{2}}\Gamma\left(\frac{3N}{2}+1\right)$$

比较 I 的两种表达式，得到

$$K=\frac{\pi^{\frac{3N}{2}}}{\Gamma\left(\frac{3N}{2}+1\right)} \tag{3.3.9}$$

将 K 代入式(3.3.8)，得

$$\Sigma(E)=\frac{V^N}{N!h^{3N}}\frac{(2\pi mE)^{\frac{3N}{2}}}{\Gamma\left(\frac{3N}{2}+1\right)} \tag{3.3.10}$$

由此得到系统的能量在 $E\sim E+\Delta E$ 内的微观状态数为

$$\Omega(E)=\frac{\partial\Sigma}{\partial E}\Delta E=\frac{3N}{2}\Sigma(E)\frac{\Delta E}{E}=\frac{V^N}{N!h^{3N}}\frac{(2\pi mE)^{\frac{3N}{2}}}{\Gamma\left(\frac{3N}{2}\right)}\frac{\Delta E}{E},\quad |\Delta E|\ll E \tag{3.3.11}$$

3.4 微正则分布的热力学公式

3.3节讨论了微正则系综的微观状态数和分布函数，得到了单原子分子理想气体的微观状态数 $\Omega(N,V,E)$ 的表达式. 本节将讨论如何从 $\Omega(N,V,E)$ 得到热力学量.

考虑一个孤立系统 A_0，它由两个只有微弱相互作用的系统 A_1 和 A_2 组成，A_1 和 A_2 在保持各自的粒子数和体积不变的条件下进行热交换，最终达到热平衡. 从宏观上看，相互接触的两个系统都有各自的热力学状态，具有统计独立性. 当 A_1 和 A_2 的粒子数、体积和能量分别为 N_1、V_1、E_1 和 N_2、V_2、E_2 时，两个系统的微观状态数分别为 $\Omega_1(N_1,V_1,E_1)$ 和 $\Omega_2(N_2,V_2,E_2)$，复合系统 A_0 的微观状态数为两者的乘积 $\Omega_1\Omega_2$. 由于 N_1、N_2、V_1 和 V_2 保持不变，因此

$$\Omega_0(E_1,E_2)=\Omega_1(E_1)\Omega_2(E_2) \tag{3.4.1}$$

由于 A_1 和 A_2 热接触,E_1 和 E_2 可以改变,但 A_0 为孤立系统,它们的和 E_0 为常量

$$E_0 = E_1 + E_2 \tag{3.4.2}$$

对式(3.4.1)取对数,得

$$\ln\Omega_0(E_1, E_2) = \ln\Omega_1(E_1) + \ln\Omega_2(E_2) \tag{3.4.3}$$

A_0 是孤立系统,由等概率原理知,使 Ω_0 取极大值的宏观态是最概然状态,它对应于热力学平衡态,记此时 A_1 和 A_2 的能量分别为 $\bar{E}_1$ 和 $\bar{E}_2 = E_0 - \bar{E}_1$,则 $\bar{E}_1$ 和 $\bar{E}_2$ 就是 A_1 和 A_2 处于平衡态时的能量.

由式(3.4.3)得 Ω_0 取极大值的条件是

$$\delta\ln\Omega_0(E_1, E_2)\big|_{E_1=\bar{E}_1} = \left\{\left(\frac{\partial\ln\Omega_1(E_1)}{\partial E_1}\right)_{E_1=\bar{E}_1} - \left(\frac{\partial\ln\Omega_2(E_2)}{\partial E_2}\right)_{E_2=\bar{E}_2}\right\}\delta E_1 = 0 \tag{3.4.4}$$

其中已用了式(3.4.2),$\delta E_2 = -\delta E_1$. 由式(3.4.4)得到

$$\left(\frac{\partial\ln\Omega_1(E_1)}{\partial E_1}\right)_{E_1=\bar{E}_1} = \left(\frac{\partial\ln\Omega_2(E_2)}{\partial E_2}\right)_{E_2=\bar{E}_2} \tag{3.4.5}$$

记

$$\beta(E) = \left(\frac{\partial\ln\Omega}{\partial E}\right)_{N,V} \tag{3.4.6}$$

则 A_1 和 A_2 两系统达到热平衡的条件是

$$\beta(\bar{E}_1) = \beta(\bar{E}_2) \tag{3.4.7}$$

热力学第零定律告诉我们,两个系统达到热平衡的条件是温度相等. 因此,β 与系统的温度具有相同的作用,并且 β 的量纲是能量量纲的倒数. 再由热力学公式

$$\left(\frac{\partial S}{\partial U}\right)_{N,V} = \frac{1}{T} \tag{3.4.8}$$

比较式(3.4.6)和式(3.4.8)两式,可得 β 应与 $\frac{1}{T}$ 成正比,令比例系数为 $\frac{1}{k}$,则有

$$\beta = \frac{1}{kT} \tag{3.4.9}$$

和

$$S = k\ln\Omega \tag{3.4.10}$$

如果把这一公式应用到理想气体,将会看到 k 是玻尔兹曼常量. 式(3.4.10)就是玻尔兹曼关系,不过现在是在粒子之间存在着相互作用的系统得到的,这是一个更为普遍的结果.

其次再来考虑 A_1 和 A_2 之间不仅可以交换能量,而且还可以交换粒子和改变体积时的情形,由于 A_0 为孤立系统,E_0、N_0、V_0 为常量,因此有

$$E_0 = E_1 + E_2$$

$$N_0 = N_1 + N_2$$

$$V_0 = V_1 + V_2$$

微观状态数的对数为

$$\ln\Omega_0(E_1, N_1, V_1, E_2, N_2, V_2) = \ln\Omega_1(E_1, N_1, V_1) + \ln\Omega_2(E_2, N_2, V_2)$$

上式的变分为

$$\delta\ln\Omega_0 = \left(\frac{\partial\ln\Omega_1}{\partial E_1} - \frac{\partial\ln\Omega_2}{\partial E_2}\right)\delta E_1 + \left(\frac{\partial\ln\Omega_1}{\partial N_1} - \frac{\partial\ln\Omega_2}{\partial N_2}\right)\delta N_1 + \left(\frac{\partial\ln\Omega_1}{\partial V_1} - \frac{\partial\ln\Omega_2}{\partial V_2}\right)\delta V_1$$

其中已利用了 $\delta E_2 = -\delta E_1$，$\delta N_2 = -\delta N_1$ 和 $\delta V_2 = -\delta V_1$，达到平衡态时 $\ln\Omega_0$ 取极大值，$\delta\ln\Omega_0 = 0$，由此得到平衡条件

$$\left(\frac{\partial\ln\Omega_1}{\partial E_1}\right)_{N_1, V_1} = \left(\frac{\partial\ln\Omega_2}{\partial E_2}\right)_{N_2, V_2} \tag{3.4.11}$$

$$\left(\frac{\partial\ln\Omega_1}{\partial N_1}\right)_{E_1, V_1} = \left(\frac{\partial\ln\Omega_2}{\partial N_2}\right)_{E_2, V_2} \tag{3.4.12}$$

$$\left(\frac{\partial\ln\Omega_1}{\partial V_1}\right)_{N_1, E_1} = \left(\frac{\partial\ln\Omega_2}{\partial V_2}\right)_{N_2, E_2} \tag{3.4.13}$$

记

$$\gamma = \left(\frac{\partial\ln\Omega(N, V, E)}{\partial V}\right)_{N, E} \tag{3.4.14}$$

$$\alpha = \left(\frac{\partial\ln\Omega(N, V, E)}{\partial N}\right)_{V, E} \tag{3.4.15}$$

则得到平衡条件为

$$\beta_1 = \beta_2, \quad \gamma_1 = \gamma_2, \quad \alpha_1 = \alpha_2 \tag{3.4.16}$$

Ω 是 E、V、N 的函数，$\ln\Omega$ 的全微分为

$$\mathrm{d}\ln\Omega = \beta\mathrm{d}E + \gamma\mathrm{d}V + \alpha\mathrm{d}N \tag{3.4.17}$$

与开放系的热力学基本方程

$$\mathrm{d}S = \frac{\mathrm{d}U}{T} + \frac{p}{T}\mathrm{d}V - \frac{\mu}{T}\mathrm{d}N \tag{3.4.18}$$

比较，并考虑到式(3.4.9)和式(3.4.10)两式，得到

$$\gamma = \frac{p}{kT}, \quad \alpha = -\frac{\mu}{kT} \tag{3.4.19}$$

因此，式(3.4.16)表示系统达到热力学平衡态时应满足的条件是

$$T_1 = T_2, \quad p_1 = p_2, \quad \mu_1 = \mu_2 \tag{3.4.20}$$

式(3.4.20)是系统达到热力学平衡态时须满足的热平衡条件、力学平衡条件和相平衡条件.

现在把上面得到的热力学公式应用到单原子分子理想气体上. 在3.3节式(3.3.11)已经得到了以 E、V、N 为参量的孤立系的微观状态数为

$$\Omega(N,V,E)=\frac{3N}{2}\left(\frac{V}{h^3}\right)^N\frac{(2\pi mE)^{\frac{3N}{2}}}{N!\left(\frac{3N}{2}\right)!}\frac{\Delta E}{E}$$

由式(3.4.19)得气体的压强

$$p=kT\gamma=kT\left(\frac{\partial\ln\Omega}{\partial V}\right)_{N,E}=\frac{NkT}{V}\tag{3.4.21}$$

与理想气体的状态方程比较可得 $k=R/N_0$ 为玻尔兹曼常量. 由式(3.4.10)可得理想气体的熵

$$S=k\ln\Omega=Nk\ln\left[\frac{V}{Nh^3}\left(\frac{4\pi mE}{3N}\right)^{\frac{3}{2}}\right]+\frac{5}{2}Nk+k\left(\ln\frac{3N}{2}+\ln\frac{\Delta E}{E}\right)\tag{3.4.22}$$

其中已用了斯特林近似公式 $\ln m!\approx m\ln m-m, m\gg 1$. 在热力学极限下 $\lim\limits_{N\to\infty}\frac{\ln N}{N}=0$，式(3.4.22)的最后一项可以忽略，故得理想气体的熵

$$S=Nk\ln\left[\frac{V}{Nh^3}\left(\frac{4\pi mE}{3N}\right)^{\frac{3}{2}}\right]+\frac{5}{2}Nk\tag{3.4.23}$$

式(3.4.23)表明熵是一个广延量，而且系统能量的不确定量 ΔE 的大小对熵的值实际上并无影响.

由式(3.4.23)得

$$\frac{1}{T}=\left(\frac{\partial S}{\partial E}\right)_{N,V}=\frac{3Nk}{2E}$$

即

$$E=\frac{3}{2}NkT\tag{3.4.24}$$

将式(3.4.24)代入式(3.4.23)，得气体的熵为

$$S=Nk\ln\left[\frac{V}{N}\left(\frac{2\pi mkT}{h^2}\right)^{\frac{3}{2}}\right]+\frac{5}{2}Nk\tag{3.4.25}$$

与第 2 章式(2.9.9)熵的表达式一致.

3.5 正则分布

3.3 节和 3.4 节讨论了由孤立系统组成的微正则系综，引入了等概率原理，导出了微正则分布的热力学公式. 然而，在实际应用中用微正则分布求平衡系统的热力学量往往不是很方便，即使对于像理想气体这样简单的系统，系统微观状态数的计算也颇为复杂，而且在实际中经常遇到的系统都不是孤立系统. 因此，无论从实际应用上，还是从数学计算上的考虑，都限制了微正则分布的应用. 本节将讨论在实际应用上和在计算上更为方便的正则分布.

实际上常常会遇到与热源有热交换的封闭系统，达到平衡时系统具有确定的温度. 正则系综中的系统具有相同的温度 T、体积 V 和粒子数 N. 系统可以和热源交换能量，它的能量 E 是不确定的. 令系统和热源组成一个复合系统，复合系统是一个孤立系，具有确定的能量. 假设系统和热源之间相互作用很弱，可以忽略. 因此，复合系统的能量 E_0 可表示为系统的能量 E 和热源的能量 E_r 之和

$$E_0 = E + E_r \tag{3.5.1}$$

且有 E_0、$E_r \gg E$. 复合系统的微观状态数为系统和热源的微观状态数之积

$$\Omega_0(E, E_r) = \Omega(E)\Omega_r(E_r)$$

下面将导出系统处于平衡态时，正则系综的分布函数. 当系统处于能量为 E_s 的微观状态 s 时，大热源可以处于能量为 $E_r = E_0 - E_s$ 的微观状态数 $\Omega_r(E_0 - E_s)$ 中的任何一个. 由于复合系统为孤立系统，由等概率原理知，当它处于平衡态时，它的每一个可能的微观状态出现的概率彼此相等，$\Omega_r(E_0 - E_s)$ 越大，系统出现能量为 E_s 的微观态 s 的概率也越大，所以系统处于 E_s 的微观态 s 的概率正比于热源的微观状态数 Ω_r，即

$$\rho_s \sim \Omega_r(E_0 - E_s) \tag{3.5.2}$$

由于热源很大，E_r、$E_0 \gg E_s$，因此可将 $\Omega_r(E_0 - E_s)$ 在 E_0 附近展成泰勒级数，但由于 $\Omega_r(E_0 - E_s)$ 比例于 $(E_0 - E_s)^{\frac{3N}{2}}$，它的值随着 E_r 的增加而迅速增大，因此，不能直接将 $\Omega_r(E_0 - E_s)$ 在 $E_r = E_0$ 处展成幂级数而只取前两项，因为级数收敛得很慢，它的高次项与前两项比较并未小到可以忽略. 为此讨论随 E_r 变化较为缓慢的对数函数 $\ln\Omega_r(E_0 - E_s)$，将 $\ln\Omega_r(E_0 - E_s)$ 在 $E_r = E_0$ 处展成幂级数而只取前两项，得

$$\ln\Omega_r(E_0 - E_s) = \ln\Omega_r(E_0) + \left(\frac{\partial \ln\Omega_r}{\partial E_r}\right)_{E_r = E_0}(-E_s) = \ln\Omega_r(E_0) - \beta E_s \tag{3.5.3}$$

其中，$\beta = \left(\frac{\partial \ln\Omega_r}{\partial E_r}\right)_{E_r = E_0} = \frac{1}{kT}$，由式(3.4.9)给出. 由此得到正则分布函数

$$\rho_s = \frac{1}{Z}e^{-\beta E_s} \tag{3.5.4}$$

其中，$1/Z$ 为归一化常数. Z 称为正则配分函数，由归一化条件 $\sum_s \rho_s = 1$，得 Z 的表达式为

$$Z = \sum_s e^{-\beta E_s} \tag{3.5.5}$$

$\sum_s$ 表示对系统所有的微观态 s 求和. 如果 φ^s 为哈密顿算符 $\hat{H}$ 的能量为 E_s 本征函数，则按式(3.2.14)，在能量表象中可把正则系综密度算符表示为

$$\hat{\rho} = \sum_s |\varphi^s\rangle \frac{1}{Z}e^{-\beta E_s}\langle\varphi^s| = \frac{1}{Z}e^{-\beta\hat{H}}\sum_s |\varphi^s\rangle\langle\varphi^s| = \frac{1}{Z}e^{-\beta\hat{H}} \tag{3.5.6}$$

式(3.5.6)中的最后一个等式利用了能量本征函数的完备性. 由密度算符的归一性,$\mathrm{tr}\hat{\rho}=1$,可得配分函数

$$Z=\mathrm{tr}(\mathrm{e}^{-\beta\hat{H}}) \tag{3.5.7}$$

如果以 E_l 表示系统的能级,按能级 l 的正则分布函数为

$$\rho_l=\frac{1}{Z}W_l\mathrm{e}^{-\beta E_l} \tag{3.5.8}$$

其中,$W_l=W(E_l)$为系统能级 E_l 的简并度. 正则配分函数也可表示为对系统的所有能级 l 求和

$$Z=\sum_l W_l\mathrm{e}^{-\beta E_l} \tag{3.5.9}$$

式(3.5.4)~式(3.5.9)是正则分布的量子统计表达式. 利用量子态数与 Γ 空间体积元之间的对应关系,可得正则分布的经典统计表达式

$$\rho(q,p)\mathrm{d}\Omega=\frac{1}{N!h^{Nr}Z}\mathrm{e}^{-\beta E(q,p)}\mathrm{d}\Omega \tag{3.5.10}$$

其中,r 为系统中粒子的自由度,$E(q,p)$为系统的能量,$\mathrm{d}\Omega$ 为 Γ 空间的体积元,Z 为配分函数,它可表示为

$$Z=\frac{1}{N!h^{Nr}}\int\mathrm{e}^{-\beta E(q,p)}\mathrm{d}\Omega \tag{3.5.11}$$

3.6 正则分布的热力学公式

正则分布是具有确定的 N,y,β(即 N,V,T 给定)系统的统计分布,也即与大热源接触而达到平衡的系统的分布. 系统微观量 u 的统计平均值的量子和经典的表达式分别为

$$\bar{u}=\frac{1}{Z}\sum_s u_s\mathrm{e}^{-\beta E_s}=\frac{1}{Z}\sum_l u_lW_l\mathrm{e}^{-\beta E_l}=\frac{\mathrm{tr}(\hat{u}\mathrm{e}^{-\beta\hat{H}})}{\mathrm{tr}(\mathrm{e}^{-\beta\hat{H}})} \tag{3.6.1}$$

$$\bar{u}=\frac{1}{N!h^{Nr}Z}\int u(q,p)\mathrm{e}^{-\beta E(q,p)}\mathrm{d}\Omega \tag{3.6.2}$$

由于系统和热源可以交换能量,系统的微观状态可以具有不同的能量值. 内能 U 是在给定的 N、y、β 条件下系统的能量对一切可能的微观态的统计平均值,因此

$$U=\bar{E}=\frac{1}{Z}\sum_s E_s\mathrm{e}^{-\beta E_s}=\frac{1}{Z}\left(-\frac{\partial}{\partial\beta}\right)\sum_s\mathrm{e}^{-\beta E_s}=-\frac{\partial\ln Z}{\partial\beta} \tag{3.6.3}$$

外界对系统的广义力 Y 是微观量$\frac{\partial E_s}{\partial y}$的统计平均值

$$Y=\frac{1}{Z}\sum_s\frac{\partial E_s}{\partial y}\mathrm{e}^{-\beta E_s}=\frac{1}{Z}\left(-\frac{1}{\beta}\frac{\partial}{\partial y}\right)\sum_s\mathrm{e}^{-\beta E_s}=-\frac{1}{\beta}\frac{\partial\ln Z}{\partial y} \tag{3.6.4}$$

若取 $y=V$,对应的广义力为 $-p$,因此压强

$$p = \frac{1}{\beta} \frac{\partial \ln Z}{\partial V} \tag{3.6.5}$$

下面将用正则分布导出熵的公式，为此先证明微分式 $dU - Ydy$ 有一个积分因子 β，即

$$\beta(dU - Ydy) = -\beta d\left(\frac{\partial \ln Z}{\partial \beta}\right) + \frac{\partial \ln Z}{\partial y} dy$$

配分函数 Z 是 β 和 y 的函数，$\ln Z$ 的全微分为

$$d\ln Z = \frac{\partial \ln Z}{\partial \beta} d\beta + \frac{\partial \ln Z}{\partial y} dy$$

代入上式，得

$$\beta(dU - Ydy) = d\left(\ln Z - \beta \frac{\partial \ln Z}{\partial \beta}\right)$$

上式表明 β 是 $dU - Ydy$ 的积分因子，与热力学公式

$$\frac{1}{T}(dU - Ydy) = dS$$

比较，得到

$$\beta = \frac{1}{kT}$$
$$dS = k\left(\ln Z - \beta \frac{\partial \ln Z}{\partial \beta}\right) \tag{3.6.6}$$

其中，k 为玻尔兹曼常量. 完成积分，取熵常数为零，得熵函数

$$S = k\left(\ln Z - \beta \frac{\partial \ln Z}{\partial \beta}\right) = k(\ln Z + \beta \bar{E}) \tag{3.6.7}$$

由热力学理论知道，以 V, T 为自变量的热力学特征函数为自由能 F. 由式(3.6.3)和式(3.6.7)两式得系统的自由能

$$F = U - TS = -kT\ln Z \tag{3.6.8}$$

因此，用正则分布求热力学量的一般程序为：由式(3.5.5)求得配分函数 Z，代入式(3.6.8)得到自由能 F. 再利用热力学公式，由 F 可以求得系统的所有的热力学量. 或者由配分函数 Z 直接利用式(3.6.3)、式(3.6.7)和式(3.6.8)求得系统的内能、熵和自由能.

下面将讨论熵和正则分布 ρ_s 的关系. 由式(3.5.4)取对数，得

$$\ln \rho_s = -\ln Z - \beta E_s$$

它的系综平均值为

$$\overline{\ln \rho_s} = \sum_s \rho_s \ln \rho_s = -\ln Z - \beta \bar{E}$$

代入式(3.6.7)，得到

$$S = k(\ln Z + \beta \bar{E}) = -k\sum_s \rho_s \ln \rho_s \tag{3.6.9}$$

式(3.6.9)表示熵是$-k\ln\rho_s$的系综平均值.这样定义的熵具有普遍意义，有时称为广义熵.可以证明，对于微正则系综、正则系综和巨正则系综，都能由这个定义得出关于统计熵的正确表达式.

将正则分布应用到经典单原子分子理想气体，系统的能量为$E=\sum_{i=1}^{3N}\frac{p_i^2}{2m}$，由式(3.5.11)容易求得气体的正则配分函数为

$$Z=\frac{1}{N!h^{3N}}\int e^{-\beta E(p_i)}d\Omega=\frac{V^N}{N!h^{3N}}\left(\frac{2\pi m}{\beta}\right)^{\frac{3N}{2}} \tag{3.6.10}$$

利用公式(3.6.3)、(3.6.5)和(3.6.7)求得系统的内能、压强和熵

$$\bar{E}=-\frac{\partial \ln Z}{\partial \beta}=\frac{3}{2}NkT$$

$$p=\frac{1}{\beta}\frac{\partial \ln Z}{\partial V}=\frac{N}{V}kT$$

$$S=Nk\ln\left[\frac{V}{N}\left(\frac{2\pi mkT}{h^2}\right)^{\frac{3}{2}}\right]+\frac{5}{2}Nk$$

和用微正则分布得到的结果完全一致.

由于正则系综中的系统可以与热源交换能量，系统的能量是不确定的，系统的能量E与它的平均值$\bar{E}$有一偏差

$$\Delta E=E-\bar{E}$$

显然这个偏差量的平均值$\overline{\Delta E}=\overline{E-\bar{E}}=\bar{E}-\bar{E}=0$，为此我们来计算$(\Delta E)^2$的平均值.由式(3.6.3)对$\beta$求偏微商得

$$\frac{\partial \bar{E}}{\partial \beta}=-\frac{1}{Z}\sum_s E_s^2 e^{-\beta E_s}-\frac{1}{Z^2}\sum_s E_s e^{-\beta E_s}\frac{\partial Z}{\partial \beta}=-\overline{E^2}+\bar{E}^2$$

由此得到$(\Delta E)^2$的平均值为

$$\overline{(\Delta E)^2}=\overline{(E-\bar{E})^2}=\overline{E^2}-\bar{E}^2=-\frac{\partial \bar{E}}{\partial \beta}=kT^2\left(\frac{\partial \bar{E}}{\partial T}\right)_{N,V}=kT^2C_V \tag{3.6.11}$$

通常用偏差的方均根值表示涨落量，则能量的相对涨落为

$$\sqrt{\frac{\overline{(\Delta E)^2}}{\bar{E}^2}}=\sqrt{\frac{kT^2C_V}{\bar{E}^2}}\sim 0\left(\frac{1}{\sqrt{N}}\right) \tag{3.6.12}$$

其中，T为强度量，C_V和$\bar{E}$都是广延量，与N成正比，因此相对涨落与$\sqrt{N}$成反比.对于单原子分子理想气体$\bar{E}=\frac{3}{2}NkT$，$C_V=\frac{3}{2}Nk$，气体能量的相对涨落为

$$\sqrt{\frac{\overline{(\Delta E)^2}}{\bar{E}^2}}=\sqrt{\frac{2}{3N}}\sim\frac{1}{\sqrt{N}}$$

因此，只要 N 足够大，系统能量的相对涨落趋于零. 这说明，尽管系统与热源热接触，能够交换能量，系统可以具有不同的能量值，但平衡时系统的能量 E 与 $\bar{E}$ 十分接近，E 与 $\bar{E}$ 有显著偏差的概率极小. 这一点也可用式(3.5.8)来说明，系统具有能量为 E 的概率密度 $\rho(E)$ 与 $W(E)\mathrm{e}^{-\beta E}$ 成正比，$\mathrm{e}^{-\beta E}$ 随 E 的增加迅速减少，而 $W(E) \sim E^{\frac{3N}{2}}$ 随 E 的增加而迅速增加，两者的乘积使 $\rho(E)$ 在某一能量值 E_{p}(E_{p} 为系统能量的最概然值)处有一极其尖锐的极大值，正则系综中几乎所有的系统都在这一能量值附近，系统能量的最概然值和它的平均值重合，$E_{\mathrm{p}}=\bar{E}$. 因此，在正则配分函数 Z 的对各种能量 E 的求和中，几乎所有系统的能量都落在平均能量 $\bar{E}$ 处，$E \neq \bar{E}$ 的系统对 Z 的贡献可以忽略不计. 由此可见，正则系综和微正则系综是等价的. 两种系综求得的热力学量实际上是相同的，它们的差别在于两种系综选取不同的独立变量和不同的特征函数. 微正则系综选取以 N、V、E 为独立变量的熵 S 作为特征函数，而正则系综选取以 N、V、T 为独立变量的自由能 F 作为特征函数. 在实际应用中，用温度作为变量比用能量作为变量更方便，而且在微正则系综中计算微观状态数 $\Omega(E)$ 十分复杂，而正则系综的配分函数 Z 的计算相对容易多了，所以一般常用正则分布求系统的热力学量.

3.7 巨正则分布

3.5 节和 3.6 节讨论了正则系综的平衡分布——正则分布，它适用于具有确定的粒子数 N、体积 V 和温度 T 的系统. 系统是能和热源交换能量，但无粒子交换的封闭系统. 然而在实际问题中将会涉及粒子数可变的系统，这是既与外界交换能量，又与外界交换粒子的开放系统. 由于作为外界的热源和粒子源很大，当系统和源达到平衡时，系统具有与源相同的温度和化学势. 这种系统是具有确定的体积 V、温度 T 和化学势 μ 的开放系统. 由开放系统集合组成的系综是巨正则系综，这种系综的分布函数称为巨正则分布.

设想将系统和源构成一个复合系统，复合系统是一个孤立系统，具有确定的能量 E_0 和粒子数 N_0. 设系统和源的能量及粒子数分别为 E_s、E_r 和 N、N_r. 由于源很大，所以有 E_0、$E_r \gg E_s$ 和 N_0、$N_r \gg N$. 假定系统和源的相互作用很弱，则有

$$\begin{aligned} E_s + E_r &= E_0 \\ N + N_r &= N_0 \end{aligned} \tag{3.7.1}$$

复合系统的微观状态数为

$$\Omega_0(N, N_r, E_s, E_r) = \Omega(N, E_s)\Omega_r(N_0 - N, E_0 - E_s)$$

当系统处于粒子数为 N、能量为 E_s 的微观态 s 时，源可以处于粒子数为 N_0-N、能量为 E_0-E_s 的任何一个微观态，其微观状态数为 $\Omega_r(E_0-E_s, N_0-N)$. 由于复合系统

是一个孤立系统，按照等概率原理，Ω_r 中的任何一个微观状态出现的概率相等. 因此，系统的粒子数为 N、能量为 E_s 的微观态 s 出现的概率 $\rho(N,E_s)$ 正比于 Ω_r，即

$$\rho(N,E_s) \propto \Omega_r(N_0 - N, E_0 - E_s) \tag{3.7.2}$$

Ω_r 是一个很大的数. 将 Ω_r 取对数，并将它在 $E_r = E_0$，$N_r = N_0$ 处展成泰勒级数，由于 $E_0 \gg E_s$，$N_0 \gg N$，只取到 N 和 E_s 的一次项，得

$$\begin{aligned}
&\ln\Omega_r(N_0 - N, E_0 - E_s) \\
&= \ln\Omega_r(N_0, E_0) + \left(\frac{\partial \ln\Omega_r}{\partial N_r}\right)_{N_0, E_0}(-N) + \left(\frac{\partial \ln\Omega_r}{\partial E_r}\right)_{N_0, E_0}(-E_s) \\
&= \ln\Omega_r(N_0, E_0) - \alpha N - \beta E_s
\end{aligned} \tag{3.7.3}$$

其中，β、α 由式(3.4.6)和式(3.4.15)给出. 式(3.7.3)中的首项 $\ln\Omega_r(N_0, E_0)$ 为常量，故有

$$\rho(N,E_s) \propto \mathrm{e}^{-\alpha N - \beta E_s}$$

由 ρ 的归一化条件

$$\sum_{N=0}^{\infty}\sum_{s}\rho(N,E_s) = 1$$

得

$$\rho(N,E_s) = \frac{1}{\Xi}\mathrm{e}^{-\alpha N - \beta E_s} \tag{3.7.4}$$

其中，Ξ 称为巨配分函数，它定义为

$$\Xi = \sum_{N=0}^{\infty}\sum_{s}\mathrm{e}^{-\alpha N - \beta E_s} \tag{3.7.5}$$

其中，求和是对粒子数 N 和系统的微观态 s 进行的. 在能量和粒子数算符的共同本征函数作为基矢的表象中，由式(3.2.17)可得巨正则系综的密度算符和巨配分函数分别为

$$\hat{\rho} = \frac{1}{\Xi}\exp(-\beta\hat{H} - \alpha\hat{N}) \tag{3.7.6}$$

$$\Xi = \mathrm{tr}\{\exp(-\beta\hat{H} - \alpha\hat{N})\} \tag{3.7.7}$$

若系统的粒子数为 N 时，在能级 E_l 上的微观状态数为 $W(N,E_l)$，则系统处于粒子数为 N、能量为 E_l 的能级上的概率为

$$\rho(N,E_l) = \frac{1}{\Xi}W(N,E_l)\mathrm{e}^{-\alpha N - \beta E_l} \tag{3.7.8}$$

Ξ 可表示为

$$\Xi = \sum_{N=0}^{\infty}\sum_{l}W(N,E_l)\mathrm{e}^{-\alpha N - \beta E_l} \tag{3.7.9}$$

其中，$\sum\limits_{l}$ 表示对系统的能级 l 求和.

系统的热力学量 u 是粒子数 N 和能量 E_s 的函数，u 的统计平均值可表示为

$$\bar{u} = \frac{1}{\Xi}\sum_{N=0}^{\infty}\sum_{s} u(N,E_s)\mathrm{e}^{-\alpha N-\beta E_s} \tag{3.7.10}$$

在非简并和能级准连续的经典极限下，量子统计过渡到经典统计，巨正则分布的经典表达式为

$$\rho[N,E(q,p)]\mathrm{d}\Omega = \frac{1}{\Xi}\frac{1}{N!h^{rN}}\mathrm{e}^{-\alpha N-\beta E(q,p)}\mathrm{d}\Omega \tag{3.7.11}$$

其中，$\mathrm{d}\Omega=\mathrm{d}^{rN}q\,\mathrm{d}^{rN}p$ 为 Γ 空间体积元，r 为粒子的自由度，巨配分函数 Ξ 的经典表达式为

$$\Xi = \sum_{N=0}^{\infty}\frac{\mathrm{e}^{-\alpha N}}{N!h^{rN}}\int \mathrm{e}^{-\beta E(q,p)}\mathrm{d}\Omega \tag{3.7.12}$$

物理量 $u(q,p)$的统计平均值的表达式为

$$\bar{u} = \frac{1}{\Xi}\sum_{N=0}^{\infty}\frac{\mathrm{e}^{-\alpha N}}{N!h^{rN}}\int u(q,p)\mathrm{e}^{-\beta E(q,p)}\mathrm{d}\Omega \tag{3.7.13}$$

3.8 巨正则分布的热力学公式

巨正则分布 ρ 和巨配分函数 Ξ 都是 α、β 和外参量 y 的函数，系统的性质由温度 T、化学势 μ 和外参量 y 来确定. 系统可以和源交换粒子和能量，所以系统的各个可能的微观状态中的粒子数 N 和能量 E 是不确定的. 平衡时系统的平均粒子数和平均能量是在给定的 T、μ、y 条件下 N 和 E 对一切可能的微观状态的统计平均值

$$\bar{N} = \frac{1}{\Xi}\sum_{N=0}^{\infty}\sum_{s} N\mathrm{e}^{-\alpha N-\beta E_s} = \frac{1}{\Xi}\left(-\frac{\partial}{\partial\alpha}\right)\sum_{N=0}^{\infty}\sum_{s}\mathrm{e}^{-\alpha N-\beta E_s} = -\frac{\partial}{\partial\alpha}\ln\Xi \tag{3.8.1}$$

$$U = \bar{E} = \frac{1}{\Xi}\sum_{N=0}^{\infty}\sum_{s} E_s\mathrm{e}^{-\alpha N-\beta E_s} = \frac{1}{\Xi}\left(-\frac{\partial}{\partial\beta}\right)\sum_{N=0}^{\infty}\sum_{s}\mathrm{e}^{-\alpha N-\beta E_s} = -\frac{\partial}{\partial\beta}\ln\Xi \tag{3.8.2}$$

广义力 Y 是 $\partial E_s/\partial y$ 的统计平均值

$$Y = \frac{1}{\Xi}\sum_{N=0}^{\infty}\sum_{s}\frac{\partial E_s}{\partial y}\mathrm{e}^{-\alpha N-\beta E_s} = \frac{1}{\Xi}\left(-\frac{1}{\beta}\frac{\partial}{\partial y}\right)\sum_{N=0}^{\infty}\sum_{s}\mathrm{e}^{-\alpha N-\beta E_s} = -\frac{1}{\beta}\frac{\partial\ln\Xi}{\partial y} \tag{3.8.3}$$

当 $y=V$ 时，广义力 $Y=-p$，压强

$$p = \frac{1}{\beta}\frac{\partial\ln\Xi}{\partial V} \tag{3.8.4}$$

由式(3.8.1)～式(3.8.3)得

$$\beta\left(\mathrm{d}\bar{E} - Y\mathrm{d}y + \frac{\alpha}{\beta}\mathrm{d}\bar{N}\right) = -\beta\mathrm{d}\left(\frac{\partial\ln\Xi}{\partial\beta}\right) + \frac{\partial\ln\Xi}{\partial y}\mathrm{d}y - \alpha\mathrm{d}\left(\frac{\partial\ln\Xi}{\partial\alpha}\right) \tag{3.8.5}$$

$\ln\Xi$ 是 α、β、y 的函数，它的全微分为

$$\mathrm{d}\ln\Xi=\frac{\partial\ln\Xi}{\partial\beta}\mathrm{d}\beta+\frac{\partial\ln\Xi}{\partial y}\mathrm{d}y+\frac{\partial\ln\Xi}{\partial\alpha}\mathrm{d}\alpha$$

将上式代入式(3.8.5)，得

$$\beta\left(\mathrm{d}\bar{E}-Y\mathrm{d}y+\frac{\alpha}{\beta}\mathrm{d}\bar{N}\right)=\mathrm{d}\left(\ln\Xi-\beta\frac{\partial\ln\Xi}{\partial\beta}-\alpha\frac{\partial\ln\Xi}{\partial\alpha}\right) \tag{3.8.6}$$

式(3.8.6)的右边是全微分，所以 β 是 $\left(\mathrm{d}\bar{E}-Y\mathrm{d}y+\frac{\alpha}{\beta}\mathrm{d}\bar{N}\right)$ 的积分因子. 将它与开放系的热力学基本方程

$$\frac{1}{T}(\mathrm{d}U-Y\mathrm{d}y-\mu\mathrm{d}N)=\mathrm{d}S \tag{3.8.7}$$

比较，可得

$$\beta=\frac{1}{kT},\quad \alpha=-\frac{\mu}{kT} \tag{3.8.8}$$

和

$$\mathrm{d}S=k\mathrm{d}\left(\ln\Xi-\beta\frac{\partial\ln\Xi}{\partial\beta}-\alpha\frac{\partial\ln\Xi}{\partial\alpha}\right)$$

完成积分，并取熵常数为零，得

$$S=k\left(\ln\Xi-\beta\frac{\partial\ln\Xi}{\partial\beta}-\alpha\frac{\partial\ln\Xi}{\partial\alpha}\right)=k(\ln\Xi+\beta\bar{E}+\alpha\bar{N}) \tag{3.8.9}$$

从上面讨论可以看出，只要求得巨配分函数 Ξ，由 $\ln\Xi$ 对 α、β、y 的偏微商就可得到平均粒子数 $\bar{N}$，平均能量 $\bar{E}$ 和广义力 Y，再由式(3.8.9)得到系统的熵 S. 可见 $kT\ln\Xi$ 作为 α、β、y 的函数是一个特征函数. 引入巨势 $J(T,y,\mu)$，它定义为

$$J=-kT\ln\Xi=\bar{E}-TS-\mu\bar{N} \tag{3.8.10}$$

由式(3.8.7)、式(3.8.9)和式(3.8.10)三式得巨势的微分表达式

$$\mathrm{d}J=\mathrm{d}(\bar{E}-TS-\mu\bar{N})=-S\mathrm{d}T+Y\mathrm{d}y-\bar{N}\mathrm{d}\mu \tag{3.8.11}$$

由式(3.8.11)可得

$$S=-\left(\frac{\partial J}{\partial T}\right)_{y,\mu},\quad Y=\left(\frac{\partial J}{\partial y}\right)_{T,y},\quad \bar{N}=-\left(\frac{\partial J}{\partial\mu}\right)_{T,y} \tag{3.8.12}$$

经典单原子分子理想气体的巨配分函数及其对数为

$$\Xi=\sum_{N=0}^{\infty}\frac{\mathrm{e}^{-\alpha N}}{N!h^{3N}}\int\exp\left(-\beta\sum_{i=1}^{3N}\frac{p_i^2}{2m}\right)\mathrm{d}\Omega=\sum_{N=0}^{\infty}\frac{V^N}{N!}\mathrm{e}^{-\alpha N}\left(\frac{2\pi m}{\beta h^2}\right)^{\frac{3N}{2}}=\exp\left[V\mathrm{e}^{-\alpha}\left(\frac{2\pi m}{\beta h^2}\right)^{\frac{3}{2}}\right]$$

$$\ln\Xi=V\mathrm{e}^{-\alpha}\left(\frac{2\pi m}{\beta h^2}\right)^{\frac{3}{2}}$$

由此可得气体的

$$\bar{N}=-\frac{\partial\ln\Xi}{\partial\alpha}=\ln\Xi$$

$$U=\bar{E}=-\frac{\partial\ln\Xi}{\partial\beta}=\frac{3}{2\beta}\ln\Xi=\frac{3}{2}\bar{N}kT$$

$$p = \frac{1}{\beta}\frac{\partial \ln \Xi}{\partial V} = \frac{1}{\beta V}\ln \Xi = \frac{\bar{N}}{V}kT$$

这些都是我们熟知的结果.

在巨正则系综中,系统的粒子数存在着涨落,涨落的大小由

$$\overline{(N-\bar{N})^2} = \overline{N^2} - \bar{N}^2$$

来表示. 利用式(3.8.1)求 $\bar{N}$ 对 α 的偏微商,得

$$\left(\frac{\partial \bar{N}}{\partial \alpha}\right)_{\beta,V} = \frac{\partial}{\partial \alpha}\left[\frac{\sum_N \sum_s N \mathrm{e}^{-\alpha \bar{N}-\beta E_s}}{\Xi}\right]$$

$$= -\frac{\sum_N \sum_s N^2 \mathrm{e}^{-\alpha \bar{N}-\beta E_s}}{\Xi} + \frac{\left(\sum_N \sum_s N \mathrm{e}^{-\alpha \bar{N}-\beta E_s}\right)^2}{\Xi^2} = -\overline{N^2} + \bar{N}^2$$

由上面两式得

$$\overline{(N-\bar{N})^2} = -\left(\frac{\partial \bar{N}}{\partial \alpha}\right)_{\beta,V} = kT\left(\frac{\partial \bar{N}}{\partial \mu}\right)_{T,V} \tag{3.8.13}$$

粒子数的相对涨落为

$$\sqrt{\frac{\overline{(N-\bar{N})^2}}{\bar{N}^2}} = \sqrt{\frac{kT}{\bar{N}^2}\left(\frac{\partial \bar{N}}{\partial \mu}\right)_{T,V}}$$

利用热力学关系

$$\mathrm{d}\mu = v\,\mathrm{d}p - \frac{S}{\bar{N}}\mathrm{d}T$$

其中,μ 为一个粒子的化学势,$v=\frac{V}{\bar{N}}=\frac{1}{n}$为一个粒子的体积. μ 对 v 的偏微商为

$$\left(\frac{\partial \mu}{\partial v}\right)_T = v\left(\frac{\partial p}{\partial v}\right)_T$$

取 T、V、$\bar{N}$ 为独立变量,μ 和 p 都是 T、V、$\bar{N}$ 的函数. 由于 μ 和 p 都是强度量,不能独立地依赖广延量 V 和 $\bar{N}$,而只能通过强度量 $v=\frac{V}{\bar{N}}$ 依赖 V 和 $\bar{N}$. 因此,μ 和 p 的函数形式为 $\mu(T,v)$ 和 $p(T,v)$,故得

$$\left(\frac{\partial \mu}{\partial \bar{N}}\right)_{V,T} = \left(\frac{\partial \mu}{\partial v}\right)_T\left(\frac{\partial v}{\partial \bar{N}}\right)_V = -\frac{V}{\bar{N}^2}\left(\frac{\partial \mu}{\partial v}\right)_T$$

$$\left(\frac{\partial p}{\partial V}\right)_{\bar{N},T} = \left(\frac{\partial p}{\partial v}\right)_T\left(\frac{\partial v}{\partial V}\right)_{\bar{N}} = \frac{1}{\bar{N}}\left(\frac{\partial p}{\partial v}\right)_T$$

把这两式代入前一等式,得到

$$-\frac{\bar{N}^2}{V}\left(\frac{\partial \mu}{\partial \bar{N}}\right)_{V,T} = V\left(\frac{\partial p}{\partial V}\right)_{\bar{N},T}$$

代入式(3.8.13),得粒子数的相对涨落

$$\sqrt{\frac{\overline{(N-\bar{N})^2}}{\bar{N}^2}}=\sqrt{-\frac{kT}{V^2}\left(\frac{\partial V}{\partial p}\right)_{\bar{N},T}}=\sqrt{\frac{kT}{V}\kappa_T} \tag{3.8.14}$$

其中,$\kappa_T=-\dfrac{1}{V}\left(\dfrac{\partial V}{\partial p}\right)_T$ 为等温压缩系数.式(3.8.14)中的 κ_T 和 T 为强度量,而 V 为广延量,与粒子数 $\bar{N}$ 成正比,因此,粒子数的相对涨落与粒子数 $\bar{N}$ 的平方根成反比,例如,对于理想气体 $\kappa_T=\dfrac{1}{p}$,粒子数的相对涨落等于$\dfrac{1}{\sqrt{\bar{N}}}$.对于一般的宏观系统 $\bar{N}\sim10^{23}$,因此,粒子数的相对涨落可以忽略不计.然而在临界点附近,κ_T 将趋于无穷,粒子数的相对涨落会变得很大.

用类似的方法可以得到系统的能量涨落.求 $\bar{E}$ 对 β 的偏微商

$$\left(\frac{\partial\bar{E}}{\partial\beta}\right)_{\alpha,V}=\frac{\partial}{\partial\beta}\left(\frac{\sum\limits_{N}\sum\limits_{s}E\mathrm{e}^{-\alpha\bar{N}-\beta E_s}}{\Xi}\right)=-\frac{\sum\limits_{N}\sum\limits_{s}E^2\mathrm{e}^{-\alpha\bar{N}-\beta E_s}}{\Xi}$$
$$+\frac{\left(\sum\limits_{N}\sum\limits_{s}E\mathrm{e}^{-\alpha\bar{N}-\beta E_s}\right)^2}{\Xi^2}=-\overline{E^2}+\bar{E}^2$$

能量的涨落

$$\overline{(E-\bar{E})^2}=\overline{E^2}-\bar{E}^2=-\left(\frac{\partial\bar{E}}{\partial\beta}\right)_{\alpha,V}=kT^2\left(\frac{\partial\bar{E}}{\partial T}\right)_{\frac{\mu}{T},V}$$

将 $\bar{E}$ 看作 $\bar{N}$、T、V 的函数,$\bar{N}$ 又是$\dfrac{\mu}{T}$、T、V 的函数,因此

$$\left(\frac{\partial\bar{E}}{\partial T}\right)_{\frac{\mu}{T},V}=\left(\frac{\partial\bar{E}}{\partial T}\right)_{\bar{N},V}+\left(\frac{\partial\bar{E}}{\partial\bar{N}}\right)_{T,V}\left(\frac{\partial\bar{N}}{\partial T}\right)_{\frac{\mu}{T},V}=C_V+\left(\frac{\partial\bar{E}}{\partial\bar{N}}\right)_{T,V}\left(\frac{\partial\bar{N}}{\partial T}\right)_{\frac{\mu}{T},V} \tag{3.8.15}$$

引入克拉默斯(Kramers)函数 $q=-\dfrac{J}{T}$,它的全微分为

$$\mathrm{d}q=-U\mathrm{d}\left(\frac{1}{T}\right)+\frac{p}{T}\mathrm{d}V+N\mathrm{d}\left(\frac{\mu}{T}\right)$$

由 q 的全微分性质得

$$-\left(\frac{\partial U}{\partial\left(\frac{\mu}{T}\right)}\right)_{\frac{1}{T},V}=\left(\frac{\partial N}{\partial\left(\frac{1}{T}\right)}\right)_{\frac{\mu}{T},V} \tag{3.8.16}$$

因为

$$\left[\frac{\partial U}{\partial\left(\frac{\mu}{T}\right)}\right]_{\frac{1}{T},V} = T\left(\frac{\partial U}{\partial \mu}\right)_{T,V}$$

$$\left[\frac{\partial N}{\partial\left(\frac{1}{T}\right)}\right]_{\frac{\mu}{T},V} = -T^2\left(\frac{\partial N}{\partial T}\right)_{\frac{\mu}{T},V}$$

将上面两式代入式(3.8.16)，得

$$\left(\frac{\partial N}{\partial T}\right)_{\frac{\mu}{T},V} = \frac{1}{T}\left(\frac{\partial U}{\partial \mu}\right)_{T,V} = \frac{1}{T}\left(\frac{\partial U}{\partial N}\right)_{T,V}\left(\frac{\partial N}{\partial \mu}\right)_{T,V}$$

将上式代入式(3.8.15)，并注意到 $U=\bar{E}$，N 用 $\bar{N}$ 代替，得

$$\left(\frac{\partial \bar{E}}{\partial T}\right)_{\frac{\mu}{T},V} = C_V + \frac{1}{T}\left(\frac{\partial \bar{E}}{\partial \bar{N}}\right)^2_{T,V}\left(\frac{\partial \bar{N}}{\partial \mu}\right)_{T,V}$$

能量涨落为

$$\overline{(\Delta E)^2} = \overline{(E-\bar{E})^2} = kT^2C_V + \overline{(N-\bar{N})^2}\left(\frac{\partial \bar{E}}{\partial \bar{N}}\right)^2_{T,V} \tag{3.8.17}$$

其中已用了式(3.8.13). 式(3.8.17)右边第一项是正则系综的能量涨落，和式(3.6.11)相同；第二项与系统的粒子数涨落成正比，是由于系统粒子数涨落所引起的能量涨落. 系统能量的相对涨落为这两项相对涨落之和

$$\sqrt{\frac{\overline{(\Delta E)^2}}{\bar{E}^2}} = \sqrt{\frac{kT^2C_V}{\bar{E}^2} + \frac{\overline{(\Delta N)^2}}{\bar{N}^2}\left[\frac{\bar{N}}{\bar{E}}\left(\frac{\partial \bar{E}}{\partial \bar{N}}\right)_{T,V}\right]^2} \tag{3.8.18}$$

式(3.8.18)右边两项都反比于 $\bar{N}$. 因此，巨正则系综中能量的相对涨落也与粒子数 $\sqrt{\bar{N}}$ 成反比，例如理想气体能量的相对涨落的值为 $\sqrt{\frac{5}{3\bar{N}}}$. 对于一个宏观系统，这种涨落完全可以忽略.

由于在巨正则系综中，无论粒子数的相对涨落还是能量的相对涨落都与粒子数 $\sqrt{\bar{N}}$ 成反比，对于一个宏观系统来说能量涨落和粒子数涨落都可以忽略不计. 因此，在巨配分函数 Ξ 的对各种 N 和 E 的求和中，几乎所有系统的粒子数都落在平均粒子数 $\bar{N}$ 处，能量都落在平均能量 $\bar{E}$ 处，$N\neq\bar{N}$ 和 $E\neq\bar{E}$ 的系统对 Ξ 的贡献可以忽略不计. 由此可见，巨正则系综中得到的平均粒子数 $\bar{N}$ 和正则系综中的粒子数 N 相等，它的平均能量 $\bar{E}$ 和微正则系综的能量 E 相等，在通常的情形下，用巨正则分布，或用正则分布，或用微正则分布所得的宏观量都相等，三种分布是等价的. 选用不同的分布在于选取不同的独立变量和不同的特性函数. 在巨正则系综

中,选取μ、V、T为自变量,特性函数为巨势J;在正则系综中,选取N、V、T为自变量,特性函数为自由能F;而在微正则系综中,选取N、V、E为自变量,特性函数为熵S. 在实际应用中,可以根据需要和方便来选择分布函数. 对于粒子数涨落很大的系统,不宜用正则系综和微正则系综,应选用巨正则分布来处理.

*3.9 铁磁性的统计理论

在热力学中我们已经用朗道二级相变理论讨论了顺磁-铁磁性相变,这一节将用系综理论来讨论铁磁性. 相变理论的精确描述是很困难的,伊辛(Ising)在讨论铁磁性相变时提出一个模型,称为伊辛模型. 这是一个十分成功的模型,已经证实只要对模型做一些小的改动,它也可以用来讨论二元合金的有序-无序相变和自旋玻璃的性质.

考虑N个原子磁矩处于周期性空间点阵的N个格点上. 对于单轴各向异性铁磁体,用Z轴表示这个晶轴方向,每个自旋s_i对Z轴有平行和反平行两个取向,相当于$s_i=\pm1$,原子磁矩的大小为$\mu=e\hbar/2m$. 与顺磁体不同,铁磁体相邻的两个电子自旋之间有相互作用,两个平行自旋之间的相互作用能为$-J$,两个反平行自旋之间的相互作用能为J,这种相互作用称为交换作用,铁磁性起源于电子的交换作用. 交换作用是一种量子力学效应,是库仑排斥作用和泡利不相容原理共同作用的结果. 粗略地说,如果两个相邻原子的电子自旋平行,泡利原理要求两个电子保持较远的距离以降低它的库仑排斥能;反之,自旋反平行的两个电子距离可以较近,因而具有较高的库仑排斥能. 交换相互作用能与两个电子的自旋状态有关,而且随着两个自旋之间距离的增加而减小,因此,只需考虑最近邻自旋之间的交换相互作用. 综上所述,我们考虑的是处在晶格位置上的N个有相互作用的自旋,每个自旋只能取向上或向下两个方向,而且只考虑最近邻自旋之间的相互作用. 满足上述这些要求的自旋晶格称为伊辛模型. 在伊辛模型中,原子磁矩之间的相互作用能可表示为

$$E(\{s_i\})=-J\sum_{i,j}{}'s_is_j \tag{3.9.1}$$

其中,$\sum_{i,j}{}'$表示对格点i和j求和时只对最近邻格点的自旋进行. 如果$J>0$,自旋平行取向在能量上是有利的. 在$T=0\text{K}$时,所有的自旋平行排列,系统具有最低的能量和最大的磁矩$M=N\mu$. 在足够低的温度下,会有较多的自旋具有平行排列. 因此,即使在无外磁场时,系统的磁矩M也会大于零,这就是铁磁体具有自发磁化的原因. 若$J<0$,则相邻自旋趋向于反平行,可能产生反铁磁性. 如果在Z方向加上外磁场,磁感应强度为B,原子磁矩因其取向不同而具有$\mp\mu B$的能量. 令$I=\mu B$,则铁磁体在磁场中的能量为

$$E(\{s_i\})=-J\sum_{i,j}{}'s_is_j-I\sum_i s_i \tag{3.9.2}$$

显然系统的能量取决于 N 个原子磁矩的取向 $\{s_1,s_2,\cdots,s_N\}$，记为 $\{s_i\}$. 系统的配分函数为

$$Z=\sum_{\{s_i\}}\mathrm{e}^{-\beta E(\{s_i\})}=\sum_{s_1}\sum_{s_2}\cdots\sum_{s_N}\exp\left(\beta J\sum_{i,j}{}'s_is_j+\beta I\sum_i s_i\right) \tag{3.9.3}$$

其中，$s_i=\pm1$，求和是对 $\{s_i\}$ 的各种可能的组态进行的.

伊辛模型下的 N 个自旋晶格系统是一个局域系，适合用正则分布来处理. 下面将讨论一维和二维伊辛模型下的铁磁体.

3.9.1 一维伊辛模型

一维伊辛模型的严格解不是很复杂，但是没有相变. 考虑由 N 个自旋组成的闭合的晶格链，系统满足如下的周期性边界条件：

$$s_{N+1}=s_1 \tag{3.9.4}$$

由于每个自旋只与最近邻的两个自旋以及与外磁场 B 有相互作用，系统的能量

$$E=-J\sum_{i=1}^{N}s_is_{i+1}-I\sum_{i=1}^{N}s_i \tag{3.9.5}$$

系统的配分函数

$$\begin{aligned}Z_N(\beta,B)&=\sum_{s_1}\sum_{s_2}\cdots\sum_{s_N}\exp\left(\beta J\sum_{i=1}^{N}s_is_{i+1}+\beta I\sum_{i=1}^{N}s_i\right)\\&=\sum_{s_1}\sum_{s_2}\cdots\sum_{s_N}\prod_{i=1}^{N}\exp\left[\beta Js_is_{i+1}+\frac{1}{2}\beta I(s_i+s_{i+1})\right]\end{aligned} \tag{3.9.6}$$

利用克拉默斯与万尼尔(Wannier)的矩阵方法，在(2×2)的自旋空间中定义一个算符 $\hat{P}$，它的矩阵元为

$$\langle s_i\mid\hat{P}\mid s_{i+1}\rangle=\exp\left[\beta Js_is_{i+1}+\frac{\beta I}{2}(s_i+s_{i+1})\right] \tag{3.9.7}$$

取自旋 $s_i=+1$ 的波函数 $|s_i=1\rangle=\begin{pmatrix}1\\0\end{pmatrix}$，自旋 $s_i=-1$ 的波函数 $|s_i=-1\rangle=\begin{pmatrix}0\\1\end{pmatrix}$，若在(2×2)自旋空间中取算符 $\hat{P}$ 的矩阵为

$$\hat{P}=\begin{pmatrix}\exp(\beta J+\beta I) & \exp(-\beta J)\\ \exp(-\beta J) & \exp(\beta J-\beta I)\end{pmatrix} \tag{3.9.8}$$

则它们满足式(3.9.7). 由式(3.9.6)得到

$$\begin{aligned}Z_N(\beta,B)&=\sum_{s_1}\sum_{s_2}\cdots\sum_{s_N}\langle s_1\mid\hat{P}\mid s_2\rangle\langle s_2\mid\hat{P}\mid s_3\rangle\cdots\langle s_N\mid\hat{P}\mid s_1\rangle\\&=\sum_{s_1=\pm1}\langle s_1\mid\hat{P}^N\mid s_1\rangle=\mathrm{tr}\hat{P}^N\end{aligned} \tag{3.9.9}$$

其中利用了$|s_i\rangle$的完备性条件$\sum\limits_{s_i=\pm 1}|s_i\rangle\langle s_i|=1$, $\mathrm{tr}\hat{P}^N$为矩阵$\hat{P}^N$的迹. 为了计算矩阵$\hat{P}^N$的迹,将矩阵$\hat{P}$对角化. 设矩阵$\hat{P}$的本征值为λ,它满足久期方程

$$|\hat{P}-\lambda\hat{I}|=\begin{vmatrix}\exp(\beta J+\beta I)-\lambda & \exp(-\beta J) \\ \exp(-\beta J) & \exp(\beta J-\beta I)-\lambda\end{vmatrix}=0$$

其中,$\hat{I}$为(2×2)的单位矩阵,由此解得本征值

$$\lambda_{1,2}=\exp(\beta J)\cosh(\beta I)\pm\{\exp(-2\beta J)+\exp(2\beta J)\sinh^2(\beta I)\}^{\frac{1}{2}} \tag{3.9.10}$$

由迹的性质得

$$Z_N(\beta,B)=\mathrm{tr}\hat{P}^N=\mathrm{tr}\begin{pmatrix}\lambda_1^N & 0 \\ 0 & \lambda_2^N\end{pmatrix}=\lambda_1^N+\lambda_2^N$$

系统的自由能为

$$F(N,T,B)=-kT\ln Z_N(T,B)=-kT\ln(\lambda_1^N+\lambda_2^N) \tag{3.9.11}$$

系统的磁矩为

$$M(N,T,B)=-\left(\frac{\partial F}{\partial B}\right)_{N,T}=NkT\frac{\lambda_1^{N-1}\dfrac{\partial\lambda_1}{\partial B}+\lambda_2^{N-1}\dfrac{\partial\lambda_2}{\partial B}}{\lambda_1^N+\lambda_2^N} \tag{3.9.12}$$

由式(3.9.10)得

$$\begin{aligned}\frac{\partial\lambda_{1,2}}{\partial B}&=\beta\mu\left\{\mathrm{e}^{\beta J}\sinh(\beta I)\pm\frac{\mathrm{e}^{2\beta J}\sinh(\beta I)\cosh(\beta I)}{[\mathrm{e}^{-2\beta J}+\mathrm{e}^{2\beta J}\sinh^2(\beta I)]^{\frac{1}{2}}}\right\} \\ &=\pm\beta\mu\frac{\mathrm{e}^{\beta J}\sinh(\beta I)}{[\mathrm{e}^{-2\beta J}+\mathrm{e}^{2\beta J}\sinh^2(\beta I)]^{\frac{1}{2}}}\lambda_{1,2}\end{aligned} \tag{3.9.13}$$

将式(3.9.13)代入式(3.9.12),得系统的磁矩

$$M(N,T,B)=N\mu\frac{\sinh(\beta I)}{[\mathrm{e}^{-4\beta J}+\sinh^2(\beta I)]^{\frac{1}{2}}}\frac{\lambda_1^N-\lambda_2^N}{\lambda_1^N+\lambda_2^N} \tag{3.9.14}$$

如果自旋之间没有相互作用,则$J=0$,由式(3.9.10)得

$$\lambda_{1,2}=\cosh(\beta I)\pm[1+\sinh^2(\beta I)]^{\frac{1}{2}}=\begin{cases}2\cosh(\beta I) \\ 0\end{cases}$$

代入式(3.9.14),得

$$M(J=0)=N\mu\tanh\beta\mu B \tag{3.9.15}$$

这正是顺磁体的磁矩公式(2.11.4).

若自旋相互作用J远大于热能kT,即$\beta J\gg 1$,则有

$$\lambda_{1,2}\approx\mathrm{e}^{\beta J}[\cosh(\beta I)\pm\sinh(\beta I)]=\mathrm{e}^{\beta J\pm\beta I}$$

系统的磁矩

$$M(\beta J \gg 1) = N\mu \frac{e^{N\beta I} - e^{-N\beta I}}{e^{N\beta I} + e^{-N\beta I}} = N\mu \tanh(N\beta I) \tag{3.9.16}$$

为了说明具有相互作用的自旋系统的磁矩 M 和顺磁体的磁矩 M 之间的差异，让我们来比较两种磁体的 M 在 $B=0$ 处的斜率 $\frac{dM}{dB}$. 由式(3.9.15)和式(3.9.16)两式得到：顺磁体的 $\frac{dM}{dB}=N\mu^2\beta \sim N$；而对于 $\beta J \gg 1$(具有很强的自旋相互作用或在很低的温度下)的磁性物质 $\frac{dM}{dB}=N^2\mu^2\beta \sim N^2$. 因此，后者比顺磁体更容易磁化，它在很小的磁场强度下即可达到饱和磁矩. 从这个意义上说，一维伊辛模型在 $T=0$K 时有可能发生从顺磁体到铁磁体的相变.

现在来讨论一维伊辛模型的磁矩公式(3.9.14)，由于 $\lambda_1 > \lambda_2$，当 N 很大时，$\left(\frac{\lambda_2}{\lambda_1}\right)^N \to 0$，故得

$$M(T,B) = N\mu \frac{\sinh(\beta I)}{[e^{-4\beta J} + \sinh^2(\beta I)]^{\frac{1}{2}}} \tag{3.9.17}$$

若令外磁场 $B=0$，则磁矩 $M=0$. 这就是说，无外磁场时，系统的磁矩为零. 因此，一维自旋链的伊辛模型不呈现铁磁性.

对于二维伊辛模型，昂萨格成功地找到了它的精确解，结果显示二维伊辛模型存在着铁磁性. 在统计物理中能够精确求解并显示出相变的模型并不多见，二维伊辛模型是其中极其重要又很有代表性的一个. 二维伊辛模型的精确解法比较复杂，不在此讨论，这里只介绍两种近似方法——平均场近似和布拉格(Bragg)-威廉斯(Williams)近似方法. 三维情形下的伊辛模型至今还没有精确的解法，只有一些近似解法.

3.9.2 平均场近似

当 N 个自旋系统在外磁场作用下，每个磁矩不仅受到外磁场的作用，还受到与其近邻自旋的交换作用场的作用. 交换作用场是一个涨落场，与其近邻的自旋取向有关. 作为一种近似可用一个平均场来替代它，这个平均场与一个磁感应强度为 B' 的磁场等价，B' 称为分子场或内磁场. 外斯(Weiss)假设分子场与磁化强度 m 成正比，$B'=qm$，q 称为分子场常数，所以作用在磁矩上的有效场为

$$B_{\text{eff}} = B + B' = B + qm \tag{3.9.18}$$

按式(3.9.2)，一个自旋为 s_i 的磁矩与它的 γ 个最近邻自旋的交换能为 $-Js_i\sum_{j=1}^{\gamma}s_j$，若用磁矩 μ 来表示交换能可改写为

$$-\left(\frac{J}{\mu^2}\sum_{j=1}^{\gamma}\boldsymbol{\mu}_j\right)\cdot\boldsymbol{\mu}_i \tag{3.9.19}$$

式(3.9.19)表明磁矩 μ_i 的交换能也具有在一个外磁场中的取向能 $-\boldsymbol{B}'\cdot\boldsymbol{\mu}_i$ 的形式. 就平均来说，对 μ_i 的交换作用相当于一个分子场

$$B' = \frac{J}{\mu^2}\gamma\bar{\mu} = \frac{J\gamma}{n\mu^2}m \tag{3.9.20}$$

其中，$\bar{\mu} = \frac{1}{\gamma}\sum_{j=1}^{\gamma}\mu_j$ 为每个自旋的平均磁矩，n 为单位体积内的自旋数，$m=n\bar{\mu}$ 是系统的磁化强度. 由式(3.9.20)得到分子场常数为

$$q = \frac{J\gamma}{n\mu^2} \tag{3.9.21}$$

自旋为 s_i 的磁矩在有效场中的能量为

$$\varepsilon_i = -\mu s_i B_{\text{eff}} = -\mu s_i\left(B + \frac{J\gamma}{n\mu^2}m\right) \quad (s_i = \pm 1) \tag{3.9.22}$$

系统的磁化强度

$$m = n\bar{\mu} = n\mu\,\frac{e^{\beta\mu B_{\text{eff}}} - e^{-\beta\mu B_{\text{eff}}}}{e^{\beta\mu B_{\text{eff}}} + e^{-\beta\mu B_{\text{eff}}}} = n\mu\tanh(\beta\mu B_{\text{eff}}) \tag{3.9.23}$$

特别是当外磁场 $B=0$ 时，系统的自发磁化强度为

$$m = n\mu\tanh\left(\frac{J\gamma}{kT}\frac{m}{n\mu}\right) \tag{3.9.24}$$

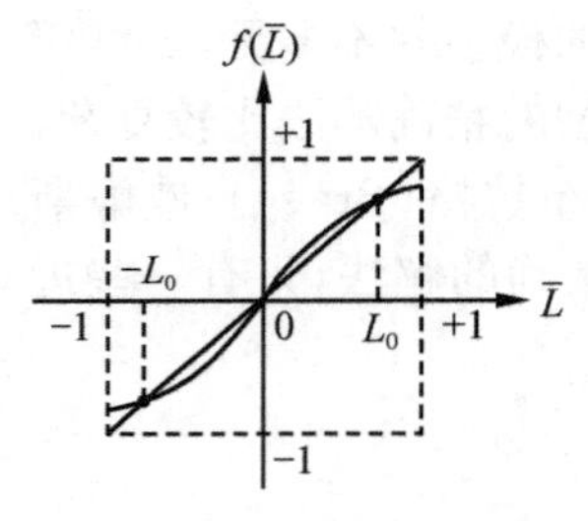

图 3.1 用图解法求方程(3.9.25)的解

令 $\bar{L}=\frac{m}{n\mu}=\frac{\bar{\mu}}{\mu}$，则式(3.9.24)可改写为

$$\bar{L} = \tanh\left(\frac{J\gamma}{kT}\bar{L}\right) \tag{3.9.25}$$

式(3.9.25)就是确定自旋系统自发磁化强度的方程. 这是一个超越方程，可采用图解法求解. 令 $y=\bar{L}$ 及 $y=\tanh\left(\frac{J\gamma}{kT}\bar{L}\right)$，在 y-$\bar{L}$ 图上这两条曲线的交点 $\bar{L}(T)$ 即是方程的解，如图 3.1 所示.

显然，当$\frac{J\gamma}{kT}<1$ 时方程(3.9.25)只有 $\bar{L}=0$ 的解，当$\frac{J\gamma}{kT}>1$ 时方程才有非零解 $\pm L_0$，因此方程的解为

$$\bar{L} = \begin{cases} 0 & (\beta\gamma J < 1) \\ 0, \pm L_0 & (\beta\gamma J > 1) \end{cases} \tag{3.9.26}$$

由式(3.9.26)可以看出，当 $\beta\gamma J<1$ 时，$m=0$，相应于自发磁化为零的顺磁状态. 当 $\beta\gamma J>1$ 时，$\bar{L}$ 有非零解 $\pm L_0$（“±”表示在无外磁场时自发磁化方向的不确定性），系统具有自发磁化强度 $m=n\mu L_0$，处于铁磁状态. 顺磁—铁磁转变的临界温度 T_c（即居里温度）由 $\beta\gamma J=1$ 确定，因此临界温度为

$$T_c = \frac{\gamma J}{k} \tag{3.9.27}$$

3.9.3 二维伊辛模型的布拉格(Bragg)-威廉斯(Williams)近似方法

在3.9.2小节中,我们以物理直观为基础引入了平均场近似,而布拉格-威廉斯近似方法则通过统计力学论证表明了二维伊辛模型具有铁磁性.

设在 N 个自旋中,N_+ 个自旋朝上($s=1$),N_- 个自旋朝下($s=-1$),两者之和为 N

$$N_+ + N_- = N \tag{3.9.28}$$

其次再假设在最近邻的自旋对中,两个自旋都是 $s=1$ 的有 N_{++} 对,两个自旋都是 $s=-1$ 的有 N_{--} 对,一个自旋 $s=1$、另一个自旋为 $s=-1$ 的有 N_{+-} 对. 为了找出 N_{++}、N_{--}、N_{+-} 之间的关系,设想在晶格中选定一个自旋 $s=1$ 的格点,并把它和最近邻的格点都连上一根线. 因为一个格点的最近邻格点数为 γ,因此,共有 γ 根线. 现在对所有 $s=1$ 的格点都作同样的处理,得到线的总数为 γN_+ 根,其中两个自旋都是 $s=1$ 的对有两根线,两个自旋彼此相反的对只有一根线,因此有

$$\gamma N_+ = 2N_{++} + N_{+-} \tag{3.9.29}$$

同理对自旋 $s=-1$ 的格点也做同样的处理,得

$$\gamma N_- = 2N_{--} + N_{+-} \tag{3.9.30}$$

在 N_+、N_-、N_{++}、N_{--} 和 N_{+-} 5个量中,有式(3.9.28)~式(3.9.30)三个约束,因此,只有两个量是独立的,选 N_+ 和 N_{++} 作为独立变量,则有

$$\begin{aligned} N_{+-} &= \gamma N_+ - 2N_{++} \\ N_- &= N - N_+ \\ N_{--} &= \frac{1}{2}\gamma N + N_{++} - \gamma N_+ \end{aligned} \tag{3.9.31}$$

由于 s_i 只能取±1,因此,式(3.9.2)可改写为

$$\begin{aligned} E(\{s_i\}) &= -J(N_{++} + N_{--} - N_{+-}) - I(N_+ - N_-) \\ &= -4JN_{++} + 2(\gamma J - I)N_+ - \left(\frac{1}{2}\gamma J - I\right)N \end{aligned} \tag{3.9.32}$$

在给定(N_+,N_{++})一组值后,系统的能量完全确定,但系统的微观状态并未完全确定,用 $g(N_+, N_{++})$ 表示(N_+,N_{++})给定后系统的微观状态数,由于 $g(N_+, N_{++})$ 是(N_+,N_{++})的一个很复杂的函数,很难直接计算,需要作近似. 为此引入长程序 L 和短程序 σ 两个序参量,它们定义为

$$\begin{aligned} \frac{N_+}{N} &= \frac{1}{2}(L+1) \qquad (-1 \leqslant L \leqslant 1) \\ \frac{N_{++}}{\frac{1}{2}\gamma N} &= \frac{1}{2}(\sigma+1) \qquad (-1 \leqslant \sigma \leqslant 1) \end{aligned} \tag{3.9.33}$$

$\frac{N_+}{N}$是 N 个格点上的自旋朝上的格点数与格点总数之比,也即在一个格点上出现自旋朝上的概率. 由 $N_+ - N_- = 2N_+ - N = NL$,晶体的磁矩 $M = \mu(N_+ - N_-) = \mu NL$,磁矩与 L 成正比,所以 L 称为长程序. $\frac{N_{++}}{\frac{1}{2}\gamma N}$是晶格中两个最近邻格点的自旋均朝上的总对数与最近邻自旋的总对数之比. 若在一个格点上有一个自旋朝上,$\frac{N_{++}}{\frac{1}{2}\gamma N}$表示它和最近邻格点上的自旋对同时朝上的概率,它是最近邻的自旋之间关联程度的度量. 所以 σ 表示了短程序.

利用序参量 L 和σ,式(3.9.32)可改写为

$$E = -\frac{1}{2}NJ\gamma(2\sigma - 2L + 1) - NIL \tag{3.9.34}$$

为了便于计算系统的微观状态数 $g(N_+, N_{++})$,布拉格和威廉斯引入如下近似:

$$\frac{N_{++}}{\frac{1}{2}\gamma N} \approx \left(\frac{N_+}{N}\right)^2 \tag{3.9.35}$$

由此得到

$$\sigma = \frac{1}{2}(L+1)^2 - 1 \tag{3.9.36}$$

这一近似的实质在于将最近邻相互作用近似下的两体关联$\frac{N_{++}}{\frac{1}{2}\gamma N}$简化为用单体关联$\frac{N_+}{N}$来表示. 他们认为确定系统的能量,并不依赖于实际最近邻的晶格自旋状况,而是取决于晶格自旋的平均有序程度,因此,这是一种平均场近似,它与外斯的平均场近似是一回事. 由式(3.9.36),系统的能量为

$$E(L) = -\frac{1}{2}N\gamma JL^2 - NIL \tag{3.9.37}$$

式(3.9.37)的能量只依赖于 L,也即 E 由 N_+ 来决定. 为此必须找出给定 N_+ 时的集合$\{s_i\}$的微观状态数,它等于在 N 个自旋中选取 N_+ 个自旋 $s=1$,而其余 $N_- = N - N_+$ 个自旋 $s=-1$ 的组合数

$$g(N_+) = \frac{N!}{N_+!(N-N_+)!} = \frac{N!}{\left[\frac{1}{2}N(1+L)\right]!\left[\frac{1}{2}N(1-L)\right]!}$$

由此得到布拉格-威廉斯近似下晶格的配分函数

$$Z = \sum_{\{s_i\}} e^{-\beta E(\{s_i\})}$$

$$\approx \sum_{L=-1}^{1} \frac{N!}{\left[\frac{1}{2}N(1+L)\right]!\left[\frac{1}{2}N(1-L)\right]!} \exp\left[\beta N\left(\frac{1}{2}\gamma J L^2 + IL\right)\right] \tag{3.9.38}$$

在 $N\to\infty$ 的极限情形下,式(3.9.38)求和可用其中最大的一项来替代整个级数. 对求和号中的函数取对数,并利用斯特林公式,得

$$\frac{1}{N}\ln\left\{\frac{N!}{\left[\frac{1}{2}N(1+L)\right]!\left[\frac{1}{2}N(1-L)\right]!}\exp\left[\beta N\left(\frac{1}{2}\gamma J L^2 + IL\right)\right]\right\}$$

$$= \beta\left(\frac{1}{2}\gamma J L^2 + IL\right) - \frac{1+L}{2}\ln\frac{1+L}{2} - \frac{1-L}{2}\ln\frac{1-L}{2}$$

设这个函数在 $L=\bar{L}$ 时有极大值,则 $\bar{L}$ 满足如下方程:

$$\beta(\gamma J\bar{L} + I) = \frac{1}{2}\ln\frac{1+\bar{L}}{1-\bar{L}}$$

由此解得

$$\bar{L} = \tanh(\beta I + \beta\gamma J\bar{L}) \tag{3.9.39}$$

利用 L 的最概然值 $\bar{L}$,配分函数的对数可表示为

$$\frac{1}{N}\ln Z = \beta\left(\frac{1}{2}\gamma J\bar{L}^2 + I\bar{L}\right) - \frac{1+\bar{L}}{2}\ln\frac{1+\bar{L}}{2} - \frac{1-\bar{L}}{2}\ln\frac{1-\bar{L}}{2} \tag{3.9.40}$$

在 $N\to\infty$ 的极限下,L 的平均值与它的最概然值相等,因而式(3.9.39)就是确定 L 平均值的方程,系统的磁矩 $M=\overline{(N_+-N_-)\mu}=N\mu\bar{L}$,由 $\bar{L}$ 决定. 在无外磁场时,$I=0$,由式(3.9.39)得到确定 $\bar{L}$ 的方程

$$\bar{L} = \tanh(\beta\gamma J\bar{L}) \tag{3.9.41}$$

设方程(3.9.41)的非零解为 L_0,则得二维伊辛模型的自发磁化磁矩为

$$M = \begin{cases} 0, & T > T_c \\ N\mu L_0, & T < T_c \end{cases} \tag{3.9.42}$$

式(3.9.41)的结果和式(3.9.25)完全相同,因此,我们可以说布拉格-威廉斯近似等效于平均场近似.

式(3.9.42)中的临界温度 T_c 由式(3.9.27)给出. 当 $T>T_c$ 时,$\bar{L}=0$;当 $T<T_c$ 时,$\bar{L}=L_0$. 因此,$T=T_c$ 时,在二维伊辛模型中出现了顺磁-铁磁相变. 由式(3.9.39)和式(3.9.40)两式可以得到在无外磁场时,系统的自由能、内能和热容量分别为

$$F(T) = -kT\ln Z = \begin{cases} -NkT\ln 2, & T > T_c \\ \frac{1}{2}N\gamma J L_0^2 + \frac{1}{2}NkT\ln\frac{1-L_0^2}{4}, & T < T_c \end{cases} \tag{3.9.43}$$

$$U(T)=-\frac{\partial \ln Z}{\partial \beta}=\begin{cases}0, & T>T_c \\ -\frac{1}{2}N\gamma J L_0^2, & T<T_c\end{cases} \tag{3.9.44}$$

$$C(T)=\frac{\mathrm{d}U}{\mathrm{d}T}=\begin{cases}0, & T>T_c \\ -\frac{1}{2}N\gamma J\frac{\mathrm{d}L_0^2}{\mathrm{d}T}, & T<T_c\end{cases} \tag{3.9.45}$$

当 $T<T_c$ 时,系统的所有的热力学量都取决于 L_0,由式(3.9.41)可得在 $T\to 0\mathrm{K}$ 时有

$$L_0\approx 1-2\mathrm{e}^{-2\frac{T_c}{T}}\quad (T\to 0\mathrm{K}) \tag{3.9.46}$$

在临界温度 T_c 附近有

$$L_0\approx\sqrt{3\left(1-\frac{T}{T_c}\right)}\quad (T\to T_c) \tag{3.9.47}$$

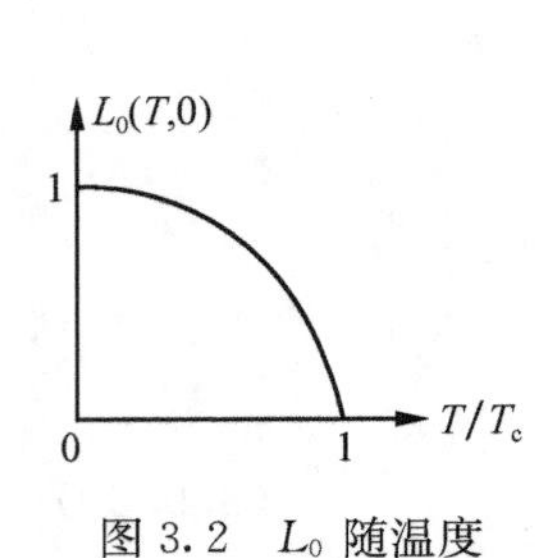

图 3.2 L_0 随温度 T 的变化

温度在$(0,T_c)$区间中的 L_0 值可由式(3.9.41)用图解的方法求得,其结果如图 3.2 所示.

由式(3.9.27)、式(3.9.45)和式(3.9.47)可得,当 T 从小于 T_c 方向趋近 T_c 时,热容量趋近

$$C=\frac{3}{2}Nk$$

而在 $T>T_c$ 时,磁矩系统的热容量 $C=0$. 在 $T=T_c$ 处,$L_0=0$,铁磁体的内能连续,但热容量不连续. 因此,顺磁和铁磁转变为二级相变.

3.10 非理想气体的物态方程

气体在高温和低密度下,可以忽略气体分子之间的相互作用,把它看作理想气体. 前面几章我们用近独立粒子统计分布讨论了理想气体和无相互作用粒子组成的系统的热力学性质,得到了与实验相符合的结果. 然而随着气体密度的增加,气体分子之间的相互作用就不能忽略不计了,近独立粒子近似失效了,气体的性质越来越偏离理想气体的性质. 粒子之间有相互作用的系统必须用系综理论来处理. 本节将用系综理论来处理非理想气体. 实际气体的物态方程通常用昂内斯(Onnes)方程来表示. 该方程把 PV 的乘积表示为$\frac{1}{V}$的幂级数展开形式,级数的主要项表示理想气体的物态方程,而其后的各项表示由于气体分子之间的相互作用对物态方程的修正,用位力系数来表示.

为简单起见,我们将只讨论单原子分子气体. 气体的总能量 E 等于动能 K 和势能 U 之和,设气体的密度不是很高,势能 U 主要是二体相互作用,U 可用两粒子相互作用势能 $u(r_{ij})$之和来表示,故有

$$E = K + U = \sum_{i=1}^{3N} \frac{p_i^2}{2m} + \sum_{i<j} u(r_{ij}) \tag{3.10.1}$$

其中，r_{ij}为两个分子之间的距离，求和 $\sum\limits_{i<j}$ 表示对分子坐标 i 和 j 求和，i 和 j 都可取 $1 \sim N$，但应保持 $i<j$，以保证任何一对分子间的相互作用在求和中只出现一次. 因此，在势能 U 中共有$\frac{1}{2}N(N-1) \approx \frac{1}{2}N^2$ 项.

3.10.1 利用正则分布求实际气体的物态方程

系统的正则配分函数为

$$Z_N = \frac{1}{N!h^{3N}} \int \cdots \int \mathrm{e}^{-\beta E} \mathrm{d}q_1 \mathrm{d}q_2 \cdots \mathrm{d}q_{3N} \mathrm{d}p_1 \mathrm{d}p_2 \cdots \mathrm{d}p_{3N} \tag{3.10.2}$$

将式(3.10.1)的 E 代入式(3.10.2)，完成对动量的积分，得

$$\frac{1}{h^{3N}} \int \cdots \int \mathrm{e}^{-\beta \sum\limits_{i=1}^{3N} \frac{p_i^2}{2m}} \mathrm{d}p_1 \mathrm{d}p_2 \cdots \mathrm{d}p_{3N} = \prod_{i=1}^{3N} \frac{1}{h} \int_{-\infty}^{\infty} \mathrm{e}^{-\beta \frac{p_i^2}{2m}} \mathrm{d}p_i = \lambda^{-3N}$$

其中，$\lambda = \frac{h}{\sqrt{2\pi mkT}}$是气体分子的热波长，把上式代入式(3.10.2)，得

$$Z_N = \frac{1}{N!\lambda^{3N}} Q_N \tag{3.10.3}$$

其中

$$Q_N = \int \cdots \int \mathrm{e}^{-\beta \sum\limits_{i<j} u(r_{ij})} \mathrm{d}\tau_1 \mathrm{d}\tau_2 \cdots \mathrm{d}\tau_N \tag{3.10.4}$$

称为位形积分，式中 $\mathrm{d}\tau_1 \cdots \mathrm{d}\tau_N = \mathrm{d}q_1 \mathrm{d}q_2 \mathrm{d}q_3 \cdots \mathrm{d}q_{3N-2} \mathrm{d}q_{3N-1} \mathrm{d}q_{3N}$为 N 个分子的体积元. 气体的压强

$$p = \frac{1}{\beta} \frac{\partial \ln Z_N}{\partial V} = \frac{1}{\beta} \frac{\partial \ln Q_N}{\partial V} \tag{3.10.5}$$

因此，求气体的物态方程归结为求气体的位形积分的对数 $\ln Q_N$.

对于粒子间无相互作用理想气体，$u(r_{ij})=0$，式(3.10.4)的被积函数等于 1，$Q_N=V^N$，代入式(3.10.5)得 $pV=NkT$，这正是我们熟知的理想气体的状态方程. 对于非理想气体，按照迈耶(Mayer)理论，引入两粒子函数 f_{ij}，它定义为

$$f_{ij} = \mathrm{e}^{-\beta u(r_{ij})} - 1 \tag{3.10.6}$$

当分子间没有相互作用时，函数 f_{ij} 等于零；当分子间存在相互作用时，函数 f_{ij} 不等于零，但在足够高的温度下，除了两个分子靠得很近的小区域外，函数 f_{ij} 都比 1 小得多. 函数 $u(r_{ij})$和 f_{ij} 随 r_{ij} 的变化如图 3.3 所示. 从图中可以看出，f_{ij} 处处有界，而且当粒子间的距离大于分子间相互作用势能的有效力程时，f_{ij} 就变得小到可以忽略了.

将函数 f_{ij} 代入式(3.10.4)，并把它展开成 f_{ij} 的升幂形式

$$
\begin{aligned}
Q_N &= \int\cdots\int \prod_{i<j}(1+f_{ij})\mathrm{d}\tau_1\mathrm{d}\tau_2\cdots\mathrm{d}\tau_N \\
&= \int\cdots\int \Big[1+\sum_{i<j}f_{ij}+\sum_{i<j}\sum_{i'<j'}f_{ij}f_{i'j'}+\cdots\Big]\mathrm{d}\tau_1\mathrm{d}\tau_2\cdots\mathrm{d}\tau_N
\end{aligned}
\tag{3.10.7}
$$

如果在式(3.10.7)中只保留首项，则得 $Q=V^N$，这正是理想气体的结果. 第二项中包含只有一个 f 的各项之和，像 f_{12} 这一项，它仅当 1、2 两个分子在力程范围内才不为零；第三项中包含有两个 f 乘积的各项之和，像 $f_{12}f_{34}$ 这样一项，仅当 1、2 两个分子和 3、4 两个分子都在力程范围内才不为零；第四项中包含有三个 f 乘积各项之和，像 $f_{12}f_{23}f_{13}$ 这样一项，仅当 1、2、3 三个分子同时处在力程范围内才不为零；等等. 若用带数字的圆点表示分子，用连线表示分子对，图 3.4 画出了上述几项的图形和与它对应的 f_{ij} 的乘积.

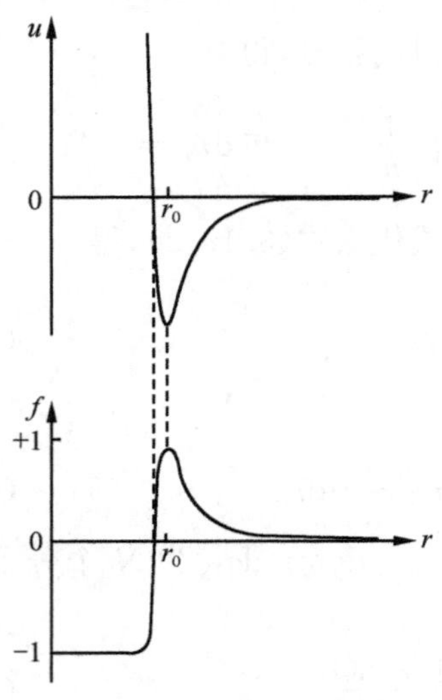

图 3.3 u 和 f 随 r 的变化

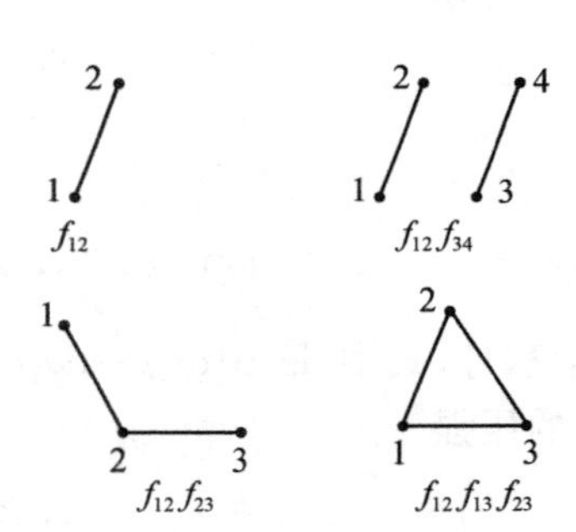

图 3.4 分子相互作用图形和它对应的 f_{ij} 的乘积

假设 f_{ij} 很小，在式(3.10.7)中只需保留前两项，$\sum\sum f_{ij}f_{i'j'}$ 及其以后各项均可略去(这在数学上来说并不严格)，则得

$$
Q_N=\int\cdots\int\Big[1+\sum_{i<j}f_{ij}\Big]\mathrm{d}\tau_1\mathrm{d}\tau_2\cdots\mathrm{d}\tau_N \tag{3.10.8}
$$

在第二项中共有 $\frac{1}{2}N(N-1)$ 项，每一项的积分值都相等，都等于

$$
\int\cdots\int f_{12}\mathrm{d}\tau_1\mathrm{d}\tau_2\cdots\mathrm{d}\tau_N=V^{N-2}\iint f_{12}\mathrm{d}\tau_1\mathrm{d}\tau_2
$$

在上式中的积分中作坐标变换，把两个粒子的坐标 $\boldsymbol{r}_1$ 和 $\boldsymbol{r}_2$ 变换到两个分子之间的质心坐标 $\boldsymbol{R}$ 和相对坐标 $\boldsymbol{r}$，由于 f_{12} 只是两个粒子相对距离 r 的函数，对质心坐

标 $\boldsymbol{R}$ 的积分给出体积 V，因此有

$$\iint f_{12}\,\mathrm{d}\tau_1\,\mathrm{d}\tau_2 = V\int f_{12}\,\mathrm{d}\tau$$

将上面两式代入式(3.10.8)，得到

$$Q_N = V^N + \frac{1}{2}N(N-1)V^{N-1}\int f_{12}\,\mathrm{d}\tau \approx V^N\left(1+\frac{N^2}{2V}\int f_{12}\,\mathrm{d}\tau\right)$$

上式取对数，得

$$\ln Q_N = N\ln V + \ln\left(1+\frac{N^2}{2V}\int f_{12}\,\mathrm{d}\tau\right)$$

现在再做第二个假设，设上式右方对数函数中的第二项 $\frac{N^2}{2V}\int f_{12}\,\mathrm{d}\tau \ll 1$，将对数函数作泰勒展开，只取展开式的第一项，得

$$\ln Q_N = N\ln V + \frac{N^2}{2V}\int f_{12}\,\mathrm{d}\tau \tag{3.10.9}$$

将式(3.10.9)代入压强公式，得到非理想气体的物态方程

$$pV = NkT\left(1-\frac{N}{2V}\int f_{12}\,\mathrm{d}\tau\right) \tag{3.10.10}$$

实际气体的昂内斯方程为

$$pV = NkT\left(1+\frac{\nu B}{V}+\frac{\nu^2 C}{V^2}+\cdots\right) \tag{3.10.11}$$

其中，$\nu=\frac{N}{N_0}$ 为气体的物质的量，N_0 为阿伏伽德罗常量. 比较式(3.10.10)与式(3.10.11)可得第二位力系数

$$B = -\frac{N_0}{2}\int f_{12}\,\mathrm{d}\tau \tag{3.10.12}$$

在上面的推导中，我们做了两个未经证明的假设. 下面我们将会看到，在精确到第二位力系数的近似下，这两个简化假设所引起的误差刚好相互抵消，式(3.10.12)与按照迈耶集团展开理论得到的第二位力系数的表达式一致.

第二位力系数 B 与分子之间的相互作用势 $u(r_{ij})$ 有关，$u(r_{ij})$ 的一般形式较为复杂. 当 r 小时，两个分子之间具有强烈的排斥势能，随着 r 的增加，排斥势能减小，吸引势能增加. 当排斥力和吸引力相等时，分子间的势能最小，此时两个分子间距离为 r_0. 当 r 再增大时，排斥势能迅速趋于零，分子间的吸引势能也将减少，并逐渐趋于零. 吸引力的力程约为分子直径的 2～3 倍，当 r 大于此值时，相互作用势能近似为

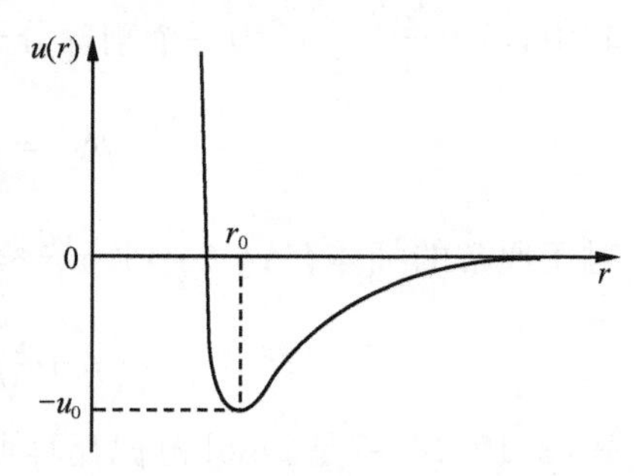

图 3.5 伦纳德-琼斯分子势能曲线

零.一种常用的被称为伦纳德(Lennard)-琼斯(Jones)势的分子势能曲线由式(3.10.13)和图3.5表示.

$$u(r)=u_0\left[\left(\frac{r_0}{r}\right)^{12}-2\left(\frac{r_0}{r}\right)^{6}\right] \tag{3.10.13}$$

其中,r_0 和 u_0 是相互作用势能的两个参量,当两个分子相距 r_0 时,相互作用势能达到它的极小值 $-u_0$. 对于大多数实用的目的,势能排斥部分的精确形式并不十分重要,可以用 $+\infty$ 来代替,这就相当于把每个分子看成是一个直径为 r_0 的刚球;吸引势部分仍用 r^{-6} 来表示,则式(3.10.13)可改写成更简单的刚球带有吸引势的势能曲线形式

$$u(r)=\begin{cases}+\infty, & r<r_0\\ -u_0\left(\dfrac{r_0}{r}\right)^{6}, & r>r_0\end{cases} \tag{3.10.14}$$

将式(3.10.14)代入式(3.10.12),得第二位力系数

$$B=-2\pi N_0\int_0^{\infty}(\mathrm{e}^{-\frac{u(r)}{kT}}-1)r^2\mathrm{d}r=2\pi N_0\left[\frac{r_0^3}{3}-\int_{r_0}^{\infty}(\mathrm{e}^{-\frac{u(r)}{kT}}-1)r^2\mathrm{d}r\right] \tag{3.10.15}$$

通常气体分子之间的相互作用较弱,在气体的温度不是太低的情形下,都有 $\frac{u_0}{kT}\ll 1$,第二项的被积函数 $\mathrm{e}^{-\frac{u}{kT}}-1\approx\frac{u_0}{kT}\left(\frac{r_0}{r}\right)^6$,代入式(3.10.15),积分得

$$B=\frac{2\pi r_0^3}{3}N_0\left(1-\frac{u_0}{kT}\right)=b-\frac{a}{N_0kT} \tag{3.10.16}$$

其中

$$\begin{aligned}b&=\frac{2\pi r_0^3}{3}N_0=4N_0v_0\\ a&=\frac{2\pi r_0^3}{3}N_0^2u_0\end{aligned} \tag{3.10.17}$$

其中,$v_0=\frac{4\pi}{3}\left(\frac{r_0}{2}\right)^3$ 为一个刚球分子的体积. 将 B 代入物态方程(3.10.10),得

$$pV=NkT\left(1+\frac{\nu b}{V}\right)-\frac{\nu^2a}{V}$$

对于通常的气体有 $\nu b\ll V$,$1+\frac{\nu b}{V}\approx\left(1-\frac{\nu b}{V}\right)^{-1}$,代入上式,整理后得

$$\left(p+\frac{\nu^2a}{V^2}\right)(V-\nu b)=NkT \tag{3.10.18}$$

式(3.10.18)就是 ν mol 范德瓦耳斯气体的物态方程. b 等于1mol气体中分子(刚球)的固有体积的4倍,a 是与分子间的吸引势有关的常数,$\frac{\nu^2a}{V^2}$ 是与吸引势有关的

气体的内压强. 这里得到的范德瓦耳斯常数 a 和 b 与温度无关,实际上 a 和 b 可以是温度的函数.

上面得到的范德瓦耳斯方程的推导并不严谨,为了消除推导中的缺陷,迈耶用巨正则分布讨论气体的物态方程,提出了集团展开理论. 下面的讨论仅限于经典集团展开理论.

3.10.2 迈耶集团展开理论

为了计算位形积分 Q_N,在式(3.10.7)中已将被积函数展成 f_{ij} 的级数,而迈耶则将式(3.10.7)中的每一项积分与一个相应的 N-粒子图联系起来. 例如,当 $N=8$ 时,8 粒子系统的位形积分 Q_N 的展开式中会包含有如下的项:

$$t_a = \int\cdots\int f_{12} f_{58}\, \mathrm{d}\tau_1 \mathrm{d}\tau_2 \cdots \mathrm{d}\tau_8$$

$$t_b = \int\cdots\int f_{12} f_{23} f_{78}\, \mathrm{d}\tau_1 \mathrm{d}\tau_2 \cdots \mathrm{d}\tau_8$$

$$\cdots\cdots$$

它们分别与相应的 8-粒子图相联系

$$t_a = \int\cdots\int f_{12} f_{58}\, \mathrm{d}\tau_1 \mathrm{d}\tau_2 \cdots \mathrm{d}\tau_8 = \begin{bmatrix} 1 & 3 & 5 & 7 \\ | & & \diagdown & \\ 2 & 4 & 6 & 8 \end{bmatrix}$$

$$t_b = \int\cdots\int f_{12} f_{23} f_{78}\, \mathrm{d}\tau_1 \mathrm{d}\tau_2 \cdots \mathrm{d}\tau_8 = \begin{bmatrix} 1 & 3 & 5 & 7 \\ | \diagup & & & | \\ 2 & 4 & 6 & 8 \end{bmatrix}$$

$$\cdots\cdots$$

一般说来,这些展开式还可分解为粒子数更少的积分的连乘,例如,t_a 可分解为 6 个因子连乘,其中 4 个为 3、4、6 和 7 粒子的单粒子积分,两个为 1、2 和 5、8 粒子的两粒子积分,相应的粒子图也可分解为更少的单元,即

$$\begin{aligned} t_a &= \int \mathrm{d}\tau_3 \int \mathrm{d}\tau_4 \int \mathrm{d}\tau_6 \int \mathrm{d}\tau_7 \iint f_{12}\, \mathrm{d}\tau_1 \mathrm{d}\tau_2 \iint f_{58}\, \mathrm{d}\tau_5 \mathrm{d}\tau_8 \\ &= [3]\cdot[4]\cdot[6]\cdot[7]\cdot[1-2]\cdot[5-8] \end{aligned}$$

t_b 也可作同样的分解.

通常把一个不能再分解的单元称为一个相连集团,简称为集团. 一个 l 粒子集团中的每一个粒子都直接或间接地与其他 $l-1$ 个粒子相连接. 例如,一个 4 粒子图

$$\begin{matrix} 1 - 3 \\ | \diagup \ \ \\ 2 - 4 \end{matrix} = \int\cdots\int f_{12} f_{13} f_{23} f_{24}\, \mathrm{d}\tau_1 \mathrm{d}\tau_2 \mathrm{d}\tau_3 \mathrm{d}\tau_4 \tag{3.10.19}$$

它是一个相连的 4 粒子集团,不能再分解为更小的粒子集团的连乘积.

一个 l 粒子($l \geqslant 3$)集团,由于粒子连接方式不同,可以构成不同的 l 粒子集团,其中有一些集团可能是等值的. 例如,对于三粒子集团可以构成 4 种不同的三粒子集团,它们是

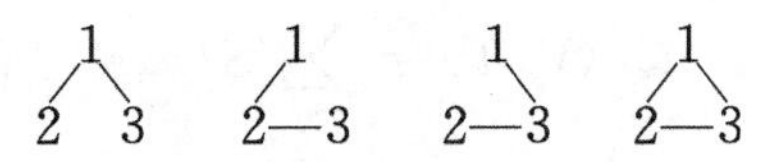

其中前三个三粒子集团是等值的.考虑到 l 粒子集团可以以各种不同的方式出现，为此引入 l 粒子集团积分 $b_l(V,T)$，它定义为

$$b_l(V,T)=\frac{1}{l!V}\times[\text{所有可能的 } l \text{ 粒子集团之和}] \tag{3.10.20}$$

最初几个集团积分为

$$b_1=\frac{1}{V}[1]=\frac{1}{V}\int \mathrm{d}\tau_1=1 \tag{3.10.21}$$

$$b_2=\frac{1}{2!V}[1-2]=\frac{1}{2V}\iint f_{12}\mathrm{d}\tau_1\mathrm{d}\tau_2=\frac{1}{2}\int f_{12}\mathrm{d}\tau \tag{3.10.22}$$

$$\begin{aligned}b_3&=\frac{1}{3!V}\left[\begin{matrix}1\\2\quad 3\end{matrix}\;\begin{matrix}1\\2-3\end{matrix}\;\begin{matrix}1\\2-3\end{matrix}\;\begin{matrix}1\\2-3\end{matrix}\right]\\&=\frac{1}{3!V}\iiint(f_{12}f_{13}+f_{12}f_{23}+f_{13}f_{23}+f_{12}f_{13}f_{23})\mathrm{d}\tau_1\mathrm{d}\tau_2\mathrm{d}\tau_3\\&=\frac{1}{3!V}\left[3V\iint f_{12}f_{13}\mathrm{d}\tau_2\mathrm{d}\tau_3+\iiint f_{12}f_{13}f_{23}\mathrm{d}\tau_1\mathrm{d}\tau_2\mathrm{d}\tau_3\right]\\&=2b_2^2+\frac{1}{6}\iint f_{12}f_{13}f_{23}\mathrm{d}\tau_2\mathrm{d}\tau_3\end{aligned} \tag{3.10.23}$$

从上面的一些例子中可以看出，集团积分式(3.10.20)中的体积因子 V 都已消去，这是因为对 l 个分子的所有坐标的积分，其值与第 1 个分子的位置无关.因此，式(3.10.20)与体积 V 无关，也即

$$b_l(T)=\lim_{V\to\infty}b_l(T,V)$$

显然，任何一个 N 粒子图都可以表示为一系列集团积分的乘积.设一个 N 粒子图可以分解为 m_1 个 1 粒子集团，m_2 个 2 粒子集团，…，m_l 个 l 粒子集团，…，m_l 为大于或等于零的整数，则这种 N 粒子图可表示为

$$(Vb_1)^{m_1}(2!Vb_2)^{m_2}\cdots(l!Vb_l)^{m_l}\cdots=\prod_l(l!Vb_l)^{m_l} \tag{3.10.24}$$

数 m_l 的集合$\{m_l\}$需满足条件

$$\sum_{l=1}^{N}lm_l=N \tag{3.10.25}$$

然而，给定了数列$\{m_l\}$只是指定了 N 个粒子中各 l 粒子集团的个数，它并没有指定哪几个粒子在这 m_l 个 l 粒子集团中，在粒子图中每个粒子图所贡献的积分与积分变量无关，也即与图中粒子所在位置用什么数字表记无关.因此，$\{m_l\}$并不唯一确定一个粒子图.更确切地说，$\{m_l\}$代表了一系列粒子图.记与数列$\{m_l\}$对应的粒子图的总和为 $S\{m_l\}$，则由粒子图和积分对应的关系，可以把式(3.10.7)的位形积分改写为

$$Q_N(V,T)=\sum_{\{m_l\}}{}'S\{m_l\} \tag{3.10.26}$$

这里带撇的求和号 $\sum\limits_{\{m_l\}}{}'$ 表示对符合约束条件式(3.10.25)的所有的数列$\{m_l\}$集合求和.与式(3.10.7)的以 f_{ij} 的升幂级数形式求位形积分不同,式(3.10.26)是用对粒子图的各种可能的分组$\{m_l\}$来表示位形积分 Q_N.

现在来计算由数列$\{m_l\}$确定的粒子图之和 $S\{m_l\}$.它由下列两个因素决定:首先 N 个粒子分配到$\{m_l\}$个集团中有许多不同的方式,这种分配方式数为

$$\frac{N!}{(1!)^{m_1}(2!)^{m_2}\cdots(l!)^{m_l}\cdots}=\frac{N!}{\prod\limits_l (l!)^{m_l}} \tag{3.10.27}$$

其中,$N!$ 表示 N 个粒子总的排列数,分母$(l!)^{m_l}$表示 m_l 个 l 粒子集团中的 l 个粒子的位置相互调换不会带来新的贡献,因此,必须从 $N!$ 中除去.

其次 m_l 个 l 粒子集团的粒子之间彼此调换也不会对项数带来新的贡献,因此,式(3.10.27)还需除以 $\prod\limits_l m_l!$,考虑到这一因素,N 个粒子分配到$\{m_l\}$个集团中的分配方式数为

$$\frac{N!}{\prod\limits_l [(l!)^{m_l} m_l!]} \tag{3.10.28}$$

由数列$\{m_l\}$确定的粒子图之和 $S\{m_l\}$应为式(3.10.24)和式(3.10.28)之积,将它们代入式(3.10.26),得到位形积分

$$\begin{aligned} Q_N(V,T) &= \sum_{\{m_l\}}{}' S\{m_l\} = \sum_{\{m_l\}}{}' \frac{N!}{\prod\limits_l [(l!)^{m_l} m_l!]} \prod_l (l! V b_l)^{m_l} \\ &= N! \sum_{\{m_l\}}{}' \prod_l \frac{(V b_l)^{m_l}}{m_l!} \end{aligned} \tag{3.10.29}$$

代入式(3.10.3),得到正则配分函数

$$Z_N = \frac{1}{\lambda^{3N}} \sum_{\{m_l\}}{}' \prod_l \frac{(V b_1)^{m_l}}{m_l!} \tag{3.10.30}$$

由于数列$\{m_l\}$都必须满足约束条件式(3.10.25),这就使得式(3.10.30)求和变得十分复杂.为了克服这一困难,我们采用巨正则系综,系统的巨配分函数为

$$\begin{aligned} \Xi(\alpha,V,T) &= \sum_{N=0}^{\infty} \mathrm{e}^{-N\alpha} Z_N = \sum_{N=0}^{\infty} \left(\frac{\mathrm{e}^{-\alpha}}{\lambda^3}\right)^N \sum_{\{m_l\}}{}' \prod_l \frac{(V b_l)^{m_l}}{m_l!} \\ &= \sum_{N=0}^{\infty} \sum_{\{m_l\}}{}' \prod_l \frac{(V b_l z^l)^{m_l}}{m_l!} \end{aligned} \tag{3.10.31}$$

其中

$$z = \frac{\mathrm{e}^{-\alpha}}{\lambda^3} = \frac{\mathrm{e}^{\frac{\mu}{kT}}}{\lambda^3} \tag{3.10.32}$$

最后一个等式用了

$$z^N = z^{\sum_l l m_l} = \prod_l (z^l)^{m_l}$$

在式(3.10.31)中先对满足条件式(3.10.25)的$\{m_l\}$求和,然后再对一切可能的N求和,这种求和等效于对一切可能的数列$\{m_l\}$集合的无约束条件的求和,即每个m_l均可独立地取0~∞的任何正整数.由此得到巨配分函数

$$\Xi(\alpha,V,T) = \prod_{l=1}^{\infty}\sum_{m_l=0}^{\infty}\frac{(Vb_lz^l)^{m_l}}{m_l!} = \prod_{l=1}^{\infty}\exp(Vb_lz^l) = \exp\Big(\sum_{l=1}^{\infty}Vb_lz^l\Big)$$

巨配分函数的对数为

$$\ln\Xi(\alpha,V,T) = V\sum_{l=1}^{\infty}b_lz^l \tag{3.10.33}$$

由式(3.10.33)得到系统的压强和平均粒子数分别为

$$p = \frac{1}{\beta}\frac{\partial\ln\Xi}{\partial V} = kT\sum_{l=1}^{\infty}b_lz^l \tag{3.10.34}$$

$$N = -\frac{\partial\ln\Xi}{\partial\alpha} = z\frac{\partial\ln\Xi}{\partial z} = V\sum_{l=1}^{\infty}lb_lz^l \tag{3.10.35}$$

对于气体可以把它的物态方程写成pV按$\frac{1}{V}$的幂级数展开形式

$$\frac{pV}{NkT} = \sum_{l=1}^{\infty}a_l(T)\Big(\frac{N}{V}\Big)^{l-1} \tag{3.10.36}$$

由式(3.10.34)和式(3.10.35)两式相除得

$$\frac{pV}{NkT} = \frac{\sum_{l=1}^{\infty}b_lz^l}{\sum_{l=1}^{\infty}lb_lz^l} \tag{3.10.37}$$

比较式(3.10.36)和式(3.10.37)两式,并利用式(3.10.35),得到

$$\sum_{l=1}^{\infty}b_lz^l = \sum_{l=1}^{\infty}lb_lz^l\Big\{\sum_{l=1}^{\infty}a_l(T)\Big[\sum_{n=1}^{\infty}nb_nz^n\Big]^{l-1}\Big\} \tag{3.10.38}$$

把式(3.10.38)右边展开成z的幂级数,并令方程两边z的同次幂的系数相等,经过整理后得

$$a_1 = b_1 = 1 \tag{3.10.39}$$

$$a_2 = -b_2 = -\frac{1}{2}\int f_{12}\,\mathrm{d}\tau \tag{3.10.40}$$

$$a_3 = 4b_2^2 - 2b_3 = -\frac{1}{3}\iint f_{12}f_{13}f_{23}\,\mathrm{d}\tau_2\,\mathrm{d}\tau_3 \tag{3.10.41}$$

……

可以证明(Pathria,1972),一般的a_l可表示为

$$a_l = -\frac{l-1}{l}\beta_{l-1} \quad (l \geqslant 2) \tag{3.10.42}$$

其中,β_{l-1}称为不可约集团积分,它定义为

$$\beta_{l-1} = \frac{1}{(l-1)!V} \times (\text{所有不可约 } l \text{ 粒子集团积分之和}) \tag{3.10.43}$$

这里引入了不可约集团的概念,考虑如式(3.10.19)所表示的 f_{ij} 乘积集团积分中,如果某一项 f_{ij} 的乘积可以分成两个部分,这两部分只有一个粒子相同,则称这个粒子集团是可约的;如果不能分成这样的两个部分,这个粒子集团就是不可约的. 例如,在三粒子集团中,$f_{12}f_{13}$ 是可约的,因为 $\iiint f_{12}f_{13}\mathrm{d}\boldsymbol{r}_1\mathrm{d}\boldsymbol{r}_2\mathrm{d}\boldsymbol{r}_3 = V\int f_{12}\mathrm{d}\boldsymbol{r}_{12}\int f_{13}\mathrm{d}\boldsymbol{r}_{13}$; 而 $f_{12}f_{13}f_{23}$ 是不可约的. 从粒子集团的图形表示来看,如果不能通过切断一条粒子间的连线而将图形分成互不相连的两部分,这样的集团称为不可约集团,反之称为可约集团.

将式(3.10.42)和式(3.10.43)两式代入式(3.10.36),得

$$\frac{pV}{NkT} = 1 - \sum_{l=1}^{\infty} \frac{l}{l+1}\beta_l(T)\left(\frac{N}{V}\right)^l \tag{3.10.44}$$

将式(3.10.44)和昂内斯方程(3.10.11)比较,可得非理想气体的位力系数,这些系数都由不可约集团积分 $\beta_l(T)$确定.

由式(3.10.44),得第二位力系数

$$B = N_0 a_2 = -\frac{N_0}{2}\beta_1 = -\frac{N_0}{2}\int f_{12}\mathrm{d}\tau \tag{3.10.45}$$

式(3.10.45)与式(3.10.12)完全相同.

3.11 由巨正则分布导出近独立粒子系统的平衡分布

在第 2 章中利用最概然方法导出近独立粒子系统的平衡分布时曾用了 $\omega_l \gg 1$,$a_l \gg 1$ 的假设,并指出这是最概然法推导平衡分布的一个严重缺陷. 作为巨正则分布的一个应用,本节将由巨正则分布导出近独立粒子系统的平衡分布,得到了与最概然法相同的统计分布,从而证实这些分布的正确性.

由巨正则分布,系统处于粒子数为 N、能量为 E_s 的量子态的概率为

$$\rho_{N,s} = \frac{1}{\Xi}\mathrm{e}^{-\alpha N-\beta E_s} \tag{3.11.1}$$

其中,Ξ 是巨配分函数

$$\Xi = \sum_N \sum_s \mathrm{e}^{-\alpha N-\beta E_s} \tag{3.11.2}$$

如果系统在粒子数为 N、能量为 E_i 的能级上有 $W_{N,i}$ 个微观状态,则系统处于粒子数为 N、能量为 E_i 的能级上的概率为

$$\rho_{N,i} = \frac{1}{\Xi} W_{N,i} \mathrm{e}^{-\alpha N - \beta E_s} \tag{3.11.3}$$

由归一化条件 $\sum_N \sum_i \rho_{N,i} = 1$，得巨配分函数

$$\Xi = \sum_N \sum_i W_{N,i} \mathrm{e}^{-\alpha N - \beta E_i} \tag{3.11.4}$$

其中，$\sum_i$ 表示对 N 粒子系统的能级 E_i 求和.

假设系统为单组元的近独立粒子组成的系统，单粒子能级的能量和简并度分别为 ε_l、ω_l，设系统的粒子数按单粒子能级的分布为 $\{a_l\}$，系统的粒子数 N 和能量 E_i 分别为

$$\begin{aligned} N &= \sum_l a_l \\ E_i &= \sum_l a_l \varepsilon_l \end{aligned} \tag{3.11.5}$$

在近独立粒子组成的系统中，系统的粒子数为 N 和能量为 E_i 的能级上的微观状态数为各单粒子能级上的 a_l 个粒子占据能级 ε_l 上的 ω_l 个量子态的微观状态数 $W(a_l, \omega_l)$ 的乘积，即

$$W_{N,i} = \prod_l W(a_l, \omega_l) \tag{3.11.6}$$

将式(3.11.5)和式(3.11.6)代入式(3.11.3)和式(3.11.4)两式得

$$\rho_{N,i} = \frac{1}{\Xi} \prod_l W(a_l, \omega_l) \mathrm{e}^{-\alpha \sum_l a_l - \beta \sum_l a_l \varepsilon_l} = \frac{1}{\Xi} \prod_l \left[W(a_l, \omega_l) \mathrm{e}^{-(\alpha + \beta \varepsilon_l) a_l} \right] \tag{3.11.7}$$

$$\Xi = \sum_{N=0}^{\infty} \sum_i{}' \prod_l W(a_l, \omega_l) \mathrm{e}^{-\alpha \sum_l a_l - \beta \sum_l a_l \varepsilon_l} = \sum_{N=0}^{\infty} \sum_i{}' \prod_l \left[W(a_l, \omega_l) \mathrm{e}^{-(\alpha + \beta \varepsilon_l) a_l} \right] \tag{3.11.8}$$

上式带撇求和 $\sum_i{}'$ 表示在给定 N 时，在满足式(3.11.5)条件下，对所有可能的能级 E_i 求和. 在巨正则系综中，由于系统的粒子数 N 可取从 0 到∞的任何值，当对 N 和能级 E_i 求和时，各种分布 $\{a_l\}$ 都能出现。因此，它等同于对所有可能的分布 $\{a_l\}$ 的无约束求和. 式(3.11.8)可改写为

$$\Xi = \sum_{\{a_l\}} \prod_l \left[W(a_l, \omega_l) \mathrm{e}^{-(\alpha + \beta \varepsilon_l) a_l} \right] = \prod_l \sum_{a_l} W(a_l, \omega_l) \mathrm{e}^{-(\alpha + \beta \varepsilon_l) a_l} = \prod_l \Xi_l \tag{3.11.9}$$

其中

$$\Xi_l = \sum_{a_l} W(a_l, \omega_l) \mathrm{e}^{-(\alpha + \beta \varepsilon_l) a_l} \tag{3.11.10}$$

$\sum_{a_l}$ 表示对一切可能的 a_l 求和.

对于处于平衡态的近独立粒子系统，在各单粒子能级 ε_l 上的平均粒子数$\overline{a_l}$可按求平均值的公式求得

$$\overline{a_l}=\sum_N\sum_i{}' a_l\rho_{N,i}=\frac{1}{\Xi}\sum_{N=0}^{\infty}\sum_i{}' a_l\prod_m\left[W(a_m,\omega_m)\mathrm{e}^{-(\alpha+\beta\varepsilon_m)a_m}\right]$$

$$=\frac{1}{\Xi}\prod_m\sum_{a_m}a_lW(a_m,\omega_m)\mathrm{e}^{-(\alpha+\beta\varepsilon_m)a_m}$$

$$=\frac{1}{\Xi_l}\sum_{a_l}a_lW(a_l,\omega_l)\mathrm{e}^{-(\alpha+\beta\varepsilon_l)a_1}=-\frac{\partial\ln\Xi_l}{\partial\alpha}\tag{3.11.11}$$

对于不同的粒子系统，a_l 可能取的值不同，$W(a_l,\omega_l)$也不同，因此，必须考虑到不同粒子系统的不同统计法. 下面就玻色、费米和玻尔兹曼三种不同的统计系统导出平均粒子数$\overline{a_l}$.

3.11.1 玻色分布

设系统由近独立的玻色子组成，a_l 个玻色子占据能级ε_l 上的ω_l 个量子态的可能的方式数，也即它所对应的微观状态数为

$$W(a_l,\omega_l)=\frac{(a_l+\omega_l-1)!}{a_l!(\omega_l-1)!}\tag{3.11.12}$$

对于玻色系统，占据一个能级的粒子数不受泡利原理的约束，a_l 可取 0 和 0～∞的任何正整数，由式(3.11.10)得

$$\Xi_l=\sum_{a_l=0}^{\infty}\frac{(a_l+\omega_l-1)!}{a_l!(\omega_l-1)!}\mathrm{e}^{-(\alpha+\beta\varepsilon_l)a_l}=(1-\mathrm{e}^{-(\alpha+\beta\varepsilon_l)})^{-\omega_l}\tag{3.11.13}$$

上式最后一步已用了下面的数学公式：

$$(1-x)^{-m}=1+mx+\frac{m(m-1)}{2!}x^2+\cdots=\sum_{n=0}^{\infty}\frac{(m+n-1)!}{n!(m-1)!}x^n$$

将式(3.11.13)代入式(3.11.11)，得到玻色分布

$$\overline{a_l}=-\frac{\partial\ln\Xi_l}{\partial\alpha}=\frac{\omega_l}{\mathrm{e}^{\alpha+\beta\varepsilon_l}-1}\tag{3.11.14}$$

与式(2.6.5)一致.

3.11.2 费米分布

设系统由近独立的费米子组成，a_l 个费米子占据能级ε_l 上的ω_l 个量子态，每个量子态最多只能有一个粒子的可能方式数，也即微观状态数为

$$W(a_l,\omega_l)=\frac{\omega_l!}{a_l!(\omega_l-a_l)!}\tag{3.11.15}$$

对于费米系统，服从泡利不相容原理，a_l 只能取 0 和 0～ω_l 的任何正整数. 由式(3.11.10)得

$$\Xi_l = \sum_{a_l=0}^{\omega_l} \frac{\omega_l!}{a_l!(\omega_l - a_l)!} \mathrm{e}^{-(\alpha+\beta\varepsilon_l)a_l} = (1 + \mathrm{e}^{-(\alpha+\beta\varepsilon_l)})^{\omega_l} \tag{3.11.16}$$

式(3.11.16)的最后一步已用了下面的数学公式:

$$(1+x)^m = 1 + mx + \frac{m(m-1)}{2!}x^2 + \cdots + x^m = \sum_{n=0}^{m} \frac{m!}{n!(m-n)!}x^n$$

将式(3.11.16)代入式(3.11.11),得到费米分布

$$\overline{a_l} = -\frac{\partial \ln \Xi_l}{\partial \alpha} = \frac{\omega_l}{\mathrm{e}^{\alpha+\beta\varepsilon_l} + 1} \tag{3.11.17}$$

与式(2.6.9)一致.

3.11.3 玻尔兹曼分布

设系统由近独立的玻尔兹曼粒子组成,玻尔兹曼系统是一个局域系,分布为$\{a_l\}$的玻尔兹曼系统的微观状态数为

$$W_{N,i} = N! \prod_i \frac{\omega_l^{a_l}}{a_l!}$$

考虑到 N 个粒子的全同性,N 个粒子交换所产生的 $N!$ 个状态实际上应是系统的同一个状态.因此,玻尔兹曼系统的微观状态数的正确计数应从上式除去因子$N!$,修正后系统的微观状态数为

$$W_{N,i} = \prod_l \frac{\omega_l^{a_l}}{a_l!}$$

因此,a_l 个玻尔兹曼粒子占据能级 ε_l 上的 ω_l 个量子态的微观状态数为

$$W(a_l, \omega_l) = \frac{\omega_l^{a_l}}{a_l!} \tag{3.11.18}$$

对于玻尔兹曼系统,a_l 可取 0 和 0~∞的任何正整数,由式(3.11.10)得

$$\Xi_l = \sum_{a_l=0}^{\infty} \frac{\omega_l^{a_l}}{a_l!} \mathrm{e}^{-(\alpha+\beta\varepsilon_l)a_l} = \exp[\omega_l \mathrm{e}^{-(\alpha+\beta\varepsilon_l)}] \tag{3.11.19}$$

将式(3.11.19)代入式(3.11.11),得到玻尔兹曼分布

$$\overline{a_l} = -\frac{\partial \ln \Xi_l}{\partial \alpha} = \omega_l \mathrm{e}^{-\alpha-\beta\varepsilon_l} \tag{3.11.20}$$

与式(2.5.7)一致.

第4章 非平衡态统计理论初步

此前,我们讲述的基本上都是系统处于平衡态的统计理论. 实际上,自然界中物质的状态总是在经常不断地变化着的,宏观系统一般都处于非平衡态,系统中发生着各种各样的热力学过程. 例如,当系统各处的密度不均匀时,物质将由密度高的区域输运到密度低的区域,这就是宏观的扩散现象;当系统各处的温度不均匀时,能量将由温度高的区域输运到温度低的区域,这就是宏观的热传导现象;当系统内部各处物质流动的速度不均匀时,动量将由速度高的区域输运到速度低的区域,这就是宏观的黏滞现象. 这些过程都是不可逆的,它们将导致系统内的物质、能量和动量的宏观流动,这种过程统称为输运过程. 在这些过程中的任一瞬间系统都处于非平衡态. 因此,为了更全面、更系统和更深刻地了解系统的性质,必须研究非平衡态.

在非平衡态的统计理论中,关键问题仍然是分布函数. 玻尔兹曼就稀薄气体的非平衡态问题导出了分布函数的演化方程,称为玻尔兹曼积分微分方程. 在某些近似下可由这一方程求出气体的非平衡态分布函数,由分布函数可求得系统微观量的统计平均值. 把得到的平均值与该过程的宏观定律进行比较,可得到扩散系数、热传导系数和黏滞系数等输运系数,给出了在非平衡态下宏观物体的性质. 玻尔兹曼还分析了气体分子间的碰撞是如何使系统从非平衡态趋于平衡态的问题,从而导出了 H 定理. H 定理与热力学中的熵增加原理相当,它给出了热力学第二定律的统计解释. 从玻尔兹曼方程出发,利用分子碰撞过程中的守恒定律,我们还可导出流体力学基本方程.

非平衡态统计理论远比平衡态统计理论复杂,处理起来也更困难. 本章仅限于讨论偏离平衡态不远的非平衡态,而且主要从分子动理论的观点出发,讨论气体的非平衡态问题. 尽管如此,其数学处理仍然很复杂. 对于气体的非平衡态问题,麦克斯韦和玻尔兹曼在 19 世纪后半期做了大量的研究. 他们根据气体的宏观性质提出了气体分子间相互作用的两种模型:一种是弹性刚球模型,另一种是力心点模型. 在刚球模型中,每个分子都被看作刚性小球,相互做弹性碰撞,球面光滑,接触面上没有摩擦阻力,两个分子碰撞前后动量的改变只能沿着碰撞方向. 在力心点模型中,假设每个分子都是质点,分子间的相互作用是有心力,相互作用能只是分子间距离的函数. 在这两个模型中,刚球模型的计算比较简单,但是与实际气体分子的性质相差较大. 在稀薄气体中力心点模型与实际气体的性质较为接近,但计算较为复杂,在气体密度较高时,模型和实际情况也并不完全符合.此外,这两个模型都只能考虑分子间平动能的交换,而不能考虑平动能与转动能、振动能之间的交换.为了使讨论更加简洁,我们只在弹性刚球模型下研究稀薄气体的非平衡态的性质.

4.1 气体分子的碰撞频率

气体分子之间存在着频繁的碰撞,气体从非平衡态向平衡态过渡的过程依赖于分子之间的碰撞.本节将用弹性刚球模型讨论分子之间的相互碰撞,计算碰撞频率和碰撞前后分子速度的变化.

对于密度不太高的稀薄气体,分子间的平均距离约为分子直径的10倍,因此,只需考虑两个分子之间的碰撞,三个或三个以上分子之间的碰撞可以忽略不计.设相碰的两个分子的质量分别为 m_1 和 m_2,直径分别为 σ_1 和 σ_2,碰前的速度分别为 $\boldsymbol{v}_1$ 和 $\boldsymbol{v}_2$.因为两个分子之间的碰撞只与它们的相对速度有关,因此,可假定速度为 $\boldsymbol{v}_1$ 的第一个分子不动,速度为 $\boldsymbol{v}_2$ 的第二个分子以相对速度 $\boldsymbol{g}_{21}=\boldsymbol{v}_2-\boldsymbol{v}_1$ 运动,设 $\boldsymbol{n}$ 是两个分子碰撞时从第一个分子中心引向第二个分子中心的单位矢量,$\boldsymbol{n}$ 称为碰撞方向,$\boldsymbol{n}$ 与 $-\boldsymbol{g}_{21}$ 的夹角为 θ,如图 4.1 所示.显然,θ 只有在 $0\leqslant\theta\leqslant\frac{\pi}{2}$ 时两个分子才有可能碰撞.

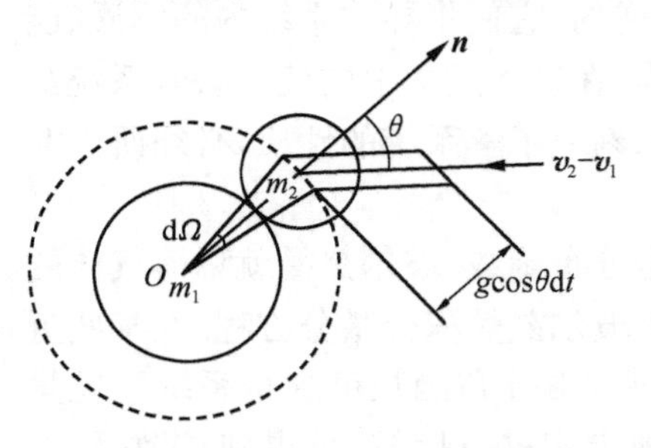

图 4.1 两个分子间的碰撞(刚球模型)

现以第一个分子的中心 O 为球心,以 $\sigma=\frac{1}{2}(\sigma_1+\sigma_2)$ 为半径作一球面(图中用虚线表示),称为虚球.当两个分子碰撞时,第二个分子的中心必定在虚球上.设在 $\mathrm{d}t$ 时间内,一个速度为 $\boldsymbol{v}_1$ 的第一种分子和速度在 $\boldsymbol{v}_2$ 与 $\boldsymbol{v}_2+\mathrm{d}\boldsymbol{v}_2$ 之间的第二种分子,在以 $\boldsymbol{n}$ 方向为轴线的立体角 $\mathrm{d}\Omega$ 内发生的碰撞数为 $\mathrm{d}\Theta_{21}(\boldsymbol{v}_1)\mathrm{d}t$.立体角 $\mathrm{d}\Omega$ 对应在虚球上的面积 $\mathrm{d}A=\sigma^2\mathrm{d}\Omega$,以 $\mathrm{d}A$ 为底面,以 $g\mathrm{d}t(g=|\boldsymbol{g}_{21}|)$ 为轴线作一个斜柱体,其体积为

$$\mathrm{d}\tau=\mathrm{d}A\cdot g\mathrm{d}t\cdot\cos\theta=\sigma^2 g\cos\theta\mathrm{d}\Omega\mathrm{d}t \tag{4.1.1}$$

在体积元 $\mathrm{d}\tau$ 内的速度在 $\boldsymbol{v}_2$ 与 $\boldsymbol{v}_2+\mathrm{d}\boldsymbol{v}_2$ 之间的第二种分子在 $\mathrm{d}t$ 时间内一定能与速度为 $\boldsymbol{v}_1$ 的分子相碰撞,由此得到

$$\mathrm{d}\Theta_{21}(\boldsymbol{v}_1)\mathrm{d}t=f(\boldsymbol{r},\boldsymbol{v}_2,t)\mathrm{d}\boldsymbol{v}_2\mathrm{d}\tau=f_2\sigma^2 g\cos\theta\mathrm{d}\Omega\mathrm{d}\boldsymbol{v}_2\mathrm{d}t \tag{4.1.2}$$

其中

$$f_2\mathrm{d}\boldsymbol{v}_2=f(\boldsymbol{r},\boldsymbol{v}_2,t)\mathrm{d}\boldsymbol{v}_2 \tag{4.1.3}$$

是在位置 $\boldsymbol{r}$ 附近的单位体积中速度在 $\boldsymbol{v}_2$ 与 $\boldsymbol{v}_2+\mathrm{d}\boldsymbol{v}_2$ 之间的第二种分子数,$f(\boldsymbol{r},$

$\boldsymbol{v}_2,t)$称为分布函数.在单位时间内,一个速度为 $\boldsymbol{v}_1$ 的第一种分子和速度在 $\boldsymbol{v}_2$ 与 $\boldsymbol{v}_2+\mathrm{d}\boldsymbol{v}_2$ 之间的第二种分子,在以 $\boldsymbol{n}$ 方向为轴线的立体角 $\mathrm{d}\Omega$ 内发生的碰撞数为

$$\mathrm{d}\Theta_{21}(\boldsymbol{v}_1)=f_2\sigma^2 g\cos\theta\mathrm{d}\Omega\mathrm{d}\boldsymbol{v}_2 \tag{4.1.4}$$

在单位时间和单位体积内,速度在 $\boldsymbol{v}_1$ 与 $\boldsymbol{v}_1+\mathrm{d}\boldsymbol{v}_1$ 之间的第一种分子和速度在 $\boldsymbol{v}_2$ 与 $\boldsymbol{v}_2+\mathrm{d}\boldsymbol{v}_2$ 之间的第二种分子,在以 $\boldsymbol{n}$ 方向为轴线的立体角 $\mathrm{d}\Omega$ 内发生的碰撞数为

$$f(\boldsymbol{r},\boldsymbol{v}_1,t)\mathrm{d}\boldsymbol{v}_1\mathrm{d}\Theta_{21}(\boldsymbol{v}_1)=f_1 f_2\sigma^2 g\cos\theta\mathrm{d}\Omega\mathrm{d}\boldsymbol{v}_1\mathrm{d}\boldsymbol{v}_2 \tag{4.1.5}$$

式(4.1.5)称为两种分子的元碰撞数,在4.3节推导玻尔兹曼方程时将要用到此式.将式(4.1.4)对立体角 $\mathrm{d}\Omega$ 和速度 $\mathrm{d}\boldsymbol{v}_2$ 积分,得到在单位时间内,一个速度为 $\boldsymbol{v}_1$ 的第一种分子和第二种分子的碰撞总数为

$$\Theta_{21}(\boldsymbol{v}_1)=\iint f_2\sigma^2 g\cos\theta\mathrm{d}\Omega\mathrm{d}\boldsymbol{v}_2 \tag{4.1.6}$$

完成对立体角的积分,得

$$\int\cos\theta\mathrm{d}\Omega=\int_0^{2\pi}\mathrm{d}\varphi\int_0^{\frac{\pi}{2}}\cos\theta\sin\theta\mathrm{d}\theta=\pi$$

代入式(4.1.6),得

$$\Theta_{21}(\boldsymbol{v}_1)=\pi\sigma^2\int f_2 g\mathrm{d}\boldsymbol{v}_2 \tag{4.1.7}$$

要得到 Θ_{21} 的值,需要知道分布函数 f_2.对于处于平衡态的稀薄气体,f_2 为麦克斯韦速度分布函数

$$f_2(\boldsymbol{v}_2)=n_2\left(\frac{m_2}{2\pi kT}\right)^{\frac{3}{2}}\exp\left(-\frac{m_2 v_2^2}{2kT}\right) \tag{4.1.8}$$

将式(4.1.8)代入式(4.1.7),利用速度空间球坐标,有

$$\mathrm{d}\boldsymbol{v}_2=v_2^2\sin\theta\mathrm{d}\theta\mathrm{d}\varphi\mathrm{d}v_2,\quad g=(v_1^2+v_2^2-2v_1v_2\cos\theta)^{\frac{1}{2}}$$

完成对 θ 和 φ 的积分

$$\begin{aligned}\int_0^{2\pi}\mathrm{d}\varphi\int_0^{\pi}g\sin\theta\mathrm{d}\theta&=2\pi\int_0^{\pi}(v_1^2+v_2^2-2v_1v_2\cos\theta)^{\frac{1}{2}}\sin\theta\mathrm{d}\theta\\&=\begin{cases}\dfrac{4\pi}{v_1v_2}\left(v_1^2v_2+\dfrac{1}{3}v_2^3\right), & v_1>v_2\\[2ex]\dfrac{4\pi}{v_1v_2}\left(v_2^2v_1+\dfrac{1}{3}v_1^3\right), & v_1<v_2\end{cases}\end{aligned} \tag{4.1.9}$$

将式(4.1.9)代入式(4.1.7)得

$$\begin{aligned}\Theta_{21}(\boldsymbol{v}_1)=&4\pi^2\sigma^2 n_2\left(\frac{m_2}{2\pi kT}\right)^{\frac{3}{2}}\left[\int_0^{v_1}\mathrm{e}^{-\frac{m_2v_2^2}{2kT}}\frac{v_2^2}{v_1}\left(v_1^2+\frac{1}{3}v_2^2\right)\mathrm{d}v_2\right.\\&\left.+\int_{v_1}^{\infty}\mathrm{e}^{-\frac{m_2v_2^2}{2kT}}v_2\left(v_2^2+\frac{1}{3}v_1^2\right)\mathrm{d}v_2\right]\end{aligned} \tag{4.1.10}$$

在式(4.1.10)中令

$$x=\left(\frac{m_2}{2kT}\right)^{\frac{1}{2}}v_1,\quad y=\left(\frac{m_2}{2kT}\right)^{\frac{1}{2}}v_2 \tag{4.1.11}$$

则有

$$\begin{aligned}\Theta_{21}(\boldsymbol{v}_1)&=4\sqrt{2\pi}\sigma^2 n_2\left(\frac{kT}{m_2}\right)^{\frac{1}{2}}\left[\int_0^x \mathrm{e}^{-y^2}\frac{y^2}{x}\left(x^2+\frac{1}{3}y^2\right)\mathrm{d}y+\int_x^{\infty}\mathrm{e}^{-y^2}y\left(y^2+\frac{1}{3}x^2\right)\mathrm{d}y\right]\\&=n_2\sigma^2\left(\frac{2\pi kT}{m_2}\right)^{\frac{1}{2}}\psi(x)=\frac{1}{2}n_2\bar{v}_2\pi\sigma^2\psi(x)\end{aligned} \tag{4.1.12}$$

其中

$$\psi(x)=\mathrm{e}^{-x^2}+\left(2x+\frac{1}{x}\right)\int_0^x \mathrm{e}^{-y^2}\mathrm{d}y \tag{4.1.13}$$

$\bar{v}_2=\sqrt{\frac{8kT}{\pi m_2}}$是第二种分子的平均速率.由式(4.1.12)可以看出单位时间内,一个速度为 $\boldsymbol{v}_1$ 的第一种分子和第二种分子的碰撞数 Θ_{21} 与第一种分子的速度有关.要得到在单位时间内一个质量为 m_1 的第一种分子与第二种分子的平均碰撞数 $\bar{\Theta}_{21}$,需将 $\Theta_{21}(\boldsymbol{v}_1)$对第一种分子的速度分布函数 $f_1(\boldsymbol{v}_1)$求平均,如果 f_1 也服从麦克斯韦速度分布率,则有

$$\bar{\Theta}_{21}=\frac{1}{n_1}\int f_1(\boldsymbol{v}_1)\Theta_{21}(\boldsymbol{v}_1)\mathrm{d}\boldsymbol{v}_1=\left(\frac{m_1}{2\pi kT}\right)^{\frac{3}{2}}\int\Theta_{21}(\boldsymbol{v}_1)\mathrm{e}^{-\frac{m_1v_1^2}{2kT}}\mathrm{d}\boldsymbol{v}_1 \tag{4.1.14}$$

利用速度空间球坐标以及式(4.1.11)~式(4.1.14),得到

$$\begin{aligned}\bar{\Theta}_{21}&=4\pi\left(\frac{m_1}{\pi m_2}\right)^{\frac{3}{2}}\int_0^{\infty}\Theta_{21}(\boldsymbol{v}_1)\mathrm{e}^{-\frac{m_1x^2}{m_2}}x^2\mathrm{d}x\\&=4\sqrt{2}n_2\sigma^2\left(\frac{kT}{m_1}\right)^{\frac{1}{2}}\left(\frac{m_1}{m_2}\right)^2\left[\int_0^{\infty}\mathrm{e}^{-\left(1+\frac{m_1}{m_2}\right)x^2}x^2\mathrm{d}x\right.\\&\quad\left.+\int_0^{\infty}\mathrm{e}^{-\frac{m_1}{m_2}x^2}(2x^2+1)x\mathrm{d}x\int_0^x\mathrm{e}^{-y^2}\mathrm{d}y\right]\end{aligned} \tag{4.1.15}$$

式(4.1.15)中中括号里的第一个积分为$\frac{\sqrt{\pi}}{4(1+\alpha)^{\frac{3}{2}}}$,其中 $\alpha=\frac{m_1}{m_2}$;第二个积分交换积分次序,先对 x 积分,然后对 y 积分,则有

$$\begin{aligned}\int_0^{\infty}\mathrm{e}^{-\alpha x^2}(2x^2+1)x\mathrm{d}x\int_0^x\mathrm{e}^{-y^2}\mathrm{d}y&=\int_0^{\infty}\mathrm{e}^{-y^2}\mathrm{d}y\int_y^{\infty}\mathrm{e}^{-\alpha x^2}\left(x^2+\frac{1}{2}\right)\mathrm{d}x^2\\&=\frac{\sqrt{\pi}}{4\alpha^2(1+\alpha)^{\frac{3}{2}}}(\alpha^2+4\alpha+2)\end{aligned}$$

将上面两个积分代入式(4.1.15),得

$$\bar{\Theta}_{21}=2n_2\sigma^2\left(\frac{2\pi kT}{m_1}\right)^{\frac{1}{2}}\left(1+\frac{m_1}{m_2}\right)^{\frac{1}{2}}=\left(1+\frac{m_1}{m_2}\right)^{\frac{1}{2}}n_2\pi\sigma^2\bar{v}_1 \tag{4.1.16}$$

其中，$\bar{v}_1=\sqrt{\frac{8kT}{\pi m_1}}$是第一种分子的平均速率. 式(4.1.16)给出了当两种粒子系统均处于平衡态时，一个第一种分子在单位时间内和第二种分子的平均碰撞数，即平均碰撞频率. 式(4.1.16)还可以用更简便的方法来计算，将式(4.1.6)代入式(4.1.14)，得到

$$\bar{\Theta}_{21}=\frac{1}{n_1}\iiint\limits_{\Omega v_1 v_2} f_1 f_2 \sigma^2 g\cos\theta \mathrm{d}\Omega \mathrm{d}\boldsymbol{v}_1 \mathrm{d}\boldsymbol{v}_2$$

对立体角 Ω 求积分得 π，把 f_1 和 f_2 都用平衡态的麦克斯韦速度分布率代入，得

$$\bar{\Theta}_{21}=n_2\pi\sigma^2\left(\frac{m_1}{2\pi kT}\right)^{\frac{3}{2}}\left(\frac{m_2}{2\pi kT}\right)^{\frac{3}{2}}\iint \mathrm{e}^{-\frac{m_1 v_1^2+m_2 v_2^2}{2kT}} g\,\mathrm{d}\boldsymbol{v}_1 \mathrm{d}\boldsymbol{v}_2 \tag{4.1.17}$$

引入两分子的质心速度 $\mathbf{V}$ 和相对速度 $\boldsymbol{g}$

$$\mathbf{V}=\frac{1}{M}(m_1\boldsymbol{v}_1+m_2\boldsymbol{v}_2),\quad \boldsymbol{g}=\boldsymbol{v}_2-\boldsymbol{v}_1 \tag{4.1.18}$$

$$\mathrm{d}\boldsymbol{v}_1\mathrm{d}\boldsymbol{v}_2=|J|\,\mathrm{d}\mathbf{V}\mathrm{d}\boldsymbol{g} \tag{4.1.19}$$

其中，$M=m_1+m_2$，雅可比行列式$|J|=1$. 令 $\mu=\frac{m_1 m_2}{m_1+m_2}$为两个分子的折合质量，并引入速度空间的球坐标. 完成对立体角 $\mathrm{d}\Omega_V$ 和 $\mathrm{d}\Omega_g$ 的积分，得到

$$\bar{\Theta}_{21}=16\pi^3 n_2\sigma^2\left(\frac{m_1}{2\pi kT}\right)^{\frac{3}{2}}\left(\frac{m_2}{2\pi kT}\right)^{\frac{3}{2}}\int_0^{\infty}V^2\mathrm{e}^{-\frac{MV^2}{2kT}}\mathrm{d}V$$

$$\times\int_0^{\infty}g^3\mathrm{e}^{-\frac{\mu g^2}{2kT}}\mathrm{d}g=2n_2\sigma^2\left(\frac{2\pi kT}{m_1}\right)^{\frac{1}{2}}\left(1+\frac{m_1}{m_2}\right)^{\frac{1}{2}}$$

上式结果与式(4.1.16)完全相同.

对于同种分子之间的碰撞，一个分子的平均碰撞频率为

$$\bar{\Theta}=\sqrt{2}\pi n\sigma^2\bar{v}=4n\sigma^2\sqrt{\frac{\pi kT}{m}} \tag{4.1.20}$$

在标准状况下的气体分子的平均碰撞频率为

$$\bar{\Theta}=2.87\times10^{25}\frac{\sigma^2}{\sqrt{m^+}}$$

其中，分子直径 σ 以厘米计，m^+ 为分子量. 对于氧气，$m^+=32$，分子直径取 $\sigma=3.62\times10^{-8}\mathrm{cm}$，则得在标准状况下一个氧分子的平均碰撞频率 $\bar{\Theta}=6.65\times10^{9}\mathrm{s}^{-1}$，氧分子的数密度 $n=2.69\times10^{19}\mathrm{cm}^{-3}$，$1\mathrm{cm}^3$ 内的氧分子每秒碰撞的总次数为

$$\frac{1}{2}n\bar{\Theta}=8.94\times10^{28}\mathrm{s}^{-1}\cdot\mathrm{cm}^{-3}$$

如果系统中有两种分子，则一个第一种分子每秒钟的平均碰撞数应是

$$\bar{\Theta}_1=\bar{\Theta}_{11}+\bar{\Theta}_{21}=4n_1\sigma_1^2\sqrt{\frac{\pi kT}{m_1}}+2n_2\sigma_{12}^2\sqrt{\frac{2\pi kT}{m_1}}\left(1+\frac{m_1}{m_2}\right)^{\frac{1}{2}} \tag{4.1.21}$$

当第一种粒子是电子、第二种粒子是分子或离子时,由于电子的直径 $\sigma_1 \sim 10^{-13}\,\text{cm}$,而分子的直径 $\sigma_2 \sim 10^{-8}\,\text{cm}$,$\sigma_{12}=\frac{1}{2}(\sigma_1+\sigma_2)\approx\frac{1}{2}\sigma_2\gg\sigma_1$,而且 $m_1\ll m_2$,故有

$$\bar{\Theta}_1 \approx \bar{\Theta}_{21} = 2n_2\sigma_{12}^2\sqrt{\frac{2\pi kT}{m_1}}$$

上式说明,在求电子与分子混合气体中的电子碰撞频率时,只需考虑电子与分子之间的碰撞,而不必考虑电子之间的碰撞.

下面讨论碰撞前后两个分子速度的改变.设两个不同种分子做弹性碰撞,两个分子的质量分别为 m_1 和 m_2,碰撞前的速度分别为 $\boldsymbol{v}_1$ 和 $\boldsymbol{v}_2$,碰撞后的速度分别为 $\boldsymbol{v}_1'$ 和 $\boldsymbol{v}_2'$.对于弹性碰撞,碰撞前后的动量和能量守恒

$$m_1\boldsymbol{v}_1 + m_2\boldsymbol{v}_2 = m_1\boldsymbol{v}_1' + m_2\boldsymbol{v}_2' \tag{4.1.22}$$

$$\frac{1}{2}m_1v_1^2 + \frac{1}{2}m_2v_2^2 = \frac{1}{2}m_1v_1'^2 + \frac{1}{2}m_2v_2'^2 \tag{4.1.23}$$

式(4.1.22)和式(4.1.23)共有 4 个标量方程.当碰前的速度 $\boldsymbol{v}_1$ 和 $\boldsymbol{v}_2$ 给定后,这 4 个方程并不能完全确定碰撞后的速度,因为碰后速度有 6 个未知数,多于方程的个数.因此,分子碰后的速度包含两个任意数,这种任意性是由两个分子的碰撞方向未定引起的.当分子的碰撞方向 $\boldsymbol{n}$ 给定后,分子的碰后速度就完全确定了.

两个刚球碰撞时,由于球面光滑,接触面上无切向阻力,两个分子动量的改变只能沿着碰撞方向 $\boldsymbol{n}$,故有

$$\boldsymbol{v}_1' - \boldsymbol{v}_1 = \lambda_1\boldsymbol{n}, \quad \boldsymbol{v}_2' - \boldsymbol{v}_2 = \lambda_2\boldsymbol{n} \tag{4.1.24}$$

其中,λ_1 和 λ_2 是待定的标量.由式(4.1.22)~式(4.1.24)解得

$$\lambda_1 = \frac{2m_2}{m_1+m_2}(\boldsymbol{v}_2-\boldsymbol{v}_1)\cdot\boldsymbol{n}, \quad \lambda_2 = \frac{2m_1}{m_1+m_2}(\boldsymbol{v}_1-\boldsymbol{v}_2)\cdot\boldsymbol{n} \tag{4.1.25}$$

代入式(4.1.24),得

$$\begin{aligned} \boldsymbol{v}_1' &= \boldsymbol{v}_1 + \frac{2m_2}{m_1+m_2}[(\boldsymbol{v}_2-\boldsymbol{v}_1)\cdot\boldsymbol{n}]\boldsymbol{n} \\ \boldsymbol{v}_2' &= \boldsymbol{v}_2 - \frac{2m_1}{m_1+m_2}[(\boldsymbol{v}_2-\boldsymbol{v}_1)\cdot\boldsymbol{n}]\boldsymbol{n} \end{aligned} \tag{4.1.26}$$

式(4.1.26)给出了分子的碰后速度与碰前速度和碰撞方向之间的关系.碰撞后分子的相对速度是

$$\boldsymbol{g}_{21}' = \boldsymbol{v}_2' - \boldsymbol{v}_1' = \boldsymbol{v}_2 - \boldsymbol{v}_1 - 2[(\boldsymbol{v}_2-\boldsymbol{v}_1)\cdot\boldsymbol{n}]\boldsymbol{n} \tag{4.1.27}$$

式(4.1.27)两边平方得

$$(\boldsymbol{v}_2' - \boldsymbol{v}_1')^2 = (\boldsymbol{v}_2 - \boldsymbol{v}_1)^2 \tag{4.1.28}$$

式(4.1.27)两边点乘 $\boldsymbol{n}$ 得

$$(\boldsymbol{v}_2' - \boldsymbol{v}_1')\cdot\boldsymbol{n} = -(\boldsymbol{v}_2 - \boldsymbol{v}_1)\cdot\boldsymbol{n} \tag{4.1.29}$$

式(4.1.28)和式(4.1.29)两式表明碰撞前后两个分子的相对速率不变，而相对速度在碰撞方向上的投影将改变符号.

将式(4.1.29)代入式(4.1.26)，可得

$$\boldsymbol{v}_1 = \boldsymbol{v}_1' + \frac{2m_2}{m_1+m_2}[(\boldsymbol{v}_2' - \boldsymbol{v}_1')\cdot(-\boldsymbol{n})](-\boldsymbol{n})$$

$$\boldsymbol{v}_2 = \boldsymbol{v}_2' - \frac{2m_1}{m_1+m_2}[(\boldsymbol{v}_2' - \boldsymbol{v}_1')\cdot(-\boldsymbol{n})](-\boldsymbol{n})$$

(4.1.30)

比较式(4.1.26)和式(4.1.30)两式，可以看出两式具有完全相同的形式. 也就是说，这种碰撞具有可逆性. 如果两个分子碰撞前的速度是 $\boldsymbol{v}_1'$ 和 $\boldsymbol{v}_2'$，碰撞方向是 $\boldsymbol{n}'=-\boldsymbol{n}$，则碰撞后两个分子的速度分别为 $\boldsymbol{v}_1$ 和 $\boldsymbol{v}_2$，这种碰撞称为原碰撞(称为正碰撞)的逆碰撞. 图 4.2 给出了正逆碰撞的示意图.

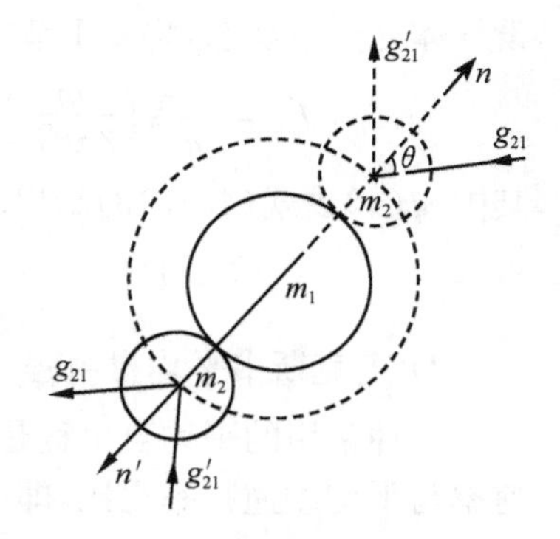

图 4.2 碰撞前后相对速度的变化(正碰撞与逆碰撞)

4.2 气体分子的平均自由程

气体分子之间的相互作用力是短程力，只有当两个分子非常接近时才起作用. 在弹性刚球模型中，只有当两个刚球接触的瞬间才发生碰撞，除了在碰撞的瞬间外，气体分子不受力的作用而做自由运动. 因此，把气体分子在两次相继碰撞之间走过的路程叫做自由程. 由于分子碰撞的随机性，自由程可长可短，自由程只有统计意义，对气体分子自由程的一切可能的值求统计平均，便得到平均自由程.

一个速率为 v 的分子在 $\mathrm{d}t$ 时间内走过的路程是 $v\mathrm{d}t$，单位时间内分子的碰撞次数是 $\Theta(v)$，在 $\mathrm{d}t$ 时间内分子的碰撞次数是 $\Theta(v)\mathrm{d}t$，所以自由程为

$$l(v) = \frac{v\,\mathrm{d}t}{\Theta(v)\,\mathrm{d}t} = \frac{v}{\Theta(v)} \tag{4.2.1}$$

如果气体中有几种不同的分子，一个以速率 v_1 运动的第一种分子的自由程为

$$l(v_1) = \frac{v_1}{\sum_j \Theta_{1j}(v_1)} \tag{4.2.2}$$

由式(4.2.1)和式(4.2.2)可以看出自由程与分子的速率有关，对分子的各种速率的自由程求平均就得到分子的平均自由程 $\bar{l}$. 下面介绍处于平衡态的气体分子的几种常用的平均自由程.

1) 泰特(Tait)平均自由程

泰特用式(4.2.1)对速度分布求平均的方法求得了平均自由程，用 $\bar{l}_\mathrm{T}$ 表示，对于单组元气体有

$$\overline{l}_{\mathrm{T}} = \overline{\left(\frac{v}{\Theta(v)}\right)} = \frac{1}{n}\int \frac{v}{\Theta(v)} f(\boldsymbol{v})\mathrm{d}\boldsymbol{v}$$

设气体处于平衡态,将 4.1 节的式(4.1.12)和麦克斯韦速度分布率代入,得

$$\overline{l}_{\mathrm{T}} = \frac{4\pi}{n\sigma^2}\left(\frac{m}{2\pi kT}\right)^2 \int_0^{\infty} \frac{v}{\psi(x)} \mathrm{e}^{-\frac{mv^2}{2kT}} v^2 \mathrm{d}v = \frac{4}{\pi n\sigma^2}\int_0^{\infty} \frac{x^3 \mathrm{e}^{-x^2}}{\psi(x)}\mathrm{d}x$$

其中,$\psi(x)$由式(4.1.13)给出. 利用数值积分得到泰特平均自由程为

$$\overline{l}_{\mathrm{T}} = \frac{0.677}{\pi n\sigma^2} \tag{4.2.3}$$

2) 麦克斯韦平均自由程

一种常用的平均自由程是由麦克斯韦引进的,麦克斯韦平均自由程 $\overline{l}$ 是平均速率与平均碰撞频率之比,即

$$\overline{l} = \frac{\overline{v}}{\overline{\Theta}} \tag{4.2.4}$$

对于同种分子之间的碰撞,将 4.1 节的式(4.1.20)代入,得

$$\overline{l} = \frac{1}{\sqrt{2}\pi n\sigma^2} = \frac{0.707}{\pi n\sigma^2} \tag{4.2.5}$$

取氧气分子的直径 $\sigma = 3.62\times10^{-8}\,\mathrm{cm}$,在标准状况下,氧气分子的麦克斯韦平均自由程

$$\overline{l} = 6.39\times10^{-6}\,\mathrm{cm}$$

约为分子直径的数百倍.

3) 克劳修斯(Clausius)平均自由程

自由程的概念最初是由克劳修斯在 1857 年引进的. 他假设所有的气体分子都以相同的速率 v 运动,但运动方向是各向同性的. 分子的速度分布函数和相对速率分别为

$$f_2 \mathrm{d}\boldsymbol{v}_2 = \frac{n}{4\pi}\mathrm{d}\Omega = \frac{n}{2}\sin\theta\mathrm{d}\theta$$

$$g = \sqrt{2}v(1-\cos\theta)^{\frac{1}{2}}$$

将上面两式代入 4.1 节式(4.1.7),得

$$\Theta = \frac{\sqrt{2}}{2}\pi n\sigma^2 v\int_0^{\pi}(1-\cos\theta)^{\frac{1}{2}}\sin\theta\mathrm{d}\theta = \frac{4}{3}\pi n\sigma^2 v \tag{4.2.6}$$

将式(4.2.6)代入式(4.2.1),得到克劳修斯平均自由程

$$\overline{l}_{\mathrm{C}} = \frac{3}{4\pi n\sigma^2} = \frac{0.75}{\pi n\sigma^2} \tag{4.2.7}$$

比较式(4.2.3)、式(4.2.5)和式(4.2.7)三式可以看出,三种平均自由程都与 $\pi n\sigma^2$ 成反比,只是在数值系数上有些小的差别,都在 0.7 附近.

利用分子束实验可以测定分子的平均自由程. 实验是测量分子束内的分子数

在行进过程中，由于和行进路上的其他分子相碰撞而引起的衰减. 设分子束中分子的速率是 v，出发时的分子数为 N_0，走过路程 r 后的分子数为 $N(r)$. 当再走过 $\mathrm{d}r$ 距离，每个分子受到的碰撞次数是 $\Theta\mathrm{d}t=\Theta\dfrac{\mathrm{d}r}{v}$. 假定每个分子经碰撞后都偏离原来行进的方向，则分子束在 $r\sim r+\mathrm{d}r$ 路程中减少的分子数是

$$-\mathrm{d}N(r)=N(r)\Theta\frac{\mathrm{d}r}{v}=N(r)\frac{\mathrm{d}r}{l(v)}$$

上式积分后得到走过路程 r 后的分子数为

$$N(r)=N_0\mathrm{e}^{-\frac{r}{l(v)}} \tag{4.2.8}$$

严格地说，分子束中分子的速率并不完全相同. 若用平均自由程 $\bar{l}$ 代替式(4.2.8)中的 $l(v)$，则得

$$N(r)=N_0\mathrm{e}^{-\frac{r}{\bar{l}}} \tag{4.2.9}$$

因此，由实验测得分子束中的分子数 $N(r)$ 随路程 r 的变化，画出 $\ln N(r)$-r 的曲线，在分子束中的分子的速率分散不是太大的情形下，它近似是一条直线，由直线的斜率即可求得分子的平均自由程 $\bar{l}$.

4.3 玻尔兹曼积分微分方程

从本节开始将讨论气体处于非平衡态时的性质，这一理论大多是麦克斯韦和玻尔兹曼在19世纪后40年的工作.

非平衡态统计理论的关键问题是确定非平衡态分布函数. 由于系统处于非平衡态，分布函数是坐标 $\boldsymbol{r}$、速度 $\boldsymbol{v}$ 和时间 t 的函数，用

$$f(\boldsymbol{r},\boldsymbol{v},t)\mathrm{d}\boldsymbol{r}\mathrm{d}\boldsymbol{v} \tag{4.3.1}$$

表示在 t 时刻处在体积元 $\mathrm{d}\boldsymbol{r}=\mathrm{d}x\mathrm{d}y\mathrm{d}z$ 和速度间隔 $\mathrm{d}\boldsymbol{v}=\mathrm{d}u\mathrm{d}v\mathrm{d}w$ 内的分子数. 由于气体处于非平衡态，位于相空间体积元 $\mathrm{d}\boldsymbol{r}\mathrm{d}\boldsymbol{v}$ 内的分子数随时间变化，在 $t+\mathrm{d}t$ 时刻处于同一相空间体积元的分子数是 $f(\boldsymbol{r},\boldsymbol{v},t+\mathrm{d}t)\mathrm{d}\boldsymbol{r}\mathrm{d}\boldsymbol{v}$，在 $\mathrm{d}t$ 时间内相空间体积元 $\mathrm{d}\boldsymbol{r}\mathrm{d}\boldsymbol{v}$ 内分子数的增量为

$$[f(\boldsymbol{r},\boldsymbol{v},t+\mathrm{d}t)-f(\boldsymbol{r},\boldsymbol{v},t)]\mathrm{d}\boldsymbol{r}\mathrm{d}\boldsymbol{v}=\frac{\partial f}{\partial t}\mathrm{d}t\mathrm{d}\boldsymbol{r}\mathrm{d}\boldsymbol{v} \tag{4.3.2}$$

其中，$\dfrac{\partial f}{\partial t}$表示在保持 $\boldsymbol{r}$ 和 $\boldsymbol{v}$ 不变的条件下分布函数的时间变化率. 分布函数 f 随时间变化是由两个因素引起的：一个因素是分子的运动. 由于分子具有速度，在 $\mathrm{d}t$ 时间内它们将走过一段距离，因此，总有一些分子进入到 $\boldsymbol{r}\sim\boldsymbol{r}+\mathrm{d}\boldsymbol{r}$ 的体积元 $\mathrm{d}\boldsymbol{r}$ 内，也总有一些分子离开体积元 $\mathrm{d}\boldsymbol{r}$. 同理当系统有外力场作用时，分子的速度随时间改变，因此，在速度空间中总有一些分子的速度进入 $\boldsymbol{v}\sim\boldsymbol{v}+\mathrm{d}\boldsymbol{v}$ 的速度间隔 $\mathrm{d}\boldsymbol{v}$

内,也总有一些分子的速度离开速度间隔 $\mathrm{d}\boldsymbol{v}$. 记 $\mathrm{d}t$ 时间内由于分子的运动而引起 $\mathrm{d}\boldsymbol{r}\mathrm{d}\boldsymbol{v}$ 内分子数的增量为 $\left(\frac{\partial f}{\partial t}\right)_d \mathrm{d}t\mathrm{d}\boldsymbol{r}\mathrm{d}\boldsymbol{v}$,$\left(\frac{\partial f}{\partial t}\right)_d$ 表示由于分子运动引起的分布函数的时间变化率,称为漂移项. 另一个因素是分子之间的碰撞引起 $\mathrm{d}\boldsymbol{r}\mathrm{d}\boldsymbol{v}$ 内分子数的变化. 在体积元 $\mathrm{d}\boldsymbol{r}$ 内,由于分子间的碰撞,使得原来在 $\boldsymbol{v}\sim\boldsymbol{v}+\mathrm{d}\boldsymbol{v}$ 的速度间隔 $\mathrm{d}\boldsymbol{v}$ 内分子在 $\mathrm{d}t$ 时间内因碰撞而离开这个速度间隔,使相空间体积元 $\mathrm{d}\boldsymbol{r}\mathrm{d}\boldsymbol{v}$ 内的分子数减少. 当然也有一些原来不在 $\boldsymbol{v}\sim\boldsymbol{v}+\mathrm{d}\boldsymbol{v}$ 的速度间隔 $\mathrm{d}\boldsymbol{v}$ 内分子因碰撞而进入这个速度间隔,使相空间体积元 $\mathrm{d}\boldsymbol{r}\mathrm{d}\boldsymbol{v}$ 内的分子数增加. 记 $\mathrm{d}t$ 时间内由于分子的碰撞而引起 $\mathrm{d}\boldsymbol{r}\mathrm{d}\boldsymbol{v}$ 内分子数的增量为 $\left(\frac{\partial f}{\partial t}\right)_c \mathrm{d}t\mathrm{d}\boldsymbol{r}\mathrm{d}\boldsymbol{v}$,$\left(\frac{\partial f}{\partial t}\right)_c$ 表示在 $\mathrm{d}\boldsymbol{r}\mathrm{d}\boldsymbol{v}$ 间隔内由于分子的碰撞引起的分布函数的时间变化率,称为碰撞项. 在 $\mathrm{d}t$ 时间内由于这两个因素引起 $\mathrm{d}\boldsymbol{r}\mathrm{d}\boldsymbol{v}$ 内分子数的增量为 $\left\{\left(\frac{\partial f}{\partial t}\right)_d+\left(\frac{\partial f}{\partial t}\right)_c\right\}\mathrm{d}t\mathrm{d}\boldsymbol{r}\mathrm{d}\boldsymbol{v}$,它应和式(4.3.2)的增量相等,由此得

$$\frac{\partial f}{\partial t}=\left(\frac{\partial f}{\partial t}\right)_d+\left(\frac{\partial f}{\partial t}\right)_c \tag{4.3.3}$$

先计算由于分子的运动引起的 $\mathrm{d}\boldsymbol{r}\mathrm{d}\boldsymbol{v}$ 内分子数的增量 $\left(\frac{\partial f}{\partial t}\right)_d \mathrm{d}t\mathrm{d}\boldsymbol{r}\mathrm{d}\boldsymbol{v}$. 这些分子是通过相空间体积元 $\mathrm{d}\boldsymbol{r}\mathrm{d}\boldsymbol{v}$ 的 6 对平行的边界面进入或离开体积元 $\mathrm{d}\boldsymbol{r}\mathrm{d}\boldsymbol{v}$ 的,仿照在第 3 章中证明刘维尔定理时所用的方法(见式(3.1.12)),得到

$$\left(\frac{\partial f}{\partial t}\right)_d=-\left[\frac{\partial(fu)}{\partial x}+\frac{\partial(fv)}{\partial y}+\frac{\partial(fw)}{\partial z}+\frac{\partial(fX)}{\partial u}+\frac{\partial(fY)}{\partial v}+\frac{\partial(fZ)}{\partial w}\right] \tag{4.3.4}$$

其中,$X=\frac{\mathrm{d}u}{\mathrm{d}t},Y=\frac{\mathrm{d}v}{\mathrm{d}t},Z=\frac{\mathrm{d}w}{\mathrm{d}t}$为分子加速度 $\boldsymbol{F}$ 的三个分量,$m\boldsymbol{F}=(mX,mY,mZ)$是作用在分子上的外力. 由于 $\boldsymbol{r}$ 和 $\boldsymbol{v}$ 都是独立变量,$\frac{\partial u}{\partial x}=\frac{\partial v}{\partial y}=\frac{\partial w}{\partial z}=0$,式(4.3.4)可改写为

$$\left(\frac{\partial f}{\partial t}\right)_d=-\left\{u\frac{\partial f}{\partial x}+v\frac{\partial f}{\partial y}+w\frac{\partial f}{\partial z}+X\frac{\partial f}{\partial u}+Y\frac{\partial f}{\partial v}+Z\frac{\partial f}{\partial w}+f\left[\frac{\partial X}{\partial u}+\frac{\partial Y}{\partial v}+\frac{\partial Z}{\partial w}\right]\right\} \tag{4.3.5}$$

常见的外力是重力和电磁力,重力与速度无关;电荷为 q 的粒子在电磁场中受到洛伦兹力作用

$$m\boldsymbol{F}=q\left(\boldsymbol{E}+\frac{1}{c}\boldsymbol{v}\times\boldsymbol{B}\right)$$

洛伦兹力虽然与速度有关,但它满足$\frac{\partial X}{\partial u}=\frac{\partial Y}{\partial v}=\frac{\partial Z}{\partial w}=0$,故有

$$\nabla_v \cdot \boldsymbol{F} = \frac{\partial X}{\partial u} + \frac{\partial Y}{\partial v} + \frac{\partial Z}{\partial w} = 0 \tag{4.3.6}$$

以后我们假设外力 $\boldsymbol{F}$ 满足式(4.3.6). 这样,式(4.3.5)可改写为

$$\begin{aligned}\left(\frac{\partial f}{\partial t}\right)_d &= -\left\{u\frac{\partial f}{\partial x} + v\frac{\partial f}{\partial y} + w\frac{\partial f}{\partial z} + X\frac{\partial f}{\partial u} + Y\frac{\partial f}{\partial v} + Z\frac{\partial f}{\partial w}\right\} \\ &= -(\boldsymbol{v}\cdot\nabla + \boldsymbol{F}\cdot\nabla_v)f\end{aligned} \tag{4.3.7}$$

其中,∇ 是位置空间的梯度算符,∇_v 是速度空间的梯度算符,它们分别定义为

$$\nabla = \frac{\partial}{\partial x}\boldsymbol{i} + \frac{\partial}{\partial y}\boldsymbol{j} + \frac{\partial}{\partial z}\boldsymbol{k}, \quad \nabla_v = \frac{\partial}{\partial u}\boldsymbol{i} + \frac{\partial}{\partial v}\boldsymbol{j} + \frac{\partial}{\partial w}\boldsymbol{k}$$

将式(4.3.7)代入式(4.3.3),得 $f(\boldsymbol{r},\boldsymbol{v},t)$ 满足的微分方程

$$\frac{\partial f}{\partial t} + \boldsymbol{v}\cdot\nabla f + \boldsymbol{F}\cdot\nabla_v f = \left(\frac{\partial f}{\partial t}\right)_c \tag{4.3.8}$$

式(4.3.8)称为玻尔兹曼方程,它是确定分布函数 $f(\boldsymbol{r},\boldsymbol{v},t)$ 演化的基本方程. 方程右边的碰撞项 $\left(\frac{\partial f}{\partial t}\right)_c$ 表示由于分子碰撞所引起的分布函数随时间的变化率,它与分子的碰撞机制有关.

下面讨论在 $\mathrm{d}t$ 时间间隔内由于分子之间的碰撞引起 $\mathrm{d}\boldsymbol{r}\mathrm{d}\boldsymbol{v}$ 内分子数的变化. 设在 $\mathrm{d}t$ 时间间隔内,在体积元 $\mathrm{d}\boldsymbol{r}$ 内,一个速度为 $\boldsymbol{v}$ 的分子与另一个速度为 $\boldsymbol{v}_1$ 的分子发生碰撞,碰撞使这一对分子的速度从碰前的$(\boldsymbol{v},\boldsymbol{v}_1)$变成碰后的$(\boldsymbol{v}',\boldsymbol{v}_1')$,这种碰撞使原来速度为 $\boldsymbol{v}$ 的分子变为速度为 $\boldsymbol{v}'$ 的分子,它不再在速度空间体积元 $\mathrm{d}\boldsymbol{v}$ 内了. 因此,这种碰撞使 $\mathrm{d}\boldsymbol{r}\mathrm{d}\boldsymbol{v}$ 内分子数减少. 另一方面在体积元 $\mathrm{d}\boldsymbol{r}$ 内一对速度为$(\boldsymbol{v}',\boldsymbol{v}_1')$的分子发生碰撞,而碰撞后这对分子的速度变为$(\boldsymbol{v},\boldsymbol{v}_1)$,这种碰撞是前一种碰撞的逆碰撞. 逆碰撞使得 $\mathrm{d}\boldsymbol{r}\mathrm{d}\boldsymbol{v}$ 内分子数增加. 对于稀薄气体,在弹性刚球模型下,4.1 节中已经导出了在单位时间和单位体积内的元碰撞数的表达式(4.1.5). 在 $\mathrm{d}t$ 时间内,在体积元 $\mathrm{d}\boldsymbol{r}$ 内,速度在 $\boldsymbol{v}\sim\boldsymbol{v}+\mathrm{d}\boldsymbol{v}$ 间隔内的分子与速度在 $\boldsymbol{v}_1\sim\boldsymbol{v}_1+\mathrm{d}\boldsymbol{v}_1$ 间隔内的分子,在以碰撞方向 $\boldsymbol{n}$ 为轴线的立体角 $\mathrm{d}\Omega$ 内的碰撞次数是

$$ff_1\sigma^2 g\cos\theta\mathrm{d}\Omega\mathrm{d}t\mathrm{d}\boldsymbol{v}\mathrm{d}\boldsymbol{v}_1\mathrm{d}\boldsymbol{r} = ff_1\Lambda\mathrm{d}\Omega\mathrm{d}t\mathrm{d}\boldsymbol{v}\mathrm{d}\boldsymbol{v}_1\mathrm{d}\boldsymbol{r} \tag{4.3.9}$$

其中,$f=f(\boldsymbol{r},\boldsymbol{v},t)$,$f_1=f(\boldsymbol{r},\boldsymbol{v}_1,t)$,记

$$\Lambda = \sigma^2 g\cos\theta \tag{4.3.10}$$

在体积元 $\mathrm{d}\boldsymbol{r}$ 内的一个速度为 $\boldsymbol{v}$ 的分子与其他任何速度的分子,在任何方向上的一次碰撞都将使 $\mathrm{d}\boldsymbol{r}\mathrm{d}\boldsymbol{v}$ 内的分子数减少一个. 因此,在 $\mathrm{d}t$ 时间间隔内,在体积元 $\mathrm{d}\boldsymbol{r}$ 内,速度在 $\boldsymbol{v}\sim\boldsymbol{v}+\mathrm{d}\boldsymbol{v}$ 间隔内的分子,由于和其他分子发生碰撞而离开相空间体积元 $\mathrm{d}\boldsymbol{r}\mathrm{d}\boldsymbol{v}$ 的分子数为式(4.3.9)对立体角 Ω 和对速度 $\boldsymbol{v}_1$ 的积分,即

$$R^- \mathrm{d}t\mathrm{d}\boldsymbol{r}\mathrm{d}\boldsymbol{v} = \mathrm{d}t\mathrm{d}\boldsymbol{r}\mathrm{d}\boldsymbol{v}\int_\Omega\int_{v_1} ff_1\Lambda\mathrm{d}\Omega\mathrm{d}\boldsymbol{v}_1 \tag{4.3.11}$$

同理可以求得在 $\mathrm{d}t$ 时间间隔内,在体积元 $\mathrm{d}\boldsymbol{r}$ 内,由于发生$(\boldsymbol{v}',\boldsymbol{v}_1')\to(\boldsymbol{v},\boldsymbol{v}_1)$的逆

碰撞而进入相空间体积元 $\mathrm{d}\boldsymbol{r}\mathrm{d}\boldsymbol{v}$ 的分子数为

$$R^+ \mathrm{d}t\mathrm{d}\boldsymbol{r}\mathrm{d}\boldsymbol{v} = \mathrm{d}t\mathrm{d}\boldsymbol{r}\int_\Omega\int_{v_1'} f'f_1'\Lambda'\mathrm{d}\Omega\mathrm{d}\boldsymbol{v}'\mathrm{d}\boldsymbol{v}_1' \tag{4.3.12}$$

其中,$f'=f(\boldsymbol{r},\boldsymbol{v}',t)$,$f_1'=f(\boldsymbol{r},\boldsymbol{v}_1',t)$,而

$$\Lambda' = \sigma^2 g'\cos\theta = \sigma^2 g\cos\theta = \Lambda \tag{4.3.13}$$

逆碰撞的碰前分子的速度为$(\boldsymbol{v}',\boldsymbol{v}_1')$,它们可以有各种数值.但只要其中一个速度选定后,另一个就不再是任意的了,因为不是两个任意速度的分子相碰撞都能产生出一个速度为 $\boldsymbol{v}$ 的分子.为了计算式(4.3.12),将 $\mathrm{d}\boldsymbol{v}'\mathrm{d}\boldsymbol{v}_1'$变换到 $\mathrm{d}\boldsymbol{v}\mathrm{d}\boldsymbol{v}_1$,利用多重积分的变量变换公式有

$$\mathrm{d}\boldsymbol{v}'\mathrm{d}\boldsymbol{v}_1'=|J|\mathrm{d}\boldsymbol{v}\mathrm{d}\boldsymbol{v}_1 \tag{4.3.14}$$

其中,J 为雅可比行列式

$$J = \frac{\partial(\boldsymbol{v}',\boldsymbol{v}_1')}{\partial(\boldsymbol{v},\boldsymbol{v}_1)} = \frac{\partial(u',v',w',u_1',v_1',w_1')}{\partial(u,v,w,u_1,v_1,w_1)} \tag{4.3.15}$$

根据碰撞前后速度关系式(4.1.26),直接计算雅可比行列式,可得 $J=-1$,但计算比较繁.比较简单的方法是利用碰撞前后分子速度的对称性,由式(4.3.14)得

$$\mathrm{d}\boldsymbol{v}\mathrm{d}\boldsymbol{v}_1 =|J'|\mathrm{d}\boldsymbol{v}'\mathrm{d}\boldsymbol{v}_1'=|J'||J|\mathrm{d}\boldsymbol{v}\mathrm{d}\boldsymbol{v}_1 \tag{4.3.16}$$

其中雅可比行列式

$$J' = \frac{\partial(\boldsymbol{v},\boldsymbol{v}_1)}{\partial(\boldsymbol{v}',\boldsymbol{v}_1')} = \frac{\partial(u,v,w,u_1,v_1,w_1)}{\partial(u',v',w',u_1',v_1',w_1')} \tag{4.3.17}$$

由式(4.3.16)显然有$|J||J'|=1$.比较正逆碰撞中分子碰撞前后的速度关系式(4.1.26)和式(4.1.30),可以看出它们的形式和系数完全相同,故有 $J=J'$,$|J|=|J'|=1$.因此得到

$$\mathrm{d}\boldsymbol{v}'\mathrm{d}\boldsymbol{v}_1'= \mathrm{d}\boldsymbol{v}\mathrm{d}\boldsymbol{v}_1 \tag{4.3.18}$$

将式(4.3.13)和式(4.3.18)两式代入式(4.3.12),得到在 $\mathrm{d}t$ 时间间隔内,在体积元 $\mathrm{d}\boldsymbol{r}$ 内,由于发生$(\boldsymbol{v}',\boldsymbol{v}_1')\rightarrow(\boldsymbol{v},\boldsymbol{v}_1)$的逆碰撞而进入相空间体积元 $\mathrm{d}\boldsymbol{r}\mathrm{d}\boldsymbol{v}$ 的分子数为

$$R^+ \mathrm{d}t\mathrm{d}\boldsymbol{r}\mathrm{d}\boldsymbol{v} = \mathrm{d}t\mathrm{d}\boldsymbol{r}\mathrm{d}\boldsymbol{v}\int_\Omega\int_{v_1} f'f_1'\Lambda\mathrm{d}\Omega\mathrm{d}\boldsymbol{v}_1 \tag{4.3.19}$$

由式(4.3.11)和式(4.3.19)两式得到在 $\mathrm{d}t$ 时间间隔内,因碰撞使相空间体积元 $\mathrm{d}\boldsymbol{r}\mathrm{d}\boldsymbol{v}$ 内净增加的分子数为

$$\begin{aligned}\left(\frac{\partial f}{\partial t}\right)_c \mathrm{d}t\mathrm{d}\boldsymbol{r}\mathrm{d}\boldsymbol{v} &= (R^+-R^-)\mathrm{d}t\mathrm{d}\boldsymbol{r}\mathrm{d}\boldsymbol{v} \\ &= \mathrm{d}t\mathrm{d}\boldsymbol{r}\mathrm{d}\boldsymbol{v}\int_\Omega\int_{v_1}(f'f_1'-ff_1)\Lambda\mathrm{d}\Omega\mathrm{d}\boldsymbol{v}_1\end{aligned} \tag{4.3.20}$$

或

$$\left(\frac{\partial f}{\partial t}\right)_c = \int_\Omega\int_{v_1}(f'f_1'-ff_1)\Lambda\mathrm{d}\Omega\mathrm{d}\boldsymbol{v}_1 \tag{4.3.21}$$

将式(4.3.21)代入式(4.3.8),得到

$$\frac{\partial f}{\partial t}+\boldsymbol{v}\cdot\boldsymbol{\nabla}f+\boldsymbol{F}\cdot\boldsymbol{\nabla}_v f=\int_\Omega\int_{v_1}(f'f'_1-ff_1)\Lambda\mathrm{d}\Omega\mathrm{d}\boldsymbol{v}_1 \tag{4.3.22}$$

式(4.3.22)称为玻尔兹曼积分微分方程,它是确定稀薄气体的非平衡态分布函数的基本方程.方程中的有关积分的积分限分别为

$$\int_{v_1}\mathrm{d}\boldsymbol{v}_1=\int_{-\infty}^{\infty}\int_{-\infty}^{\infty}\int_{-\infty}^{\infty}\mathrm{d}u_1\mathrm{d}v_1\mathrm{d}w_1 \tag{4.3.23}$$

$$\int_\Omega\mathrm{d}\Omega=\int_0^{2\pi}\mathrm{d}\varphi\int_0^{\frac{\pi}{2}}\sin\theta\mathrm{d}\theta \tag{4.3.24}$$

如果系统内有两种不同的分子,分子的质量分别为 m_1 和 m_2,直径分别为 σ_1 和 σ_2,作用在两种分子上的外力分别为 $m_1\boldsymbol{F}_1$ 和 $m_2\boldsymbol{F}_2$.设第一种分子的分布函数为 $f(\boldsymbol{r},\boldsymbol{v},t)$,第二种分子的分布函数为 $h(\boldsymbol{r},\boldsymbol{v},t)$,则 f 和 h 满足的玻尔兹曼方程组为

$$\begin{aligned}&\frac{\partial f}{\partial t}+\boldsymbol{v}\cdot\boldsymbol{\nabla}f+\boldsymbol{F}_1\cdot\boldsymbol{\nabla}_v f\\&=\int_\Omega\int_{v_1}(f'f'_1-ff_1)\Lambda_{11}\mathrm{d}\Omega\mathrm{d}\boldsymbol{v}_1+\int_\Omega\int_{v_1}(f'h'_1-fh_1)\Lambda_{12}\mathrm{d}\Omega\mathrm{d}\boldsymbol{v}_1\end{aligned} \tag{4.3.25}$$

$$\begin{aligned}&\frac{\partial h}{\partial t}+\boldsymbol{v}\cdot\boldsymbol{\nabla}h+\boldsymbol{F}_2\cdot\boldsymbol{\nabla}_v h\\&=\int_\Omega\int_{v_1}(h'f'_1-hf_1)\Lambda_{21}\mathrm{d}\Omega\mathrm{d}\boldsymbol{v}_1+\int_\Omega\int_{v_1}(h'h'_1-hh_1)\Lambda_{22}\mathrm{d}\Omega\mathrm{d}\boldsymbol{v}_1\end{aligned} \tag{4.3.26}$$

其中

$$\Lambda_{ij}=\sigma_{ij}^2 g\cos\theta,\quad \sigma_{ij}=\frac{1}{2}(\sigma_i+\sigma_j),\quad g=|\boldsymbol{v}-\boldsymbol{v}_1|\quad(i,j=1,2) \tag{4.3.27}$$

玻尔兹曼积分微分方程决定了分布函数 f 随 $\boldsymbol{r},\boldsymbol{v},t$ 的变化,求解这个方程,给出系统的非平衡态分布函数 $f(\boldsymbol{r},\boldsymbol{v},t)$,并由 $f(\boldsymbol{r},\boldsymbol{v},t)$ 求出系统的各种热力学量.然而要严格求解方程(4.3.22)是十分困难的.其难处不仅在于方程本身是一个积分微分方程,求解很不容易,而且因为要求解分布函数 $f(\boldsymbol{r},\boldsymbol{v},t)$,必须先给出碰撞项 $\left(\frac{\partial f}{\partial t}\right)_c$,而碰撞项又是分布函数 f_1、f'、f'_1 的函数. f_1、f'、f'_1 和分布函数 $f(\boldsymbol{r},\boldsymbol{v},t)$ 具有相同的函数形式,所不同的仅仅是函数的宗量.这就是说为求分布函数 $f(\boldsymbol{r},\boldsymbol{v},t)$,又必须预先知道这个分布函数.因此,在实际应用时只能用近似方法求解.一般需要通过反复迭代,以达到解的自洽的方法来逐步逼近真实的分布函数.由于玻尔兹曼方程只适用于偏离平衡态不远的情形,因此,可以将局域平衡态分布函数 $f^{(0)}(\boldsymbol{r},\boldsymbol{v})$(见4.4节)作为分布函数的零级近似,设 $f(\boldsymbol{r},\boldsymbol{v},t)=f^{(0)}(\boldsymbol{r},\boldsymbol{v})$,

则有

$$f_1=f^{(0)}(\boldsymbol{r},\boldsymbol{v}_1),\quad f_1'=f^{(0)}(\boldsymbol{r},\boldsymbol{v}_1'),\quad f'=f^{(0)}(\boldsymbol{r},\boldsymbol{v}') \tag{4.3.28}$$

将式(4.3.28)代入式(4.3.21)，得到零级近似的碰撞项$\left(\frac{\partial f}{\partial t}\right)_c^{(0)}$，代入方程(4.3.8)，求得分布函数的一级近似$f^{(1)}$. 再把式(4.3.28)中的$f^{(0)}$用$f^{(1)}$代替，将得到的$f$、$f'$、$f_1$、$f_1'$代入碰撞项式(4.3.21)，得到碰撞项的一级近似，将它代入玻尔兹曼方程，求得分布函数的二级近似$f^{(2)}$，……，如此反复迭代，得到函数系列

$$f^{(0)},\quad f^{(1)},\quad f^{(2)},\quad \cdots \tag{4.3.29}$$

直到$n+1$级分布函数$f^{(n+1)}$和n级分布函数$f^{(n)}$之差在所允许的误差范围内，得到满意的解为止.

用反复迭代的自洽法求解玻尔兹曼方程非常麻烦. 为了简单起见，在偏离平衡态不远的情形下，人们引进了弛豫时间近似，4.4节将介绍这一近似.

4.4 玻尔兹曼方程的弛豫时间近似 气体的黏滞性

对于一个处于非平衡态的气体系统，如果系统是孤立的，由于分子的运动和分子之间的频繁碰撞，最终将达到平衡态. 由于中性分子之间的作用力是短程的，分子间的碰撞过程发生在很小的时空范围内，具有很强局域性，气体通过分子间的碰撞在小范围内(宏观小微观大的小块)达到局域平衡. 局域平衡指的是，尽管整个系统处于非平衡态，各部分的宏观性质是不均匀的，而且可以随时间变化，但各个小块可以近似看成为局域平衡态，用热力学变量来描写，小块的密度n、温度T及宏观流动速度$\boldsymbol{v}_0$等都有意义，它们都是$\boldsymbol{r}$和t的函数. 当系统处于局域平衡时，分子的分布函数也具有局域平衡的形式. 对于经典的稀薄气体，分子的局域平衡分布具有如下形式：

$$\begin{aligned}&f^{(0)}(\boldsymbol{r},\boldsymbol{v},t)\\&=n(\boldsymbol{r},t)\left[\frac{m}{2\pi kT(\boldsymbol{r},t)}\right]^{\frac{3}{2}}\exp\left\{-\frac{m}{2kT(\boldsymbol{r},t)}[\boldsymbol{v}-\boldsymbol{v}_0(\boldsymbol{r},t)]^2\right\}\end{aligned} \tag{4.4.1}$$

式(4.4.1)又称为局域平衡麦克斯韦分布. 它很像平衡态的麦克斯韦分布，只是它的密度n、温度T及宏观流动速度$\boldsymbol{v}_0$都是$\boldsymbol{r}$和t的函数. 局域平衡是靠分子间的碰撞实现的，令τ表示每个小区域趋于平衡的时间，则称τ为局域平衡的弛豫时间，τ的大小与分子的平均自由时间同数量级.

与局域平衡不同，宏观系统达到整体平衡要靠分子的运动和碰撞两者共同作用才能实现，令τ_A为宏观系统整体趋于平衡的弛豫时间，则局域平衡近似成立的条件为

$$\tau\ll\tau_A$$

在满足上述条件的情形下，局域平衡是一个快过程，而整体平衡是一个慢过程. 系统趋于平衡的过程将分两步走：先局域平衡，后整体平衡. 即使有外部驱动力（如电场、温度梯度、密度梯度等）使系统处于非平衡态，只要驱动力变化的特征时间比 τ 大得多，局域平衡近似仍然成立.

在局域平衡近似成立的情形下，分子之间的碰撞首先使系统到达局域平衡. 因此，碰撞项 $\left(\frac{\partial f}{\partial t}\right)_c$ 可通过弛豫时间近似线性化，它可表示为

$$\left(\frac{\partial f}{\partial t}\right)_c = -\frac{f-f^{(0)}}{\tau} \tag{4.4.2}$$

其中，$f^{(0)}$ 是由式（4.4.1）表示的局域平衡分布函数，τ 为局域平衡的弛豫时间. 由于分子的碰撞不会改变局域平衡分布函数，$\left(\frac{\partial f^{(0)}}{\partial t}\right)_c = 0$，因此，式（4.4.2）可改写为

$$\left(\frac{\partial (f-f^{(0)})}{\partial t}\right)_c = -\frac{f-f^{(0)}}{\tau}$$

对上式积分得

$$f-f^{(0)} = (f-f^{(0)})_0 \mathrm{e}^{-\frac{t}{\tau}} \tag{4.4.3}$$

其中，$(f-f^{(0)})_0$ 表示 $t=0$ 时 $f-f^{(0)}$ 的值. 式（4.4.3）表示由于分子的碰撞，系统将趋向局域平衡态. 当 $t=\tau$ 时，$f-f^{(0)}$ 的值是初始值的 $\frac{1}{\mathrm{e}}$. 因此，τ 称为弛豫时间，式（4.4.2）称为弛豫时间近似.

下面讨论气体的黏滞现象. 设气体以宏观速度 $v_0(x)$ 沿着 y 方向流动，如图 4.3 所示. 取平面 $x=x_0$，称 $x>x_0$ 的一方为平面 x_0 的正方，$x<x_0$ 的一方为平面 x_0 的负方. 实验发现流速较快的正方气体将带动流速较慢的负方气体，使正方气体的流速减慢，负方气体的流速加快，这一现象称为黏滞现象. 以 p_{xy} 表示正方气体在单位面积 x_0 平面上施加于负方气体的作用力，其中下指标 x 标志平面 x_0 的法线方向，y 标志作用力的方向. 实验发现，切向压强 p_{xy} 正比于气体的宏观流动速度的梯度 $\frac{\mathrm{d}v_0(x)}{\mathrm{d}x}$，它可表示为

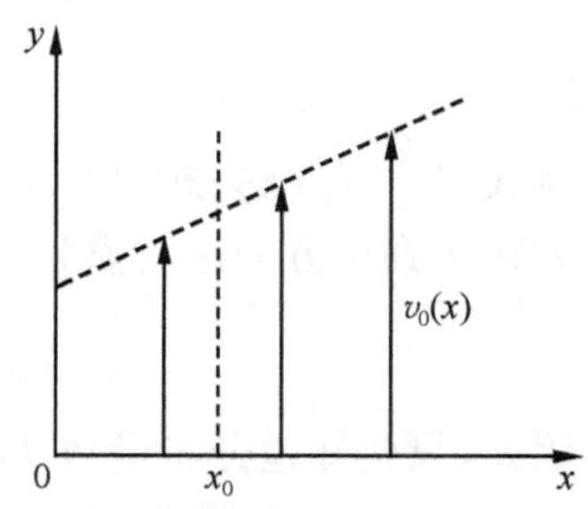

图 4.3 气体的黏性流动

$$p_{xy} = \eta \frac{\mathrm{d}v_0}{\mathrm{d}x} \tag{4.4.4}$$

式（4.4.4）称为牛顿（Newton）黏滞定律，η 是黏滞系数，在国际单位制中 η 的单位是泊（P），1P＝1N・s・m^{-2}＝1Pa・s.

从微观上看,气体分子的速度的大小和方向各不相同,气体流动的宏观速度是气体分子速度的平均值. 对于以宏观速度 $v_0(x)$ 沿 y 方向流动的气体,其平均速度为

$$\bar{u} = \bar{w} = 0, \quad \bar{v} = v_0(x)$$

图 4.3 所示的 $v_0(x)$ 随 x 增加意味着梯度 $\frac{\mathrm{d}v_0(x)}{\mathrm{d}x} > 0$. 就平均而言,$x_0$ 平面正方的分子比负方的分子在 y 方向有较大的平均动量. 由于分子的热运动,气体在流动过程中,原来在 x_0 平面正方的分子可能穿过 x_0 平面进入负方,原来在 x_0 平面负方的分子可能穿过 x_0 平面进入正方. 正方和负方的气体在 x_0 平面有动量交换,其净效果是使 y 方向的动量由 x_0 平面的正方输运到负方. 根据牛顿第二定律,正方气体通过 x_0 平面单位面积施加于负方气体的力 p_{xy} 等于在单位时间内通过 x_0 平面单位面积从正方输运到负方的净动量.

在单位时间内通过 x_0 平面单位面积由负方进入正方的分子速度在 $\boldsymbol{v} \sim \boldsymbol{v} + \mathrm{d}\boldsymbol{v}$ 内的分子数 $\mathrm{d}\Gamma = uf\mathrm{d}\boldsymbol{v}$,其中 f 为分布函数 $f(\boldsymbol{r}, \boldsymbol{v}, t)$ 的缩写. 每个分子所携带的 y 方向的动量为 mv. 速度在 $\mathrm{d}\boldsymbol{v}$ 范围内的分子在单位时间内通过 x_0 平面单位面积从负方输运到正方的动量为 $mv\mathrm{d}\Gamma = muvf\mathrm{d}\boldsymbol{v}$. 将各种速度范围内的分子所输运的动量相加,得到气体在单位时间内通过 x_0 平面单位面积由负方输运到正方的动量为

$$\int_0^{\infty} \mathrm{d}u \int_{-\infty}^{\infty} \mathrm{d}v \int_{-\infty}^{\infty} \mathrm{d}w\, muvf \tag{4.4.5}$$

同理,气体在单位时间内通过 x_0 平面单位面积由正方输运到负方的动量为

$$-\int_{-\infty}^{0} \mathrm{d}u \int_{-\infty}^{\infty} \mathrm{d}v \int_{-\infty}^{\infty} \mathrm{d}w\, muvf \tag{4.4.6}$$

从式(4.4.6)减去式(4.4.5)便得到气体在单位时间内通过 x_0 平面单位面积由正方输运到负方的净动量为

$$p_{xy} = -\int_{-\infty}^{\infty} \mathrm{d}u \int_{-\infty}^{\infty} \mathrm{d}v \int_{-\infty}^{\infty} \mathrm{d}w\, muvf \tag{4.4.7}$$

因此,只要知道分布函数 f,就可由式(4.4.7)得到切向压强 p_{xy},与牛顿黏滞定律式(4.4.4)比较即可求得气体的黏滞系数 η.

下面将在弛豫时间近似下求解玻尔兹曼方程. 设气体无外力作用,气体的宏观流动速度 v_0 沿 y 方向,且 v_0 只是 x 的函数,与 y、z 无关,则气体局域平衡分布函数为

$$f^{(0)} = n\left(\frac{m}{2\pi kT}\right)^{\frac{3}{2}} \mathrm{e}^{-\frac{m}{2kT}\left[u^2 + (v - v_0(x))^2 + w^2\right]} \tag{4.4.8}$$

气体处在定常状态下,$\frac{\partial f}{\partial t} = 0$,且 f 只是 x 的函数,与 y、z 无关. 在弛豫时间近似下

的玻尔兹曼方程为

$$u\frac{\partial f}{\partial x}=-\frac{f-f^{(0)}}{\tau} \tag{4.4.9}$$

由于气体离平衡态不远，令

$$f^{(1)}=f-f^{(0)} \tag{4.4.10}$$

$f^{(1)}\ll f^{(0)}$，当保留到一级小量时，式(4.4.9)可简化为

$$f^{(1)}=-\tau u\frac{\partial f}{\partial x}\approx -\tau u\frac{\partial f^{(0)}}{\partial x}=\tau u\frac{\partial f^{(0)}}{\partial v}\frac{\mathrm{d}v_0}{\mathrm{d}x} \tag{4.4.11}$$

由此得到分布函数

$$f=f^{(0)}+\tau u\frac{\partial f^{(0)}}{\partial v}\frac{\mathrm{d}v_0}{\mathrm{d}x} \tag{4.4.12}$$

将 f 代入式(4.4.7)，得

$$\begin{aligned}p_{xy}&=-\iiint muv\left[f^{(0)}+\tau u\frac{\partial f^{(0)}}{\partial v}\frac{\mathrm{d}v_0}{\mathrm{d}x}\right]\mathrm{d}u\mathrm{d}v\mathrm{d}w\\&=-\iiint mu^2v\tau\frac{\partial f^{(0)}}{\partial v}\mathrm{d}u\mathrm{d}v\mathrm{d}w\frac{\mathrm{d}v_0}{\mathrm{d}x}\end{aligned} \tag{4.4.13}$$

式(4.4.13)中的第一项积分的被积函数是 u 的奇函数，积分值为零. 将式(4.4.13)与牛顿黏滞定律式(4.4.4)比较，得

$$\eta=-\iiint mu^2v\tau\frac{\partial f^{(0)}}{\partial v}\mathrm{d}u\mathrm{d}v\mathrm{d}w=-m\bar{\tau}\iiint u^2v\frac{\partial f^{(0)}}{\partial v}\mathrm{d}u\mathrm{d}v\mathrm{d}w \tag{4.4.14}$$

其中，$\bar{\tau}$ 为弛豫时间 τ 的某种平均值，已提到积分号外. 利用分部积分，对 v 的积分可简化为

$$\int_{-\infty}^{\infty}v\frac{\partial f^{(0)}}{\partial v}\mathrm{d}v=\left[vf^{(0)}\right]_{-\infty}^{\infty}-\int_{-\infty}^{\infty}f^{(0)}\mathrm{d}v=-\int_{-\infty}^{\infty}f^{(0)}\mathrm{d}v \tag{4.4.15}$$

将式(4.4.15)代入式(4.4.14)，得黏滞系数

$$\eta=m\bar{\tau}\iiint u^2f^{(0)}\mathrm{d}u\mathrm{d}v\mathrm{d}w=nm\bar{\tau}\,\overline{u^2} \tag{4.4.16}$$

其中

$$\overline{u^2}=\frac{1}{n}\int_{-\infty}^{\infty}\int_{-\infty}^{\infty}\int_{-\infty}^{\infty}u^2f^{(0)}\mathrm{d}u\mathrm{d}v\mathrm{d}w=\frac{kT}{m} \tag{4.4.17}$$

将式(4.4.17)代入式(4.4.16)，得

$$\eta=nkT\bar{\tau} \tag{4.4.18}$$

弛豫时间 τ 与分子在相继的两次碰撞所经历的时间具有相同的数量级，因此有

$$\bar{\tau}\approx\frac{\bar{l}}{\bar{v}} \tag{4.4.19}$$

其中，$\bar{l}$ 是分子的平均自由程. η 可表示为

$$\eta = nkT\,\frac{\bar{l}}{\bar{v}} \tag{4.4.20}$$

当气体接近平衡态时，$\bar{v} \approx \sqrt{\dfrac{8kT}{\pi m}}$，$\bar{l} \approx \dfrac{1}{\sqrt{2}\pi n\sigma^2}$，由此可得

$$\eta \propto \sqrt{T} \tag{4.4.21}$$

式(4.4.21)表明黏滞系数 η 与温度的平方根成正比，与气体的压强无关. 这个结论是麦克斯韦在 1860 年首先从理论上得到的，并为实验所证实.

现将黏滞系数 η 的式(4.4.16)与输运过程的初级理论所得的结果进行比较. 设气体的平均速度 v_0 很小，可以忽略，在气体接近平衡态时，有 $\overline{u^2} \approx \dfrac{1}{3}\overline{v^2} \approx \dfrac{1}{3}\bar{v}^2$ 以及 $\bar{v}\tau = \bar{l}$，代入式(4.4.16)，得到

$$\eta = \frac{1}{3}nm\bar{v}\,\bar{l} \tag{4.4.22}$$

式(4.4.22)正是输运过程初级理论的结果.

*4.5 金属的电导率和热导率

为了简单起见，首先讨论金属中不存在温度和密度不均匀性的纯电导问题. 假设金属在沿 x 方向的恒定外电场 E 作用下，金属中的自由电子获得一个定向运动速度，在金属中有电流通过. 实验证明电流密度 J_e 与电场强度 E 成正比

$$J_e = \sigma E \tag{4.5.1}$$

式(4.5.1)称为欧姆定律，比例系数 σ 是金属的电导率.

从微观上看，电流密度 J_e 等于在单位时间内，通过金属中单位横截面积的电子数乘以电子的电荷 $-e$. 由于电子的无规则热运动，电子可以向 x 的正向运动，也可以向 x 的负向运动. 设电子的分布函数为 f，则向 x 的正向运动的电子所产生的电流密度 J_e^+ 为

$$J_e^+ = -e\int_0^{\infty}\mathrm{d}u\int_{-\infty}^{\infty}\mathrm{d}v\int_{-\infty}^{\infty}\mathrm{d}w\,uf \tag{4.5.2}$$

向 x 的负向运动的电子所产生的电流密度 J_e^- 为

$$J_e^- = -e\int_{-\infty}^{0}\mathrm{d}u\int_{-\infty}^{\infty}\mathrm{d}v\int_{-\infty}^{\infty}\mathrm{d}w(-u)f \tag{4.5.3}$$

式(4.5.2)和式(4.5.3)两式相减得向 x 的正向流动的净电流密度为

$$J_e = J_e^+ - J_e^- = -e\int_{-\infty}^{\infty}\mathrm{d}u\int_{-\infty}^{\infty}\mathrm{d}v\int_{-\infty}^{\infty}\mathrm{d}w\,uf \tag{4.5.4}$$

如果没有外电场，电子气处于平衡态. 自由电子是强简并费米气体，服从费米分布，因此，局域平衡分布为

$$f^{(0)}\mathrm{d}\boldsymbol{v}=\frac{2m^3}{h^3}\frac{1}{e^{(\varepsilon-\mu)/kT}+1}\mathrm{d}\boldsymbol{v}=\frac{2m^3}{h^3}f_{\mathrm{F}}\mathrm{d}\boldsymbol{v} \tag{4.5.5}$$

其中

$$f_{\mathrm{F}}=\frac{1}{e^{(\varepsilon-\mu)/kT}+1} \tag{4.5.6}$$

为平衡态时的费米分布，$\varepsilon=\frac{m}{2}(u^2+v^2+w^2)$是电子的能量. 如果将式(4.5.5)的$f^{(0)}$代入式(4.5.4)，得$J_e=0$，因为式(4.5.4)中的被积函数是$u$的奇函数. 现在$x$方向加上一个弱外电场$E$，电子在电场力$-eE$的作用下，$J_e\neq 0$. 为了得到电流密度，需要知道分布函数$f$，为此需求解玻尔兹曼方程. 金属中自由电子的碰撞机制和一般气体分子的碰撞机制不同，玻尔兹曼方程中的碰撞项也和气体分子的碰撞项不同. 如果撤去外电场，由于电子的碰撞作用，金属将趋向平衡态，这是一种弛豫过程，设弛豫时间为τ，在弛豫时间近似下，可以不去讨论自由电子的碰撞机制，而令

$$\left(\frac{\partial f}{\partial t}\right)_c=-\frac{f-f^{(0)}}{\tau} \tag{4.5.7}$$

当系统达到稳定状态时，$\frac{\partial f}{\partial t}=0$. 忽略加电场后引起的温度和密度的不均匀性，则$f$与$\boldsymbol{r}$无关，考虑到以上假设后，玻尔兹曼方程简化为

$$-\frac{eE}{m}\frac{\partial f}{\partial u}=-\frac{f-f^{(0)}}{\tau} \tag{4.5.8}$$

由此解得

$$f=f^{(0)}+\frac{\tau eE}{m}\frac{\partial f}{\partial u}\approx f^{(0)}+\frac{\tau eE}{m}\frac{\partial f^{(0)}}{\partial u} \tag{4.5.9}$$

在弱电场的情形下，式(4.5.9)的第二项是加电场后分布函数小的修正项$f^{(1)}$，它远小于$f^{(0)}$，因此，在一级近似下第二项中的f已用$f^{(0)}$代替.

将式(4.5.9)代入式(4.5.4)，得电流密度

$$J_e=-\frac{e^2E}{m}\iiint\tau u\frac{\partial f^{(0)}}{\partial u}\mathrm{d}u\mathrm{d}v\mathrm{d}w \tag{4.5.10}$$

利用速度空间极坐标，取u方向为极轴，$u=|\boldsymbol{v}|\cos\theta$，则式(4.5.10)可改写为

$$\begin{aligned}J_e&=-2e^2E\left(\frac{m}{h}\right)^3\iiint\tau u^2\frac{\partial f_{\mathrm{F}}}{\partial\varepsilon}\mathrm{d}u\mathrm{d}v\mathrm{d}w\\&=-e^2E\left(\frac{m}{h}\right)^3\left(\frac{2}{m}\right)^{\frac{5}{2}}\int_0^{\infty}\int_0^{\pi}\int_0^{2\pi}\tau\varepsilon^{\frac{3}{2}}\frac{\partial f_{\mathrm{F}}}{\partial\varepsilon}\cos^2\theta\sin\theta\mathrm{d}\varepsilon\mathrm{d}\theta\mathrm{d}\varphi\\&=-\frac{16\pi}{3h^3}e^2E\sqrt{2m}\int_0^{\infty}\tau\varepsilon^{3h}\frac{\partial f_{\mathrm{F}}}{\partial\varepsilon}\mathrm{d}\varepsilon\end{aligned}$$

$$=-\frac{16\pi}{3h^3}e^2Em\int_0^{\infty}l\varepsilon\frac{\partial f_{\mathrm{F}}}{\partial\varepsilon}\mathrm{d}\varepsilon \tag{4.5.11}$$

式(4.5.11)最后一步已用了 $\tau=\frac{l(v)}{v}$,l 是电子的自由程,与电子的速率 v 有关,也即与能量 ε 有关.下面分两种情形求金属中的电流密度 J_e.

1. $T=0\mathrm{K}$

在绝对零度时,费米分布是一个阶梯函数,当 $\varepsilon<\varepsilon_{\mathrm{F}}$ 时,$f_{\mathrm{F}}=1$,当 $\varepsilon>\varepsilon_{\mathrm{F}}$ 时,$f_{\mathrm{F}}=0$,所以,它的导数是一个 δ 函数,即

$$\frac{\partial f_{\mathrm{F}}}{\partial\varepsilon}=-\delta(\varepsilon-\varepsilon_{\mathrm{F}}) \tag{4.5.12}$$

其中

$$\varepsilon_{\mathrm{F}}=\mu_0=\frac{h^2}{2m}\left(\frac{3n}{8\pi}\right)^{\frac{2}{3}} \tag{4.5.13}$$

是绝对零度时电子气的费米能级.将式(4.5.12)与式(4.5.13)代入式(4.5.11),得

$$J_e=\frac{ne^2l(\varepsilon_{\mathrm{F}})}{mv(\varepsilon_{\mathrm{F}})}E=\frac{ne^2\tau(\varepsilon_{\mathrm{F}})}{m}E \tag{4.5.14}$$

与欧姆定律式(4.5.1)比较,得金属的电导率

$$\sigma=\frac{ne^2\tau(\varepsilon_{\mathrm{F}})}{m}=\frac{ne^2l(\varepsilon_{\mathrm{F}})}{mv(\varepsilon_{\mathrm{F}})} \tag{4.5.15}$$

其中,$\tau(\varepsilon_{\mathrm{F}})=\frac{l(\varepsilon_{\mathrm{F}})}{v(\varepsilon_{\mathrm{F}})}$、$l(\varepsilon_{\mathrm{F}})$、$v(\varepsilon_{\mathrm{F}})$ 分别为在费米能级处电子的弛豫时间、自由程和速率.式(4.5.15)表明电导率与 $n\tau(\varepsilon_{\mathrm{F}})$ 成正比.

2. $T\neq0\mathrm{K}$

由于电子气的费米温度 T_{F} 高达 $10^4\mathrm{K}$,在通常的温度下 $T\ll T_{\mathrm{F}}$,即 $\frac{kT}{\varepsilon_{\mathrm{F}}}\ll1$,此时式(4.5.11)对能量的积分可利用2.18节已经导出的近似表达式(2.18.10)

$$I=-\int_0^{\infty}g(\varepsilon)\frac{\partial f_{\mathrm{F}}}{\partial\varepsilon}\mathrm{d}\varepsilon\approx g(\mu)-g(0)+\frac{\pi^2}{6}(kT)^2g''(\mu),\quad T\ll T_{\mathrm{F}} \tag{4.5.16}$$

在式(4.5.11)中取 $l(\varepsilon)\approx l(\mu)$,$g(\varepsilon)=\varepsilon$,利用近似公式(4.5.16),得

$$J_e=\frac{16\pi}{3h^3}e^2ml(\mu)\mu E \tag{4.5.17}$$

其中,$l(\mu)\approx l(\varepsilon_{\mathrm{F}})\approx v_{\mathrm{F}}\tau(\varepsilon_{\mathrm{F}})$,化学势 μ 为

$$\mu=\mu_0\left[1-\frac{\pi^2}{12}\left(\frac{kT}{\mu_0}\right)^2\right] \tag{4.5.18}$$

因此,温度为 T 时金属的电导率为

$$\sigma = \frac{16\pi}{3h^3}e^2 ml(\mu)\mu \approx \frac{ne^2\tau(\varepsilon_F)}{m}\left(\frac{\mu}{\varepsilon_F}\right)^{\frac{3}{2}}$$
$$= \frac{ne^2\tau(\varepsilon_F)}{m}\left[1 - \frac{\pi^2}{8}\left(\frac{kT}{\varepsilon_F}\right)^2\right] \tag{4.5.19}$$

式(4.5.19)第二项是非零温度对电导率的修正.

现在来考虑金属中既有外电场又有温度梯度的复杂情形,此时我们必须同时考虑外电场 E(沿 x 方向)和温度梯度$\frac{\mathrm{d}T}{\mathrm{d}x}$对电子分布函数的影响.

由于在金属内部沿 x 方向有一个温度梯度$\frac{\mathrm{d}T}{\mathrm{d}x}$,将有热量从高温区域流向低温区域. 实验发现,在单位时间内,通过垂直于 x 轴的单位横截面流过的热量 J_q 与温度梯度成正比,即

$$J_q = -\kappa\frac{\mathrm{d}T}{\mathrm{d}x} \tag{4.5.20}$$

比例系数 κ 称为热导率或热传导系数,负号表示热量传输的方向与温度梯度的方向相反,向着温度降低的方向. 式(4.5.20)称为傅里叶(Fourier)热传导定律.

在热传导过程中,电子所传输的热量是电子的动能

$$\varepsilon = \frac{1}{2}m\boldsymbol{v}^2 = \frac{1}{2}m(u^2 + v^2 + w^2)$$

以 ε 代替式(4.5.4)中的 $-e$,得到热流 J_q 的统计表达式

$$J_q = \int \varepsilon u f \mathrm{d}\boldsymbol{v} = \iiint \frac{1}{2}m(u^2 + v^2 + w^2)uf\mathrm{d}u\mathrm{d}v\mathrm{d}w \tag{4.5.21}$$

电流密度 J_e 的统计表达式仍由式(4.5.4)给出. 导电和导热过程都是不可逆过程,金属处于非平衡态,非平衡分布函数由玻尔兹曼积分微分方程确定. 由于金属内部的电场 E 和温度梯度$\frac{\mathrm{d}T}{\mathrm{d}x}$都沿着 x 方向,因此,分布函数 f 只是 x 的函数,与 y、z 无关,即

$$\frac{\partial f}{\partial x} \neq 0, \quad \frac{\partial f}{\partial y} = \frac{\partial f}{\partial z} = 0 \tag{4.5.22}$$

电子受到恒定电场的作用,只有沿 x 方向有加速度

$$F_x = -\frac{eE}{m}, \quad F_y = F_z = 0 \tag{4.5.23}$$

当金属中的导电和导热过程达到稳定状态时,有

$$\frac{\partial f}{\partial t} = 0 \tag{4.5.24}$$

考虑到式(4.5.22)～式(4.5.24),在弛豫时间近似下的玻尔兹曼方程为

$$u\frac{\partial f}{\partial x}-\frac{eE}{m}\frac{\partial f}{\partial u}=-\frac{f-f^{(0)}}{\tau} \tag{4.5.25}$$

其中,$f^{(0)}$是局域平衡的费米分布,由式(4.5.5)给出,其中温度 $T=T(x)$,化学势 $\mu=\mu(n,T(x))$通过 $T(x)$依赖 x. 由式(4.5.25)解得

$$f=f^{(0)}+\tau\left(\frac{eE}{m}\frac{\partial f}{\partial u}-u\frac{\partial f}{\partial x}\right) \tag{4.5.26}$$

假设外电场 E 和温度梯度$\frac{\mathrm{d}T}{\mathrm{d}x}$都很小,$f$ 和局域平衡分布函数 $f^{(0)}$ 相差也很小. 在一级近似下,式(4.5.26)右方的 f 可用 $f^{(0)}$来代替,由此得到

$$f=f^{(0)}+\tau\left(\frac{eE}{m}\frac{\partial f^{(0)}}{\partial u}-u\frac{\partial f^{(0)}}{\partial x}\right) \tag{4.5.27}$$

利用式(4.5.5),得

$$\frac{\partial f^{(0)}}{\partial u}=2\left(\frac{m}{h}\right)^3 mu\frac{\partial f_{\mathrm{F}}}{\partial \varepsilon} \tag{4.5.28}$$

$$\begin{aligned}\frac{\partial f^{(0)}}{\partial x}&=T\frac{\partial f^{(0)}}{\partial \varepsilon}\frac{\partial}{\partial x}\left(\frac{\varepsilon-\mu}{T}\right)\\&=-2\left(\frac{m}{h}\right)^3\left[\frac{\varepsilon}{T}\frac{\mathrm{d}T}{\mathrm{d}x}+T\frac{\partial}{\partial x}\left(\frac{\mu}{T}\right)\right]\frac{\partial f_{\mathrm{F}}}{\partial \varepsilon}\end{aligned} \tag{4.5.29}$$

将式(4.5.28)和式(4.5.29)两式代入式(4.5.27),得

$$f=f^{(0)}+2\left(\frac{m}{h}\right)^3\tau u\left[eE+\frac{\varepsilon}{T}\frac{\mathrm{d}T}{\mathrm{d}x}+T\frac{\partial}{\partial x}\left(\frac{\mu}{T}\right)\right]\frac{\partial f_{\mathrm{F}}}{\partial \varepsilon} \tag{4.5.30}$$

将式(4.5.30)代入式(4.5.4)和式(4.5.21),并利用 $\tau=\frac{l}{v}$,得热流密度和电流密度分别为

$$J_q=2\left(\frac{m}{h}\right)^3\int\frac{l}{v}u^2\varepsilon^2\frac{\partial f_{\mathrm{F}}}{\partial \varepsilon}\mathrm{d}\boldsymbol{v}\,\frac{1}{T}\frac{\mathrm{d}T}{\mathrm{d}x}+2\left(\frac{m}{h}\right)^3\left[eE+T\frac{\partial}{\partial x}\left(\frac{\mu}{T}\right)\right]\int\frac{l}{v}u^2\varepsilon\frac{\partial f_{\mathrm{F}}}{\partial \varepsilon}\mathrm{d}\boldsymbol{v} \tag{4.5.31}$$

$$J_e=-2e\left(\frac{m}{h}\right)^3\int\frac{l}{v}u^2\varepsilon\frac{\partial f_{\mathrm{F}}}{\partial \varepsilon}\mathrm{d}\boldsymbol{v}\,\frac{1}{T}\frac{\mathrm{d}T}{\mathrm{d}x}-2e\left(\frac{m}{h}\right)^3\left[eE+T\frac{\partial}{\partial x}\left(\frac{\mu}{T}\right)\right]\int\frac{l}{v}u^2\frac{\partial f_{\mathrm{F}}}{\partial \varepsilon}\mathrm{d}\boldsymbol{v} \tag{4.5.32}$$

若$\frac{\mathrm{d}T}{\mathrm{d}x}=0$,式(4.5.32)回到纯电导时的式(4.5.10). 现在来化简式(4.5.31)和式(4.5.32)两式中的积分. 利用速度空间极坐标,取 u 方向为极轴,$u=|\boldsymbol{v}|\cos\theta$,则有

$$\int\frac{l}{v}u^2\frac{\partial f_{\mathrm{F}}}{\partial \varepsilon}\mathrm{d}\boldsymbol{v}=\frac{2}{m^2}\int_0^{\infty}\int_0^{\pi}\int_0^{2\pi}l\varepsilon\frac{\partial f_{\mathrm{F}}}{\partial \varepsilon}\cos^2\theta\sin\theta\mathrm{d}\varepsilon\mathrm{d}\theta\mathrm{d}\varphi$$

$$= \frac{8\pi}{3m^2}\int_0^\infty l\varepsilon \frac{\partial f_F}{\partial \varepsilon}d\varepsilon \tag{4.5.33}$$

利用不可逆过程热力学中的流和驱动流的力之间的关系，将式(4.5.31)和式(4.5.32)两式可改写为

$$J_q = L_{11}\left(-\frac{1}{T}\frac{dT}{dx}\right)+L_{12}\left[E+\frac{T}{e}\frac{\partial}{\partial x}\left(\frac{\mu}{T}\right)\right] \tag{4.5.34}$$

$$J_e = L_{21}\left(-\frac{1}{T}\frac{dT}{dx}\right)+L_{22}\left[E+\frac{T}{e}\frac{\partial}{\partial x}\left(\frac{\mu}{T}\right)\right] \tag{4.5.35}$$

其中，系数 L_{ij} 分别为

$$\begin{aligned}
L_{11} &= -2\left(\frac{m}{h}\right)^3\int \frac{l}{v}u^2\varepsilon^2\frac{\partial f_F}{\partial \varepsilon}d\boldsymbol{v} = -\frac{16\pi m}{3h^3}\int_0^\infty l\varepsilon^3\frac{\partial f_F}{\partial \varepsilon}d\varepsilon \\
L_{12} = L_{21} &= 2e\left(\frac{m}{h}\right)^3\int \frac{l}{v}u^2\varepsilon\frac{\partial f_F}{\partial \varepsilon}d\boldsymbol{v} = \frac{16\pi me}{3h^3}\int_0^\infty l\varepsilon^2\frac{\partial f_F}{\partial \varepsilon}d\varepsilon \\
L_{22} &= -2e^2\left(\frac{m}{h}\right)^3\int \frac{l}{v}u^2\frac{\partial f_F}{\partial \varepsilon}d\boldsymbol{v} = -\frac{16\pi me^2}{3h^3}\int_0^\infty l\varepsilon\frac{\partial f_F}{\partial \varepsilon}d\varepsilon
\end{aligned} \tag{4.5.36}$$

式(4.5.34)～式(4.5.36)显示了当系统偏离平衡态不远时，产生驱动的流 J_q、J_e 和力 $-\frac{1}{T}\frac{dT}{dx}$、$E+\frac{T}{e}\frac{\partial}{\partial x}\left(\frac{\mu}{T}\right)$ 之间呈线性关系；而且热流和电流之间的交叉系数相等，$L_{12}=L_{21}$，从而用统计物理的方法给出了昂萨格(Onsager)倒易关系.

在测量热导律 κ 时，通常是在金属内没有电流的开路条件下进行的，即 $J_e=0$，由式(4.5.35)得

$$\left[E+\frac{T}{e}\frac{d}{dT}\left(\frac{\mu}{T}\right)\right]=\frac{L_{21}}{L_{22}}\left(\frac{1}{T}\frac{dT}{dx}\right) \tag{4.5.37}$$

将式(4.5.37)代入式(4.5.34)，得

$$J_q = -\left(L_{11}-\frac{L_{12}^2}{L_{22}}\right)\frac{1}{T}\frac{dT}{dx} \tag{4.5.38}$$

式(4.5.38)与傅里叶定律式(4.5.20)比较，得热导率

$$\kappa = \left(L_{11}-\frac{L_{12}^2}{L_{22}}\right)\frac{1}{T} \tag{4.5.39}$$

利用积分公式(4.5.16)，由式(4.5.36)得到

$$\begin{aligned}
L_{11} &= \frac{16\pi m}{3h^3}l(\mu)\mu^3\left[1+\pi^2\left(\frac{kT}{\mu}\right)^2\right] \\
L_{12} &= -\frac{16\pi me}{3h^3}l(\mu)\mu^2\left[1+\frac{\pi^2}{3}\left(\frac{kT}{\mu}\right)^2\right] \\
L_{22} &= \frac{16\pi me^2}{3h^3}l(\mu)\mu
\end{aligned} \tag{4.5.40}$$

将式(4.5.40)的 L_{ij} 代入式(4.5.39),得热导率

$$\kappa = \frac{16\pi^3 mk^2 T}{9h^3} l(\mu)\mu \approx \frac{\pi^2 k^2 T}{3}\frac{n\tau(\varepsilon_F)}{m}\left(\frac{\mu}{\varepsilon_F}\right)^{\frac{3}{2}} \approx \frac{\pi^2 k^2 T}{3}\frac{n\tau(\mu_0)}{m} \tag{4.5.41}$$

由式(4.5.19)和式(4.5.41)两式得洛伦兹常量

$$L = \frac{\kappa}{\sigma T} = \frac{\pi^2}{3}\left(\frac{k}{e}\right)^2 = 2.443 \times 10^{-8}\,\Omega\cdot\mathrm{K}^{-2} \tag{4.5.42}$$

式(4.5.42)表明$\frac{\kappa}{\sigma T}$是一个普适常数,称为维德曼(Wiedemann)-弗兰兹(Franz)定律,维德曼和弗兰兹的实验结果证实了这一公式,但 L 的实验值显示出与温度有关,并且对不同的金属多少有些变化.

4.6 H 定理

本节将讨论系统如何由非平衡态趋向平衡态的问题和平衡态分布函数的性质.这一问题由玻尔兹曼在 1872 年引进速度分布函数 f 的一个泛函 H 得到解决.玻尔兹曼证明在气体分子的运动和分子间的碰撞的影响下,H 函数随时间单调减少,直到 H 达到它的极小值,它的值不再随时间改变,此时系统达到了平衡态.这就是 H 定理.H 定理与分子之间的碰撞机制有关,玻尔兹曼证明 H 定理时用了玻尔兹曼积分微分方程,因此,H 定理只适用于单原子分子的稀薄气体.

玻尔兹曼定义 H 函数

$$H(t) = \iint f\ln f \mathrm{d}\boldsymbol{r}\mathrm{d}\boldsymbol{v} = N\overline{\ln f} \tag{4.6.1}$$

其中,$\overline{\ln f}$表示函数 $\ln f$ 按分布函数 f 的统计平均值,$N = \iint f\mathrm{d}\boldsymbol{r}\mathrm{d}\boldsymbol{v}$ 为气体的分子数.H 是时间的函数,它的时间变化率为

$$\frac{\mathrm{d}H}{\mathrm{d}t} = \iint \frac{\partial}{\partial t}(f\ln f)\mathrm{d}\boldsymbol{r}\mathrm{d}\boldsymbol{v} = \iint (1+\ln f)\frac{\partial f}{\partial t}\mathrm{d}\boldsymbol{r}\mathrm{d}\boldsymbol{v} \tag{4.6.2}$$

f 的时间变化率$\frac{\partial f}{\partial t}$由玻尔兹曼积分微分方程(4.3.22)确定,将它代入式(4.6.2),得

$$\frac{\mathrm{d}H}{\mathrm{d}t} = \iint (1+\ln f)\left\{-\boldsymbol{v}\cdot\nabla f - \boldsymbol{F}\cdot\nabla_v f + \iint (f'f'_1 - ff_1)\Lambda\mathrm{d}\Omega\mathrm{d}\boldsymbol{v}_1\right\}\mathrm{d}\boldsymbol{r}\mathrm{d}\boldsymbol{v} \tag{4.6.3}$$

可以证明式(4.6.3)中的第一和第二项为零,对$\frac{\mathrm{d}H}{\mathrm{d}t}$没有贡献.在第一项中考虑对空间坐标的积分

$$\int (1+\ln f)\boldsymbol{v}\cdot\nabla f\mathrm{d}\boldsymbol{r} = \int \boldsymbol{v}\cdot\nabla(f\ln f)\mathrm{d}\boldsymbol{r} \tag{4.6.4}$$

利用矢量运算公式

$$\nabla\cdot(g\boldsymbol{A})=\boldsymbol{A}\cdot\nabla g+g\nabla\cdot\boldsymbol{A} \tag{4.6.5}$$

取 $g=f\ln f$，$\boldsymbol{A}=\boldsymbol{v}$，且 $\nabla\cdot\boldsymbol{v}=0$，则有

$$\nabla\cdot(\boldsymbol{v}f\ln f)=\boldsymbol{v}\cdot\nabla(f\ln f)$$

将上式代入式(4.6.4)，得

$$\int(1+\ln f)\boldsymbol{v}\cdot\nabla f\mathrm{d}\boldsymbol{r}=\int\nabla\cdot(\boldsymbol{v}f\ln f)\mathrm{d}\boldsymbol{r}=\int_{\Sigma}\boldsymbol{n}\cdot\boldsymbol{v}f\ln f\mathrm{d}\Sigma=0 \tag{4.6.6}$$

其中，$\boldsymbol{n}$ 为面积元 $\mathrm{d}\Sigma$ 的外法线的单位矢量，$\int_{\Sigma}\mathrm{d}\Sigma$ 表示对整个气体器壁表面的面积分，由于在器壁上 $f=0$，因此，面积分为零.

同理考虑式(4.6.3)中第二项对速度的积分

$$\int(1+\ln f)\boldsymbol{F}\cdot\nabla_v f\mathrm{d}\boldsymbol{v}=\int\boldsymbol{F}\cdot\nabla_v(f\ln f)\mathrm{d}\boldsymbol{v} \tag{4.6.7}$$

再次利用式(4.6.5)，取 $g=f\ln f$，$\boldsymbol{A}=\boldsymbol{F}$，则有

$$\nabla_v\cdot(\boldsymbol{F}f\ln f)=\boldsymbol{F}\cdot\nabla_v(f\ln f)$$

其中已用了式(4.3.6)，$\nabla_v\cdot\boldsymbol{F}=0$，将上式代入式(4.6.7)，得

$$\begin{aligned}&\int(1+\ln f)\boldsymbol{F}\cdot\nabla_v f\mathrm{d}\boldsymbol{v}\\&=\int\nabla_v\cdot(\boldsymbol{F}f\ln f)\mathrm{d}\boldsymbol{v}\\&=\int_{-\infty}^{\infty}\int_{-\infty}^{\infty}\int_{-\infty}^{\infty}\left[\frac{\partial}{\partial u}(Xf\ln f)+\frac{\partial}{\partial v}(Yf\ln f)+\frac{\partial}{\partial w}(Zf\ln f)\right]\mathrm{d}u\,\mathrm{d}v\,\mathrm{d}w\\&=0\end{aligned} \tag{4.6.8}$$

其中最后一个表达式中每一项积分都等于零，例如，第一项对 u 的积分

$$\int_{-\infty}^{\infty}\frac{\partial}{\partial u}(Xf\ln f)\mathrm{d}u=[Xf\ln f]_{-\infty}^{\infty}=0$$

因为当 $u\to\pm\infty$ 时，$f=0$. 将式(4.6.6)和式(4.6.8)代入式(4.6.3)，得

$$\frac{\mathrm{d}H}{\mathrm{d}t}=\iiint(1+\ln f)(f'f_1'-ff_1)\Lambda\mathrm{d}\Omega\mathrm{d}\boldsymbol{r}\mathrm{d}\boldsymbol{v}\mathrm{d}\boldsymbol{v}_1 \tag{4.6.9}$$

现将式(4.6.9)中积分变量 $\boldsymbol{v}$ 与 $\boldsymbol{v}_1$ 进行交换，积分值不变，即

$$\frac{\mathrm{d}H}{\mathrm{d}t}=\iiint(1+\ln f_1)(f'f_1'-ff_1)\Lambda\mathrm{d}\Omega\mathrm{d}\boldsymbol{r}\mathrm{d}\boldsymbol{v}\mathrm{d}\boldsymbol{v}_1$$

将上式与式(4.6.9)相加，并除以 2，得

$$\frac{\mathrm{d}H}{\mathrm{d}t}=\frac{1}{2}\iiint(2+\ln ff_1)(f'f_1'-ff_1)\Lambda\mathrm{d}\Omega\mathrm{d}\boldsymbol{r}\mathrm{d}\boldsymbol{v}\mathrm{d}\boldsymbol{v}_1 \tag{4.6.10}$$

其次，在式(4.6.10)中将积分变量$(\boldsymbol{v},\boldsymbol{v}_1)$与$(\boldsymbol{v}',\boldsymbol{v}_1')$互换，其值不变，得

$$\frac{\mathrm{d}H}{\mathrm{d}t}=\frac{1}{2}\iiint(2+\ln f'f_1')(ff_1-f'f_1')\Lambda'\mathrm{d}\Omega\mathrm{d}\boldsymbol{r}\mathrm{d}\boldsymbol{v}'\mathrm{d}\boldsymbol{v}_1'$$

在 4.3 节中已经证明了 $\mathrm{d}\boldsymbol{v}'\mathrm{d}\boldsymbol{v}_1'=\mathrm{d}\boldsymbol{v}\mathrm{d}\boldsymbol{v}_1$, $\Lambda'=\Lambda$, 因此, 上式可改写为

$$\frac{\mathrm{d}H}{\mathrm{d}t}=\frac{1}{2}\iiint(2+\ln f'f_1')(ff_1-f'f_1')\Lambda\mathrm{d}\Omega\mathrm{d}\boldsymbol{r}\mathrm{d}\boldsymbol{v}\mathrm{d}\boldsymbol{v}_1$$

将上式与式(4.6.10)相加,并除以 2,得

$$\frac{\mathrm{d}H}{\mathrm{d}t}=-\frac{1}{4}\iiint(\ln ff_1-\ln f'f_1')(ff_1-f'f_1')\Lambda\mathrm{d}\Omega\mathrm{d}\boldsymbol{r}\mathrm{d}\boldsymbol{v}\mathrm{d}\boldsymbol{v}_1 \tag{4.6.11}$$

在式(4.6.11)中 $\Lambda\geqslant 0$,若令 $x=\ln ff_1$, $y=\ln f'f_1'$,则被积函数

$$F(x,y)=(x-y)(\mathrm{e}^x-\mathrm{e}^y)$$

其中,x、y 为实函数,不论 x、y 为何值,被积函数 $F\geqslant 0$,而且等号只有当 $x=y$ 时才成立. 由此可得

$$\frac{\mathrm{d}H}{\mathrm{d}t}\leqslant 0 \tag{4.6.12}$$

其中等号只有在

$$ff_1=f'f_1' \tag{4.6.13}$$

时才成立. 式(4.6.12)和式(4.6.13)两式就是 H 定理的数学表达式.

H 的值与分布函数有关,气体分子的运动和分子之间的碰撞不断地改变着分布函数,但 H 值总是随时间单调减少的,直至它的极小值,系统达到平衡态. 因此, H 函数是一个系统从非平衡态趋向平衡态的标志. 当系统处于非平衡态时,它只能向着 H 减少的方向进行,达到平衡态时 H 为极小值,并且保持这一值不变. 这就在统计物理理论上证明了一个宏观系统趋向平衡态的过程是一个不可逆过程. H 的时间变化率 $\frac{\mathrm{d}H}{\mathrm{d}t}$ 给出了不可逆过程进行的速率.

下面我们将讨论 H 定理的意义以及由 H 定理导出的一些重要的结论.

4.6.1 *H* 定理和细致平衡原理

H 定理证明了,当系统达到平衡态时,分布函数 f 满足条件式(4.6.13);反之,当系统的分布函数满足条件式(4.6.13)时,H 达到极小值,系统处于平衡态. 所以,$ff_1=f'f_1'$ 是系统达到平衡态的充分必要条件,称为细致平衡条件. 在 4.1 节已经指出,在 $(\boldsymbol{v},\boldsymbol{v}_1)\rightarrow(\boldsymbol{v}',\boldsymbol{v}_1')$ 的碰撞中,碰撞具有可逆性. 在热力学平衡的条件下,$ff_1=f'f_1'$. 因此,单位时间内,在单位体积内速度分别在 $\mathrm{d}\boldsymbol{v}$ 和 $\mathrm{d}\boldsymbol{v}_1$ 间隔内的两群分子在立体角元 $\mathrm{d}\Omega$ 内的元碰撞数 $ff_1\Lambda\mathrm{d}\Omega\mathrm{d}\boldsymbol{v}\mathrm{d}\boldsymbol{v}_1$ 与相应的元逆碰撞数 $f'f_1'\Lambda'\mathrm{d}\Omega\mathrm{d}\boldsymbol{v}'\mathrm{d}\boldsymbol{v}'_1$ 相等,即

$$ff_1\Lambda\mathrm{d}\Omega\mathrm{d}\boldsymbol{v}\mathrm{d}\boldsymbol{v}_1=f'f_1'\Lambda'\mathrm{d}\Omega\mathrm{d}\boldsymbol{v}'\mathrm{d}\boldsymbol{v}_1'$$

这就是细致平衡. 细致平衡条件的意义在于元碰撞数和元逆碰撞数正好相等而抵消,使系统的分布函数不因分子碰撞而改变. 更普遍地说,凡是一个过程的元过程和元逆过程的效果正好相互抵消时,就称为细致平衡. 细致平衡能保持时,系统的平衡必定

能保持. H 定理证明了,当系统达到平衡态时,细致平衡条件也必须满足. 系统的平衡必须由细致平衡来保证这一命题称为细致平衡原理,这个原理在分子碰撞问题上已由 H 定理证明了,不过是在分子的弹性刚球模型的特定的碰撞机制下证明的.

当系统达到平衡时,分布函数不再随时间改变,$\frac{\partial f}{\partial t}=\left(\frac{\partial f}{\partial t}\right)_d+\left(\frac{\partial f}{\partial t}\right)_c=0$,由细致平衡条件得碰撞项$\left(\frac{\partial f}{\partial t}\right)_c=0$,因此,漂移项也必定等于零. 即

$$\left(\frac{\partial f}{\partial t}\right)_d=-\boldsymbol{v}\cdot\boldsymbol{\nabla}f-\boldsymbol{F}\cdot\boldsymbol{\nabla}_v f=0 \tag{4.6.14}$$

式(4.6.14)表示在单位时间内由于分子漂移运动而进入 $\mathrm{d}\boldsymbol{r}\mathrm{d}\boldsymbol{v}$ 间隔内的分子数,和由于分子漂移运动而离开 $\mathrm{d}\boldsymbol{r}\mathrm{d}\boldsymbol{v}$ 间隔内的分子数相等,使系统的分布函数不因分子的漂移运动而改变. 平衡态和稳定状态是有区别的. 当系统达到稳定状态时,f 不显含时间,$\frac{\partial f}{\partial t}=0$,这只要求$\left(\frac{\partial f}{\partial t}\right)_d+\left(\frac{\partial f}{\partial t}\right)_c=0$. 因此,只要漂移项和碰撞项的影响彼此抵消就能使系统保持稳定状态. 然而,H 定理证明了系统要保持平衡态,必须使漂移项和碰撞项分别为零,$\left(\frac{\partial f}{\partial t}\right)_d=\left(\frac{\partial f}{\partial t}\right)_c=0$,也即必须靠漂移和碰撞两种因素的影响各自抵消才能保持平衡态.

4.6.2 平衡态的分布函数

H 定理证明了,当系统达到平衡态时,分布函数一定满足细致平衡条件式(4.6.13),对此式两边取对数,得

$$\ln f+\ln f_1=\ln f'+\ln f_1' \tag{4.6.15}$$

其中,f、f_1、f'、f_1'分别是碰撞前后分子速度 $\boldsymbol{v}$、$\boldsymbol{v}_1$、$\boldsymbol{v}'$、$\boldsymbol{v}_1'$的分布函数,它们与各自变量的函数关系是相同的. 式(4.6.15)表明 $\ln f(\boldsymbol{v})+\ln f(\boldsymbol{v}_1)$在碰撞前后保持不变,因此,$\ln f(\boldsymbol{v})$是一个碰撞守恒量.

在分子的弹性刚球模型中,碰撞前后的分子数、动量和能量保持不变,它们是碰撞守恒量. 由此可得,函数方程(4.6.15)有 5 个特解

$$\ln f=1,mu,mv,mw,\frac{1}{2}(u^2+v^2+w^2) \tag{4.6.16}$$

方程(4.6.15)是线性的,所以,$\ln f$ 的普遍解是上述 5 个特解的线性组合

$$\begin{aligned}\ln f&=a_0+a_1mu+a_2mv+a_3mw+a_4\frac{1}{2}m(u^2+v^2+w^2)\\&=\ln A-B[(u-C_1)^2+(v-C_2)^2+(w-C_3)^2]\end{aligned} \tag{4.6.17}$$

或

$$f=A\mathrm{e}^{-B[(u-C_1)^2+(v-C_2)^2+(w-C_3)^2]} \tag{4.6.18}$$

其中,$a_i(i=0,1,2,3,4)$和A、B、$C_i(i=1,2,3)$分别为5个系数.式(4.6.18)是平衡分布f的普遍解.5个系数可由系统的分子数密度n、分子的平均速度$\bar{\boldsymbol{v}}=\boldsymbol{v}_0=(u_0,v_0,w_0)$和分子的热运动的平均平动动能$\bar{\varepsilon}=\frac{3}{2}kT$来确定,$T$为系统的温度.因此有

$$n=\int f\mathrm{d}\boldsymbol{v}=A\left(\frac{\pi}{B}\right)^{\frac{3}{2}}$$

$$\bar{\boldsymbol{v}}=\boldsymbol{v}_0=\frac{1}{n}\int\boldsymbol{v}f\mathrm{d}\boldsymbol{v}=\frac{A}{n}\left(\frac{\pi}{B}\right)^{\frac{3}{2}}\boldsymbol{C}$$

$$\bar{\varepsilon}=\frac{3}{2}kT=\frac{1}{n}\int\frac{1}{2}m(\boldsymbol{v}-\boldsymbol{v}_0)^2f\mathrm{d}\boldsymbol{v}=\frac{A}{n}\left(\frac{\pi}{B}\right)^{\frac{3}{2}}\frac{3m}{4B}$$

由以上三式可以得到5个系数

$$A=n\left(\frac{m}{2\pi kT}\right)^{\frac{3}{2}},\quad B=\frac{m}{2kT},\quad \boldsymbol{C}=\boldsymbol{v}_0$$

代入式(4.6.18),得平衡态分布函数

$$f=n\left(\frac{m}{2\pi kT}\right)^{\frac{3}{2}}\exp\left\{-\frac{m}{2kT}[(u-u_0)^2+(v-v_0)^2+(w-w_0)^2]\right\} \tag{4.6.19}$$

当系统无宏观速度梯度和无外力场作用时,n、T、u_0、v_0、w_0是常数.当系统宏观性质不均匀时,这5个量可能是空间坐标的函数,它们与坐标的关系可由平衡态时漂移项$\left(\frac{\partial f}{\partial t}\right)_d=0$的条件来确定.将式(4.6.14)两边除以$f$,得

$$\boldsymbol{v}\cdot\nabla\ln f+\boldsymbol{F}\cdot\nabla_v\ln f=0 \tag{4.6.20}$$

将平衡态分布函数式(4.6.19)代入,得

$$\boldsymbol{v}\cdot\nabla\left[\ln n+\frac{3}{2}\ln\frac{m}{2\pi kT}-\frac{m}{2kT}(\boldsymbol{v}-\boldsymbol{v}_0)^2\right]-\frac{m}{kT}\boldsymbol{F}\cdot(\boldsymbol{v}-\boldsymbol{v}_0)=0 \tag{4.6.21}$$

式(4.6.21)对任何速度$\boldsymbol{v}$都成立,因而上式中$\boldsymbol{v}$的各幂次的系数都应等于零.首先令式(4.6.21)中$\boldsymbol{v}$的三次方项的系数等于零,得

$$\nabla T=0,\quad 即\quad \frac{\partial T}{\partial x}=\frac{\partial T}{\partial y}=\frac{\partial T}{\partial z}=0 \tag{4.6.22}$$

这表明当系统处于平衡态时,系统的温度必须是均匀的,是与坐标无关的常数.

其次令式(4.6.21)中$\boldsymbol{v}$的二次方项的系数等于零,即对任何的$\boldsymbol{v}$都有

$$\boldsymbol{v}\cdot\nabla(\boldsymbol{v}\cdot\boldsymbol{v}_0)=0 \tag{4.6.23}$$

由v_x^2、v_y^2、v_z^2及v_xv_y、v_yv_z、v_xv_z各项系数等于零,得到

$$\frac{\partial u_0}{\partial x}=\frac{\partial v_0}{\partial y}=\frac{\partial w_0}{\partial z}=0$$

$$\frac{\partial u_0}{\partial y}+\frac{\partial v_0}{\partial x}=\frac{\partial v_0}{\partial z}+\frac{\partial w_0}{\partial y}=\frac{\partial u_0}{\partial z}+\frac{\partial w_0}{\partial x}=0 \tag{4.6.24}$$

方程组(4.6.24)给出了处于平衡态的系统的宏观速度 $\boldsymbol{v}_0$ 应满足的条件. 这一条件可以写成如下矢量形式：

$$\boldsymbol{v}_0=\boldsymbol{\alpha}+\boldsymbol{\omega}\times\boldsymbol{r} \tag{4.6.25}$$

其中，$\boldsymbol{\alpha}$ 和 $\boldsymbol{\omega}$ 为常矢量. 式(4.6.25)表明当装有气体的容器以恒定速度 $\boldsymbol{\alpha}$ 平动和以恒定角速度 $\boldsymbol{\omega}$ 转动时，容器内的气体仍可处于平衡态.

注意到$\nabla T=0$，令式(4.6.21)中 $\boldsymbol{v}$ 的一次方项的系数等于零，得

$$\nabla\left(\ln n-\frac{m}{2kT}\boldsymbol{v}_0^2\right)-\frac{m}{kT}\boldsymbol{F}=0 \tag{4.6.26}$$

如果外力是保守力，$\boldsymbol{F}$ 可表示为势函数 $\varphi(\boldsymbol{r})$ 的梯度，令 $\boldsymbol{F}=-\nabla\varphi(\boldsymbol{r})$，则将式(4.6.26)积分，得到

$$n(\boldsymbol{r})=n_0\mathrm{e}^{\frac{m}{2kT}\boldsymbol{v}_0^2-\frac{m}{kT}\varphi(\boldsymbol{r})} \tag{4.6.27}$$

其中，n_0 是积分常数，$m\varphi(\boldsymbol{r})$是分子在外场中的势能.

最后令式(4.6.21)中 $\boldsymbol{v}$ 的零次方项等于零，得

$$\boldsymbol{v}_0\cdot\boldsymbol{F}=0 \tag{4.6.28}$$

这是对平衡系统的宏观速度的又一限制，宏观速度必须与外力垂直. 当外力是重力时，$\boldsymbol{v}_0$ 只能在水平面内. 例如，将处在重力场中的装有气体的气缸绕和重力方向平行的轴(z 轴)以固定的加速度 ω 旋转，此时 $\boldsymbol{\alpha}=0$，$\boldsymbol{\omega}=(0,0,\omega)$，因此有

$$u_0=-\omega y,\quad v_0=\omega x,\quad w_0=0,$$
$$\boldsymbol{v}_0^2=\omega^2(x^2+y^2),\quad \varphi(\boldsymbol{r})=gz$$

将上面各式代入式(4.6.27)，得分子数密度的分布为

$$n(\boldsymbol{r})=n_0\exp\left[\frac{m\omega^2}{2kT}(x^2+y^2)-\frac{mgz}{kT}\right] \tag{4.6.29}$$

式(4.6.29)指数中的$-\frac{1}{2}m\omega^2(x^2+y^2)$是分子在旋转参考系中的离心势能，$mgz$ 为分子的重力势能，宏观速度 $\boldsymbol{v}_0$ 在 xy 平面内，与重力方向垂直.

4.6.3 *H* 函数和熵函数

H 定理证明了 H 函数是时间的单调减函数，当它达到极小值时，H 不再随时间变化，系统达到了平衡态. 在热力学中我们知道，熵 S 是判断不可逆过程进行方向的态函数. 对于一个孤立系统，熵 S 是时间的单调增函数，当 S 达到极大值时，S 不再随时间变化，系统达到了平衡态. 由此可见，H 和 S 都可以作为不可逆过程进行方向的判据，因此，它们应该是密切相关的. 下面求 H 函数和熵 S 之间的关系.

按照玻尔兹曼关系，平衡态的熵函数为

$$S = k\ln W \tag{4.6.30}$$

其中,W 是系统的微观状态数,稀薄气体的微观状态数为

$$W = \prod_l \frac{\omega_l^{a_l}}{a_l!} \tag{4.6.31}$$

将式(4.6.31)代入式(4.6.30),并利用斯特林公式,得

$$S = k\sum_l a_l\left(\ln\frac{\omega_l}{a_l}+1\right) = Nk - k\sum_l \omega_l \frac{a_l}{\omega_l}\ln\frac{a_l}{\omega_l} \tag{4.6.32}$$

气体分子的平动能级可以认为是连续的,能级 ε_l 上的分子数 a_l 和简并度 ω_l 与 $\mathrm{d}\boldsymbol{r}\mathrm{d}\boldsymbol{v}$ 内的分子数和微观状态数之间存在着如下的对应关系:

$$a_l \to f\mathrm{d}\boldsymbol{r}\mathrm{d}\boldsymbol{v}, \quad \omega_l \to \frac{m^3}{h^3}\mathrm{d}\boldsymbol{r}\mathrm{d}\boldsymbol{v} \tag{4.6.33}$$

由式(4.6.33)得到

$$\frac{a_l}{\omega_l} \to \frac{h^3}{m^3}f, \quad \sum_l(\cdots)\omega_l \to \iint(\cdots)\frac{m^3}{h^3}\mathrm{d}\boldsymbol{r}\mathrm{d}\boldsymbol{v} \tag{4.6.34}$$

将式(4.6.34)代入式(4.6.32),得熵

$$S = -k\iint f\ln f\mathrm{d}\boldsymbol{r}\mathrm{d}\boldsymbol{v} + C \tag{4.6.35}$$

其中,$C = Nk\left(1-\ln\frac{h^3}{m^3}\right)$ 是常数. 将式(4.6.1)的 H 函数表达式代入式(4.6.35),得

$$S(t) = -kH(t) + C \tag{4.6.36}$$

式(4.6.36)给出了熵 S 和 H 函数之间的关系. 当 H 随时间单调减少时,熵 S 随时间单调增加,达到平衡态时 H 达到极小值时,熵 S 达到极大值. H 定理给出了熵增加原理的统计解释. H 定理不仅从统计物理的角度阐述了从非平衡态趋向平衡态的判据,而且给出了在趋向平衡态过程中的熵产生率. H 定理把热力学中只适用于平衡态的态函数熵 S 推广到非平衡态. 就这一点来说,H 定理比热力学中的熵增加原理前进了一步. 不过 H 定理的分布函数 f 是由玻尔兹曼积分微分方程给出的,因此,H 定理只适用于由单原子分子组成的稀薄气体,而熵增加原理适用于任何宏观孤立系统.

4.6.4 关于 H 定理的讨论

首先要指出的是 H 定理是一个统计性的定理. H 函数是 $\ln f$ 的统计平均值,分布函数 f 以及 $\ln f$ 本身也是统计的结果. 因此,H 值是双重平均的结果,H 定理是一个统计性的定理,H 函数随时间单调减少也是统计性的. 这一点对理解 H 定理十分重要.

玻尔兹曼 H 定理获得了巨大的成功,但也引起了很多的批评和责难. 最早的批评来自洛施密特(Loschmidt),他在 1876 年提出了"可逆佯谬". 洛施密特指出,

根据经典力学定律，在保守力的作用下运动是可逆的. 设想在某一时刻突然将所有分子的速度方向都反向，所有分子都应该向着与原来相反的方向运动. 那么如果系统原来是从 H 大的状态过渡到 H 小的状态，当所有分子的速度方向都反向后，微观运动方向逆转，H 值应该从小变大. 因此，H 随时间单调减少与微观运动的可逆性矛盾，这就是“可逆佯谬”. 玻尔兹曼对这一责难的回答是，H 定理不是力学规律，它本身是统计性的规律. H 定理表明 H 减少的概率非常大，远远大于 H 增加的概率. 它并不排斥 H 有增加的可能性，只是增加的概率非常小，以至于在实际中观察不到，在大量粒子组成的孤立系统中发生的过程总是向着 H 减少的方向进行. 宏观不可逆性是统计规律性的结果，它与微观可逆性并不矛盾.

1896 年策梅洛(Zermelo)根据庞加莱(Poincare)定理提出了微观运动可复原性问题. 庞加莱定理说，一个处于有限空间的保守力学系统，经过足够长时间后，总可以回复到与初始状态任意接近的状态. 按照这一定理，只要经过足够长时间后，函数 H 必将回复到初值，而不能是单调减少的. 玻尔兹曼对此的回答是，系统要实现庞加莱循环，回复到初始状态附近所需的时间非常长，远远超出平常观察的时间. 因此，运动回复到原状的机会非常小. 玻尔兹曼估算在 1cm^3 气体中，若分子的平均速率为 $5\times10^4\text{cm}\cdot\text{s}^{-1}$，要使所有分子都回复到离初始位置在

$$|\Delta x|,|\Delta y|,|\Delta z|\leqslant 10^{-7}\text{cm}$$

范围内，以及离初始速度在

$$|\Delta v_x|,|\Delta v_y|,|\Delta v_z|\leqslant 10^2\text{cm}\cdot\text{s}^{-1}$$

范围内，估算的时间大于等于 $10^{10^{19}}$ 年. 由此可见，对于宏观系统，H 增加实际上是不可能的.

*4.7 守恒定律与流体力学方程

在 4.6 节我们根据玻尔兹曼积分微分方程证明了 H 定理，讨论了系统从非平衡态趋向平衡态的问题和平衡态分布函数. 玻尔兹曼方程常被用来讨论非平衡态的输运现象，通常需要求解具有给定初始条件的玻尔兹曼方程，得到作为时间、位置和速度函数的分布函数 f，由 f 可以求得宏观输运量的统计平均值，从而给出输运系数. 然而严格求解玻尔兹曼方程是一项十分困难的工作. 本节不是直接去解玻尔兹曼方程，而是注意到分子的某些属性在碰撞前后是不变的，例如，分子的质量、动量和动能. 这些量称为碰撞守恒量，研究碰撞过程中各种守恒量的一般性质，将给出守恒定律. 玻尔兹曼方程解的某些重要性质可由在分子碰撞过程中的一些严格守恒的力学量给出. 因此，守恒定律对于了解系统的某些性质十分有用.

设 $\phi(\boldsymbol{r},\boldsymbol{v})$ 为某一与分子的坐标和速度有关的量，若在 $\boldsymbol{r}$ 处发生的任何碰撞 $(\boldsymbol{v}_1,\boldsymbol{v}_2)\to(\boldsymbol{v}_1',\boldsymbol{v}_2')$ 满足

$$\phi_1 + \phi_2 = \phi'_1 + \phi'_2 \tag{4.7.1}$$

其中，$\phi_1=\phi(\boldsymbol{r},\boldsymbol{v}_1)$，$\phi'_1=\phi(\boldsymbol{r},\boldsymbol{v}'_1)$，…，余类推，则称 ϕ 为守恒量. 对于守恒量 $\phi(\boldsymbol{r},\boldsymbol{v})$，下面的定理成立：

$$\int \phi(\boldsymbol{r},\boldsymbol{v})\left[\frac{\partial f(\boldsymbol{r},\boldsymbol{v},t)}{\partial t}\right]_c \mathrm{d}\boldsymbol{v} = 0 \tag{4.7.2}$$

其中，$\left(\dfrac{\partial f}{\partial t}\right)_c$ 是碰撞项，由式(4.3.21)给出.

首先来说明式(4.7.2)左方积分的物理意义. 在 t 时刻，在位置 $\boldsymbol{r}$ 附近的单位体积内，速度在 $\boldsymbol{v}\sim\boldsymbol{v}+\mathrm{d}\boldsymbol{v}$ 范围内的这群分子由于碰撞而引起的分子数的变化率等于$\left(\dfrac{\partial f}{\partial t}\right)_c \mathrm{d}\boldsymbol{v}$. 因此，如果分子的某一物理量 $\phi(\boldsymbol{r},\boldsymbol{v})$ 对该群分子求和，其和值为 $\sum{}'\phi = \phi f\mathrm{d}\boldsymbol{v}$，则 $\phi\left(\dfrac{\partial f}{\partial t}\right)_c \mathrm{d}\boldsymbol{v}$ 表示由于分子碰撞而引起的 $\sum{}'\phi$ 的变化率. 类似地，如果 $\sum\phi$ 是 ϕ 对遍及单位体积内的所有速度分子求和的和值，即 $\sum\phi = \int\phi f\mathrm{d}\boldsymbol{v} = n\overline{\phi}$，那么$\int\phi\left(\dfrac{\partial f}{\partial t}\right)_c \mathrm{d}\boldsymbol{v}$ 就是由于碰撞所引起的 $\sum\phi$ 的变化率 $\Delta\sum\phi$. 由于碰撞并不改变分子的数密度 n，因此，$\Delta\sum\phi = n\Delta\overline{\phi}$. 由此可得，由于分子碰撞所引起的 ϕ 的变化率为

$$\int\phi\left(\frac{\partial f}{\partial t}\right)_c \mathrm{d}\boldsymbol{v} = n\Delta\overline{\phi} \tag{4.7.3}$$

或

$$\frac{1}{n}\int\phi\left(\frac{\partial f}{\partial t}\right)_c \mathrm{d}\boldsymbol{v} = \Delta\overline{\phi} \tag{4.7.4}$$

定理式(4.7.2)告诉我们，如果某个分子速度 $\boldsymbol{v}$ 的函数 ϕ 在碰撞过程中是守恒量，则函数 ϕ 对所有速度分子的和值 $\sum\phi$ 并不因碰撞而改变，即 $n\Delta\overline{\phi}=0$.

定理式(4.7.2)的证明：把$\left(\dfrac{\partial f}{\partial t}\right)_c$ 的表达式(4.3.21)代入式(4.7.2)，得

$$\int\phi\left(\frac{\partial f}{\partial t}\right)_c \mathrm{d}\boldsymbol{v} = \int\phi_1\left(\frac{\partial f_1}{\partial t}\right)_c \mathrm{d}\boldsymbol{v}_1 = \iiint\phi_1(f'_1f'_2 - f_1f_2)\Lambda\mathrm{d}\Omega\mathrm{d}\boldsymbol{v}_1\mathrm{d}\boldsymbol{v}_2 \tag{4.7.5}$$

采用证明 H 定理时所用的方法，在式(4.7.5)中作如下的变量代换：

(1) $\boldsymbol{v}_1\leftrightarrow\boldsymbol{v}_2$ 互换，得

$$\int\phi\left(\frac{\partial f}{\partial t}\right)_c \mathrm{d}\boldsymbol{v} = \iiint\phi_2(f'_1f'_2 - f_1f_2)\Lambda\mathrm{d}\Omega\mathrm{d}\boldsymbol{v}_1\mathrm{d}\boldsymbol{v}_2 \tag{4.7.6}$$

(2) 将式(4.7.5)和式(4.7.6)相加，并除以 2，得

$$\int \phi \left(\frac{\partial f}{\partial t}\right)_c \mathrm{d}\boldsymbol{v} = \frac{1}{2}\iiint (\phi_1 + \phi_2)(f_1' f_2' - f_1 f_2)\Lambda \mathrm{d}\Omega \mathrm{d}\boldsymbol{v}_1 \mathrm{d}\boldsymbol{v}_2 \tag{4.7.7}$$

(3) 在式(4.7.7)中,作$(\boldsymbol{v}_1, \boldsymbol{v}_2) \leftrightarrow (\boldsymbol{v}_1', \boldsymbol{v}_2')$互换,并考虑到$\Lambda' = \Lambda$及$\mathrm{d}\boldsymbol{v}_1'\mathrm{d}\boldsymbol{v}_2' = \mathrm{d}\boldsymbol{v}_1\mathrm{d}\boldsymbol{v}_2$,得

$$\int \phi \left(\frac{\partial f}{\partial t}\right)_c \mathrm{d}\boldsymbol{v} = -\frac{1}{2}\iiint (\phi_1' + \phi_2')(f_1' f_2' - f_1 f_2)\Lambda \mathrm{d}\Omega \mathrm{d}\boldsymbol{v}_1 \mathrm{d}\boldsymbol{v}_2 \tag{4.7.8}$$

(4) 将式(4.7.7)和式(4.7.8)两式相加,并除以2,得

$$\int \phi \left(\frac{\partial f}{\partial t}\right)_c \mathrm{d}\boldsymbol{v} = \frac{1}{4}\iiint (\phi_1 + \phi_2 - \phi_1' - \phi_2')(f_1' f_2' - f_1 f_2)\Lambda \mathrm{d}\Omega \mathrm{d}\boldsymbol{v}_1 \mathrm{d}\boldsymbol{v}_2 = 0 \tag{4.7.9}$$

定理式(4.7.2)得以证明,式(4.7.9)的最后一步用了ϕ是满足式(4.7.1)的守恒量.

将玻尔兹曼方程(4.3.8)代入式(4.7.2),得

$$\int \phi(\boldsymbol{r}, \boldsymbol{v}) \left[\frac{\partial}{\partial t} + \boldsymbol{v} \cdot \boldsymbol{\nabla} + \boldsymbol{F} \cdot \boldsymbol{\nabla}_v\right] f(\boldsymbol{r}, \boldsymbol{v}, t) \mathrm{d}\boldsymbol{v} = 0 \tag{4.7.10}$$

利用矢量运算公式,方程(4.7.10)可改写为

$$\frac{\partial}{\partial t}\int \phi f \mathrm{d}\boldsymbol{v} + \boldsymbol{\nabla} \cdot \int \phi \boldsymbol{v} f \mathrm{d}\boldsymbol{v} - \int \boldsymbol{v} \cdot \boldsymbol{\nabla} \phi f \mathrm{d}\boldsymbol{v} + \int \boldsymbol{\nabla}_v \cdot (\phi \boldsymbol{F} f) \mathrm{d}\boldsymbol{v} - \int \boldsymbol{F} \cdot \boldsymbol{\nabla}_v \phi f \mathrm{d}\boldsymbol{v} = 0 \tag{4.7.11}$$

其中已考虑了$\boldsymbol{\nabla} \cdot \boldsymbol{v} = 0$,并假设外力$\boldsymbol{F}$与速度无关. 由于当速度$\boldsymbol{v}$趋向无穷时,$f=0$,故式(4.7.11)左边的第四项为零. 定义物理量$A(\boldsymbol{r}, \boldsymbol{v})$的速度平均值为

$$\bar{A} = \frac{\int A(\boldsymbol{r}, \boldsymbol{v}) f(\boldsymbol{r}, \boldsymbol{v}, t) \mathrm{d}\boldsymbol{v}}{\int f(\boldsymbol{r}, \boldsymbol{v}, t) \mathrm{d}\boldsymbol{v}} = \frac{1}{n}\int A f \mathrm{d}\boldsymbol{v} \tag{4.7.12}$$

其中

$$n(\boldsymbol{r}, t) = \int f(\boldsymbol{r}, \boldsymbol{v}, t) \mathrm{d}\boldsymbol{v} \tag{4.7.13}$$

为分子数密度,是$\boldsymbol{r}$和t的函数,与速度$\boldsymbol{v}$无关. 由式(4.7.11)可得到如下的守恒定律:

$$\frac{\partial}{\partial t}(n\bar{\phi}) + \boldsymbol{\nabla} \cdot (n\overline{\boldsymbol{v}\phi}) - n(\overline{\boldsymbol{v} \cdot \boldsymbol{\nabla} \phi}) - n(\overline{\boldsymbol{F} \cdot \boldsymbol{\nabla}_v \phi}) = 0 \tag{4.7.14}$$

其中,ϕ是满足式(4.7.1)的守恒量.

对于单原子分子气体,分子的动能只有平动能,分子的质量m、动量$m\boldsymbol{v}$和动能$\frac{1}{2}m|\boldsymbol{v} - \boldsymbol{v}_0(\boldsymbol{r}, t)|^2$为守恒量,式中$\boldsymbol{v}_0(\boldsymbol{r}, t) = \bar{\boldsymbol{v}} = \frac{1}{n}\int \boldsymbol{v} f \mathrm{d}\boldsymbol{v}$是气体分子的平均速度,令

$$\phi^{(1)}=m$$
$$\phi^{(2)}=m\boldsymbol{v}$$
$$\phi^{(3)}=\frac{1}{2}m\mid \boldsymbol{v}-\boldsymbol{v}_0(\boldsymbol{r},t)\mid^2$$

将守恒量$\phi^{(i)}$代入方程(4.7.14),便可得到守恒定律的几种重要的形式.

(1) 令$\phi^{(1)}=m$,代入式(4.7.14),得

$$\frac{\partial}{\partial t}(mn)+\nabla\cdot(mn\boldsymbol{v}_0)=0 \tag{4.7.15}$$

引入质量密度$\rho(\boldsymbol{r},t)=mn(\boldsymbol{r},t)$,则式(4.7.15)可改写为

$$\frac{\partial\rho}{\partial t}+\nabla\cdot(\rho\boldsymbol{v}_0)=0 \tag{4.7.16}$$

式(4.7.16)是质量守恒定律,即为流体力学中的连续性方程,$\boldsymbol{j}(\boldsymbol{r},t)=\rho(\boldsymbol{r},t)\boldsymbol{v}_0(\boldsymbol{r},t)$是质量流.

为方便起见,在以下公式中将引入爱因斯坦记号:规定凡是出现重复的下标,表示对矢量的三个分量从1到3求和,如$\frac{\partial A_i}{\partial x_i}=\frac{\partial A_1}{\partial x_1}+\frac{\partial A_2}{\partial x_2}+\frac{\partial A_3}{\partial x_3}$. 则式(4.7.16)可改写为

$$\frac{\partial\rho}{\partial t}+\frac{\partial}{\partial x_i}(\rho v_{0i})=0$$

(2) 令$\phi^{(2)}=m\boldsymbol{v}$,代入式(4.7.14),得

$$\frac{\partial}{\partial t}(\rho\bar{\boldsymbol{v}})+\nabla\cdot(\rho\overline{\boldsymbol{v}\boldsymbol{v}})-\rho\boldsymbol{F}=0 \tag{4.7.17}$$

如果写成分量形式$\phi_i=mv_i$,式(4.7.17)为

$$\frac{\partial}{\partial t}(\rho\bar{v}_i)+\frac{\partial}{\partial x_j}(\rho\overline{v_jv_i})-\rho F_i=0\quad(i=1,2,3) \tag{4.7.18}$$

注意到

$$\begin{aligned}\overline{v_jv_i}&=\overline{(v_j-v_{0j})(v_i-v_{0i})}+\bar{v}_iv_{0j}+\bar{v}_jv_{0i}-v_{0j}v_{0i}\\&=\overline{(v_j-v_{0j})(v_i-v_{0i})}+v_{0j}v_{0i}\end{aligned} \tag{4.7.19}$$

将式(4.7.19)代入式(4.7.18),并利用连续性方程(4.7.16),得

$$\rho\left(\frac{\partial v_{0i}}{\partial t}+v_{0j}\frac{\partial v_{0i}}{\partial x_j}\right)=\rho F_i-\frac{\partial}{\partial x_j}\left[\rho\overline{(v_j-v_{0j})(v_i-v_{0i})}\right]$$

引入压强张量

$$P_{ji}=\rho\overline{(v_j-v_{0j})(v_i-v_{0i})} \tag{4.7.20}$$

代入上式,得到流体力学中的运动方程

$$\rho\left(\frac{\partial v_{0i}}{\partial t}+v_{0j}\frac{\partial v_{0i}}{\partial x_j}\right)=\rho F_i-\frac{\partial P_{ji}}{\partial x_j} \tag{4.7.21}$$

(3) 令 $\phi^{(3)}=\frac{1}{2}m|\boldsymbol{v}-\boldsymbol{v}_0|^2$，代入式(4.7.14)，得

$$\frac{1}{2}\frac{\partial}{\partial t}(\rho\overline{|\boldsymbol{v}-\boldsymbol{v}_0|^2})+\frac{1}{2}\frac{\partial}{\partial x_i}(\rho\overline{v_i|\boldsymbol{v}-\boldsymbol{v}_0|^2})-\frac{1}{2}\left(\rho\overline{v_i\frac{\partial}{\partial x_i}|\boldsymbol{v}-\boldsymbol{v}_0|^2}\right)=0 \tag{4.7.22}$$

由于 $\boldsymbol{F}$ 与速度无关，因此，式(4.7.14)中的最后一项 $\frac{1}{2}\overline{F_i\frac{\partial}{\partial v_i}|\boldsymbol{v}-\boldsymbol{v}_0|^2}=\rho F_i\overline{(v_i-v_{0i})}=0$.

定义温度及热流矢量

$$kT=\theta=\frac{1}{3}m\overline{|\boldsymbol{v}-\boldsymbol{v}_0|^2} \tag{4.7.23}$$

$$\boldsymbol{q}(\boldsymbol{r},t)=\frac{1}{2}m\rho\overline{(\boldsymbol{v}-\boldsymbol{v}_0)|\boldsymbol{v}-\boldsymbol{v}_0|^2} \tag{4.7.24}$$

则有

$$\begin{aligned}\frac{1}{2}m\rho\overline{v_i|\boldsymbol{v}-\boldsymbol{v}_0|^2}&=\frac{1}{2}m\rho\overline{(v_i-v_{0i})|\boldsymbol{v}-\boldsymbol{v}_0|^2}+\frac{1}{2}m\rho v_{0i}\overline{|\boldsymbol{v}-\boldsymbol{v}_0|^2}\\&=q_i+\frac{3}{2}\rho\theta v_{0i}\end{aligned} \tag{4.7.25}$$

$$\rho\overline{v_i(v_j-v_{0j})}=\rho\overline{(v_i-v_{0i})(v_j-v_{0j})}+\rho v_{0i}\overline{(v_j-v_{0j})}=P_{ij} \tag{4.7.26}$$

将式(4.7.25)和式(4.7.26)两式代入式(4.7.22)，得

$$\frac{3}{2}\frac{\partial}{\partial t}(\rho\theta)+\frac{\partial q_i}{\partial x_i}+\frac{3}{2}\frac{\partial}{\partial x_i}(\rho\theta v_{0i})+mP_{ij}\frac{\partial v_{0j}}{\partial x_i}=0 \tag{4.7.27}$$

压强张量是一个对称张量，$P_{ij}=P_{ji}$，式(4.7.27)的最后一项为

$$mP_{ij}\frac{\partial v_{0j}}{\partial x_i}=P_{ij}\frac{m}{2}\left(\frac{\partial v_{0j}}{\partial x_i}+\frac{\partial v_{0i}}{\partial x_j}\right)=P_{ij}\Lambda_{ij}$$

其中，Λ_{ij} 是另一个对称张量，即

$$\Lambda_{ij}=\frac{m}{2}\left(\frac{\partial v_{0j}}{\partial x_i}+\frac{\partial v_{0i}}{\partial x_j}\right) \tag{4.7.28}$$

利用连续性方程(4.7.16)，式(4.7.27)可改写为

$$\rho\left(\frac{\partial}{\partial t}+v_{0i}\frac{\partial}{\partial x_i}\right)\theta=-\frac{2}{3}\frac{\partial q_i}{\partial x_i}-\frac{2}{3}P_{ij}\Lambda_{ij} \tag{4.7.29}$$

式(4.7.29)就是流体力学中的能量方程. 综上所述，对应于分子的质量 m、动量 $m\boldsymbol{v}$ 和能量 $\frac{1}{2}m|\boldsymbol{v}-\boldsymbol{v}_0|^2$ 三个守恒量，由守恒定律得到流体力学中的连续性方程、运动方程和能量方程. 将式(4.7.16)、式(4.7.21)和式(4.7.29)改写成矢量方程形式，有

$$\frac{\partial\rho}{\partial t}+\nabla\cdot(\rho\boldsymbol{v}_0)=0 \qquad (质量守恒) \tag{4.7.30}$$

$$\rho\left(\frac{\partial}{\partial t}+\boldsymbol{v}_0\cdot\nabla\right)\boldsymbol{v}_0=\rho\boldsymbol{F}-\nabla\cdot\boldsymbol{P}\qquad\text{（动量守恒）}\tag{4.7.31}$$

$$\rho\left(\frac{\partial}{\partial t}+\boldsymbol{v}_0\cdot\nabla\right)\theta=-\frac{2}{3}\nabla\cdot\boldsymbol{q}-\frac{2}{3}\boldsymbol{P}:\boldsymbol{\Lambda}\qquad\text{（能量守恒）}\tag{4.7.32}$$

其中，$\boldsymbol{P}$ 是压强张量，它的分量是 P_{ij}，$\nabla\cdot\boldsymbol{P}$ 是个矢量，它的分量是$\dfrac{\partial P_{ji}}{\partial x_j}$，$\boldsymbol{P}:\boldsymbol{\Lambda}$ 是两个张量并缩成的标积，其值为 $P_{ij}\Lambda_{ij}$，是个标量. 与守恒定律式(4.7.30)～式(4.7.32)有关的量综述如下：

$$\rho(\boldsymbol{r},t)=m\int f(\boldsymbol{r},\boldsymbol{v},t)\mathrm{d}\boldsymbol{v}\qquad\text{（质量密度）}\tag{4.7.33}$$

$$\boldsymbol{v}_0(\boldsymbol{r},t)=\frac{1}{n}\int\boldsymbol{v}f(\boldsymbol{r},\boldsymbol{v},t)\mathrm{d}\boldsymbol{v}=\bar{\boldsymbol{v}}\qquad\text{（平均速度）}\tag{4.7.34}$$

$$\boldsymbol{q}(\boldsymbol{r},t)=\frac{1}{2}m\rho\,\overline{(\boldsymbol{v}-\boldsymbol{v}_0)\,|\,\boldsymbol{v}-\boldsymbol{v}_0\,|^2}\qquad\text{（热流矢量）}\tag{4.7.35}$$

$$\theta(\boldsymbol{r},t)=kT(\boldsymbol{r},t)=\frac{1}{3}m\,\overline{|\,\boldsymbol{v}-\boldsymbol{v}_0\,|^2}\qquad\text{（温度）}\tag{4.7.36}$$

$$P_{ij}=\rho\,\overline{(v_i-v_{0i})(v_j-v_{0j})}\qquad\text{（压强张量）}\tag{4.7.37}$$

$$\Lambda_{ij}=\frac{m}{2}\left(\frac{\partial v_{0i}}{\partial x_j}+\frac{\partial v_{0j}}{\partial x_i}\right)\tag{4.7.38}$$

当分布函数 f 未知时，方程(4.7.30)～方程(4.7.32)乃是从分布函数演化方程得出的最有用处的结论，它们都是严格的守恒定律. 方程中涉及的物理量 ρ、$\boldsymbol{v}_0$、$\boldsymbol{P}$、$\boldsymbol{q}$、θ 等均依赖于分布函数 f，一旦求得了 f，我们期待这样求得的压强张量 P_{ij}、热流矢量 $\boldsymbol{q}$ 能与牛顿黏滞定律、傅里叶热传导定律等宏观经验定律相符合，从而给出输运系数.

下面我们来求在零级近似下，处于局域平衡态的稀薄气体的性质. 局域平衡的麦克斯韦分布为

$$f^{(0)}(\boldsymbol{r},\boldsymbol{v},t)=n\left(\frac{m}{2\pi kT}\right)^{\frac{3}{2}}\exp\left[-\frac{m}{2\theta}(\boldsymbol{v}-\boldsymbol{v}_0)^2\right]\tag{4.7.39}$$

其中，n、θ、$\boldsymbol{v}_0$ 可以是 $\boldsymbol{r}$ 和 t 的函数. 由于分子的碰撞不会改变局域麦克斯韦分布 $f^{(0)}$，因此有

$$\left(\frac{\partial f^{(0)}}{\partial t}\right)_c=0\tag{4.7.40}$$

将式(4.7.39)代入式(4.7.35)和式(4.7.37)两式，得

$$\boldsymbol{q}^{(0)}=0\tag{4.7.41}$$

$$P_{ij}^{(0)}=p\delta_{ij}\tag{4.7.42}$$

其中，$p=\rho\,\overline{(v_i-v_{0i})^2}=\dfrac{1}{3}\rho\,\overline{(\boldsymbol{v}-\boldsymbol{v}_0)^2}=n\theta$ 是气体的正压强. 由式(4.7.42)得

$$\boldsymbol{\nabla}\cdot\boldsymbol{P}^{(0)}=\boldsymbol{\nabla}p$$

$$\boldsymbol{P}:\boldsymbol{\Lambda}=mp\boldsymbol{\nabla}\cdot\boldsymbol{v}_0$$

利用上面的结果,式(4.7.31)和式(4.7.32)两式可改写为

$$\rho\left(\frac{\partial}{\partial t}+\boldsymbol{v}_0\cdot\boldsymbol{\nabla}\right)\boldsymbol{v}_0+\boldsymbol{\nabla}p=\boldsymbol{F} \tag{4.7.43}$$

$$\left(\frac{\partial}{\partial t}+\boldsymbol{v}_0\cdot\boldsymbol{\nabla}\right)\theta+\frac{2}{3}\theta\boldsymbol{\nabla}\cdot\boldsymbol{v}_0=0 \tag{4.7.44}$$

假设外力 $\boldsymbol{F}=0$,n、θ、$\boldsymbol{v}_0$ 均是时间、空间的缓变函数,宏观速度 $\boldsymbol{v}_0$ 以及 $\boldsymbol{v}_0$、n、θ 对时间和空间的导数都是一级小量,则在准确到一级小量时,式(4.7.30)、式(4.7.43)和式(4.7.44)可改写为

$$\frac{\partial\rho}{\partial t}+\rho\boldsymbol{\nabla}\cdot\boldsymbol{v}_0=0 \tag{4.7.45}$$

$$\rho\frac{\partial\boldsymbol{v}_0}{\partial t}+\boldsymbol{\nabla}p=0 \tag{4.7.46}$$

$$\frac{\partial\theta}{\partial t}+\frac{2}{3}\theta\boldsymbol{\nabla}\cdot\boldsymbol{v}_0=0 \tag{4.7.47}$$

对式(4.7.45)求时间偏导数,对式(4.7.46)取散度,并将所得的两式联立,得

$$\boldsymbol{\nabla}^2p-\frac{\partial^2\rho}{\partial t^2}=0 \tag{4.7.48}$$

式(4.7.45)与式(4.7.47)两式联立,得

$$\frac{1}{\rho}\frac{\partial\rho}{\partial t}-\frac{3}{2}\frac{1}{\theta}\frac{\partial\theta}{\partial t}=0 \tag{4.7.49}$$

式(4.7.49)积分得

$$\rho\theta^{-\frac{3}{2}}=\text{常数} \tag{4.7.50}$$

利用 $p=n\theta=\frac{\rho}{m}\theta$,可将式(4.7.50)改写为

$$p\rho^{-\frac{5}{3}}=\text{常数} \tag{4.7.51}$$

式(4.7.51)就是单原子分子理想气体的绝热过程的过程方程,绝热指数 $\gamma=\frac{C_p}{C_V}=\frac{5}{3}$,而 $p=n\theta=nkT$ 是气体的状态方程. 在绝热过程中,有

$$\boldsymbol{\nabla}^2p=\boldsymbol{\nabla}\cdot\left[\left(\frac{\partial p}{\partial\rho}\right)_s\boldsymbol{\nabla}\rho\right]\approx\left(\frac{\partial p}{\partial\rho}\right)_s\boldsymbol{\nabla}^2\rho \tag{4.7.52}$$

气体的绝热压缩系数是

$$\kappa_s=-\frac{1}{V}\left(\frac{\partial V}{\partial p}\right)_s=\frac{1}{\rho}\left(\frac{\partial\rho}{\partial p}\right)_s=\frac{3}{5p} \tag{4.7.53}$$

式(4.7.53)最后一步已利用了绝热过程方程(4.7.51).由式(4.7.48)、式(4.7.52)和式(4.7.53)得气体密度 ρ 随时间和空间变化的微分方程

$$\nabla^2\rho-\rho\kappa_s\frac{\partial^2\rho}{\partial t^2}=0 \tag{4.7.54}$$

式(4.7.54)是气体密度 ρ 的波动方程,波速为

$$c=\frac{1}{\sqrt{\rho\kappa_s}}=\sqrt{\frac{5p}{3\rho}}=\sqrt{\frac{5RT}{3\mu}} \tag{4.7.55}$$

上面描述的是接近平衡态的单原子分子理想气体在绝热压缩过程中,由于气体密度的变化,在气体中传播的一种膨胀压缩波,称为声波,声速 c 由式(4.7.55)给出.

第 5 章　涨落理论

统计物理中所研究的宏观物质是由大量的原子、分子等微粒组成的.宏观量是对应的微观量的统计平均值,因此,物质的宏观性质会出现统计平均所带来的涨落现象.

涨落是自然界普遍存在的现象,涨落理论是统计物理理论中的一个重要组成部分.涨落现象有两种,一种是围绕平均值涨落,另一种是布朗运动.宏观量围绕平均值的涨落指的是宏观量的瞬时值与它的平均值的偏差,这是由于物质结构的粒子性引起的.在第 3 章系综理论中曾用正则配分函数 Z 和巨正则配分函数 Ξ,分别讨论了正则系综中的能量涨落和巨正则系综中的粒子数和能量的涨落.所得的结果表明,在通常的条件下,粒子数和能量的相对涨落都与 $\sqrt{N}$ 成反比.对于宏观系统 $N\sim10^{23}$,这种涨落非常小,可以忽略不计.因此,统计平均值就相当精确地给出了宏观热力学量的值.然而,这种求涨落的方法并不普遍,有的宏观量没有直接对应的微观量,如熵和温度的涨落,此外还有一些强度量的涨落,如压强和化学势的涨落就不易求得.本章将引入计算宏观量涨落的普遍理论——涨落的准热力学理论,这一理论可用来计算各种宏观热力学量的涨落.

另一种涨落现象是布朗运动.处在气体或液体中的微小粒子由于受到周围气体或液体分子的碰撞而产生不规则的随机运动,微粒的这种不规则运动称为布朗运动.液体分子和微粒碰撞所产生的剩余力使微粒作无规运动,这种剩余力是一种涨落力,是以前尚未涉及过的另一类的涨落现象,在数学上它代表了一类特殊的随机过程——马尔可夫过程,它在随机过程的研究中具有重要的意义.

5.1　涨落的准热力学理论

涨落的准热力学理论是由波兰物理学家斯莫卢霍夫斯基(Smoluchowski)提出,后经爱因斯坦补充和完善的方法.涨落的准热力学理论是将宏观量的涨落用相应的热力学函数来表示.

对于一个处于平衡态的孤立系统,平衡态的熵 $\overline{S}$ 和系统的微观状态数的极大值 Ω_{m} 之间的关系由玻尔兹曼关系给出

$$\overline{S}=k\ln\Omega_{\mathrm{m}} \tag{5.1.1}$$

熵 $\overline{S}$ 表示在系统的总能量 E、体积 V 和粒子数 N 一定的条件下熵的极大值.出现

熵极大 $\bar{S}$ 的概率 W_{m} 与微观状态数 Ω_{m} 成正比，由式(5.1.1)得到

$$W_{\mathrm{m}} \propto \Omega_{\mathrm{m}} = \mathrm{e}^{\frac{\bar{S}}{k}} \tag{5.1.2}$$

对于孤立系统，(E,V,N)都是固定不变的. 但由于涨落，熵 S 的值可以偏离它的极大值 $\bar{S}$. 系统出现熵值为 S 的概率 W 与微观状态数 Ω 成正比，由玻尔兹曼关系可得

$$W \propto \Omega = \mathrm{e}^{\frac{S}{k}} \tag{5.1.3}$$

由式(5.1.2)和式(5.1.3)两式得到，孤立系统熵具有偏差 $\Delta S = S - \bar{S}$ 的概率为

$$W(\Delta S) = W_{\mathrm{m}} \mathrm{e}^{\frac{\Delta S}{k}} \tag{5.1.4}$$

式(5.1.4)只适合于粒子数 N、体积 V 和能量 E 固定的孤立系统. 对于非孤立系统的涨落，需作某些修改. 设想所考虑的系统与一个大热源接触而达到平衡，系统和热源合起来构成一个复合系统，这个复合系统是一个孤立系统，具有确定的能量和体积，即

$$E_0 = E + E_r, \quad V_0 = V + V_r \tag{5.1.5}$$

其中，E_0、E、E_r 和 V_0、V、V_r 分别为复合系统、系统、热源的能量和体积，且 E_0、V_0 为常数. 系统的能量和体积改变 ΔE 和 ΔV 时，热源的能量和体积也随着改变，其改变值为

$$\Delta E_r = -\Delta E, \quad \Delta V_r = -\Delta V \tag{5.1.6}$$

复合系统是一个孤立系统，所以它的熵的偏差为系统和热源熵的偏差之和 $\Delta S_0 = \Delta S + \Delta S_r$. 由式(5.1.4)，得

$$W(\Delta S_0) = W_{\mathrm{m}} \mathrm{e}^{\frac{\Delta S + \Delta S_r}{k}} \tag{5.1.7}$$

假设热源很大，具有确定的温度 T 和压强 p，平衡时系统的温度和压强等于热源的温度 T 和压强 p. 由热力学基本方程及式(5.1.6)得

$$\Delta S_r = \frac{\Delta E_r + p\Delta V_r}{T} = -\frac{\Delta E + p\Delta V}{T} \tag{5.1.8}$$

代入式(5.1.7)，得到系统的熵、内能和体积的偏差分别为 ΔS、ΔE 和 ΔV 的概率为

$$W(\Delta S, \Delta E, \Delta V) = W_{\mathrm{m}} \mathrm{e}^{\frac{T\Delta S - \Delta E - p\Delta V}{kT}} \tag{5.1.9}$$

对于一个简单的系统，只有两个独立变量，选 S 和 V 作为自变量，E 是 S 和 V 的函数. 能量的偏差可理解为 $\Delta E = E - \bar{E} = \bar{E}(S,V) - \bar{E}(\bar{S},\bar{V})$，即假设 $E = \bar{E}(S,V)$ 的函数关系在有涨落时仍然成立. 当系统处于平衡态时，通常偏差都比较小，因此，可把 $E(S,V)$ 在 $(\bar{S},\bar{V})$ 附近作泰勒展开，准确到 ΔS 与 ΔV 的二阶项，有

$$\Delta E = E(S,V) - \bar{E}(\bar{S},\bar{V}) = \left(\frac{\partial E}{\partial S}\right)_V \Delta S + \left(\frac{\partial E}{\partial V}\right)_S \Delta V$$

$$+\frac{1}{2}\left[\left(\frac{\partial^2 E}{\partial S^2}\right)_V(\Delta S)^2+2\frac{\partial^2 E}{\partial S\partial V}\Delta S\Delta V+\left(\frac{\partial^2 E}{\partial V^2}\right)_S(\Delta V)^2\right] \tag{5.1.10}$$

其中各级偏导数取其在 $S=\bar{S}$ 和 $V=\bar{V}$ 时的值. 由 $\left(\frac{\partial E}{\partial S}\right)_V=T$, $\left(\frac{\partial E}{\partial V}\right)_S=-p$, 式(5.1.10)中方括号内的表达式可改写为

$$\left[\frac{\partial}{\partial S}\left(\frac{\partial E}{\partial S}\right)_V\Delta S+\frac{\partial}{\partial V}\left(\frac{\partial E}{\partial S}\right)_V\Delta V\right]\Delta S+\left[\frac{\partial}{\partial S}\left(\frac{\partial E}{\partial V}\right)_S\Delta S+\frac{\partial}{\partial V}\left(\frac{\partial E}{\partial V}\right)_S\Delta V\right]\Delta V$$

$$=\Delta\left(\frac{\partial E}{\partial S}\right)_V\Delta S+\Delta\left(\frac{\partial E}{\partial V}\right)_S\Delta V=\Delta T\Delta S-\Delta p\Delta V$$

将这些结果代入式(5.1.10),得

$$\Delta E=T\Delta S-p\Delta V+\frac{1}{2}(\Delta T\Delta S-\Delta p\Delta V) \tag{5.1.11}$$

将式(5.1.11)代入式(5.1.9),得到系统出现偏差为 Δp、ΔV、ΔT、ΔS 的概率为

$$W=W_{\mathrm{m}}\exp\left(\frac{\Delta p\Delta V-\Delta T\Delta S}{2kT}\right) \tag{5.1.12}$$

根据这一公式可以计算系统各宏观量的涨落和涨落的关联.

因为系统只有两个独立变量,式(5.1.12)的四个偏差 Δp、ΔV、ΔT、ΔS 中只有两个是独立的. 如果选 T 和 V 为自变量,则 ΔS 和 Δp 可表示为 ΔT 和 ΔV 的函数

$$\Delta S=\left(\frac{\partial S}{\partial T}\right)_V\Delta T+\left(\frac{\partial S}{\partial V}\right)_T\Delta V=\frac{C_V}{T}\Delta T+\left(\frac{\partial p}{\partial T}\right)_V\Delta V$$

$$\Delta p=\left(\frac{\partial p}{\partial T}\right)_V\Delta T+\left(\frac{\partial p}{\partial V}\right)_T\Delta V$$

代入式(5.1.12),得

$$W(\Delta T,\Delta V)=W_{\mathrm{m}}\exp\left[-\frac{C_V}{2kT^2}(\Delta T)^2+\frac{1}{2kT}\left(\frac{\partial p}{\partial V}\right)_T(\Delta V)^2\right] \tag{5.1.13}$$

式(5.1.13)是系统的温度和体积与平均值的偏离为 ΔT 和 ΔV 的概率分布函数,它是依赖于 $(\Delta T)^2$ 和 $(\Delta V)^2$ 的两个相互独立的高斯(Gauss)分布函数的乘积. 上式表明,当系统的温度和体积等于它的平均值 $\bar{T}$、$\bar{V}$ 时,$\Delta T=0$,$\Delta V=0$,概率 W_{m} 最大. 温度和体积偏离平均值越大,其出现的概率越小.

按照求平均值的公式,得到系统的温度和体积的涨落分别为

$$\overline{(\Delta T)^2}=\frac{\int_{-\infty}^{\infty}\int_{-\infty}^{\infty}(\Delta T)^2W(\Delta T,\Delta V)\mathrm{d}(\Delta T)\mathrm{d}(\Delta V)}{\int_{-\infty}^{\infty}\int_{-\infty}^{\infty}W(\Delta T,\Delta V)\mathrm{d}(\Delta T)\mathrm{d}(\Delta V)}$$

$$=\frac{\int_{-\infty}^{\infty}(\Delta T)^2\exp\left[-\frac{C_V}{2kT^2}(\Delta T)^2\right]\mathrm{d}(\Delta T)}{\int_{-\infty}^{\infty}\exp\left[-\frac{C_V}{2kT^2}(\Delta T)^2\right]\mathrm{d}(\Delta T)}=\frac{kT^2}{C_V} \tag{5.1.14}$$

$$\overline{(\Delta V)^2}=\frac{\int_{-\infty}^{\infty}\int_{-\infty}^{\infty}(\Delta V)^2\exp\left[\frac{1}{2kT}\left(\frac{\partial p}{\partial V}\right)_T(\Delta V)^2\right]\mathrm{d}(\Delta V)}{\int_{-\infty}^{\infty}\int_{-\infty}^{\infty}\exp\left[\frac{1}{2kT}\left(\frac{\partial p}{\partial V}\right)_T(\Delta V)^2\right]\mathrm{d}(\Delta V)}$$

$$=-kT\left(\frac{\partial V}{\partial p}\right)_T=kTV\kappa_T \tag{5.1.15}$$

$$\overline{\Delta T\Delta V}=\overline{\Delta T}\ \overline{\Delta V}=0 \tag{5.1.16}$$

式(5.1.15)中的$\kappa_T=-\frac{1}{V}\left(\frac{\partial V}{\partial p}\right)_T$是等温压缩系数. 温度和体积的涨落$\overline{(\Delta T)^2}$和$\overline{(\Delta V)^2}$是恒正的，因此，$C_V>0$，$\left(\frac{\partial V}{\partial p}\right)_T<0$，这正是热力学中系统平衡稳定条件. 值得注意的是强度量 T 的涨落$\overline{(\Delta T)^2}\propto\frac{1}{C_V}$，与粒子数 N 成反比，广延量 V 的涨落$\overline{(\Delta V)^2}\propto V$，与粒子数 N 成正比，两者的相对涨落为

$$\frac{\overline{(\Delta T)^2}}{T^2}=\frac{k}{C_V},\quad \frac{\overline{(\Delta V)^2}}{V^2}=\frac{kT\kappa_T}{V}$$

都与粒子数 N 成反比. 因此，在一般的情形下，对于宏观系统，它们的相对涨落都非常小，可以忽略不计.

式(5.1.16)表示温度和体积偏差乘积的平均值为零. 我们把两个物理量 x 和 y 偏差的平均值$\overline{\Delta x\Delta y}$叫做 x 和 y 的相关函数，相关函数衡量 x 和 y 的关联程度. 如果相关函数为零，则量 x 和 y 互不相关，称这两个量是统计独立的；如果相关函数不等于零，则称这两个量是统计相关的. 式(5.1.16)表示温度和体积是统计独立的.

如果要求熵和压强的涨落，可在式(5.1.12)中选取 S 和 p 作为自变量，而把 ΔT 和 ΔV 作为 ΔS 和 Δp 的函数

$$\Delta T=\left(\frac{\partial T}{\partial S}\right)_p\Delta S+\left(\frac{\partial T}{\partial p}\right)_S\Delta p=\frac{T}{C_p}\Delta S+\left(\frac{\partial T}{\partial p}\right)_S\Delta p$$

$$\Delta V=\left(\frac{\partial V}{\partial S}\right)_p\Delta S+\left(\frac{\partial V}{\partial p}\right)_S\Delta p=\left(\frac{\partial T}{\partial p}\right)_S\Delta S+\left(\frac{\partial V}{\partial p}\right)_S\Delta p$$

将上式代入式(5.1.12)，得

$$W(\Delta S,\Delta p)=W_{\mathrm{m}}\exp\left[-\frac{1}{2kC_p}(\Delta S)^2+\frac{1}{2kT}\left(\frac{\partial V}{\partial p}\right)_S(\Delta p)^2\right] \tag{5.1.17}$$

式(5.1.17)是以 ΔS 和 Δp 为变量的概率分布函数，它是依赖于 ΔS 和 Δp 的两个相互独立的高斯分布函数的乘积.

由式(5.1.17)得到系统的熵 S 和压强 p 的涨落为

$$\overline{(\Delta S)^2}=kC_p \tag{5.1.18}$$

$$\overline{(\Delta p)^2} = -kT\left(\frac{\partial p}{\partial V}\right)_S \tag{5.1.19}$$

$$\overline{\Delta S \Delta p} = \overline{\Delta S}\,\overline{\Delta p} = 0 \tag{5.1.20}$$

由式(5.1.20)可知熵 S 和压强 p 也是统计独立的. 但并不是任何两个量都是统计独立的,如$\overline{\Delta T \Delta S}$就不等于零. 选 ΔT 和 ΔV 作为自变量,得

$$\Delta T \Delta S = \left(\frac{\partial S}{\partial T}\right)_V (\Delta T)^2 + \left(\frac{\partial S}{\partial V}\right)_T \Delta T \Delta V$$

上式求平均,得

$$\overline{\Delta T \Delta S} = \left(\frac{\partial S}{\partial T}\right)_V \overline{(\Delta T)^2} + \left(\frac{\partial S}{\partial V}\right)_T \overline{\Delta T \Delta V} = \frac{C_V}{T}\overline{(\Delta T)^2} = kT \tag{5.1.21}$$

用类似的方法可证明

$$\overline{\Delta p \Delta V} = -kT \tag{5.1.22}$$

$$\overline{\Delta S \Delta V} = kT\left(\frac{\partial V}{\partial T}\right)_p \tag{5.1.23}$$

$$\overline{\Delta T \Delta p} = \frac{kT^2}{C_V}\left(\frac{\partial p}{\partial T}\right)_V \tag{5.1.24}$$

由式(5.1.21)~式(5.1.24)表明,T 和 S、p 和 V、S 和 V 以及 T 和 p 都是统计相关的量.

在第3章系综理论中已经用配分函数求得了粒子数 N 和能量 E 的涨落,作为一个例子,本节将用涨落的准热力学理论重新导出这两个量涨落的表达式.

式(5.1.15)是在粒子数 N 固定下求得的,利用它可求得粒子数密度 n 的涨落和体积 V 的涨落之间的关系. 由

$$nV = N \tag{5.1.25}$$

在粒子数 N 固定下,粒子数密度 n 和体积 V 的偏差有如下关系:

$$\frac{\Delta n}{n} + \frac{\Delta V}{V} = 0 \tag{5.1.26}$$

粒子数密度 n 的相对涨落为

$$\frac{\overline{(\Delta n)^2}}{n^2} = \frac{\overline{(\Delta V)^2}}{V^2} = \frac{kT}{V}\kappa_T \tag{5.1.27}$$

如果把粒子数密度的涨落应用到某个体积 V 固定而粒子数 N 改变的系统,则由式(5.1.25)得

$$\frac{\Delta n}{n} = \frac{\Delta N}{N} \tag{5.1.28}$$

由此可得,粒子数和粒子数密度的相对涨落为

$$\frac{\overline{(\Delta N)^2}}{N^2} = \frac{\overline{(\Delta n)^2}}{\overline{n}^2} = \frac{1}{V}kT\kappa_T \tag{5.1.29}$$

式(5.1.29)与用巨正则分布求得的结果式(3.8.14)一致.

下面将计算系统能量的涨落,选取 T、V 作为自变量,由热力学公式得能量的偏差为

$$\Delta E=\left(\frac{\partial E}{\partial T}\right)_V\Delta T+\left(\frac{\partial E}{\partial V}\right)_T\Delta V=C_V\Delta T+\left(\frac{\partial E}{\partial V}\right)_T\Delta V \tag{5.1.30}$$

系统能量的涨落为

$$\begin{aligned}\overline{(\Delta E)^2}&=C_V^2\,\overline{(\Delta T)^2}+2C_V\left(\frac{\partial E}{\partial V}\right)_T\overline{\Delta T\Delta V}+\left(\frac{\partial E}{\partial V}\right)_T^2\overline{(\Delta V)^2}\\&=kT^2C_V+kTV\kappa_T\left(\frac{\partial E}{\partial V}\right)_T^2\end{aligned} \tag{5.1.31}$$

式(5.1.31)表明系统的能量涨落由两部分组成.其中第一项是温度涨落引起的能量涨落,第二项是体积涨落引起的能量涨落.利用热力学公式

$$\left(\frac{\partial E}{\partial V}\right)_T=T\left(\frac{\partial p}{\partial T}\right)_V-p$$

式(5.1.31)可改写为

$$\overline{(\Delta E)^2}=kT^2C_V+kTV\kappa_T\left[T\left(\frac{\partial p}{\partial T}\right)_V-p\right]^2 \tag{5.1.32}$$

为了和系综理论中得到涨落公式比较,将式(5.1.31)中 $\left(\frac{\partial E}{\partial V}\right)_T$ 求导时,粒子数 N 不变转换到体积 V 不变,由 $N=nV$ 得

$$\left(\frac{\partial E}{\partial V}\right)_T=\left(\frac{\partial E}{\partial N}\right)_T\left(\frac{\partial N}{\partial V}\right)_T=\frac{N}{V}\left(\frac{\partial E}{\partial N}\right)_T \tag{5.1.33}$$

将式(5.1.33)代入式(5.1.31),得

$$\overline{(\Delta E)^2}=kT^2C_V+\frac{N^2}{V}kT\kappa_T\left(\frac{\partial E}{\partial N}\right)_T^2=kT^2C_V+\overline{(\Delta N)^2}\left(\frac{\partial E}{\partial N}\right)_T^2 \tag{5.1.34}$$

式(5.1.34)最后一步已用了式(5.1.29).式(5.1.34)表明系统的能量涨落由两部分组成:第一项是由于温度涨落引起的系统能量的涨落,第二项是系统与外界交换粒子,由于粒子数的涨落引起的系统能量的涨落.式(5.1.34)与系综理论中用巨正则分布函数得到的能量涨落公式(3.8.17)一致.

5.2 光的散射

当光线射入气体或液体时,一部分光线由于受到散射而偏离原来的传播方向,因而在入射光的方向上光的强度有所减弱,这就是光的散射现象.光的散射现象可由两种原因引起:一种是光受到悬浮在气体或液体中的杂质或尘埃的影响,使光发生散射,这种散射称为丁铎尔(Tyndall)现象;另一种是在纯净的气体或液体中发生的散射现象,这种散射是由于气体或液体的密度涨落引起的,称为瑞利散射,这是一种分子散射.由于物质对光波的折射率与物质的密度有关,如果密度发生涨

落，使物质中某些地方的密度与平均密度有较大的偏差，光波通过该处经折射后其传播方向就偏离平均折射方向，于是发生光的散射现象. 下面将讨论光的散射与密度涨落之间的关系.

按照瑞利散射理论，设入射光的波长为 λ，在折射率为 μ 的介质中传播. 当通过单位面积的单位强度的光波射入一个小体积 $V(V<\lambda^3)$ 后，在和入射光垂直的方向上每单位立体角内，散射光的强度为

$$I=\frac{2\pi^2V^2}{\lambda^4}\left(\frac{\Delta\mu}{\mu}\right)^2 \tag{5.2.1}$$

其中，$\Delta\mu$ 是由于介质的密度涨落所引起的折射率的偏差. 按照洛伦兹折射率公式，介质的密度 ρ 与折射率 μ 之间的关系为

$$\frac{1}{\rho}\frac{\mu^2-1}{\mu^2+2}=\text{常数} \tag{5.2.2}$$

其中，$\rho=\dfrac{M}{V}$，M 为气体或液体的质量，由式(5.2.2)得到

$$\frac{\Delta\rho}{\rho}=\left(\frac{1}{\mu^2-1}-\frac{1}{\mu^2+2}\right)\Delta\mu^2=\frac{6\mu^2}{(\mu^2-1)(\mu^2+2)}\frac{\Delta\mu}{\mu} \tag{5.2.3}$$

将式(5.2.3)代入式(5.2.1)，得散射光的强度为

$$I=\frac{\pi^2V^2(\mu^2-1)^2(\mu^2+2)^2}{18\mu^4\lambda^4}\left(\frac{\Delta\rho}{\rho}\right)^2 \tag{5.2.4}$$

在系统的局部区域内粒子数固定的情形下，质量 $M=\rho V$ 为一常量，而粒子的热运动使得这些粒子所占据的体积发生涨落，从而产生密度涨落，由 $\dfrac{\Delta\rho}{\rho}=-\dfrac{\Delta V}{V}$ 及式(5.1.15)，得

$$\overline{\left(\frac{\Delta\rho}{\rho}\right)^2}=\overline{\left(\frac{\Delta V}{V}\right)^2}=-\frac{kT}{V^2}\left(\frac{\partial V}{\partial p}\right)_T=\frac{kT}{V}\kappa_T \tag{5.2.5}$$

将式(5.2.4)求平均，并将式(5.2.5)代入，得

$$\bar{I}=\frac{\pi^2(\mu^2-1)^2(\mu^2+2)^2}{18\mu^4\lambda^4}kTV\kappa_T \tag{5.2.6}$$

式(5.2.6)表明，散射光的强度与波长的四次方成反比，与介质的压缩系数成正比. 由于液体的压缩系数比气体的小，所以，液体所引起的散射光通常比气体弱.

如果散射介质是理想气体，$\kappa_T=\dfrac{1}{p}$，且气体的折射率近似为 1，得到散射光的强度为

$$\bar{I}=\frac{\pi^2(\mu^2-1)^2}{2\lambda^4}\frac{kTV}{p} \tag{5.2.7}$$

式(5.2.7)可以用来说明天空为什么呈现蓝色. 因为散射光的强度与波长的四次方

成反比，当白色的太阳光通过大气层时，可见光中波长较短的蓝光散射较多，而波长较长的红光散射较少，所以，散射光照耀下的天空呈蓝色. 而在早晚日出和日落时，太阳靠近地平线，太阳光通过大气的路程比中午它升在天空顶上时大得多，太阳光中蓝光几乎都被散射了，红光的波长较长，散射较少而能穿过厚厚的大气层到达地球表面. 因此，日出和日落时看到的是一轮红日.

液体的压缩系数比气体小得多，因此，一般情形下液体对光的散射很小. 只有当液体接近临界点时，压缩系数很大，粒子数密度涨落也很大，此时不能再用式(5.2.5)来讨论密度涨落. 在临界点附近，空间不同位置的涨落是彼此相关的，密度涨落要比通常情形大得多，光的散射现象也比通常情形强得多. 正是由于接近临界状态时有很大的密度涨落，引起光的强烈散射，各种波长的光都被散射了，使整个液体呈现一片乳白色. 这种现象称之为"临界乳光现象".

5.3 布朗运动

1827 年植物学家布朗(Brown)在显微镜下观察到，悬浮在液体中的花粉在不停地做无规则运动，人们把这种花粉或直径约为 $0.1\sim1\mu m$ 量级的微小粒子在气体或液体中的无规则运动称为布朗运动. 做布朗运动的粒子称为布朗粒子. 布朗粒子比分子大得多，它像一个巨分子悬浮在液体中，受到它周围的许多液体分子的碰撞. 布朗粒子每秒钟受到液体分子的碰撞次数约为 $10^{19}\,s^{-1}$. 在气体中，由于气体的密度较低，布朗粒子受到气体分子的碰撞次数较少，但也有 $10^{15}\,s^{-1}$. 从宏观上看，布朗粒子很小，但是它比流体分子大得多，悬浮在气体或液体中的布朗粒子受到周围的流体分子频繁的碰撞. 在任一瞬间它在各个方向受到流体分子碰撞所产生的力不能相互抵消，这种剩余力是涨落不定的，它的大小和方向都在不断发生变化. 因此，在某一瞬间，布朗粒子受到某一个方向上的剩余力的作用，使它朝这个方向运动，在另一瞬间，布朗粒子受到另一个方向上的剩余力的作用，使它朝另一个方向运动，就是这种碰撞的剩余力使布朗粒子不停地做无规则运动. 由于流体分子的碰撞十分频繁，布朗粒子的瞬时运动是无法观测到的，在显微镜下观测到的只是布朗粒子在宏观短的时间内的一种平均运动. 如果把布朗粒子看作巨分子，按能量均分定理 $\frac{1}{2}m_B\,\overline{v^2}=\frac{3}{2}kT$ 来估算，布朗粒子的平均速率 $\bar{v}\sim1cm\cdot s^{-1}$，但实际观测到的布朗粒子的速率只有它的 10^{-5}. 由此可见，实验观测到的布朗粒子的运动，只不过是布朗粒子运动的一种剩余涨落而已. 即使在整个系统达到平衡后，布朗粒子仍在不停地做无规则运动. 布朗运动虽然并不直接就是分子的无规则运动，但它是周围流体分子无规则运动对布朗粒子作用的直接反映.

自 1827 年布朗发现布朗运动以后，经过 70 多年的努力，直到 20 世纪初，爱因斯坦(1905年)、斯莫卢霍夫斯基(1906年)和朗之万(Langevin)(1908年)等发表了他们关于布朗运动的理论,皮兰(Perrin)(1908年)完成了他的实验工作,布朗运动才得到圆满的解释. 下面就布朗运动的理论作一简单介绍.

5.3.1 朗之万理论

首先介绍布朗运动的朗之万理论. 朗之万把周围介质对布朗粒子的作用力分成两部分:一部分是流体分子对布朗粒子的平均作用力,它表现为宏观的黏滞阻力;另一部分是在平均力背景下流体分子碰撞的涨落力. 黏滞阻力来自流体分子对运动的布朗粒子的碰撞,当布朗粒子以速度 $\boldsymbol{v}$ 运动时,在它的前进方向上将与更多的流体分子相碰撞. 因此,就平均而言,它将受到与其速度方向相反的黏滞阻力,当速度 $\boldsymbol{v}$ 不大时,阻力的大小与粒子的速度大小成正比. 黏滞阻力可表示为 $\boldsymbol{f}=-\alpha\boldsymbol{v}$,其中 α 为阻尼系数. 如果将布朗粒子看成半径为 a 的小球,流体的黏滞系数为 η,则阻尼系数 α 由斯托克斯(Stokes)公式给出

$$\alpha = 6\pi a\eta \tag{5.3.1}$$

涨落力 $\boldsymbol{F}(t)$ 来自流体分子无规则热运动施加在布朗粒子上的一种涨落不定的力,它相当于流体分子对静止布朗粒子的碰撞而产生的净作用力. 显然,涨落力的大小和方向都是随机的,其平均值 $\overline{\boldsymbol{F}}=0$. 此外,如果系统处于外力场中,则布朗粒子还受到外力 $\boldsymbol{F}_{外}$ 的作用.

设布朗粒子的质量为 m,则它的运动方程为

$$m\ddot{\boldsymbol{r}} = -\alpha\dot{\boldsymbol{r}} + \boldsymbol{F}(t) + \boldsymbol{F}_{外} \tag{5.3.2}$$

式(5.3.2)称为朗之万方程. 布朗粒子在有规力和涨落力共同作用下运动. 由于涨落力 $\boldsymbol{F}(t)$ 随 t 的变化是涨落不定的,使得布朗粒子的运动具有不同于在确定力作用下粒子的运动特征. 涨落力作用下的粒子运动需要作统计处理,只能用概率来描述,也即只能讨论大量布朗粒子运动的平均结果.

为简单起见,只考虑布朗粒子在水平面上的 x 方向运动的一维情形,且无外力场,$\boldsymbol{F}_{外}=0$,此时朗之万方程(5.3.2)可改写为

$$m\ddot{x} = -\alpha\dot{x} + X(t) \tag{5.3.3}$$

其中,$X(t)$ 是涨落力的 x 分量. 将 x 乘方程的两边,考虑到

$$x\ddot{x} = \frac{1}{2}\frac{\mathrm{d}^2}{\mathrm{d}t^2}x^2 - \dot{x}^2, \quad x\dot{x} = \frac{1}{2}\frac{\mathrm{d}}{\mathrm{d}t}x^2$$

可得

$$\frac{m}{2}\frac{\mathrm{d}^2}{\mathrm{d}t^2}x^2 - m\dot{x}^2 = -\frac{\alpha}{2}\frac{\mathrm{d}}{\mathrm{d}t}x^2 + xX(t) \tag{5.3.4}$$

式(5.3.4)对大量的布朗粒子求平均,用物理量上加一横表示平均值,则有

$$\frac{m}{2}\frac{\mathrm{d}^2}{\mathrm{d}t^2}\overline{x^2} - m\overline{\dot{x}^2} = -\frac{\alpha}{2}\frac{\mathrm{d}}{\mathrm{d}t}\overline{x^2} + \overline{xX(t)} \tag{5.3.5}$$

在导出上式时已考虑了求粒子平均和对时间求导的次序可以交换.

涨落力 $X(t)$ 与粒子位置 x 无关,因此有

$$\overline{xX(t)} = \overline{x}\,\overline{X(t)} = 0$$

由能量均分定理可得布朗粒子的平均动能为

$$\overline{\frac{1}{2}m\dot{x}^2} = \frac{1}{2}kT \tag{5.3.6}$$

将这些结果代入式(5.3.5),整理后得

$$\frac{\mathrm{d}^2}{\mathrm{d}t^2}\overline{x^2} + \frac{\alpha}{m}\frac{\mathrm{d}}{\mathrm{d}t}\overline{x^2} - \frac{2kT}{m} = 0 \tag{5.3.7}$$

式(5.3.7)是关于 $\overline{x^2}$ 的二阶常系数非齐次常微分方程,其通解为

$$\overline{x^2} = \frac{2kT}{\alpha}t + C_1\mathrm{e}^{-\frac{\alpha}{m}t} + C_2 \tag{5.3.8}$$

其中,C_1、C_2 是积分常数,由初始条件确定. 设 $t=0$ 时,所有的布朗粒子都静止在 $x=0$ 处,即 $\overline{x^2(0)}=0$,$\frac{\mathrm{d}}{\mathrm{d}t}\overline{x^2(0)}=0$,则方程(5.3.7)的解为

$$\overline{x^2} = \frac{2kT}{m\left(\frac{\alpha}{m}\right)^2}\left[\frac{\alpha}{m}t + (\mathrm{e}^{-\frac{\alpha}{m}t} - 1)\right] \tag{5.3.9}$$

如果时间很短,使 $\frac{\alpha}{m}t \ll 1$,则得

$$\overline{x^2} \approx \frac{kT}{m}t^2 = \overline{v}^2 t^2 \tag{5.3.10}$$

式(5.3.10)表明在极短的时间间隔内,布朗粒子以平均速率 $\overline{v}=\sqrt{\frac{kT}{m}}$ 运动.

如果时间 t 不是很小,使得 $\frac{\alpha}{m}t \gg 1$,则式(5.3.9)中的圆括号项可以忽略不计,其解为

$$\overline{x^2} = \frac{2kT}{\alpha}t = 2Dt \tag{5.3.11}$$

其中

$$D = \frac{kT}{\alpha} = \frac{kT}{6\pi a\eta} \tag{5.3.12}$$

式(5.3.11)表明 $\overline{x^2}$ 与时间 t 成正比,而不是与 t^2 成正比. 这个关系式最早是由爱因斯坦得到的. 下面将会证明比例系数 D 就是布朗粒子的扩散系数. 现在来估算 $\frac{\alpha}{m}$ 的大小,设布朗粒子是半径为 a、密度为 ρ 的小球,则

$$\frac{\alpha}{m} = \frac{9\eta}{2a^2\rho} \tag{5.3.13}$$

在皮兰的实验中,布朗粒子的密度 $\rho=1.19\times10^3\text{kg}\cdot\text{m}^{-3}$,半径 a 的平均值为 $3.69\times10^{-7}\text{m}$,流体介质是水,水的黏滞系数 $\eta=1.14\times10^{-3}\text{Pa}\cdot\text{s}$. 将这些数据代入式(5.3.13),得

$$\frac{\alpha}{m}=3.2\times10^7\text{s}^{-1}$$

因此,经极短的时间后,如 $t>0.1\text{ms}$ 后,布朗粒子位移平方的平均值可用式(5.3.11)表示.

皮兰的实验结果证实了式(5.3.11). 实验是在显微镜下观测一个布朗粒子的运动. 设每经过时间间隔 $\tau\left(\frac{\alpha}{m}\tau\gg1\right)$ 测量一次粒子的位移 Δx. 在 $t=p\tau(p\gg1)$ 时间内共测量 p 次,这 p 次的位移分别是 $\Delta x_1,\Delta x_2,\cdots,\Delta x_p$,粒子的总位移为

$$x=\sum_{i=1}^{p}\Delta x_i$$

位移的平方为

$$x^2=\sum_{i=1}^{p}\sum_{j=1}^{p}\Delta x_i\Delta x_j=\sum_{i=1}^{p}(\Delta x_i)^2+\sum_{i}\sum_{i\neq j}\Delta x_i\Delta x_j \tag{5.3.14}$$

由于所取时间间隔 τ 足够长,相继观察的各次位移 Δx 是统计独立的,因此有

$$\overline{\Delta x_i\Delta x_j}=\overline{\Delta x_i}\,\overline{\Delta x_j}=0\quad(i\neq j)$$

$$\overline{x^2}=\sum_{i=1}^{p}\overline{(\Delta x_i)^2}=p\,\overline{(\Delta x)^2}=\frac{t}{\tau}\overline{(\Delta x)^2} \tag{5.3.15}$$

由于相继观察的各次位移 Δx_i 是统计独立的,因此,对一个布朗粒子的多次($p\gg1$)观察得到的位移平方平均值 $\overline{(\Delta x)^2}$(时间平均值)等于对大量的各自独立的布朗粒子位移平方平均值(系综平均值). 因此,$\overline{(\Delta x)^2}$ 也可看作大量的布朗粒子在 τ 时间间隔内位移平方的平均值. 把式(5.3.15)与式(5.3.11)比较,得

$$\overline{(\Delta x)^2}=2D\tau \tag{5.3.16}$$

在皮兰的实验中,每隔 30s 测量一次粒子位移,计算粒子位移平方的平均值. 实验得到的粒子位移平方的平均值 $\overline{(\Delta x)^2}$ 与观测时间 τ 及温度 T 成正比,与黏滞系数 η 成反比,与粒子的质量无关,证实了式(5.3.16). 如果由实验得到了 D,代入式(5.3.12),还可得到玻尔兹曼常量 k. 皮兰用当时的实验数据求得了 $k=1.215\times10^{-23}\text{J}\cdot\text{K}^{-1}$. 他还利用质量相差 1500 倍的布朗粒子做实验,得到的 k 值在实验误差范围内是相同的. 因此,粒子位移平方的平均值的确与粒子的质量无关. 皮兰的实验证明了布朗运动的朗之万理论的正确性. 爱因斯坦和朗之万的关于布朗运动的统计理论和皮兰的实验曾对物质原子论的最终确立起了决定性作用.

值得指出,式(5.3.11)所表示的位移平方的平均值 $\overline{x^2}$ 与时间 t 成正比是随机过程的典型结果. 在时间间隔 t 内,布朗粒子实际上做了许多次无规的往返运动,x 是布朗粒子在无规运动中的净位移,$\overline{x^2}\propto t$. 这与单纯的机械运动不同,机械运动的

位移 x 与时间 t 成正比，若粒子以平均速率 $\sqrt{\frac{kT}{m}}$ 做机械运动，则经过时间 t 后，粒子位移平方的平均值为

$$\overline{x^2} = \frac{kT}{m}t^2$$

$\overline{x^2}$ 与 t^2 成正比，这正是式(5.3.10)所示的在 $t \ll \frac{m}{\alpha}$ 时的结果.

5.3.2 爱因斯坦-斯莫卢霍夫斯基理论

爱因斯坦把布朗运动作为“无规行走问题”来研究. 为简单起见，仍限于讨论一维运动，设 $t=0$ 时布朗粒子在 $x(0)=0$ 的位置. 假设流体分子与布朗粒子的每次碰撞将使布朗粒子沿 x 轴的正向或负向移动一小段距离 δ，即 $\Delta x = \pm\delta$，向正向和负向移动的概率相等. 就平均来说，每隔 τ^* 时间间隔发生一次碰撞，而且布朗粒子的各次碰撞彼此不相关. 在这些条件下，求在时刻 t 布朗粒子移动到 x 处的概率. 在 t 时间内布朗粒子受碰撞而发生移动的总次数 $n=\frac{t}{\tau^*}$，向 x 正向移动的次数比向负向移动的次数多 $m=\frac{x}{\delta}$，因此，粒子朝 x 正向运动的次数是 $\frac{1}{2}(n+m)$，朝 x 负向移动的次数是 $\frac{1}{2}(n-m)$，在时刻 t 布朗粒子移动到 x 处的概率由二项式分布给出

$$p_n(m) = \left(\frac{1}{2}\right)^n \frac{n!}{\left(\frac{n+m}{2}\right)!\left(\frac{n-m}{2}\right)!} \tag{5.3.17}$$

因为 t 和 x 是宏观量，而 τ^* 和 δ 是微观量，故 n 和 m 均为远大于 1 的整数，且 n 和 m 具有相同的奇偶性. 若 n 为奇数，则 m 只能取奇数；若 n 为偶数，则 m 只能取偶数. m 可能取值的间隔 $\Delta m=2$. 由二项式分布式(5.3.17)可得

$$\begin{aligned} \bar{m} &= \sum_{m=-n}^{n} m p_n(m) = 0 \\ \overline{m^2} &= \sum_{m=-n}^{n} m^2 p_n(m) = n \end{aligned} \tag{5.3.18}$$

因此，经过时间 t 后，布朗粒子位移的平均值和位移平方平均值分别为

$$\begin{aligned} \overline{x(t)} &= \bar{m}\,\delta = 0 \\ \overline{x^2(t)} &= \overline{m^2}\delta^2 = n\delta^2 = \frac{\delta^2}{\tau^*}t \end{aligned} \tag{5.3.19}$$

$\overline{x^2(t)} \propto t$，与朗之万理论一致. 将式(5.3.19)与式(5.3.11)比较，得到扩散系数

$$D = \frac{1}{2}\frac{\delta^2}{\tau^*} \tag{5.3.20}$$

斯莫卢霍夫斯基的处理方法与爱因斯坦的方法本质上是相同的，不再赘述.

可以证明，当 t 大时，二项式分布过渡到高斯分布. 当 n 是个很大的数时，$\ln n!$ 可用斯特林公式

$$\ln n! \approx n(\ln n - 1) + \frac{1}{2}\ln(2\pi n), \quad n \gg 1 \tag{5.3.21}$$

将式(5.3.17)两边取对数，得

$$\begin{aligned}\ln p_n(m) \approx & \left(n+\frac{1}{2}\right)\ln n - \frac{1}{2}(n+m+1)\ln\left[\frac{1}{2}(n+m)\right] \\ & - \frac{1}{2}(n-m+1)\ln\left[\frac{1}{2}(n-m)\right] - n\ln 2 - \frac{1}{2}\ln(2\pi)\end{aligned} \tag{5.3.22}$$

因为 $n \gg m$，式(5.3.22)可简化为

$$\ln p_n(m) \approx \ln\frac{2}{\sqrt{2\pi n}} - \frac{m^2}{2n} \tag{5.3.23}$$

或者

$$p_n(m) = \sqrt{\frac{2}{\pi n}}\mathrm{e}^{-\frac{m^2}{2n}} \tag{5.3.24}$$

若取 x 和 t 作为连续变量，并注意到 $\Delta m = 2$，则式(5.3.24)可以改写为高斯分布函数形式

$$p(x)\mathrm{d}x = \frac{1}{\sqrt{4\pi Dt}}\exp\left(-\frac{x^2}{4Dt}\right)\mathrm{d}x \tag{5.3.25}$$

式(5.3.25)表示在 t 时刻，布朗粒子的位置在 $x \sim x+\mathrm{d}x$ 范围内的概率，其中系数 D 由式(5.3.20)给出.

由式(5.3.25)可得 x^2 的平均值

$$\overline{x^2} = \int_{-\infty}^{\infty} x^2 p(x)\mathrm{d}x = \frac{1}{\sqrt{4\pi Dt}}\int_{-\infty}^{\infty} x^2 \mathrm{e}^{-\frac{x^2}{4Dt}}\mathrm{d}x = 2Dt \tag{5.3.26}$$

式(5.3.26)与朗之万理论得到的式(5.3.11)一致，这里引入的 D 就是布朗粒子在流体介质中的扩散系数. 式(5.3.20)将宏观量扩散系数 D 与微观量粒子的自由程联系起来了. 爱因斯坦注意到这种联系，正是他提出了可以把布朗运动看成布朗粒子在流体介质中的扩散现象. 下面我们将用扩散理论来研究布朗运动.

5.3.3 扩散理论

设流体中布朗粒子数密度为 $n(\boldsymbol{r},t)$，则布朗粒子流密度为 $j(\boldsymbol{r},t) = n(\boldsymbol{r},t) \cdot \boldsymbol{v}(\boldsymbol{r},t)$. 当粒子数密度 n 不均匀时，粒子会在流体中扩散，扩散现象的宏观规律由菲克(Fick)定律

$$\boldsymbol{j}(\boldsymbol{r},t) = -D\nabla n(\boldsymbol{r},t) \tag{5.3.27}$$

给出. 其中，D 为扩散系数. 流体的连续性方程为

$$\frac{\partial}{\partial t}n(\boldsymbol{r},t)+\boldsymbol{\nabla}\cdot j(\boldsymbol{r},t)=0 \tag{5.3.28}$$

将式(5.3.27)代入式(5.3.28),得粒子密度 $n(\boldsymbol{r},t)$ 的扩散方程

$$\frac{\partial}{\partial t}n(\boldsymbol{r},t)=D\boldsymbol{\nabla}^2 n(\boldsymbol{r},t) \tag{5.3.29}$$

对于一维布朗运动,扩散方程简化为

$$\frac{\partial}{\partial t}n(x,t)=D\frac{\partial^2}{\partial x^2}n(x,t) \tag{5.3.30}$$

设初始时刻 $t=0$ 时,布朗粒子位于 $x=0$ 处,在单位横截面积上的布朗粒子数为 n_0,因此,n 的初始条件为

$$n(x,0)=n_0\delta(x) \tag{5.3.31}$$

用傅里叶变换方法求解方程(5.3.30),令

$$g(\xi,t)=\int_{-\infty}^{\infty}n(x,t)\mathrm{e}^{\mathrm{i}x\xi}\mathrm{d}x \tag{5.3.32}$$

它的逆变换为

$$n(x,t)=\frac{1}{2\pi}\int_{-\infty}^{\infty}g(\xi,t)\mathrm{e}^{-\mathrm{i}x\xi}\mathrm{d}\xi \tag{5.3.33}$$

将式(5.3.30)的两边乘以 $\mathrm{e}^{\mathrm{i}x\xi}$,并对 x 积分,得

$$\int_{-\infty}^{\infty}\frac{\partial}{\partial t}n(x,t)\mathrm{e}^{\mathrm{i}x\xi}\mathrm{d}x=\frac{\partial}{\partial t}g(\xi,t) \tag{5.3.34}$$

$$\int_{-\infty}^{\infty}\frac{\partial^2}{\partial x^2}n(x,t)\mathrm{e}^{\mathrm{i}x\xi}\mathrm{d}x=-\xi^2 g(\xi,t) \tag{5.3.35}$$

将式(5.3.34)和式(5.3.35)代入方程(5.3.30),得

$$\frac{\partial}{\partial t}g(\xi,t)=-D\xi^2 g(\xi,t) \tag{5.3.36}$$

由式(5.3.36)得方程的解

$$g(\xi,t)=g(\xi,0)\mathrm{e}^{-D\xi^2 t} \tag{5.3.37}$$

其中,$g(\xi,0)$ 为 $n(x,0)$ 的傅里叶变换

$$g(\xi,0)=\int_{-\infty}^{\infty}n(x,0)\mathrm{e}^{\mathrm{i}x\xi}\mathrm{d}x=n_0 \tag{5.3.38}$$

将式(5.3.37)代入逆变换式(5.3.33),得

$$n(x,t)=\frac{n_0}{2\pi}\int_{-\infty}^{\infty}\mathrm{e}^{-D\xi^2 t-\mathrm{i}x\xi}\mathrm{d}\xi=\frac{n_0}{\sqrt{4\pi Dt}}\mathrm{e}^{-\frac{x^2}{4Dt}} \tag{5.3.39}$$

式(5.3.39)最后一步用了积分公式

$$\int_{-\infty}^{\infty}\mathrm{e}^{-ax^2+bx}\mathrm{d}x=\sqrt{\frac{\pi}{a}}\mathrm{e}^{\frac{b^2}{4a}},\quad a>0$$

式(5.3.39)表明,布朗粒子的数密度 n 按位置 x 的分布是与 t 有关的高斯分布函

数. 随着时间的推移,初始集中在 $x=0$ 的布朗粒子逐渐向 x 轴的正负两个方向扩散. 由式(5.3.39)可以得到布朗粒子位移和位移平方的平均值分别为

$$\begin{aligned} \overline{x} &= \frac{1}{n_0}\int_{-\infty}^{\infty} x n(x,t)\mathrm{d}x = 0 \\ \overline{x^2} &= \frac{1}{n_0}\int_{-\infty}^{\infty} x^2 n(x,t)\mathrm{d}x = 2Dt \end{aligned} \tag{5.3.40}$$

式(5.3.40)的结果与朗之万理论的式(5.3.11)和爱因斯坦理论的式(5.3.26)完全一致,D 即为扩散系数,从而证明了布朗粒子在涨落力作用下的运动是一种扩散现象. 如果初始时刻布朗粒子分布不均匀,则粒子的扩散将使粒子趋向于均匀分布. 因此,布朗运动理论为一个系统如何从非平衡态趋向平衡态过渡提供了理论依据.

朗之万和爱因斯坦、斯莫卢霍夫斯基等发展起来的布朗运动理论正确地解释了布朗运动的本质,他们所预言的布朗运动的一系列特性都为皮兰的实验所证实. 布朗运动对确立物质的原子论起过重要的历史作用.

布朗运动对仪器的灵敏度有重要的影响. 例如,悬镜式电流计的反射镜不断受到周围空气分子的碰撞,空气分子对反射镜的碰撞作用不能完全抵消,因此,反射镜会发生无规则的扭动. 即使电流计中没有电流通过,它的零点也会不断地摆动,影响电流计的灵敏度. 这是布朗运动的又一个例子. 与前面的布朗粒子运动相比,这里的阻力是空气的阻力矩和电磁阻力矩,随机力是由于分子碰撞所产生的涨落不定的随机力矩,当反射镜偏离平衡位置时,悬挂反射镜的细丝因扭转而产生恢复力矩. 反射镜的运动方程与式(5.3.3)相似,但比较复杂. 我们可以用简单的方法计算出反射镜偏转角平方的平均值$\overline{\varphi^2}$. 应用能量均分定理,得到反射镜的转动能和弹性势能的平均值为

$$\overline{\frac{1}{2}I\left(\frac{\mathrm{d}\varphi}{\mathrm{d}t}\right)^2} = \overline{\frac{1}{2}A\varphi^2} = \frac{1}{2}kT \tag{5.3.41}$$

其中,I 为反射镜的转动惯量,A 为悬丝的扭转系数. 由式(5.3.41)得偏转角的均方根值

$$\sqrt{\overline{\varphi^2}} = \sqrt{\frac{kT}{A}} \tag{5.3.42}$$

设电流计的悬丝为很细的石英丝,它的扭转系数 $A=10^{-13}\mathrm{N}\cdot\mathrm{m}\cdot\mathrm{rad}^{-2}$,则在室温 $T=300\mathrm{K}$ 时,在没有电流通过的情形下,由于空气分子的热运动引起的反射镜的平均偏转角$\sqrt{\overline{\varphi^2}}\approx 2\times10^{-4}\mathrm{rad}$. 如果电流引起的偏转角小于这个角度,便不能精确地测量出这一电流. 近代灵敏电流计的灵敏度已接近这个限度.

我们可以通过多次测量来提高仪器的灵敏度,这是因为在没有通电时,由于布朗运动反射镜产生的平均偏转角 $\overline{\varphi}=0$,而当有电流通过时,存在外力矩,它的偏转角的平均值 $\overline{\varphi}$ 不为零,反射镜将在某个偏转角附近摆动.

*5.4 涨落的相关性

在前面各节中所讨论的涨落仅限于系统或系统的某一小区域内的涨落，它并未涉及不同位置和不同时间的涨落之间的相互影响和关联. 由于系统中粒子之间的相互作用和粒子全同性的影响，在系统空间中某点的扰动将会影响空间中另一点的涨落，这便是涨落的空间相关性. 同样，系统在某一时刻的扰动也会对另一时刻的涨落产生影响，这就是涨落的时间相关性. 下面将分别讨论涨落的这两种相关性.

5.4.1 涨落的空间相关性

以密度涨落的相关性为例来说明涨落的空间相关性. 当系统内发生密度涨落时，系统各处的粒子数密度将偏离它们的平均值，在不同地点有不同的数密度. 设在系统内有两个小体积元 $\mathrm{d}V$ 和 $\mathrm{d}V'$，它们的位置矢量分别为 $\boldsymbol{r}$ 和 $\boldsymbol{r}'$，这两个小体积元所在处的粒子数密度分别为 $n(\boldsymbol{r})$ 和 $n(\boldsymbol{r}')$，$\bar{n}(\boldsymbol{r})$ 和 $\bar{n}(\boldsymbol{r}')$ 分别表示 $\boldsymbol{r}$ 和 $\boldsymbol{r}'$ 处的数密度的统计平均值. 显然，$n(\boldsymbol{r})$ 和它的平均值 $\bar{n}(\boldsymbol{r})$ 之差的平均值为零，即

$$\overline{\Delta n} = \overline{n(\boldsymbol{r}) - \bar{n}(\boldsymbol{r})} = 0 \tag{5.4.1}$$

定义密度的空间关联函数

$$g(\boldsymbol{r},\boldsymbol{r}') = \overline{[n(\boldsymbol{r}) - \bar{n}(\boldsymbol{r})][n(\boldsymbol{r}') - \bar{n}(\boldsymbol{r}')]} \tag{5.4.2}$$

当 $\boldsymbol{r}=\boldsymbol{r}'$ 时

$$g(\boldsymbol{r},\boldsymbol{r}') = \overline{[n(\boldsymbol{r}) - \bar{n}(\boldsymbol{r})]^2} \tag{5.4.3}$$

代表 $\boldsymbol{r}$ 点的密度涨落.

如果在空间不同点的涨落彼此独立，则

$$g(\boldsymbol{r},\boldsymbol{r}') = \overline{[n(\boldsymbol{r}) - \bar{n}(\boldsymbol{r})]}\;\overline{[n(\boldsymbol{r}') - \bar{n}(\boldsymbol{r}')]} = 0, \quad \boldsymbol{r} \neq \boldsymbol{r}' \tag{5.4.4}$$

反之，如果 $g(\boldsymbol{r},\boldsymbol{r}')\neq 0$，表示空间不同点的密度涨落存在着关联.

对于均匀系统，如气体或液体，关联函数 $g(\boldsymbol{r},\boldsymbol{r}')$ 只是 $\boldsymbol{r}$ 和 $\boldsymbol{r}'$ 间距离 $r=|\boldsymbol{r}-\boldsymbol{r}'|$ 的函数，$g(\boldsymbol{r},\boldsymbol{r}')=g(r)$，$g(r)$ 为

$$g(r) = \overline{[n(r) - \bar{n}][n(0) - \bar{n}]} \tag{5.4.5}$$

其中

$$\bar{n} = \bar{n}(r) = \bar{n}(0)$$

一般说来，两点间的距离越大，这两点间的相互影响就越小，关联函数 $g(r)$ 随 r 的增加而减小. 如果在 $r\sim\xi$ 的距离内，相关性是显著的，而在 $r>\xi$ 时，$g(r)$ 很小，以至于可以忽略不计，则量 ξ 可以作为空间相关范围的量度，ξ 称为关联长度.

为了求得关联函数 $g(\boldsymbol{r})$，将密度偏差 Δn 作傅里叶展开

$$\Delta n = n(\boldsymbol{r}) - \overline{n} = \frac{1}{V}\sum_{k} n_k \mathrm{e}^{\mathrm{i}\boldsymbol{k}\cdot\boldsymbol{r}} \tag{5.4.6}$$

其中,V 为系统的体积,n_k 是 Δn 的傅里叶分量

$$n_k = \int [n(\boldsymbol{r}) - \overline{n}] \mathrm{e}^{-\mathrm{i}\boldsymbol{k}\cdot\boldsymbol{r}} \mathrm{d}\boldsymbol{r} \tag{5.4.7}$$

由于 Δn 是实数,对式(5.4.6)两边取复共轭,得到

$$\Delta n = \frac{1}{V}\sum_{k} n_k^* \mathrm{e}^{-\mathrm{i}\boldsymbol{k}\cdot\boldsymbol{r}} = \frac{1}{V}\sum_{k} n_{-k}^* \mathrm{e}^{\mathrm{i}\boldsymbol{k}\cdot\boldsymbol{r}}$$

将上式与式(5.4.6)比较,得

$$n_k = n_{-k}^* \tag{5.4.8}$$

由式(5.4.7)得

$$|n_k|^2 = \iint \mathrm{d}\boldsymbol{r}\mathrm{d}\boldsymbol{r}' [n(\boldsymbol{r}) - \overline{n}][n(\boldsymbol{r}') - \overline{n}] \mathrm{e}^{-\mathrm{i}\boldsymbol{k}\cdot(\boldsymbol{r}-\boldsymbol{r}')} \tag{5.4.9}$$

将式(5.4.9)取统计平均,并考虑到求积分和求平均的次序可以交换,得

$$\begin{aligned}\overline{|n_k|^2} &= \iint \mathrm{d}\boldsymbol{r}\mathrm{d}\boldsymbol{r}' g(|\boldsymbol{r} - \boldsymbol{r}'|) \mathrm{e}^{-\mathrm{i}\boldsymbol{k}\cdot(\boldsymbol{r}-\boldsymbol{r}')} \\ &= \int \mathrm{d}\boldsymbol{r}' \int \mathrm{d}\boldsymbol{R} g(\boldsymbol{R}) \mathrm{e}^{-\mathrm{i}\boldsymbol{k}\cdot\boldsymbol{R}} = V g_k\end{aligned} \tag{5.4.10}$$

其中,$\boldsymbol{R} = \boldsymbol{r} - \boldsymbol{r}'$,$g_k$ 是关联函数 $g(\boldsymbol{r})$ 的傅里叶分量

$$g_k = \int \mathrm{d}\boldsymbol{r} g(\boldsymbol{r}) \mathrm{e}^{-\mathrm{i}\boldsymbol{k}\cdot\boldsymbol{r}} \tag{5.4.11}$$

式(5.4.11)的逆变换为

$$g(\boldsymbol{r}) = \frac{1}{V}\sum_{k} g_k \mathrm{e}^{\mathrm{i}\boldsymbol{k}\cdot\boldsymbol{r}} = \frac{1}{V^2}\sum_{k} \overline{|n_k|^2} \mathrm{e}^{\mathrm{i}\boldsymbol{k}\cdot\boldsymbol{r}} \tag{5.4.12}$$

其中最后一步用了式(5.4.10). 利用涨落的准热力学理论可以得到 $\overline{|n_k|^2}$,代入式(5.4.12)即可求得关联函数 $g(\boldsymbol{r})$.

现以流体系统为例求关联函数 $g(\boldsymbol{r})$. 选择温度 T 和密度 n 为独立变量. 由于温度和体积的统计独立性,在考虑密度涨落时可假设系统的温度 T 固定,并假设系统的体积保持不变. 按照涨落的准热力学理论,由式(5.1.9)给出系统的自由能有偏差 $\Delta F = F - \overline{F} = \Delta E - T\Delta S$ 的概率是

$$W(\Delta F) \propto \mathrm{e}^{-\frac{\Delta F}{k_{\mathrm{B}}T}} \tag{5.4.13}$$

为了避免与波矢 $\boldsymbol{k}$ 相混,本例中将玻尔兹曼常量记为 k_{B}. 当温度恒定时,自由能的偏差可以表示为自由能密度偏差 $\Delta f = f - \overline{f}$ 的体积分

$$\Delta F = \int (f - \overline{f}) \mathrm{d}\boldsymbol{r} \tag{5.4.14}$$

其中积分遍及整个流体体积. 将 Δf 展开成密度偏差 Δn 和密度梯度 ∇n 的幂级数,由于流体的总粒子数恒定,无论 Δn 大于零还是小于零,涨落总是使得系统的自由

能增加,达到平衡态时自由能极小.因此,展开式中的 Δn 项的系数必为零,Δf 展开式中与 Δn 有关的最低阶项为 Δn 的平方项$(\Delta n)^2$.对于空间均匀的流体,空间中不存在一个特定的方向,因此,Δf 的展开式中不可能含有密度梯度∇n 的线性项,含有∇n 的最低阶项为∇n 的平方项$(\nabla n)^2$.所以,保留 Δn 和∇n 的最低阶项的 Δf 的展开式为

$$\Delta f = f - \bar{f} = \frac{a}{2}(\Delta n)^2 + \frac{b}{2}(\nabla n)^2 \tag{5.4.15}$$

其中,a、b 为与温度有关的系数.由式(5.4.15)可得 $a=\left(\frac{\partial^2 f}{\partial n^2}\right)_T$.考虑到 $\mu=\left(\frac{\partial f}{\partial n}\right)_T$ 及 $d\mu=-s dT+v dp$,其中,μ、s、v 分别为一个分子的化学势、熵和体积,则可将 a 表示为

$$a = \left(\frac{\partial^2 f}{\partial n^2}\right)_T = \left(\frac{\partial \mu}{\partial n}\right)_T = v\left(\frac{\partial p}{\partial n}\right)_T = \frac{1}{n}\left(\frac{\partial p}{\partial n}\right)_T \tag{5.4.16}$$

热力学中平衡稳定条件要求$\left(\frac{\partial p}{\partial v}\right)_T<0$,即要求$\left(\frac{\partial p}{\partial n}\right)_T>0$,因此,$a>0$.在临界点时$\left(\frac{\partial p}{\partial n}\right)_T=0$,$a=0$,故应选取 $a\geqslant 0$.据此朗道取在临界点附近有 $a=a_0|T-T_c|$,其中,a_0 是大于零且与温度 T 无关的常数.对于均匀流体,n 为常数的均匀状态是最概然状态,此时自由能取极小值,因此,在临界点附近取 b 为大于零的常数.

由傅里叶变换的定义式(5.4.6),可得$(\Delta n)^2$ 和$(\nabla n)^2$ 的傅里叶变换分别为

$$[\Delta n(\boldsymbol{r})]^2 = \frac{1}{V^2}\sum_{k,k'} n_k^* n_{k'} e^{-i(\boldsymbol{k}-\boldsymbol{k}')\cdot\boldsymbol{r}}$$

$$[\nabla n(\boldsymbol{r})]^2 = \frac{1}{V^2}\sum_{k,k'} n_k^* n_{k'} \boldsymbol{k}\cdot\boldsymbol{k}' e^{-i(\boldsymbol{k}-\boldsymbol{k}')\cdot\boldsymbol{r}}$$

将以上两式代入式(5.4.15),得自由能密度的偏差

$$\Delta f = \frac{1}{2V^2}\sum_{k,k'} n_k^* n_{k'}(a+b\boldsymbol{k}\cdot\boldsymbol{k}') e^{-i(\boldsymbol{k}-\boldsymbol{k}')\cdot\boldsymbol{r}}$$

将上式代入式(5.4.14),得自由能的偏差

$$\begin{aligned}\Delta F &= \frac{1}{2V^2}\sum_{k,k'} n_k^* n_{k'}(a+b\boldsymbol{k}\cdot\boldsymbol{k}')\int e^{-i(\boldsymbol{k}-\boldsymbol{k}')\cdot\boldsymbol{r}} d\boldsymbol{r} \\ &= \frac{1}{2V}\sum_{k}(a+bk^2)\,|n_k|^2\end{aligned} \tag{5.4.17}$$

在式(5.4.17)的推导中已用了公式

$$\frac{1}{V}\int e^{-i(\boldsymbol{k}-\boldsymbol{k}')\cdot\boldsymbol{r}} d\boldsymbol{r} = \delta_{k,k'}$$

将 ΔF 代入式(5.4.13),得

$$W(\Delta F)\propto \exp\left[-\frac{1}{2Vk_BT}\sum_k (a+bk^2)\mid n_k\mid^2\right]$$
$$=\prod_k \exp\left[-\frac{1}{2Vk_BT}(a+bk^2)\mid n_k\mid^2\right] \tag{5.4.18}$$

由式(5.4.18)可知 W 是密度偏差 $\Delta n(\boldsymbol{r})$的各个傅里叶分量 n_k 的高斯分布函数的乘积,而且各个 n_k 对涨落的贡献是统计独立的.故出现密度偏差 Δn 的傅里叶分量 n_k 的概率

$$W(n_k)\propto \exp\left(-\frac{1}{2Vk_BT}(a+bk^2)\mid n_k\mid^2\right) \tag{5.4.19}$$

利用高斯分布函数的积分公式,得 n_k 的涨落为

$$\overline{\mid n_k\mid^2}=\frac{\int_{-\infty}^{\infty}\exp\left[-\frac{1}{2Vk_BT}(a+bk^2)\mid n_k\mid^2\right]\mid n_k\mid^2 \mathrm{d}n_k}{\int_{-\infty}^{\infty}\exp\left[-\frac{1}{2Vk_BT}(a+bk^2)\mid n_k\mid^2\right]\mathrm{d}n_k}=\frac{Vk_BT}{a+bk^2} \tag{5.4.20}$$

将式(5.4.20)代入式(5.4.12),得到关联函数

$$g(\boldsymbol{r})=\frac{k_BT}{V}\sum_k \frac{1}{a+bk^2}\mathrm{e}^{\mathrm{i}\boldsymbol{k}\cdot\boldsymbol{r}} \tag{5.4.21}$$

对于宏观尺度的体积 V,波矢 $\boldsymbol{k}$ 可以看作为准连续的,则式(5.4.21)求和可化为对 $\boldsymbol{k}$ 的积分

$$\frac{1}{V}\sum_k \cdots \Rightarrow \frac{1}{(2\pi)^3}\int \cdots \mathrm{d}\boldsymbol{k}$$

于是式(5.4.21)可改写为

$$g(\boldsymbol{r})=\frac{k_BT}{(2\pi)^3}\int \frac{1}{a+bk^2}\mathrm{e}^{\mathrm{i}\boldsymbol{k}\cdot\boldsymbol{r}}\mathrm{d}\boldsymbol{k} \tag{5.4.22}$$

完成上述积分,得

$$g(r)=\frac{k_BT}{4\pi b}\frac{1}{r}\mathrm{e}^{-\frac{r}{\xi}} \tag{5.4.23}$$

其中

$$\xi=\sqrt{\frac{b}{a}} \tag{5.4.24}$$

式(5.4.23)描述了在相距为 r 的两点之间的密度涨落的关联,关联主要出现在$r\leqslant \xi=\sqrt{\frac{b}{a}}$的范围内,当 $r>\xi$ 时关联函数 $g(r)$随着 r 增加而迅速衰减为零.因此,ξ 称为关联长度.在朗道理论中 $a=a_0|T-T_c|$,$a_0>0$,$b>0$,若令 $t=\frac{T-T_c}{T_c}$,则在临界点附近关联长度可表示为

$$\xi \sim |t|^{-\nu}, \quad \nu = \frac{1}{2} \tag{5.4.25}$$

式(5.4.25)表示当温度 $T \to T_c$ 时,关联长度趋于无穷大.这就是说,当系统的温度接近临界温度时,整个系统的密度涨落都存在着重大的关联,此时关联函数可表示为

$$g(r) \approx \frac{k_B T}{4\pi b r} \propto \frac{1}{r} \tag{5.4.26}$$

接近临界温度时关联长度趋于无穷大,这是临界现象的本质特征,系统在临界点附近的许多性质都与关联长度的发散密切相关.例如,由式(5.4.5),分子数的涨落为

$$\begin{aligned}\overline{(N-\bar{N})^2} &= \iint \mathrm{d}\boldsymbol{r}\mathrm{d}\boldsymbol{r}' \overline{[n(\boldsymbol{r})-\bar{n}][n(\boldsymbol{r}')-\bar{n}]} \\ &= \iint \mathrm{d}\boldsymbol{r}\mathrm{d}\boldsymbol{r}' g(\boldsymbol{r}-\boldsymbol{r}') = V\int \mathrm{d}\boldsymbol{R} g(\boldsymbol{R})\end{aligned} \tag{5.4.27}$$

将式(5.4.23)代入式(5.4.27),得

$$\overline{(N-\bar{N})^2} = \frac{V k_B T}{4\pi b}\int \mathrm{d}\boldsymbol{R}\,\frac{1}{R}\mathrm{e}^{-\frac{R}{\xi}} = \frac{V k_B T}{b}\xi^2 \tag{5.4.28}$$

式(5.4.28)说明在临界点附近,分子数涨落的反常增大与关联长度的发散密切相关.

将式(5.4.28)与式(5.1.29)比较,得到等温压缩系数

$$\kappa_T = \frac{1}{b}\left(\frac{V}{\bar{N}}\right)^2 \xi^2 \tag{5.4.29}$$

因此,临界点附近等温压缩系数的发散也与关联长度的发散密切相关.将式(5.4.25)代入式(5.4.29),得

$$\kappa_T \sim |t|^{-2\nu} \tag{5.4.30}$$

由此可见,按照朗道理论,在临界点附近 $\kappa_T \sim |t|^{-\gamma}$,临界指数 γ 与 ν 之间存在着如下关系:

$$\gamma = 2\nu$$

5.4.2 涨落的时间相关性

空间关联函数反映了空间中一点的扰动对另一点的影响,关联长度表示了这种影响实际上所能涉及的范围.除了涨落的空间相关性外,还存在着另一种相关性,这就是涨落的时间相关性,它表示在某一时刻的扰动对另一时刻涨落的影响.与关联长度相对应,在时间相关性中也存在着一个关联时间,它表示这种影响所能涉及的时间尺度.

假设 x 为描述系统宏观性质的一个物理量.它的平均值为 $\bar{x}$,随着时间 t 的变

化，x 将围绕平均值涨落，它是时间的涨落不定的函数. 令

$$\alpha(t) = x(t) - \overline{x} \tag{5.4.31}$$

$\alpha(t)$表示在时刻 t 物理量 $x(t)$和它的平均值的偏差. 涨落的时间相关性指的是物理量 x 在某一时刻 t 的偏差 $\alpha(t)$将影响到它在另一时刻 $t+\tau$ 的偏差 $\alpha(t+\tau)$. $\alpha(t)$是个随机变量，和空间关联函数相类似，定义时间关联函数

$$g(\tau) = \overline{\alpha(t)\alpha(t+\tau)} \tag{5.4.32}$$

式(5.4.32)的一横表示统计平均值，在系综理论中已经假定了在统计意义下，系综平均值和时间平均值相等，因此，时间关联函数 $g(\tau)$既可理解为 $\alpha(t)\alpha(t+\tau)$的系综平均值，也可理解为 $\alpha(t)\alpha(t+\tau)$在给定的时间间隔 τ 下对长时间 T 的时间平均值，即

$$g(\tau) = \lim_{T\to\infty} \frac{1}{T}\int_0^T \alpha(t)\alpha(t+\tau)\mathrm{d}t \tag{5.4.33}$$

时间关联函数 $g(\tau)$具有以下的性质：

(1) $g(\tau)$只是时间间隔 τ 的函数，与时间 t 无关；

(2) $g(0)$是物理量 $x(t)$的涨落$\overline{\alpha(t)^2}$，因此

$$g(0) = \overline{\alpha(t)^2} > 0$$

(3)
$$|\, g(\tau)\,| \leqslant g(0) \tag{5.4.34}$$

因为

$$\begin{aligned}\overline{[\alpha(t+\tau)\pm\alpha(t)]^2} &= \overline{\alpha(t)^2} + \overline{\alpha(t+\tau)^2} \pm 2\,\overline{\alpha(t+\tau)\alpha(t)} \\ &= 2[g(0)\pm g(\tau)] \geqslant 0\end{aligned}$$

由上式得$-g(0)\leqslant g(\tau)\leqslant g(0)$，即$|g(\tau)|\leqslant g(0)$；

(4) $g(\tau)$是偶函数，即

$$g(\tau) = g(-\tau) \tag{5.4.35}$$

因为

$$g(\tau) = \overline{\alpha(t)\alpha(t+\tau)} = \overline{\alpha(t_1-\tau)\alpha(t_1)} = g(-\tau)$$

(5) 随着时间间隔 τ 的增加，时间关联函数 $g(\tau)$的值将减小，当 τ 的值大于某个特征时间 τ^* 时，$\alpha(t)$的值和 $\alpha(t+\tau)$的值彼此不受影响，即当 $\tau>\tau^*$ 时，$g(\tau)=\overline{\alpha(t)\alpha(t+\tau)}=\overline{\alpha(t)}\ \overline{\alpha(t+\tau)}=0$. 此时 $\alpha(t)$成为不相关的了，τ^* 称为关联时间.

如果关联时间 τ^* 极短，对于宏观时间尺度来说 τ^* 趋于零，则称 $\alpha(t)$互不相关，此时时间关联函数可表示为

$$g(\tau) = \overline{\alpha(t)\alpha(t+\tau)} = a\delta(\tau) \tag{5.4.36}$$

式(5.4.36)的意义是，不同时刻的偏差 $\alpha(t)$不存在关联，在 $\tau=0$ 时，$g(0)=\overline{\alpha(t)^2}=a$，$a$ 表示物理量 x 的平方平均偏差，即 x 的涨落. a 越大，x 的涨落越大.

下面我们将以布朗运动为例来阐述时间关联函数. 按照 5.3 节的讨论，布朗粒子在水平面上某一方向的运动方程由式(5.3.3)给出，现将它改写为

$$\dot{v}=-\gamma v+A(t) \tag{5.4.37}$$

其中，v 为布朗粒子的速度，$\gamma=\dfrac{\alpha}{m}$，$A(t)=\dfrac{X(t)}{m}$为作用在单位质量布朗粒子上的涨落力. 布朗粒子的运动是黏滞阻力和涨落力共同作用的结果. 设 $t=0$ 时布朗粒子的速度为 $v(0)$，则由式(5.4.37)积分得

$$v(t)=v(0)\mathrm{e}^{-\gamma t}+\mathrm{e}^{-\gamma t}\int_0^t A(\xi)\mathrm{e}^{\gamma\xi}\mathrm{d}\xi \tag{5.4.38}$$

式(5.4.38)对所有的布朗粒子都成立. 由于 $A(t)$是涨落力，当对大量的布朗粒子求平均后，$\overline{A(t)}=0$，故有

$$\overline{v(t)}=\overline{v(0)}\mathrm{e}^{-\gamma t}=v_0\mathrm{e}^{-\gamma t} \tag{5.4.39}$$

其中，$v_0=\overline{v(0)}$是布朗粒子初始速度的平均值. 上式表明由于受到流体的黏滞阻力，布朗粒子的平均速度以指数律衰减，弛豫时间$\dfrac{1}{\gamma}=\dfrac{m}{\alpha}\approx 10^{-7}$ s. 粒子的速度偏差为

$$\Delta v=v(t)-\overline{v(t)}=\int_0^t A(\xi)\mathrm{e}^{-\gamma(t-\xi)}\mathrm{d}\xi \tag{5.4.40}$$

速度的时间关联函数为

$$\begin{aligned}\overline{\Delta v(t)\Delta v(t')}&=\overline{[v(t)-\overline{v(t)}][v(t')-\overline{v(t')}]}\\&=\int_0^t\mathrm{d}\xi\int_0^{t'}\mathrm{d}\xi'\,\overline{A(\xi)A(\xi')}\mathrm{e}^{-\gamma(t-\xi)-\gamma(t'-\xi')}\end{aligned} \tag{5.4.41}$$

由于布朗粒子所受到的涨落力 $A(t)$是随时间快速变化的随机变量，$\overline{A(\xi)A(\xi')}$的关联时间 τ^* 应该非常短，其量级粗略地可用布朗粒子被周围液体分子碰撞的平均碰撞时间来估计，对于液体，$\tau^*\sim 10^{-19}$ s，$\tau^*\ll\dfrac{1}{\gamma}$，因此涨落力的关联函数$\overline{A(\xi)A(\xi')}$具有 δ 函数形式. 若 a 表示粒子无规运动随机力 $A(t)$涨落大小的度量，则$\overline{A(\xi)A(\xi')}=a\delta(\xi'-\xi)$，代入式(5.4.41)，得

$$\overline{\Delta v(t)\Delta v(t')}=a\int_0^t\mathrm{d}\xi\int_0^{t'}\mathrm{d}\xi'\delta(\xi'-\xi)\mathrm{e}^{-\gamma(t-\xi)-\gamma(t'-\xi')} \tag{5.4.42}$$

如果 $t>t'$，先对 $\mathrm{d}\xi$ 积分，得

$$\int_0^t\mathrm{d}\xi\delta(\xi-\xi')\mathrm{e}^{-\gamma(t-\xi)}=\mathrm{e}^{-\gamma(t-\xi')}$$

代入式(5.4.42)，并对 $\mathrm{d}\xi'$ 积分，得

$$\overline{\Delta v(t)\Delta v(t')}=a\int_0^{t'}\mathrm{d}\xi'\mathrm{e}^{-\gamma(t+t'-2\xi')}=\frac{a}{2\gamma}[\mathrm{e}^{-\gamma(t-t')}-\mathrm{e}^{-\gamma(t+t')}]$$

如果 $t<t'$，先对 $\mathrm{d}\xi'$ 积分，然后再对 $\mathrm{d}\xi$ 积分，得

$$\overline{\Delta v(t)\Delta v(t')} = \frac{a}{2\gamma}[\mathrm{e}^{-\gamma(t'-t)} - \mathrm{e}^{-\gamma(t+t')}]$$

上述两式可统一写为

$$\overline{\Delta v(t)\Delta v(t')} = \frac{a}{2\gamma}[\mathrm{e}^{-\gamma|t-t'|} - \mathrm{e}^{-\gamma(t+t')}] \tag{5.4.43}$$

当 $t=t'$ 时，得速度的涨落

$$\overline{[\Delta v(t)]^2} = \frac{a}{2\gamma}[1-\mathrm{e}^{-2\gamma t}] \tag{5.4.44}$$

下面来讨论式(5.4.44). 若时间 $t \ll \frac{1}{\gamma}$，式(5.4.44)方括号内的值近似为 $2\gamma t$，代入式(5.4.44)得

$$\overline{[\Delta v(t)]^2} = at, \quad t \ll \frac{1}{\gamma} \tag{5.4.45}$$

这就是说，当 $t \ll \frac{1}{\gamma}$ 时，速度的涨落 $\overline{[\Delta v]^2}$ 与时间 t 成正比，在 5.3 节中曾经强调过这是扩散过程的典型结果. 因此，式(5.4.45)表明由于涨落力 $A(t)$ 的作用，布朗粒子的速度发生扩散，速度扩散系数为 $D_v=\frac{a}{2}$.

若 $t \gg \frac{1}{\gamma}$，由式(5.4.39)给出 $\overline{v(t)} \approx 0$，这意味着速度初值的影响就不存在了，布朗粒子与流体介质达到了热力学平衡. 由式(5.4.44)得到 $\overline{v(t)^2}$ 的平衡态的值为

$$\overline{v(t)^2} = \frac{a}{2\gamma} = \frac{kT}{m}, \quad t \gg \frac{1}{\gamma} \tag{5.4.46}$$

式(5.4.46)最后一步已用了能量均分定理 $\overline{\frac{1}{2}mv^2} = \frac{1}{2}kT$. 由式(5.4.46)得

$$a = \frac{2kT\gamma}{m} = \frac{2\alpha kT}{m^2} \tag{5.4.47}$$

式(5.4.47)左边的 a 表示粒子所受的随机力涨落的大小或粒子加速度涨落的大小，它来自布朗粒子所受的无规则的涨落力，是随机运动涨落大小的量度；而方程右边 α 来自阻尼力，是布朗粒子在流体中运动所受到的阻尼力的量度，也即是耗散大小的量度. 式(5.4.47)把涨落和耗散联系起来了，耗散越强的系统，α 越大，a 越大，则涨落力越强，反之亦然. 这个结果称为涨落-耗散定理，它把涨落力的大小和非平衡态的耗散性质(通过黏滞性)联系起来了，布朗运动是这个定理的一个例子.

当 t、$t' \gg \frac{1}{\gamma}$ 时，$\overline{v(t)}=0$，式(5.4.43)中的第二项可以忽略，故得

$$\overline{v(t)v(t')} = \frac{a}{2\gamma}\mathrm{e}^{-\gamma|t-t'|} = \frac{kT}{m}\mathrm{e}^{-\gamma|t-t'|} \tag{5.4.48}$$

式(5.4.48)表明，虽然不同时刻的涨落力不存在关联，但是不同时刻布朗粒子

的速度（也即动量）却存在着关联. 这是因为速度是黏滞阻力和涨落力共同作用的结果.

下面将由速度时间关联函数来计算布朗粒子位移的涨落. 经过时间间隔 t 后布朗粒子所走过的距离为

$$\Delta x = x(t) - x(0) = \int_0^t v(\xi)\mathrm{d}\xi \tag{5.4.49}$$

显然，$\overline{\Delta x} = \int_0^t \overline{v(\xi)}\mathrm{d}\xi = 0$. 注意到 $\gamma t \gg 1$，位移的涨落为

$$\overline{(\Delta x)^2} = \int_0^t \mathrm{d}\xi \int_0^t \mathrm{d}\xi' \, \overline{v(\xi)v(\xi')} = \frac{kT}{m}\int_0^t \mathrm{d}\xi \int_0^t \mathrm{d}\xi' \, \mathrm{e}^{-\gamma|\xi-\xi'|} \tag{5.4.50}$$

上式积分可分为 $\xi>\xi'$ 和 $\xi<\xi'$ 两项之和，其积分区域为图 5.1 所示的Ⅰ和Ⅱ. 因此

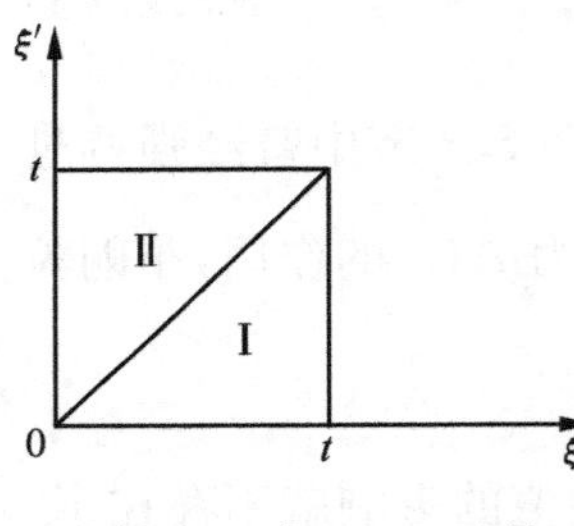

图 5.1 式(5.4.50)的积分区域

$$\begin{aligned}\overline{(\Delta x)^2} &= \frac{kT}{m}\left[\int_0^t \mathrm{d}\xi \int_0^\xi \mathrm{d}\xi' \, \mathrm{e}^{-\gamma|\xi-\xi'|} + \int_0^t \mathrm{d}\xi \int_\xi^t \mathrm{d}\xi' \, \mathrm{e}^{-\gamma|\xi-\xi'|}\right] \\ &= \frac{kT}{m\gamma}\left[\int_0^t \mathrm{d}\xi(1-\mathrm{e}^{-\gamma\xi}) + \int_0^t \mathrm{d}\xi(1-\mathrm{e}^{-\gamma(t-\xi)})\right] \\ &= \frac{2kT}{m\gamma}t = 2Dt \end{aligned} \tag{5.4.51}$$

其中，$D=\dfrac{kT}{\gamma m}=\dfrac{kT}{\alpha}$ 为扩散系数，$a=2\gamma^2 D$. 式(5.4.51)和 5.3 节的式(5.3.11)完全一致. 因此，我们通过速度时间关联函数给出了朗之万方程的解.

*5.5 热 噪 声

作为涨落理论的应用，本节将讨论由于电路中电流的涨落而引起的热噪声. 热噪声的来源可以分为两类：一类是由于热电子发射的无规则性引起的，称为散粒效应，是由肖特基(Schottky)在 1918 年发现的，这是一种必须有宏观电流（$\overline{I}\neq 0$）时才出现的非平衡态下的噪声；另一类是由于导体中电子的无规则热运动所引起的，由约翰孙(Johnson)在 1928 年发现的，称为约翰孙效应，又名热噪声，不管在电路中有没有宏观电流，热噪声总是存在的. 噪声问题是物理学和近代电子学中一个重要的问题. 下面就这两种噪声作一简单的介绍.

5.5.1 散粒效应

散粒效应是电子管中阴极发射电子的无规则性所引起的热噪声. 电子由阴极发射出来的时刻是无规则的，在相同的时间间隔内发射的电子数可能是不同的. 因此引起阳极电流的涨落. 每个电子发射后，从阴极到达阳极的飞跃时间 τ 很短，相

当于一个瞬时电流 $G(t)$. 如果在 t_r 时刻从阴极发射一个电子,则瞬时电流为 $G(t-t_r)$. $G(t-t_r)$只有在 $t_r \sim t_r+\tau$ 这段时间内才不为零,当 $t-t_r>\tau$ 时,$G(t-t_r)$ 很快趋于零. 令电子的电荷为 e,则有

$$\int_{-\infty}^{\infty} G(t-t_r)\mathrm{d}t = \int_{-\infty}^{\infty} G(t)\mathrm{d}t = e \tag{5.5.1}$$

设在时刻 t_r 附近,Δt_r 时间内发射的电子数为 N_r,则 t 时刻电路中因电子发射所引起的总电流应是瞬时电流 $N_r G(t-t_r)$的总和

$$I(t) = \sum_r N_r G(t-t_r) \tag{5.5.2}$$

发射的电子数 N_r 是涨落不定的,设在 t_r 附近 Δt_r 时间内发射的平均电子数为$\overline{N_r}$,则 t 时刻的平均电流为

$$\overline{I(t)} = \sum_r \overline{N_r} G(t-t_r) \tag{5.5.3}$$

由式(5.5.2)和式(5.5.3)两式得电流的偏差为

$$\Delta I(t) = I(t) - \overline{I(t)} = \sum_r (N_r - \overline{N_r}) G(t-t_r) \tag{5.5.4}$$

电流的涨落为

$$\begin{aligned}\overline{[\Delta I(t)]^2} &= \overline{\left[\sum_r (N_r - \overline{N_r}) G(t-t_r)\right]^2} \\ &= \sum_{r\neq s}\sum_s \overline{(N_r-\overline{N_r})(N_s-\overline{N_s})} G(t-t_r)G(t-t_s) \\ &\quad + \sum_r \overline{(N_r-\overline{N_r})^2}[G(t-t_r)]^2\end{aligned}$$

由于电子在阴极内做无规则运动,这些 N_r 都是独立的随机变量,因此

$$\overline{(N_r-\overline{N_r})(N_s-\overline{N_s})} = \overline{(N_r-\overline{N_r})}\ \overline{(N_s-\overline{N_s})} = 0, \quad r\neq s$$

由于热电子发射出来的电子数 N_r 是个随机变量,热电子发射与放射性衰变问题相当. 在 Δt 时间内,从阴极发射 N 个电子的概率服从泊松分布 $p(N)=\frac{\overline{N}^N}{N!}\mathrm{e}^{-\overline{N}}$,因此有

$$\overline{(N_r-\overline{N_r})^2} = \overline{N_r^2} - (\overline{N_r})^2 = \overline{N_r}$$

若阴极每秒钟发射的平均电子数为 $\bar{n}$,则$\overline{N_r}=\bar{n}\Delta t_r$. 将上面各式代入,得平均电流及电流的涨落分别为

$$\begin{aligned}\overline{I(t)} &= \sum_r \bar{n}_r \Delta t_r G(t-t_r) \\ \overline{[\Delta I(t)]^2} &= \sum_r \bar{n}_r \Delta t_r [G(t-t_r)]^2\end{aligned} \tag{5.5.5}$$

如果 Δt_r 为一微小的时间间隔,则式(5.5.5)可用积分来表示

$$\overline{I(t)} = \overline{n}\int_{-\infty}^{\infty} G(t-t')\mathrm{d}t' = \overline{n}\int_{-\infty}^{\infty} G(t)\mathrm{d}t = \overline{n}e \tag{5.5.6}$$

$$\overline{[\Delta I(t)]^2} = \overline{n}\int_{-\infty}^{\infty} G^2(t)\mathrm{d}t \tag{5.5.7}$$

式(5.5.7)称为坎贝尔(Campbell)定理,它给出了热电子发射的无规性对电流涨落的贡献.

在电路中,涨落电流与频率有关,为此将瞬时电流 $G(t)$ 按角频率 ω 作傅里叶展开

$$G(t) = \frac{1}{\sqrt{2\pi}}\int_{-\infty}^{\infty} S(\omega)\mathrm{e}^{\mathrm{i}\omega t}\mathrm{d}\omega \tag{5.5.8}$$

它的逆变换为

$$S(\omega) = \frac{1}{\sqrt{2\pi}}\int_{-\infty}^{\infty} G(t)\mathrm{e}^{-\mathrm{i}\omega t}\mathrm{d}t \tag{5.5.9}$$

由傅里叶展开式(5.5.8)可以证明

$$\int_{-\infty}^{\infty} |G(t)|^2\mathrm{d}t = \int_{-\infty}^{\infty} |S(\omega)|^2\mathrm{d}\omega = 2\int_{0}^{\infty} |S(\omega)|^2\mathrm{d}\omega \tag{5.5.10}$$

在证明中用了 δ 函数的积分表达式

$$\delta(\omega-\omega') = \frac{1}{2\pi}\int_{-\infty}^{\infty} \mathrm{e}^{\mathrm{i}(\omega-\omega')t}\mathrm{d}t$$

假如我们利用选频放大器,只选择频谱中的一个很窄的频带 $\Delta\nu=\frac{1}{2\pi}\Delta\omega$,由式(5.5.7)和式(5.5.10)两式得到在 $\Delta\nu$ 频带内的电流涨落为

$$\overline{[\Delta I(t)]^2} = \left[\overline{n}\int_{-\infty}^{\infty} G^2(t)\mathrm{d}t\right]_{\Delta\nu} = \left[2\overline{n}\int_{0}^{\infty} |S(\omega)|^2\mathrm{d}\omega\right]_{\Delta\nu} = 4\pi\overline{n}\,|S(\omega)|^2\Delta\nu \tag{5.5.11}$$

当频率很低(如音频)时,$\omega\tau\ll 1$,则在电子发射的极短时间内 ωt 很小,式(5.5.9)可近似表示为

$$S(\omega) \approx \frac{1}{\sqrt{2\pi}}\int_{-\infty}^{\infty} G(t)\mathrm{d}t = \frac{e}{\sqrt{2\pi}}$$

代入式(5.5.11),得

$$\overline{[\Delta I]^2} = 2\overline{n}e^2\Delta\nu = 2e\overline{I}\Delta\nu \tag{5.5.12}$$

其中,$\overline{I}=\overline{n}e$ 为平均电流. 式(5.5.12)就是由于电子发射的散粒效应所引起的电流涨落.

由于频带宽度 $\Delta\nu$、平均电流 $\overline{I}$ 和电流涨落 $\overline{[\Delta I]^2}$ 均可测量,因此,由式(5.5.12)提供了一个利用散粒效应测量电子电荷 e 的方法.

5.5.2 约翰孙效应

由于导体中电子的无规则热运动，即使导线两端不加电压，也会在导体中自发地产生涨落电流. 这种涨落电流经放大后形成的噪声称为热噪声. 约翰孙首先发现了这一现象，故又称为约翰孙效应.

设与电流涨落相应的电势为 $V(t)$，$V(t)$ 是随时间 t 的变化而涨落不定的函数，是一个随机变量. 将 $V(t)$ 作傅里叶展开

$$V(t)=\frac{1}{\sqrt{2\pi}}\int_{-\infty}^{\infty}W(\omega)\mathrm{e}^{\mathrm{i}\omega t}\mathrm{d}\omega \tag{5.5.13}$$

它的逆变换是

$$W(\omega)=\frac{1}{\sqrt{2\pi}}\int_{-\infty}^{\infty}V(t)\mathrm{e}^{-\mathrm{i}\omega t}\mathrm{d}t \tag{5.5.14}$$

由傅里叶积分定理，有

$$\int_{-\infty}^{\infty}|V(t)|^2\mathrm{d}t=\int_{-\infty}^{\infty}|W(\omega)|^2\mathrm{d}\omega=2\int_0^{\infty}|W(\omega)|^2\mathrm{d}\omega \tag{5.5.15}$$

考虑在一个相当长的时间 τ 内的电势平方的平均值

$$\overline{V^2}=\frac{1}{\tau}\int_0^{\tau}|V(t)|^2\mathrm{d}t \tag{5.5.16}$$

由式(5.5.15)，式(5.5.16)可表示为

$$\overline{V^2}=\frac{1}{\tau}\int_0^{\infty}|W(\omega)|^2\mathrm{d}\omega \tag{5.5.17}$$

实验上往往通过放大器测量在某一频率间隔 $\nu\sim\nu+\mathrm{d}\nu$ 内电势平方的平均值 $\overline{E^2}\Delta\nu$（$\Delta\nu$ 约为 $10^3\mathrm{s}^{-1}$），为此我们把 $\overline{V^2}$ 按频率分解为

$$\overline{V^2}=\int_0^{\infty}\overline{E^2}\mathrm{d}\nu \tag{5.5.18}$$

式(5.5.17)和式(5.5.18)两式比较得

$$\overline{E^2}\Delta\nu=\frac{2\pi}{\tau}|W(\omega)|^2\Delta\nu \tag{5.5.19}$$

其中，$\overline{E^2}$ 与频率 ν 的关系可以由实验测定. 在理论上可结合具体情形求出它与温度和线路常数的关系. 下面将用振荡线路来讨论.

设振荡线路由电阻 R、电感 L 串联而成，I 为热噪声电流，V 为与 I 相应的电势，则这一电路的回路方程为

$$L\frac{\mathrm{d}I}{\mathrm{d}t}+RI=V(t) \tag{5.5.20}$$

把电流 I 展成傅里叶积分

$$I(t)=\frac{1}{\sqrt{2\pi}}\int_{-\infty}^{\infty}J(\omega)\mathrm{e}^{\mathrm{i}\omega t}\mathrm{d}\omega \tag{5.5.21}$$

将式(5.5.13)和式(5.5.21)两式代入式(5.5.20),得

$$\mathrm{i}\omega LJ(\omega)+RJ(\omega)=W(\omega) \tag{5.5.22}$$

由此解得

$$J(\omega)=\frac{W(\omega)}{R+\mathrm{i}\omega L} \tag{5.5.23}$$

利用傅里叶积分定理得

$$\int_{-\infty}^{\infty}I^2(t)\mathrm{d}t=\int_{-\infty}^{\infty}|J(\omega)|^2\mathrm{d}\omega=\int_{-\infty}^{\infty}\frac{|W(\omega)|^2}{R^2+\omega^2L^2}\mathrm{d}\omega \tag{5.5.24}$$

根据实验结果,除了在很高频率外,$|W(\omega)|^2$ 几乎不随频率改变,也就是说当 ω 不太大时,$|W(\omega)|^2$ 可以认为是常数. 这种频谱称为白色谱. 在$|W(\omega)|^2$ 是常数的条件下,式(5.5.24)的积分可以求得

$$\int_{-\infty}^{\infty}I^2(t)\mathrm{d}t=|W(\omega)|^2\int_{-\infty}^{\infty}\frac{1}{R^2+\omega^2L^2}\mathrm{d}\omega=|W(\omega)|^2\frac{\pi}{RL} \tag{5.5.25}$$

由式(5.5.19)和式(5.5.25)两式求得热噪声电流平方的平均值为

$$\overline{I^2}=\frac{1}{\tau}\int_0^{\tau}I^2(t)\mathrm{d}t=\frac{1}{2\tau}|W(\omega)|^2\frac{\pi}{RL}=\frac{\overline{E^2}}{4RL} \tag{5.5.26}$$

根据广义能量均分定理,有

$$\frac{1}{2}L\,\overline{I^2}=\frac{1}{2}kT \tag{5.5.27}$$

由式(5.5.26)和式(5.5.27)求得

$$\overline{E^2}=4RkT$$

或

$$\overline{E^2}\Delta\nu=4RkT\Delta\nu \tag{5.5.28}$$

这个公式是奈奎斯特(Nyquist)首先得到的,称为奈奎斯特公式. 对于由电感、电容和电阻串联组成的振荡电路,公式(5.5.28)仍然适用. 这一公式表明在电路中由于电子的无规热运动所引起的涨落电压的方均值和电阻 R、绝对温度 T 成正比. 降低温度可以减少热噪声,提高仪器的灵敏度. 远距离传输过来的卫星信号极其微弱,要提高仪器的灵敏度,必须把接收设备放置在温度极低的装置中(通常放置在液氦中). 按照这个公式,由实验测得的$\overline{E^2}$、R 和 T,可求出玻尔兹曼常量 k.

*5.6 福克尔(Fokker)-普朗克方程

在讨论布朗运动时曾引进了布朗粒子的概率分布函数,并且指出粒子在液体中的位移是一种扩散现象. 本节将证明粒子位移的概率分布函数满足扩散方程. 扩散方程最初是由爱因斯坦得到的,后来由福克尔-普朗克作了推广,所以称为福克

尔-普朗克方程. 福克尔-普朗克方程是概率分布函数随时间演化的方程. 由于概率分布函数随时间变化,所以它本质上是一个非平衡态问题. 本节只讨论马尔可夫(Markov)过程中的概率分布函数随时间的变化. 所谓马尔可夫过程,指的是系统在 t 时刻的概率只与系统在 t 时刻以及与 t 最近邻的前一时刻的状态有关,而与系统更早的历史无关的过程. 对于这种过程,系统在演化过程中的绝大部分记忆和影响将被略去. 我们以布朗运动为例来导出福克尔-普朗克方程,虽然其应用绝不限于布朗运动.

讨论在没有外力作用下的布朗粒子的一维运动问题. 由于粒子的运动是无规则的,假设在 τ 时刻,粒子位置在 $x \sim x+\mathrm{d}x$ 范围内的概率为 $W(x,\tau)\mathrm{d}x$. 设这个概率只与粒子在前一时刻 τ_0 的位置 x_0 有关,而与其他更早的历史无关. 因此,可以把布朗粒子的运动看作马尔可夫过程. 概率分布函数 $W(x,\tau)\mathrm{d}x$ 与参量 τ、x、τ_0、x_0 的关系可用条件概率的形式来表示,即

$$W(x,\tau)\mathrm{d}x = W(x,\tau \mid x_0,\tau_0)\mathrm{d}x \tag{5.6.1}$$

式(5.6.1)表示粒子在 τ_0 时在 x_0,而在 τ 时刻处于 $x \sim x+\mathrm{d}x$ 范围内的概率. 条件概率可表示为

$$W(x,\tau \mid x_0,\tau_0) = \int_{-\infty}^{\infty} W(x,\tau \mid x',\tau')W(x',\tau' \mid x_0,\tau_0)\mathrm{d}x' \tag{5.6.2}$$

马尔可夫过程的特点表现在 $W(x,\tau|x',\tau')$ 只与 x'、τ' 有关,而与 x_0、τ_0 无关. 由于 W 只与时间间隔 $t=\tau-\tau_0$ 有关,与测量时间的起点 τ_0 无关,因此,可以把 W 改写成

$$W(x,\tau \mid x_0,\tau_0)\mathrm{d}x = W(x,t \mid x_0)\mathrm{d}x \tag{5.6.3}$$

式(5.6.3)表示粒子的初始位置为 x_0 处,经过时间 t 后运动到 $x \sim x+\mathrm{d}x$ 范围内的概率.

概率分布函数满足下列条件:

(1)
$$W(x,\tau \mid x_0,\tau_0) \geqslant 0 \tag{5.6.4}$$

(2)
$$\int_{-\infty}^{\infty} W(x,\tau \mid x_0,\tau_0)\mathrm{d}x = 1 \tag{5.6.5}$$

(3)
$$\lim_{\tau \to \tau_0} \int_{|x-x_0| \geqslant \varepsilon} W(x,\tau \mid x_0,\tau_0)\mathrm{d}x = 1 \quad (\varepsilon \text{ 是任意的正数}) \tag{5.6.6}$$

由式(5.6.5)和式(5.6.6)两式可得,如果 $\tau \to \tau_0$,则有

$$\lim_{t \to 0} W(x,t \mid x_0) = \delta(x-x_0) \tag{5.6.7}$$

式(5.6.7)等式右边为狄拉克 δ 函数.

除了位置 x 的概率分布函数外,还可以考虑如下的两个概率分布函数:

$$W(u,\tau \mid u_0,\tau_0)\mathrm{d}u = W(u,t \mid u_0)\mathrm{d}u \tag{5.6.8}$$

它表示在 τ_0 时粒子的速度为 u_0,在 τ 时速度在 $u\sim u+\mathrm{d}u$ 范围内的概率. 以及

$$W(x,u,\tau \mid x_0,u_0,\tau_0)\mathrm{d}x\mathrm{d}u = W(x,u,t \mid x_0,u_0)\mathrm{d}x\mathrm{d}u \tag{5.6.9}$$

它表示在 τ_0 时粒子的位置为 x_0、速度为 u_0,在 τ 时位置在 $x\sim x+\mathrm{d}x$,速度在 $u\sim u+\mathrm{d}u$范围内的概率.

设在时刻 t 在单位横截面积内,粒子的位置在 $x\sim x+\mathrm{d}x$ 范围内的粒子数为 $n(x,t)\mathrm{d}x$. 对马尔可夫过程,$n(x,t)$等于在 t_0 时刻在 x_0 处的粒子 $n(x_0,t_0)$经时间 $\tau=t-t_0$ 跃迁到 x 处粒子的总和,即

$$n(x,t) = \int_{-\infty}^{\infty} W(x,t \mid x_0,t_0)n(x_0,t_0)\mathrm{d}x_0 \tag{5.6.10}$$

现在来讨论概率分布函数 $W(x,t|x_0)$随时间的变化. 在时刻 t 位置在 $x\sim x+\mathrm{d}x$范围内的概率为 $W(x,t|x_0)\mathrm{d}x$. 经过任意小的时间间隔 Δt 后,概率的增量为$\frac{\partial W}{\partial t}\Delta t\mathrm{d}x$,$W$ 的增加是由下面两个因素引起的:一种是由于在时刻 t 位置在 $x\sim x+\mathrm{d}x$ 范围内的粒子在 Δt 时间间隔内"跃迁"到位置在 $x_1\sim x_1+\mathrm{d}x_1$ 范围内,其概率为 $W(x_1,\Delta t|x)\mathrm{d}x_1$,这种跃迁使得粒子位置在 $x\sim x+\mathrm{d}x$ 范围内的概率减少;另一种因素是 t 时刻位置在 $x_1\sim x_1+\mathrm{d}x_1$ 范围内的粒子,在 Δt 时间间隔内"跃迁"到位置在 $x\sim x+\mathrm{d}x$ 范围内,其概率为 $W(x,\Delta t|x_1)\mathrm{d}x$,这种跃迁使得粒子位置在 $x\sim x+\mathrm{d}x$ 范围内的概率增加. 因此,在 Δt 时间间隔内概率的增量为

$$\begin{aligned}\frac{\partial W}{\partial t}\Delta t\mathrm{d}x =& -\int_{x_1} W(x,t \mid x_0)W(x_1,\Delta t \mid x)\mathrm{d}x\mathrm{d}x_1 \\ &+\int_{x_1} W(x_1,t \mid x_0)W(x,\Delta t \mid x_1)\mathrm{d}x\mathrm{d}x_1\end{aligned} \tag{5.6.11}$$

式(5.6.11)中的第一个积分表示在 $t\sim t+\Delta t$ 时间间隔内,由于粒子的位置从 x 变到另一位置 x_1 的所有跃迁,它使得 x 处的概率减少;类似地,第二个积分表示在 $t\sim t+\Delta t$时间间隔内,由于粒子的位置从 x_1 变到位置 x 的所有跃迁,它使得 x 处的概率增加,概率的净增量为这两个积分之差.

在推导式(5.6.11)时并未涉及跃迁过程的动力学机制,也未涉及系统是服从量子力学规律还是服从经典力学规律. 因此,式(5.6.11)是普遍的,而概率分布函数 $W(x,t|x_0)$的具体形式则与系统的动力学机制有关.

式(5.6.11)的第一个积分为

$$\int_{x_1} W(x,t \mid x_0)W(x_1,\Delta t \mid x)\mathrm{d}x\mathrm{d}x_1 = W(x,t \mid x_0)\mathrm{d}x$$

其中已用了概率分布函数应满足的条件式(5.6.5). 在式(5.6.11)的第二个积分中令 $x_1=x-\xi$,则有

$$\int_{x_1} W(x_1, t \mid x_0) W(x, \Delta t \mid x_1) \mathrm{d}x \mathrm{d}x_1$$

$$= \mathrm{d}x \int_{-\infty}^{\infty} W(x-\xi, t \mid x_0) W(x, \Delta t \mid x-\xi) \mathrm{d}\xi$$

将上面两式代入式(5.6.11)，得到

$$\frac{\partial W}{\partial t} \Delta t = -W(x, t \mid x_0) + \int_{-\infty}^{\infty} W(x-\xi, t \mid x_0) W(x, \Delta t \mid x-\xi) \mathrm{d}\xi \tag{5.6.12}$$

通常概率分布函数 $W(x,t|x_0)$ 是随 $|\xi|=|x-x_0|$ 的增加而迅速减少的函数. 例如，在布朗运动中，布朗粒子的质量约为分子质量的 10^6 倍，经 Δt 时间后，由于流体分子碰撞的剩余力所引起的布朗粒子位置的改变 $|\xi|$ 很小，因此，概率分布函数 $W(x,\Delta t|x-\xi)$ 只有当 $|\xi|$ 值很小时才有较大的值，当 $|\xi|$ 值增大时，$W(x,\Delta t|x-\xi)$ 值很快衰减为零. 也就是说，概率分布函数 $W(x,\Delta t|x-\xi)$ 在 $\xi=0$ 附近有一个尖锐的峰，而且随 $|\xi|$ 的增加迅速衰减为零. 因此，可以将式(5.6.12)中的被积函数 $W(x-\xi,t|x_0)W(x,\Delta t|x-\xi)$ 在 $\xi=0$ 处展成 ξ 的泰勒级数

$$\begin{aligned} & W(x-\xi, t \mid x_0) W(x, \Delta t \mid x-\xi) \\ = & W(x, t \mid x_0) W(x+\xi, \Delta t \mid x) \\ & + \sum_{n=1}^{\infty} \frac{(-1)^n}{n!} \frac{\partial^n}{\partial x^n} [W(x, t \mid x_0) W(x+\xi, \Delta t \mid x)] \xi^n \end{aligned}$$

将上式代入式(5.6.12)，得

$$\begin{aligned} \frac{\partial W}{\partial t} \Delta t = & -W(x, t \mid x_0) + W(x, t \mid x_0) \int_{-\infty}^{\infty} W(x+\xi, \Delta t \mid x) \mathrm{d}\xi \\ & + \sum_{n=1}^{\infty} \frac{(-1)^n}{n!} \frac{\partial^n}{\partial x^n} \left[W(x, t \mid x_0) \int_{-\infty}^{\infty} \xi^n W(x+\xi, \Delta t \mid x) \mathrm{d}\xi \right] \\ = & \sum_{n=1}^{\infty} \frac{(-1)^n}{n!} \frac{\partial^n}{\partial x^n} \left[W(x, t \mid x_0) \int_{-\infty}^{\infty} \xi^n W(x+\xi, \Delta t \mid x) \mathrm{d}\xi \right] \end{aligned}$$

上式最后一步已用了式(5.6.5)，第一项与第二项相互抵消. 当 $\Delta t \to 0$ 时，求和号中 $n>2$ 的项将以比 Δt 更快的速度趋于零，因此，在无限小时间间隔 Δt 内，求和号中只要保留 $n=1,2$ 两项即可

$$\frac{\partial W}{\partial t} = \lim_{\Delta t \to 0} \frac{1}{\Delta t} \sum_{n=1}^{2} \frac{(-1)^n}{n!} \frac{\partial^n}{\partial x^n} \left[W(x, t \mid x_0) \int_{-\infty}^{\infty} \xi^n W(x+\xi, \Delta t \mid x) \mathrm{d}\xi \right] \tag{5.6.13}$$

定义

$$a(x,t) = \lim_{\Delta t \to 0} \frac{1}{\Delta t} \int_{-\infty}^{\infty} \Delta x W(x+\Delta x, \Delta t \mid x) \mathrm{d}(\Delta x) = \lim_{\Delta t \to 0} \frac{1}{\Delta t} \overline{[\Delta x(\Delta t)]} \tag{5.6.14}$$

$$b(x,t)=\lim_{\Delta t\to 0}\frac{1}{\Delta t}\int_{-\infty}^{\infty}(\Delta x)^2W(x+\Delta x,\Delta t\mid x)\mathrm{d}(\Delta x)=\lim_{\Delta t\to 0}\frac{1}{\Delta t}\overline{[\Delta x(\Delta t)]^2}\tag{5.6.15}$$

其中,$\Delta x(\Delta t)=x(\Delta t)-x(0)$. 则式(5.6.13)可简化为

$$\frac{\partial W}{\partial t}+\frac{\partial}{\partial x}(aW)-\frac{1}{2}\frac{\partial^2}{\partial x^2}(bW)=0\tag{5.6.16}$$

式(5.6.16)称为福克尔-普朗克方程,它是概率分布函数随时间演化的方程,在布朗运动和涨落理论的研究中具有重要意义.

如果把式(5.6.13)中的变量 x 换成速度 $v=\dot{x}$,可得到在时刻 t,粒子速度为 v 的概率分布函数 $W(v,t|v_0)$随时间变化所满足的微分方程

$$\frac{\partial W}{\partial t}+\frac{\partial}{\partial v}(AW)-\frac{1}{2}\frac{\partial^2}{\partial v^2}(BW)=0\tag{5.6.17}$$

其中

$$A(x,t)=\lim_{\Delta t\to 0}\frac{1}{\Delta t}\int_{-\infty}^{\infty}\Delta vW(v+\Delta v,\Delta tv)\mathrm{d}(\Delta v)=\lim_{\Delta t\to 0}\frac{1}{\Delta t}\overline{[\Delta v(\Delta t)]}\tag{5.6.18}$$

$$B(x,t)=\lim_{\Delta t\to 0}\frac{1}{\Delta t}\int_{-\infty}^{\infty}(\Delta v)^2W(v+\Delta v,\Delta t\mid v)\mathrm{d}(\Delta v)=\lim_{\Delta t\to 0}\frac{1}{\Delta t}\overline{[\Delta v(\Delta t)]^2}\tag{5.6.19}$$

其中,$\Delta v=v(\Delta t)-v(0)$,式(5.6.17)是速度空间的福克尔-普朗克方程. 类似地以位置 x 和速度 v 为变量的概率分布函数 $W(x,v,t|x_0,v_0)$随时间变化所满足的方程为

$$\frac{\partial W}{\partial t}+\frac{\partial}{\partial x}(aW)+\frac{\partial}{\partial v}(AW)-\frac{1}{2}\frac{\partial^2}{\partial x^2}(bW)-\frac{1}{2}\frac{\partial^2}{\partial v^2}(BW)-\frac{\partial^2}{\partial x\partial v}(CW)=0\tag{5.6.20}$$

其中

$$a(x,v,t)=\lim_{\Delta t\to 0}\frac{1}{\Delta t}\iint\Delta xW(x+\Delta x,v+\Delta v,\Delta t\mid x,v)\mathrm{d}(\Delta x)\mathrm{d}(\Delta v)\tag{5.6.21}$$

$$b(x,v,t)=\lim_{\Delta t\to 0}\frac{1}{\Delta t}\iint(\Delta x)^2W(x+\Delta x,v+\Delta v,\Delta t\mid x,v)\mathrm{d}(\Delta x)\mathrm{d}(\Delta v)\tag{5.6.22}$$

$$A(x,v,t)=\lim_{\Delta t\to 0}\frac{1}{\Delta t}\iint\Delta vW(x+\Delta x,v+\Delta v,\Delta t\mid x,v)\mathrm{d}(\Delta x)\mathrm{d}(\Delta v)\tag{5.6.23}$$

$$B(x,v,t)=\lim_{\Delta t\to 0}\frac{1}{\Delta t}\iint(\Delta v)^2W(x+\Delta x,v+\Delta v,\Delta t\mid x,v)\mathrm{d}(\Delta x)\mathrm{d}(\Delta v)\tag{5.6.24}$$

$$C(x,v,t)=\lim_{\Delta t\to 0}\frac{1}{\Delta t}\iint \Delta x\Delta v W(x+\Delta x,v+\Delta v,\Delta t\mid x,v)\mathrm{d}(\Delta x)\mathrm{d}(\Delta v) \tag{5.6.25}$$

式(5.6.20)是相空间的福克尔-普朗克方程.

为了得到微分方程的解 W,必须知道所求系统的$\overline{\Delta x}$、$\overline{(\Delta x)^2}$、$\overline{\Delta v}$、$\overline{(\Delta v)^2}$、$\overline{\Delta x\Delta v}$、$\overline{(\Delta x)^2}$等量的具体形式.下面将求无外力作用的布朗粒子运动的福克尔-普朗克方程(5.6.16)和(5.6.17)的解.利用5.3节已经求得的结果$\overline{\Delta x}=0$,$\overline{(\Delta x)^2}=2D\Delta t$,$D=\frac{kT}{\alpha}=\frac{kT}{\gamma m}$为扩散系数,故得 $a=0$,$b=2D$.将 a、b 代入式(5.6.16),得到概率分布函数满足的方程为

$$\frac{\partial W}{\partial t}-D\frac{\partial^2 W}{\partial x^2}=0 \tag{5.6.26}$$

由式(5.6.10)和式(5.6.26)两式,可得粒子数密度 $n(x,t)$所满足的方程为

$$\frac{\partial n}{\partial t}-D\frac{\partial^2 n}{\partial x^2}=0 \tag{5.6.27}$$

这就是爱因斯坦的扩散方程.方程(5.6.26)的初始条件由式(5.6.7)给出,其解为

$$W(x,t\mid x_0)=\frac{1}{\sqrt{4\pi Dt}}\mathrm{e}^{-\frac{(x-x_0)^2}{4Dt}} \tag{5.6.28}$$

如果 $t=0$ 时所有粒子都在 x_0 处,粒子数密度的初始条件为 $n(x,0)=n_0\delta(x-x_0)$.由式(5.6.10)得粒子数密度为

$$n(x,t)=\int W(x,t\mid \xi)n(\xi,0)\mathrm{d}\xi=\frac{n_0}{\sqrt{4\pi Dt}}\mathrm{e}^{-\frac{(x-x_0)^2}{4Dt}} \tag{5.6.29}$$

由概率分布函数式(5.6.28)可得平均位移和位移平方平均值分别为

$$\bar{x}=x_0,\quad \overline{x^2}=x_0^2+2Dt$$

现在来求速度空间的福克尔-普朗克方程(5.6.17)的解.5.4节中的式(5.4.39)和式(5.4.44)两式已经给出了速度的平均值和速度偏差的方均值分别为$\overline{v(t)}=v_0\mathrm{e}^{-\gamma t}$和$\overline{[\Delta v(t)]^2}=\frac{a}{2\gamma}(1-\mathrm{e}^{-2\gamma t})$.当 t 取为小量 Δt 时有

$$\overline{\Delta v}=\overline{[v(\Delta t)-v_0]}=-\gamma v_0\Delta t,\quad \overline{(\Delta v)^2}=a\Delta t=2D\gamma^2\Delta t$$

将上式与式(5.6.18)和式(5.6.19)两式比较,得到 $A=-\gamma v$,$B=2D\gamma^2$,代入式(5.6.17)得

$$\frac{\partial W}{\partial t}-\gamma\frac{\partial}{\partial v}(vW)-D\gamma^2\frac{\partial^2}{\partial v^2}W=0 \tag{5.6.30}$$

在式(5.6.30)中作如下的函数变换

$$f=W\mathrm{e}^{-\gamma t} \tag{5.6.31}$$

则式(5.6.30)变换成 f 的微分方程

$$\frac{\partial f}{\partial t}-\gamma v\frac{\partial f}{\partial v}-D\gamma^2\frac{\partial^2 f}{\partial v^2}=0 \tag{5.6.32}$$

再作如下的变量变换：

$$\xi=v\mathrm{e}^{\gamma t},\quad \tau=D\gamma^2\int_0^t \mathrm{e}^{2\gamma t}\mathrm{d}t=\frac{D\gamma}{2}(\mathrm{e}^{2\gamma t}-1) \tag{5.6.33}$$

代入式(5.6.32)，则 $f(\xi,\tau)$ 的方程化简为

$$\frac{\partial f}{\partial \tau}-\frac{\partial^2 f}{\partial \xi^2}=0 \tag{5.6.34}$$

方程(5.6.34)是扩散系数 $D=1$ 的扩散方程，$f(\xi,\tau)$ 的初始条件可由式(5.6.7)得到

$$f(\xi,0)=W(v,0\mid v_0)=\delta(v-v_0)=\delta(\xi-\xi_0) \tag{5.6.35}$$

其中，$\xi_0=v_0$. 方程(5.6.34)的解为

$$f(\xi,\tau)=\frac{1}{\sqrt{4\pi\tau}}\mathrm{e}^{-\frac{(\xi-\xi_0)^2}{4\tau}} \tag{5.6.36}$$

变换到原来的变量，得到速度空间的概率分布函数

$$W(v,t\mid v_0)=\frac{1}{\sqrt{2\pi D\gamma(1-\mathrm{e}^{-2\gamma t})}}\exp\left\{-\frac{(v-v_0\mathrm{e}^{-\gamma t})^2}{2D\gamma(1-\mathrm{e}^{-2\gamma t})}\right\} \tag{5.6.37}$$

当 $t\to\infty$ 时有

$$\lim_{t\to\infty}W(v,t\mid v_0)=\frac{1}{\sqrt{2\pi D\gamma}}\exp\left(-\frac{v^2}{2D\gamma}\right) \tag{5.6.38}$$

将 $D=\dfrac{kT}{\gamma m}$ 代入，得一维麦克斯韦速度分布率

$$f(v)=\sqrt{\frac{m}{2\pi kT}}\exp\left(-\frac{mv^2}{2kT}\right)$$

这正是我们所期待的平衡态时的速度分布函数.

学时分配和习题安排参考意见

热学　热力学与统计物理(下册)(共50学时)

章　节	学　时	习　题
第 1 章 1.1～1.3 节	2	第 1 章习题 1.1～1.7
第 2 章 2.1～2.18 节	16	第 2 章习题 2.1～2.58
第 3 章 3.1～3.11 节	10	第 3 章习题 3.1～3.29
第 4 章 4.1～4.6 节	8	第 4 章习题 4.1～4.16
第 5 章 5.1～5.3 节	8	第 5 章习题 5.1～5.7
习题课	2	
复习与考试	4	

习题与答案

第1章习题

1.1 在城市的某街区A住着一位年轻人,B处住着他的女友,B在A的东边m个街区,在A的北边n个街区(例如,当$n=3,m=4$时如题1.1图所示).年轻人步行到他女友的住处,所走的路线总是一步一步更接近她,从不走回头路.试问年轻人从A到B共有多少种不同的行走路线?

$\left(答:共有\dfrac{(m+n)!}{m!n!}种行走路线\right)$

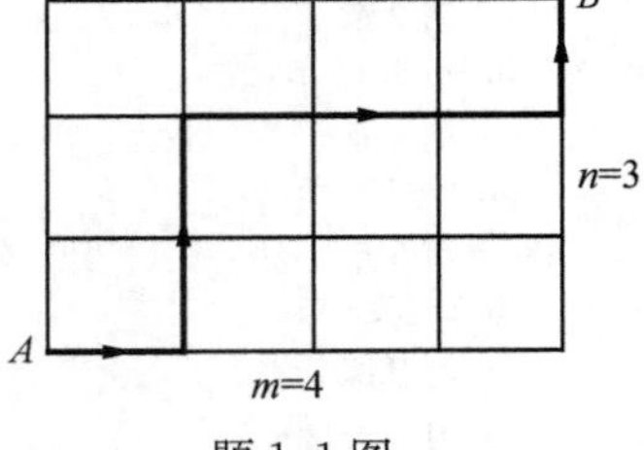

题1.1图

1.2 (1) 若左右各有一个方格,一个球可能进入左边格子,也可能进入右边格子,概率各为$\frac{1}{2}$.证明N个球中有N_1个进入左边格子,其余$N-N_1$个进入右边格子的概率为

$$P(N_1)=\frac{1}{2^N}\frac{N!}{N_1!(N-N_1)!}$$

若一个球进入左边格子的概率为p,进入右边格子的概率为$q=1-p$,证明N个球中有N_1个进入左边格子,其余$N-N_1$个进入右边格子的概率为

$$P(N_1)=\frac{N!}{N_1!(N-N_1)!}p^{N_1}q^{N-N_1}$$

(2) 证明:$\sum\limits_{N_1=0}^{N}P(N_1)=1$;

(3) 证明:$\bar{N}_1=\sum\limits_{N_1=0}^{N}N_1P(N_1)=Np,\sqrt{\overline{(N_1-\bar{N}_1)^2}}=\sqrt{Npq}$.

1.3 一个醉汉从一路灯处开始行走,每一步走过长为l的距离,每一步的方向随机地取东南西北四个方向中的一个.问醉汉在走了三步以后仍处于以路灯为中心、半径为$2l$的圆内的概率是多少?

$\left(答:P(3)=\dfrac{9}{16}\right)$

1.4 证明在$N\gg1$与$p\ll1$的情形下,二项式分布$P(n)=\dfrac{N!}{n!(N-n)!}p^nq^{N-n}$可近似用泊松分布$P(n)=\dfrac{\bar{n}^n}{n!}e^{-\bar{n}}$来表示,式中$\bar{n}=Np$.

1.5 证明在$N\gg1$及p、q相差不大的情形下,二项式分布$P(n)=\dfrac{N!}{n!(N-n)!}p^nq^{N-n}$可近似用高

斯分布 $P(n)=\frac{1}{\sqrt{2\pi\overline{(\Delta n)^2}}}\exp\left[-\frac{(n-\overline{n})^2}{2\overline{(\Delta n)^2}}\right]$来表示，式中 $\overline{n}=Np$ 为 n 的平均值，$\overline{(\Delta n)^2}=\overline{(n-\overline{n})^2}=Npq$ 为 $(n-\overline{n})^2$ 的平均值.

1.6 已知质量为 m、弹性常数为 k 的一维经典谐振子的能量为 E，但它的位置是不确定的. 试求谐振子的位置在 $x\sim x+\mathrm{d}x$ 的概率 $p(x)\mathrm{d}x$.

$\left(\text{答：}p(x)\mathrm{d}x=\frac{1}{\pi}\left(\frac{k}{2E-kx^2}\right)^{\frac{1}{2}}\mathrm{d}x\right)$

1.7 设一维粒子的运动范围为 $x\geqslant 0$，在 $x\sim x+\mathrm{d}x$ 内出现粒子的概率为 $\rho(x)\mathrm{d}x=C\mathrm{e}^{-\alpha x}\mathrm{d}x$，其中，$\alpha>0$，$C$ 为归一化常数，求

(1) $\overline{x^n}$ 及 $\overline{(\Delta x)^2}$；

(2) 若 $y^2=x$，试求 $\overline{y^n}$.

$\left(\text{答：(1) }\overline{x^n}=\frac{n!}{\alpha^n},\overline{(\Delta x)^2}=\frac{1}{\alpha^2};\text{(2) }\overline{y^n}=\frac{1}{\alpha^{\frac{n}{2}}}\Gamma\left(\frac{n}{2}+1\right)\right)$

第2章习题

2.1 一个质量为 m 的粒子在一个边长为 L 的立方体的盒子中做自由运动，粒子的能量 $\varepsilon(n)=n\frac{h^2}{2mL^2}$，式中，$h$ 为普朗克常量，$n=n_x^2+n_y^2+n_z^2$，量子数 $n_x,n_y,n_z=0,\pm 1,\pm 2,\cdots$. 试分别给出当 $n=0,1,2,3,4$ 时能级 $\varepsilon(n)$ 所包含的量子态 (n_x,n_y,n_z) 及简并度 $\omega(n)$.

(答：$\omega(0)=1,\omega(1)=6,\omega(2)=12,\omega(3)=8,\omega(4)=6$)

2.2 一个由 N 个可分辨的近独立的三维谐振子组成的系统，其个体量子态用量子数 (n_x,n_y,n_z) 标记，态 (n_x,n_y,n_z) 的能量为

$$\varepsilon(n)=\left(n_x+n_y+n_z+\frac{3}{2}\right)h\nu$$

其中，h 为普朗克常量，ν 为谐振子的振动频率，$n=n_x+n_y+n_z$，量子数 $n_x,n_y,n_z=0,1,2,\cdots$. 写出谐振子个体能级及简并度的表达式；设达到平衡态时系统的温度为 T，求系统的内能、熵和自由能.

$\left(\text{答：}\varepsilon(n)=\left(n+\frac{3}{2}\right)h\nu,\omega(n)=\frac{1}{2}(n+1)(n+2),U=3Nh\nu\left(\frac{1}{2}+\frac{1}{\mathrm{e}^{\frac{h\nu}{kT}}-1}\right),S=3Nk\left[\frac{\frac{h\nu}{kT}}{\mathrm{e}^{\frac{h\nu}{kT}}-1}-\ln(1-\mathrm{e}^{-\frac{h\nu}{kT}})\right],F=3NkT\left[\ln(1-\mathrm{e}^{-\frac{h\nu}{kT}})+\frac{h\nu}{2kT}\right]\right)$

2.3 试求在极端相对论情形下，分子的能量和动量的关系为 $\varepsilon=pc$ 的玻尔兹曼理想气体的内能、熵、定容热容量、自由能和压强.

$\left(\text{答：}U=3NkT,S=Nk\left\{\ln\left(\frac{8\pi V}{N}\right)+3\ln\left(\frac{kT}{hc}\right)+4\right\},C_V=3Nk,F=-NkT\ln\left[8\pi e\frac{V}{N}\left(\frac{kT}{hc}\right)^3\right],p=\frac{N}{V}kT\right)$

2.4 被吸附在固体表面上的单原子分子能在表面上自由运动，可把它看成二维理想气体. 试求分子的平均速率、最概然速率和方均根速率.

$\left(答:\bar{v}=\sqrt{\frac{\pi kT}{2m}},v_P=\sqrt{\frac{kT}{m}},v_S=\sqrt{\frac{2kT}{m}}\right)$

2.5 设质量为 m 的单原子分子组成的理想气体处于温度为 T 的热力学平衡态，从气体中任取两个分子，求其总能量在 $\varepsilon\sim\varepsilon+d\varepsilon$ 内的概率 $\psi(\varepsilon)d\varepsilon$ 和平均能量的表达式.

$(答:\psi(\varepsilon)d\varepsilon=\frac{1}{2}(kT)^{-3}\varepsilon^2 e^{-\frac{\varepsilon}{kT}}d\varepsilon,\bar{\varepsilon}=3kT)$

2.6 用 $q_1,q_2,\cdots,q_{3N}$ 表示 $3N$ 个自由度系统状态的广义坐标，相应于坐标 q_i 的广义力是 X_i，若系统的哈密顿量是 H，则 $X_i=-\frac{\partial H}{\partial q_i}$，试证明维里定理

$$\sum_{i=1}^{3N}\overline{q_iX_i}=-3NkT$$

其中，T 是气体的温度.

特别是当具有相互作用势能为 $U(q_1,q_2,\cdots,q_{3N})$ 的 N 个分子组成的气体被封闭在体积为 V 的容器中时，维里定理取如下形式：

$$pV=NkT-\frac{1}{3}\sum_{i=1}^{3N}\overline{q_i\frac{\partial U}{\partial q_i}}$$

其中，p 是气体分子施加于容器壁的压强. 这里 $q_1,q_2,\cdots,q_{3N}$ 是确定 N 个分子位置的笛卡儿坐标.

2.7 设一维振子系统处于温度为 T 的平衡态，振子的势能 $u=ax^4$，a 为常数，试根据维里定律和能量均分定理求振子的平均能量.

$\left(答:\bar{\varepsilon}=\frac{3}{4}kT\right)$

2.8 在狭义相对论中，质量为 m 的质点的动量和能量分别为

$$p_i=\frac{mv_i}{\sqrt{1-\left(\frac{v}{c}\right)^2}},\quad i=x,y,z$$

$$\varepsilon=\frac{mc^2}{\sqrt{1-\left(\frac{v}{c}\right)^2}}$$

其中，c 是光速，$v=\sqrt{v_x^2+v_y^2+v_z^2}$ 是质点的速率. 证明由麦克斯韦-玻尔兹曼分布给出

$$\overline{\frac{1}{2}mv^2\Big/\sqrt{1-\left(\frac{v}{c}\right)^2}}=\frac{3}{2}kT$$

2.9 假设一个角动量为 J 的磁矩沿磁场 H 方向的分量可取任意一个分立值 $g\mu_B m(m=J,J-1,\cdots,-J+1,-J)$，其中 J 为角动量量子数，m 为磁量子数，g 为旋磁比. 磁矩之间的相互作用可以忽略不计. 试计算单位体积内含有 n 个磁矩的物体的磁化强度 M；计算在高温和弱磁场情形下 $(g\mu_B J\ll kT)$ 的磁化率 χ. 考察当 $J=\frac{1}{2}$ 和 $J\to\infty$，$\mu_B\to 0$ 而 $g\mu_B J\to\mu_0$ 时的磁化率 χ.

$\left(\text{答}:M=ng\mu_B JB_J\left(\frac{g\mu_B JH}{kT}\right)\right.$，其中 $B_J(x)=\frac{2J+1}{2J}\coth\left(\frac{2J+1}{2J}x\right)-\frac{1}{2J}\coth\left(\frac{x}{2J}\right)$，在高温和弱磁场下 $\chi=n\frac{J(J+1)g^2\mu_B^2}{3kT}$，当 $J=\frac{1}{2}$ 时，$\chi=\frac{ng^2\mu_B^2}{4kT}$；当 $J\to\infty$，$\mu_B\to 0$ 及 $g\mu_B J\to\mu_0$ 时，$\left.\chi=\frac{n\mu_0^2}{3kT}\right)$

2.10 考虑一个由 $N(N\gg 1)$ 个可分辨的、不能自由运动的、无相互作用的原子组成的系统，每个原子可以占据两个非简并能级：0 和 $\varepsilon>0$，E/N 为每个原子的平均能量.

(1) E/N 的最大可能值是多少？(注意：系统不一定处于平衡态). 如果系统处于热平衡态，E/N 可达到的最大值是多少？

(2) 在热平衡下，由 E/N 来表示每个原子的熵 S/N.

$\Bigg($答：(1) $(E/N)_{\max}=\varepsilon$，若系统处于平衡态 $(E/N)_{\max}=\frac{\varepsilon}{2}$；

(2) $\left.\frac{S}{N}=-k\left\{\frac{E}{N\varepsilon}\ln\frac{E}{N\varepsilon}+\left(1-\frac{E}{N\varepsilon}\right)\ln\left(1-\frac{E}{N\varepsilon}\right)\right\}\right)$

2.11 设粒子的能量和动量间的关系为 $\varepsilon=\alpha p^s$（α 为常数，$s=1,2$；$p=(p_1^2+p_2^2+\cdots+p_n^2)^{\frac{1}{2}}$）的粒子组成的 n 维理想气体，不论这些粒子是服从玻尔兹曼分布、玻色分布还是费米分布，证明气体的内能 U 和压强 p 都满足同样的关系：$pV=\frac{s}{n}U$，其中，V 为气体的体积.

2.12 一分子晶体由 N 个同核双原子分子 A_2 组成，每个分子可以在它所在的格点上自由转动，转动惯量为 I，每个分子的两个核做相对振动，振动的角频率为 ω，设 A 原子核的自旋为零. 试求晶体的定容热容量 C_V 与晶体温度 T 之间的关系.

$\left(\text{答}：C_V=C_V^v+C_V^r=Nk\left(\frac{\hbar\omega}{kT}\right)^2\frac{1}{4\sinh^2\frac{\hbar\omega}{2kT}}-N\frac{\partial}{\partial T}\left[\frac{\partial}{\partial\beta}\ln Z_r\right]\right.$，其中，转动配分函数 $Z_r=\left.\sum_{l=0,2,4,\cdots}(2l+1)\exp\left[-\beta\frac{\hbar^2}{2I}l(l+1)\right]\right)$

2.13 证明在玻尔兹曼统计中，熵 S 可表示为 $S=-k\sum_s f_s\ln f_s+$ 常数，其中，$f_s=a_l/\omega_l$ 是每个量子态上的平均粒子数，常数 $=Nk\ln N$，N 为系统的粒子数，求和遍及单粒子的所有量子态 s.

2.14 设一个双原子分子具有电偶极矩 p_0，在电场 E 中分子的转动能 $\varepsilon_r=\frac{1}{2I}\left(p_\theta^2+\frac{1}{\sin^2\theta}p_\varphi^2\right)-p_0E\cos\theta$，其中，$\theta$ 为电偶极矩与电场的夹角，已知分子的数密度为 n，求转动配分函数 Z_r 和电极化强度 P.

$\left(\text{答}:Z_r=\frac{2I}{p_0E}\left(\frac{kT}{\hbar}\right)^2\sinh\left(\frac{p_0E}{kT}\right),P=np_0\left(\coth\frac{p_0E}{kT}-\frac{kT}{p_0E}\right)\right)$

2.15 N 个弱耦合的粒子服从玻尔兹曼分布，每个粒子可处于能量为 $-\varepsilon,0,\varepsilon(\varepsilon>0)$ 三个能级中

的任何一个,设系统与温度为 T 的大热源接触,试计算:

(1) $T=0\text{K}$ 时系统的熵;

(2) 系统熵的极大值 $S_{\max}$ 和极小值 $S_{\min}$;

(3) 系统的配分函数 Z 和内能 U.

$\left(\text{答:(1) } S=0\text{; (2) } S_{\max}=Nk\ln 3, S_{\min}=0\text{; (3) } Z=(1+2\cosh\beta\varepsilon)^N/N!, U=-\frac{2N\varepsilon\sinh\beta\varepsilon}{1+2\cosh\beta\varepsilon}\right)$

2.16 一系统由两个全同粒子组成,每个粒子可有三个量子态,其能量分别是 0,ε 和 2ε. 系统与温度为 T 的大热源接触,就下列诸情况写出系统的配分函数:

(1) 粒子可分辨,服从玻尔兹曼统计;

(2) 粒子不可分辨,服从玻尔兹曼统计;

(3) 粒子服从费米-狄拉克统计;

(4) 粒子服从玻色-爱因斯坦统计.

$\left(\text{答:(1) } Z=(1+e^{-\beta\varepsilon}+e^{-2\beta\varepsilon})^2\text{; (2) } Z=\frac{1}{2!}(1+e^{-\beta\varepsilon}+e^{-2\beta\varepsilon})^2\text{; (3) } Z=e^{-\beta\varepsilon}+e^{-2\beta\varepsilon}+e^{-3\beta\varepsilon}\text{; (4) } Z=1+e^{-\beta\varepsilon}+2e^{-2\beta\varepsilon}+e^{-3\beta\varepsilon}+e^{-4\beta\varepsilon}\right)$

2.17 一系统由两个全同粒子组成,每个粒子可占据能级 $\varepsilon_n=n\varepsilon(n=0,1,2)$ 中的任何一个,最低能级 $\varepsilon_0=0$ 是双重简并的. 系统与温度为 T 的大热源接触,就下列诸情况写出系统的配分函数和能量:

(1) 粒子服从费米-狄拉克统计;

(2) 粒子服从玻色-爱因斯坦统计;

(3) 粒子可分辨,服从玻尔兹曼统计.

$\Big(\text{答:(1) } Z=1+2e^{-\beta\varepsilon}+2e^{-2\beta\varepsilon}+e^{-3\beta\varepsilon}, E=\frac{\varepsilon}{Z}(2+4e^{-\beta\varepsilon}+3e^{-2\beta\varepsilon})e^{-\beta\varepsilon}$;

(2) $Z=3+2e^{-\beta\varepsilon}+3e^{-2\beta\varepsilon}+e^{-3\beta\varepsilon}+e^{-4\beta\varepsilon}, E=\frac{\varepsilon}{Z}(2+6e^{-\beta\varepsilon}+3e^{-2\beta\varepsilon}+4e^{-3\beta\varepsilon})e^{-\beta\varepsilon}$;

(3) $Z=4+4e^{-\beta\varepsilon}+5e^{-2\beta\varepsilon}+2e^{-3\beta\varepsilon}+e^{-4\beta\varepsilon}, E=\frac{2\varepsilon}{Z}(2+5e^{-\beta\varepsilon}+3e^{-2\beta\varepsilon}+2e^{-3\beta\varepsilon})e^{-\beta\varepsilon}\Big)$

2.18 一拉链有 N 节,只能从一端打开,即只有前面的 $s-1$ 个节相继打开后,第 s 节才能打开. 每节闭合时能量为 0,打开时能量为 ε. 这是一种表示两股不交缠 DNA 分子的简单模型. 试求:

(1) 拉链的配分函数;

(2) 求当 N 很大,$\varepsilon>0$ 时开节的平均数,T 为拉链的温度.

$\left(\text{答:(1) } Z=\frac{1-\exp[-(N+1)\varepsilon/kT]}{1-\exp(-\varepsilon/kT)}\text{; (2) 当 } N \text{ 很大}, \varepsilon>0 \text{ 时 } \bar{s}=\frac{1}{e^{\frac{\varepsilon}{kT}}-1}\right)$

2.19 n 维宇宙. 在我们这个三维宇宙中由热力学与统计物理得到下列熟知的结果:

(1) 黑体辐射的能量密度以 T^α 形式依赖于温度 T,其中 $\alpha=4$;

(2) 在固体的德拜模型中,低温下的比热容以 T^β 形式依赖于温度 T,其中 $\beta=3$;

(3) 单原子分子理想气体的定压比热容与定容比热容的比值 $\gamma=\frac{5}{3}$.

试导出在 n 维宇宙中相应的指数 α,β 和 γ 各是多少?

$\left(\text{答:(1) } \alpha=n+1\text{;(2) } \beta=n\text{;(3) } \gamma=\frac{n+2}{n}\right)$

2.20 液体自由表面上的表面张力波具有色散关系 $\omega^2=\frac{\sigma k^3}{\rho}$,其中,$\omega$ 与 k 分别是液体表面波的角频率与波数,σ 与 ρ 分别为液体的表面张力系数与密度,这一关系对波长大于原子间距的那些波成立. 试计算热激发表面波对比热的贡献,并讨论它的低温极限. 已知积分

$$\int_0^\infty \frac{x^{\frac{4}{3}}}{e^x-1}dx=\Gamma\left(\frac{7}{3}\right)\sum_{l=1}^{\infty}\frac{1}{l^{\frac{7}{3}}}=1.685$$

$\left(\text{答:}C=\frac{7}{3}a(T)T^{\frac{4}{3}}-\frac{B}{T}\frac{\hbar\omega_D^{\frac{7}{3}}}{e^{\frac{\hbar\omega_D}{kT}}-1}\text{,其中,}B=\frac{A}{3\pi}\left(\frac{\rho}{\sigma}\right)^{\frac{2}{3}}, \omega_D=\left(\frac{8\pi N}{A}\right)^{\frac{3}{4}}\left(\frac{\sigma}{\rho}\right)^{\frac{1}{2}}, a(T)=Bk\left(\frac{k}{\hbar}\right)^{\frac{4}{3}}\int_0^{\frac{\hbar\omega_D}{kT}}\frac{x^{\frac{4}{3}}}{e^x-1}dx\text{;在低温时,}T\to 0\text{ 时,}x_D=\frac{\hbar\omega_D}{kT}\to\infty, C\approx 1.31\frac{Ak}{\pi}\left(\frac{\rho}{\sigma}\right)^{\frac{2}{3}}\left(\frac{k}{\hbar}\right)^{\frac{4}{3}}T^{\frac{4}{3}}\to 0\right)$

2.21 一系统由 N 个质量为 m 的近独立粒子组成,在高温下达到热平衡,经典统计适用,粒子绕其平衡位置做一维运动,就下列情况求系统的热容量:

(1) 恢复力和位移 x 成正比;

(2) 恢复力和位移 x 的立方成正比;

不必具体计算积分,利用维里定理即可算出结果.

$\left(\text{答:(1) } C_V=Nk\text{;(2) } C_V=\frac{3}{4}Nk\right)$

2.22 容积为 V_1 的容器内有温度为 T、压强为 p_1、分子数为 N 的理想气体,分子的能量可表示为

$$\varepsilon_i=\frac{1}{2m}(p_x^2+p_y^2+p_z^2)+\varepsilon_i$$

其中,ε_i 表示分子的内部能级.

(1) 求自由能 $F=-kT\ln Z$,Z 为气体的配分函数,以显式表示 F 对 N,V,T 的依赖关系;

(2) 现考虑另一个容器,体积为 V_2,温度也为 T,含有相同个数的同种气体分子,压强为 p_2,求两个容器内气体的总熵(用 V_1、V_2、T、N 表示);

(3) 两个容器连接起来,使气体无功混合,求气体的熵变. 特别检验在 $V_1=V_2$(即 $p_1=p_2$)时的答案是否有意义.

$\Big($答:(1) $F=-NkT\left\{\ln\frac{V}{N}+\frac{3}{2}\ln\left(\frac{2\pi mkT}{h^2}\right)+\ln z_0+1\right\}, z_0=\sum_i e^{-\beta\varepsilon_i}$;

(2) $S=S_1+S_2=2Nk\left\{\ln\frac{\sqrt{V_1V_2}}{N}+\frac{3}{2}\ln\left(\frac{2\pi mkT}{h^2}\right)+\frac{5}{2}+s_0\right\}, s_0=\ln z_0-\beta\frac{\partial\ln z_0}{\partial\beta}$;

(3) $\Delta S=S'-S=2Nk\ln\frac{V_1+V_2}{2\sqrt{V_1V_2}}=2Nk\ln\frac{p_1+p_2}{2\sqrt{p_1p_2}}$,当 $V_1=V_2$ 时,$\Delta S=0$$\Big)$

2.23 (1) 质量为 m 的 N 个粒子组成的理想气体,体积为 V,温度为 T,设粒子是不可分辨的.

用经典近似下的配分函数求化学势μ;

(2) 质量为m的N'个粒子被面积为A的表面吸收,形成温度为T的二维气体,粒子的能量为$\varepsilon=\frac{p^2}{2m}-\varepsilon_0$,其中,$\boldsymbol{p}=(p_x,p_y)$,$\varepsilon_0$为束缚能,计算该气体的化学势$\mu$;

(3) 温度为T时,被吸附的粒子和环境的气体达到平衡,这意味着它们的化学势之间有一关系,利用这一关系求单位面积吸附的平均粒子数n,设环境气体的压强为p.

$\left(\text{答:(1) } \mu_3=-kT\left[\ln\frac{V}{N}+\frac{3}{2}\ln\left(\frac{2\pi mkT}{h^2}\right)\right];\text{(2) } \mu_2=-kT\left[\ln\frac{A}{N'}+\ln\left(\frac{2\pi mkT}{h^2}\right)+\frac{\varepsilon_0}{kT}\right];\right.$

$\left.\text{(3) 平衡时 } \mu_3=\mu_2, n=\frac{N'}{A}=\frac{p}{kT}\left(\frac{h^2}{2\pi mkT}\right)^{\frac{1}{2}}e^{\frac{\varepsilon_0}{kT}}\right)$

2.24 考虑由两个不同原子组成的双原子分子理想气体,分子对通过质心并垂直于两原子轴的转动惯量为I.对于下述两种极限情况考虑转动对比热容和摩尔熵的贡献:

(1) $kT\gg\frac{\hbar^2}{I}$;

(2) $kT\ll\frac{\hbar^2}{I}$,计算不为零的最低阶的贡献.

$\left(\text{答:(1) } C_V=Nk,\ S=Nk\left(\ln\frac{2IkT}{\hbar^2}+1\right);\text{(2) } C_V=3Nk\frac{\hbar^4}{(IkT)^2}e^{-\frac{\hbar^2}{IkT}},\ S=\right.$

$\left.3Nk\left(1+\frac{\hbar^2}{IkT}\right)e^{-\frac{\hbar^2}{IkT}}\approx 3Nk\frac{\hbar^2}{IkT}e^{-\frac{\hbar^2}{IkT}}\to 0\right)$

2.25 由N个自旋为$\frac{1}{2}$的粒子组成的理想气体,体积为V,粒子的态矢量为$|i,j,\alpha\rangle$,其中,i是主量子数,j是轨道角动量量子数,α是自旋量子数,可取$\pm\frac{1}{2}$.粒子的能级ε_i只依赖于量子数i,因而能级是简并的,简并度为ω_i.假设每个态最多只能有一个粒子占据,并且i和j都相同的量子态$\left|i,j,\frac{1}{2}\right\rangle$和$\left|i,j,-\frac{1}{2}\right\rangle$不能同时被占据,试导出处于平衡态时能级$\varepsilon_i$上的粒子数$a_i$.

$\left(\text{答:} a_i=\frac{\omega_i}{e^{\alpha+\beta\varepsilon_i}+2}\right)$

2.26 一个一维链由$n(n\gg1)$个节组成,当节和链平行时,节的长度为a,当节和链垂直时,长度为零,每个节只有这两个非简并的状态,平衡时链的长度为nx.

(1) 用x表示链的熵;

(2) 设铰点可以自由活动,求温度T、张力F与长度x之间的关系;

(3) 在什么情况下,你的结论将给出胡克定律?

$\left(\text{答:(1) } S=k\ln\frac{n!}{\left(\frac{nx}{a}\right)!\left(n-\frac{nx}{a}\right)!};\text{(2) } nx=\frac{na\exp\left(\frac{Fa}{kT}\right)}{1+\exp\left(\frac{Fa}{kT}\right)};\text{(3) 高温时 } Fa\ll kT, F\approx\right.$

$\left.\frac{4kT}{na^2}(L-L_0),\text{其中 } L=nx, L_0=\frac{na}{2}\right)$

2.27 设一介质的折射率 n 依赖于辐射频率 ν，辐射的波数为 $q=n(\nu)\frac{\omega}{c}=n(\nu)\frac{2\pi\nu}{c}$，试证明这种色散介质中的普朗克热辐射定律为

$$u(\nu,T)=\frac{8\pi n^3(\nu)h\nu^3}{c^3}\frac{\mathrm{d}\ln[n(\nu)\nu]}{\mathrm{d}\ln\nu}(\mathrm{e}^{\frac{h\nu}{kT}}-1)^{-1}$$

2.28 由于热激发，在固体中存在着色散关系为 $\omega=Aq^n$ 的波动，其中，ω 为角频率，q 为波数，A 和 n 为常数. 证明在低温下这种波对固体的热容量贡献正比于 $T^{\frac{3}{n}}$.（提示：仿照德拜模型求固体热容量的方法.）

2.29 仿照三维德拜模型，讨论一维和二维固体的热容量.

$\left(\text{答：}C_{V1}=3NkD_1\left(\frac{\Theta}{T}\right),C_{V2}=6NkD_2\left(\frac{\Theta}{T}\right)\text{，其中，}D_n(x)=\frac{1}{x^n}\int_0^x\frac{y^{n+1}\mathrm{e}^y}{(\mathrm{e}^y-1)^2}\mathrm{d}y,n=1,2,\Theta=\frac{\hbar\omega_{\mathrm{D}}}{k}\text{ 为德拜温度}\right)$

2.30 N 个原子有规则地排列成理想晶体，如果从点阵上取下 n 个原子（$1\leqslant n\leqslant N$）填到点阵间隙处，它就变成了带有 n 个弗仑克尔（Frenkel）型缺陷的非理想晶体. 原子可进入的间隙位置的个数 N' 和 N 具有相同的量级，原子在点阵上和间隙位置上的能量分别为 ε_1 和 ε_2，以 $w=\varepsilon_2-\varepsilon_1>0$ 表示从点阵上移走一个原子填到间隙位置所需的能量.

(1) 由玻尔兹曼关系给出熵的表达式，按平衡时自由能 F 取极小值的要求，导出最概然间隙原子数 n 与温度 T 的函数关系；

(2) 如果 $N'=N,n\ll N$，试简化间隙原子数 n 与温度 T 的函数关系.

$\left(\text{答：(1) }\frac{n^2}{(N-n)(N'-n)}=\mathrm{e}^{-\frac{w}{kT}}\text{；(2) }n=N\mathrm{e}^{-\frac{w}{2kT}}\right)$

2.31 在有 N 个原子的理想晶体中，如果 n 个原子（$1\leqslant n\leqslant N$）从晶体的点阵上移到晶体表面的点阵上，它就变成了具有肖特基型缺陷的非理想晶体. 以 w 表示把一个原子从晶体内部移到晶体表面所需的能量，证明在温度 T 满足 $w\gg kT$ 的平衡态时，有

$$n=N\mathrm{e}^{-\frac{w}{kT}}$$

2.32 试求量子理想气体（不考虑粒子的内部运动）在准静态绝热过程中 p 和 V 满足的方程.

$\left(\text{答：}pV^{\frac{5}{3}}=\text{常数}\right)$

2.33 试计算处于温度为 T、体积为 V 的平衡态的光子气体的平均光子数；并证明每个光子的平均能量近似等于 2.7kT.

已知积分 $I(n)=\int_0^\infty\frac{x^{n-1}}{\mathrm{e}^x-1}\mathrm{d}x=\Gamma(n)\sum_{l=1}^\infty\frac{1}{l^n},I(3)=2.408,I(4)=\frac{\pi^4}{15}$.

$\left(\text{答：}\bar{N}=2.408\frac{V}{\pi^2c^3}\left(\frac{kT}{\hbar}\right)^3,U=\frac{\pi^2V}{15c^3\hbar^3}(kT)^4\right)$

2.34 一容器内盛有温度为 T 的强简并玻色气体，容器外为真空，在容器壁上有一面积为 A 的小孔，孔的线度小于气体分子的平均自由程，求单位时间内从小孔逸出的分子数.

$\left(\text{答：}-\frac{\mathrm{d}N}{\mathrm{d}t}=A\frac{\pi^3mk^2}{3h^3}T^2\right)$

2.35 求证玻色系统和费米系统的熵

$$S=-k\sum_s[\overline{n_s}\ln\overline{n_s}\mp(1\pm\overline{n_s})\ln(1\pm\overline{n_s})]$$

其中,$\overline{n_s}$为量子态s上的平均粒子数,求和遍及所有的量子态s,公式中的上符号对应于玻色统计,下符号对应于费米统计.

2.36 试用巨配分函数计算强简并理想费米气体(费米子的自旋$s=1/2$)的热力学函数E、p、S、F,并把它们用温度T、粒子数N和粒子数密度N/V表示出来.

$\Big($答:$\mu_0=\frac{\hbar^2}{2m}\left(3\pi^2\frac{N}{V}\right)^{\frac{2}{3}}$,$\ln\Xi=\frac{2}{5}N\frac{\mu_0}{kT}\left[1+\frac{5\pi^2}{12}\left(\frac{kT}{\mu_0}\right)^2\right]$

$E=\frac{3}{5}N\mu_0\left[1+\frac{5\pi^2}{12}\left(\frac{kT}{\mu_0}\right)^2\right]$,$p=\frac{2}{5}\frac{N}{V}\mu_0\left[1+\frac{5\pi^2}{12}\left(\frac{kT}{\mu_0}\right)^2\right]$

$S=Nk\frac{\pi^2}{2}\frac{kT}{\mu_0}$,$F=\frac{3}{5}N\mu_0\left[1-\frac{5\pi^2}{12}\left(\frac{kT}{\mu_0}\right)^2\right]\Big)$

2.37 试用巨配分函数计算极端相对论下强简并理想费米气体(费米子的自旋$s=1/2$)的热力学函数E,p,S,F,并把它们用温度T、粒子数N和粒子数密度N/V表示出来.

$\Big($答:$\mu_0=\hbar c\left(3\pi^2\frac{N}{V}\right)^{\frac{1}{3}}$,$\ln\Xi=\frac{N}{4}\frac{\mu_0}{kT}\left[1+\frac{2\pi^2}{3}\left(\frac{kT}{\mu_0}\right)^2\right]$,$E=\frac{3}{4}N\mu_0\left[1+\frac{2\pi^2}{3}\left(\frac{kT}{\mu_0}\right)^2\right]$,

$p=\frac{1}{4}\frac{N}{V}\mu_0\left[1+\frac{2\pi^2}{3}\left(\frac{kT}{\mu_0}\right)^2\right]$,$S=Nk\pi^2\frac{kT}{\mu_0}$,$F=\frac{3}{4}N\mu_0\left[1-\frac{2\pi^2}{3}\left(\frac{kT}{\mu_0}\right)^2\right]\Big)$

2.38 试求强简并费米气体的等温压缩系数κ_T和绝热压缩系数κ_S.

$\Big($答:$\kappa_T=\frac{3}{2n\mu_0}\left[1-\frac{\pi^2}{12}\left(\frac{kT}{\mu_0}\right)^2\right]$,$\kappa_S=\frac{3}{2n\mu_0}\left[1-\frac{5\pi^2}{12}\left(\frac{kT}{\mu_0}\right)^2\right]$,$\mu_0=\frac{\hbar^2}{2m}(3\pi^2 n)\Big)$

2.39 试求极端相对论的强简并电子气同器壁的碰撞数.

$\Big($答:$\Gamma=\frac{\mathrm{d}^2N}{\mathrm{d}A\mathrm{d}t}=\frac{2\pi}{3h^3c^2}\mu_0^3=\frac{1}{4}nc$, $\mu_0=hc\left(\frac{3n}{8\pi}\right)^{\frac{1}{3}}\Big)$

2.40 有一理想玻色气体,在面积为A的二维平面内运动,试讨论这种气体能不能发生玻色凝结?

(答:不能)

2.41 一体积为V的容器内盛有温度为T的N个无自旋的、质量为m的玻色子,则

(1) 假设粒子间的平均距离d比粒子的热波长λ大得多,证明此时玻色分布转变为玻尔兹曼分布;

(2) 试计算N个玻色粒子系统和N个可分辨的粒子所组成的系统都处在(1)中所假设的情形时平均能量的差值.

$\Big($答:(2) $\overline{E}_{\text{Bose}}-\overline{E}_{\text{Bol.}}=-\frac{3}{2}NkT\frac{1}{2^{\frac{5}{2}}}\frac{N}{V}\left(\frac{h^2}{2\pi mkT}\right)^{\frac{3}{2}}\Big)$

2.42 对于$\lambda=\mathrm{e}^{-\alpha}\ll1$的气体是非简并气体,可用玻尔兹曼分布处理,得到$\mathrm{e}^{-\alpha}=\frac{N}{z_1}=\frac{N}{V}\left(\frac{h^2}{2\pi mkT}\right)^{\frac{3}{2}}=y$.对于弱简并的玻色气体,$\mathrm{e}^{-\alpha}$虽然小,但分布$a_l$分母中的$-1$不能忽略,此时可将$\lambda=\mathrm{e}^{-\alpha}$按$y$的幂次展成幂级数$\lambda=a_1y+a_2y^2+a_3y^3+\cdots$,则

(1) 试求前三项系数a_1、a_2、a_3;

(2) 试计算内能 E、压强 p 和熵 S，将它们用 T 和 $n=\dfrac{N}{V}$ 表示出来.

$\Bigg($答:(1) $a_1=1, a_2=-\dfrac{1}{2^{\frac{3}{2}}}, a_3=\dfrac{1}{4}-\dfrac{1}{3^{\frac{3}{2}}}$；(2) $E=\dfrac{3}{2}NkT\left[1-\dfrac{y}{2^{\frac{5}{2}}}+\left(\dfrac{1}{8}-\dfrac{2}{3^{\frac{5}{2}}}\right)y^2-\cdots\right]$，

$p=\dfrac{N}{V}kT\left[1-\dfrac{y}{2^{\frac{5}{2}}}+\left(\dfrac{1}{8}-\dfrac{2}{3^{\frac{5}{2}}}\right)y^2-\cdots\right], S=Nk\left[-\ln y+\dfrac{5}{2}-\dfrac{y}{2^{\frac{7}{2}}}+\left(\dfrac{1}{8}-\dfrac{2}{3^{\frac{5}{2}}}\right)y^2-\cdots\right]\Bigg)$

2.43 设有一种具有内部自由度的玻色子组成的玻色理想气体，假定其内部自由度相应的能量只有两个能级：$\varepsilon_0=0$ 和 $\varepsilon_1>0$. 试求这种气体的玻色凝结温度 T_C 满足的方程.

$\left(\text{答}: T_C=\dfrac{h^2}{2\pi mk}\left(\dfrac{N}{V}\right)^{\frac{2}{3}}\left[\sum\limits_{l=1}^{\infty}\dfrac{1+e^{-\frac{l\varepsilon_1}{kT_C}}}{l^{\frac{3}{2}}}\right]^{-\frac{2}{3}}\right)$

2.44 约束在磁光陷阱中的原子，在三维谐振势场 $V=\dfrac{1}{2}m(\omega_x^2x^2+\omega_y^2y^2+\omega_z^2z^2)$ 内运动. 试证明：$T\leqslant T_c$ 时将有宏观量级的原子凝聚在能量为 $\varepsilon_0=\dfrac{\hbar}{2}(\omega_x+\omega_y+\omega_z)$ 的基态. 在 $N\to\infty$，$\overline{\omega}\to 0$，$N\overline{\omega}^3$ 保持有限的热力学极限下，临界温度 T_c 由下式确定：

$$N=1.202\times\left(\frac{kT_c}{\hbar\overline{\omega}}\right)^3$$

其中，$\overline{\omega}=(\omega_x\omega_y\omega_z)^{\frac{1}{3}}$. 凝聚在基态的原子数 N_0 与总原子数 N 之比为

$$\frac{N_0}{N}=1-\left(\frac{T}{T_c}\right)^3$$

(提示：在 $T\leqslant T_c$ 时原子气体的化学势趋于 $\dfrac{\hbar}{2}(\omega_x+\omega_y+\omega_z)$，在热力学极限下临界温度 T_c 由 $N=\displaystyle\int_0^{\infty}\dfrac{dn_x dn_y dn_z}{e^{\hbar(\omega_x n_x+\omega_y n_y+\omega_z n_z)/kT_c}-1}$ 确定.)

2.45 承前题，如果 $\omega_z\gg\omega_x,\omega_y$，则在 $kT\ll\hbar\omega_z$ 的情形下，原子在 z 方向的运动冻结在基态做零点振动，于是形成二维原子气体. 试证明：$T\leqslant T_c$ 时原子的二维运动中将有宏观量级的原子凝聚在能量为 $\varepsilon_0=\dfrac{\hbar}{2}(\omega_x+\omega_y)$ 的基态. 在 $N\to\infty$，$\overline{\omega}\to 0$，$N\overline{\omega}^2$ 保持有限的热力学极限下，临界温度 T_c 由下式确定：

$$N=1.645\times\left(\frac{kT_c}{\hbar\overline{\omega}}\right)^2$$

其中，$\overline{\omega}=(\omega_x\omega_y)^{\frac{1}{2}}$. 凝聚在基态的原子数 N_0 与总原子数 N 之比为

$$\frac{N_0}{N}=1-\left(\frac{T}{T_c}\right)^2$$

2.46 一固体由 N 个无相互作用的粒子组成，粒子的自旋为 1，每个粒子有三个量子态，量子数分别为 $m=-1,0,1$，处于量子态 $m=-1$ 和 $m=1$ 的粒子具有相同的能量 ε，$\varepsilon>0$，处于量子态 $m=0$ 的粒子能量为零. 求

(1) 熵 S 与固体温度的函数关系；

(2) 在高温极限 $\dfrac{\varepsilon}{kT}\ll 1$ 下的热容量的表达式.

$\left(答:(1)\ S=Nk\ln(1+2e^{-\frac{\varepsilon}{kT}})+2\frac{N\varepsilon}{T}\frac{1}{2+e^{\frac{\varepsilon}{kT}}}\right.$；(2) $C_V=2Nk\left(\frac{\varepsilon}{kT}\right)^2(2+e^{\frac{\varepsilon}{kT}})^{-2}e^{\frac{\varepsilon}{kT}}$；当 $\frac{\varepsilon}{kT}\ll 1$ 时，$\left.C_V\approx\frac{2}{9}Nk\left(\frac{\varepsilon}{kT}\right)^2\right)$

2.47 设下列反应 $H\rightleftharpoons p+e$ 在 $T=4000K$ 时达到平衡，各组分的密度很小，可作非简并处理，整个系统呈电中性，则

(1) 用粒子数密度[H]、[p]、[e]写出每种气体的化学势. 为方便起见，只考虑氢原子的基态（基态的能量为 $-E_d$，$E_d=13.6eV$）而不必计及其他束缚态能级，请检验这一假设的正确性；

(2) 给出平衡条件，并计算[e]（表示成[H]和温度 T 的函数）；

(3) 在 $T=4000K$ 时，估计气体有一半原子被电离时的离子密度.

$\left(答:(1)\ [p]=2\left(\frac{2\pi m_p kT}{h^2}\right)^{\frac{3}{2}}e^{\frac{\mu_p}{kT}},[e]=2\left(\frac{2\pi m_e kT}{h^2}\right)^{\frac{3}{2}}e^{\frac{\mu_e}{kT}},[H]=4\left(\frac{2\pi m_H kT}{h^2}\right)^{\frac{3}{2}}e^{\frac{\mu_H}{kT}}e^{\frac{E_d}{kT}}\right.$；

(2) 平衡条件 $\mu_H=\mu_p+\mu_e$，电中性统计[p]=[e]，$[e]=\sqrt{[H]}\left(\frac{2\pi m_e kT}{h^2}\right)^{\frac{3}{4}}e^{-\frac{E_d}{2kT}}$；

(3) $\left.n=\left(\frac{2\pi m_e kT}{h^2}\right)^{\frac{3}{2}}e^{-\frac{E_d}{kT}}=1.46\times10^{14}m^{-3}\right)$

2.48 氢分子中两个氢原子的相互作用势由下列经验公式给出：

$$V=D[e^{-2a(r-r_0)}-2e^{-a(r-r_0)}]$$

其中，r 为原子间距，$D=7\times10^{-12}erg(1erg=10^{-7}J)$，$a=2\times10^8cm^{-1}$，$r_0=7.4\times10^{-9}cm$.

(1) 计算转动和振动自由度开始对热容量有贡献时的温度值；

(2) 求出在下列温度时氢气的摩尔定容热容量 C_V 和摩尔定压热容量 C_p 的近似值：$T_1=25K$；$T_2=250K$；$T_3=2500K$；$T_4=10000K$. 假设氢分子的离解可以忽略.

$\left(答:(1)\ \Theta_r=\frac{1}{k}\frac{\hbar^2}{2I}=\frac{\hbar^2}{km_H r_0^2}=87K;\Theta_v=\frac{1}{k}\hbar\omega=\frac{2\hbar a}{k}\sqrt{\frac{D}{m_H}}=6250K\right.$；

(2) $T_1=25K:C_V=\frac{3}{2}R,C_p=\frac{5}{2}R;T_2=250K:C_V=\frac{5}{2}R,C_p=\frac{7}{2}R$；

$\left.T_3=2500K:C_V=\frac{5}{2}R,C_p=\frac{7}{2}R;T_4=10000K:C_V=\frac{7}{2}R,C_p=\frac{9}{2}R\right)$

2.49 试求强简并费米气体的绝热方程.

（答：$TV^{\frac{2}{3}}$=常数，或 $pV^{\frac{5}{3}}$=常数）

2.50 试求强简并费米气体中的声速.

$\left(答:v_s=\sqrt{\frac{2\mu_0}{3m}}\left[1+\frac{5\pi^2}{12}\left(\frac{kT}{\mu_0}\right)^2\right]\approx\sqrt{\frac{2\mu_0}{3m}}=\frac{v_F}{\sqrt{3}}\right)$

2.51 试求强简并费米气体的定容比热容、定压比热容以及两种比热容之比.

$\left(答:C_V=\frac{\pi}{2}Nk\theta;C_p=\frac{\pi}{2}Nk\theta\left(1+\frac{1}{3}\theta^2\right);\gamma=\frac{C_p}{C_V}=1+\frac{1}{3}\theta^2\right.$，其中 $\left.\theta=\frac{\pi kT}{\mu_0}\right)$

2.52 考虑低温下的费米气体，$kT\ll\mu_0$，μ_0 为 $T=0K$ 时气体的化学势. 试通过定性讨论给出下列量对温度之依赖关系的主要项：能量 E、比热容 C_V、熵 S 和化学势 μ. 能量零点取在最低轨道的能量.

(答:$E-E(0)\propto T^2$;$C_V\propto T$;$S-S(0)\propto T$;$F-F(0)\propto T^2$;$\mu-\mu(0)\propto T^2$)

2.53 白矮星是由温度远小于费米温度的强简并电子气组成的,只要电子是非相对论的,该体系就能抵抗引力塌缩而保持稳定.

(1) 当费米动量 $p_F=\frac{m_e c}{10}$时,求电子数密度 n;

(2) 求在此条件下电子气的压强.

$\left(答:(1)\ n=\frac{8\pi}{3}\left(\frac{m_e c}{10h}\right)^3=5.8\times10^{32}\,\mathrm{m}^{-3};(2)\ p=\frac{2}{5}n\frac{p_F^2}{2m_e}=9.4\times10^{16}\,\mathrm{N\cdot m^{-2}}\right)$

2.54 (1) 已知太阳的质量为 2×10^{30} kg,假设太阳主要由氢原子组成,试估算其中的电子数;

(2) 一个具有和太阳同样质量的白矮星,半径为 2×10^7 m,其内原子完全电离,以 eV 为单位,求电子和核子的费米能;

(3) 如果上述的白矮星的温度为 10^7 K,试讨论电子和核子的简并性;

(4) 如果一个半径为 10km、具有和太阳有相同质量的脉冲星,含有上述数目的电子,求电子的费米能.

(答:(1) $N=1.2\times10^{57}$;(2) $\varepsilon_F^e=4\times10^4$ eV,$\varepsilon_F^n=22$eV;(3) 电子是强简并的,核子是弱简并的;(4) $\varepsilon_F^e=1.6\times10^5$ MeV)

2.55 在粒子数密度为多大时,自由电子气的电子动能才能使如下的反应发生:

$$质子+电子+0.8\mathrm{MeV}\longrightarrow 中子$$

考虑 $T=0$K 的情况,并由此估计中子星的密度下限.

(答:$n_e\geqslant3.24\times10^{36}\,\mathrm{m}^{-3}$,$\rho_{\min}\geqslant5.4\times10^9\,\mathrm{kg\cdot m^{-3}}$)

2.56 (1) 导出黑体辐射的谱辐射强度 $I(\lambda)$与波长 λ 的关系;

(2) 导出谱辐射强度的极大值的位置 $\lambda_{\max}$与温度 T 的关系;

(3) 如果太阳像一个直径为 10^6 km、温度为 6000K 的黑体,它在波长 3cm 处的每兆周带宽内发射的微波功率是多少?

$\left(答:(1)\ I(\lambda,T)=\frac{2\pi hc^2}{\lambda^5}\frac{1}{e^{\frac{hc}{kT\lambda}}-1};(2)\ \lambda_{\max}T=2.90\times10^{-3}\,\mathrm{m\cdot K};(3)\ \Delta P=4\pi R_s^2\frac{2\pi kT\nu^2}{c^2}\Delta\nu=1.82\times10^9\,\mathrm{W}\right)$

2.57 氦氖激光器产生波长为 632.8nm 的准单色光,光束功率为 1mW,弥散角为 10^{-4} rad,带宽为 10^{-3} nm.如果面积为 1cm^2 的黑体的热辐射通过恰当的滤波器形成这样一束辐射,问黑体温度是多少?

(答:$T=6\times10^9$ K)

2.58 众所周知,宇宙中弥漫着 3K 黑体辐射,一个简单的观点是:此辐射由宇宙大爆炸时期产生的一个较热的光子云经绝热膨胀而形成的.

(1) 为什么膨胀是绝热的而不是等温的?

(2) 如果在以后的 10^{10} 年中,宇宙的体积增加 1 倍,则此时黑体辐射的温度将是多少?

(3) 以积分形式写出在单位体积辐射云中所包含的能量,以 $\mathrm{J\cdot m^{-3}}$ 为单位估算此结果的量级.

$\left(\right.$答:(1) 因为宇宙中的光子云是一个孤立系,因而其膨胀是绝热的;(2) $T=\dfrac{3}{2^{\frac{1}{3}}}\mathrm{K}$;

(3) $u=\dfrac{8\pi^5}{15}\dfrac{(kT)^4}{(hc)^3}\approx 10^{-14}\,\mathrm{J\cdot m^{-3}}$ $\left.\right)$

第3章习题

3.1 试由正则分布证明,由 N 个粒子构成的经典系统遵守广义能量均分定理:

$$\overline{x_i\frac{\partial H}{\partial x_j}}=\delta_{ij}kT$$

其中,$H=H(q,p)=H(q_1,q_2,\cdots,q_{3N};p_1,p_2,\cdots,p_{3N})$是系统的哈密顿量,$x_i$、$x_j$ 分别是 $6N$ 个广义坐标及广义动量中的任意一个.

3.2 试由正则分布证明:体系的熵

$$S=-k\sum_s\rho_s\ln\rho_s$$

其中,ρ_s 是体系处在微观状态 s 的概率.

3.3 (1) 给出一个统计系统的配分函数 Z;

(2) 给出一个系统的比热容和$\dfrac{\partial^2\ln Z}{\partial\beta^2}$的关系,$\beta=\dfrac{1}{kT}$;

(3) 设一个两能级系统,能级差为 Δ,求比热容,画出比热容随温度的变化,讨论它的低温和高温极限.

$\left(\right.$答:(1) $Z=\sum\limits_s \mathrm{e}^{-\beta E_s}$;(2) $c_V=k\beta^2\dfrac{\partial^2\ln Z}{\partial\beta^2}$;(3) $c_V=k\left(\dfrac{\Delta}{kT}\right)^2\dfrac{\mathrm{e}^{\frac{\Delta}{kT}}}{(\mathrm{e}^{\frac{\Delta}{kT}}+1)^2}$;低温时,$kT\ll\Delta$,

$c_V=k\left(\dfrac{\Delta}{kT}\right)^2\mathrm{e}^{-\frac{\Delta}{kT}}\to 0$;高温时,$kT\gg\Delta$,$c_V\approx\dfrac{k}{4}\left(\dfrac{\Delta}{kT}\right)^2\to 0$$\left.\right)$

3.4 考虑温度为 T,处于热平衡的 N 个两能级系统的集合,每个系统只有两个能级:能量为 0 的基态和能量为 ε 的激发态.求下列各量对温度的依赖关系:

(1) 给出系统处于激发态的概率;

(2) 整个集合的熵.

$\left(\right.$答:(1) $p(T)=\dfrac{1}{\mathrm{e}^{\beta\varepsilon}+1}$;(2) $S=Nk\ln(1+\mathrm{e}^{-\beta\varepsilon})+\dfrac{N\varepsilon}{T}\dfrac{1}{\mathrm{e}^{\beta\varepsilon}+1}$$\left.\right)$

3.5 (1) 给出自由能 F 的热力学定义和经典统计中配分函数 Z 的定义,并给出 F 和 Z 之间的关系;

(2) 由(1)中的表达式证明系统的定容比热容 C_V 为

$$C_V=kT\left[\frac{\partial^2}{\partial T^2}(T\ln Z)\right]_V$$

(3) 对于一个具有两个分立能态 E_0 和 E_1 的经典系统,求 Z 和 C_V.

$\left(\right.$答:(1) 热力学定义:$F=U-TS$,经典统计:$Z=\int\mathrm{e}^{-\beta E(p,q)}\mathrm{d}^{rN}p\,\mathrm{d}^{rN}q$,$F=-kT\ln Z$;

(3) $Z=\mathrm{e}^{-\beta E_0}+\mathrm{e}^{-\beta E_1}, C_V=\dfrac{1}{4kT^2}\dfrac{(E_1-E_0)^2}{\cosh^2\dfrac{E_1-E_0}{2kT}}$)

3.6　证明正则系综的配分函数 $Z(N,V,T)$ 满足如下关系：

$$N\left(\frac{\partial \ln Z}{\partial N}\right)_{V,T}+V\left(\frac{\partial \ln Z}{\partial V}\right)_{N,T}=\ln Z$$

为简单起见，可假设系统是由单一成分的 N 个粒子组成的，并且只有体积 V 是外参量，T 表示绝对温度.

3.7　一个系统 S 与热源 R 相接触，利用一个适当的装置 W(功源)，使得每当有能量 E 从 R 传给 S 时，W 就对 R 供给能量 nE(n 是正的或负的常数)，对具有这种特殊热源的系统，证明其正则分布为

$$\rho\propto\exp[-\beta(1-n)E]$$

3.8　一个半径为 R、长为 L 的圆筒以恒定的角速度 ω 绕它的轴转动. 设在温度 T 下系统建立起热平衡，忽略重力的影响，试在经典统计下，求封在该圆筒中的理想气体的密度分布.(提示：在转动坐标系中描述系统运动的哈密顿量 $H^*=H-\omega L$，这里 H 是静止坐标系中的哈密顿量，L 为角动量，应用对 H^* 的正则分布)

(答：$\overline{\rho(x,y,z)}=\begin{cases}\rho_0\exp\left(\dfrac{m\omega^2r^2}{2kT}\right), & x^2+y^2\leqslant R^2, 0\leqslant z\leqslant L\\ 0, & \text{其他}\end{cases}$

其中，$\rho_0=\overline{\rho(0,0,0)}=\dfrac{Nm}{\pi R^2L}\left\{\dfrac{2kT}{m\omega^2R^2}\left[\exp\left(\dfrac{m\omega^2R^2}{2kT}\right)-1\right]\right\}^{-1}$)

3.9　一半径为 R 的球形容器，盛有 N 个非相对论性的不可分辨的粒子，粒子之间相互作用可以忽略不计，每个粒子都被一个恒力 f 向球心吸引，在球心处的势能为零.

(1) 利用正则分布导出气体自由能的表达式；对 $fR\gg kT$ 和 $fR\ll kT$ 两种极限情况，给出展开式的首项；

(2) 试从物理上解释为什么能预期盒子的体积 $V=\dfrac{4\pi R^3}{3}$ 会被一个有效体积 V_{eff} 所代替，V_{eff} 的量级是多少？

(3) 在上述两种极限情形下，气体的压强 p 及熵 S 与温度 T 及半径 R 的关系是什么？

(答：(1) $F=NkT\left\{\ln\dfrac{N}{V_{\mathrm{eff}}}-\dfrac{3}{2}\ln\dfrac{2\pi mkT}{h^2}-1\right\}$，其中 $V_{\mathrm{eff}}=\int_0^R\mathrm{e}^{-\beta fr}4\pi r^2\mathrm{d}r=\dfrac{8\pi}{(\beta f)^3}-\dfrac{4\pi}{\beta f}\left[R^2+\dfrac{2R}{\beta f}+\dfrac{2}{(\beta f)^2}\right]\mathrm{e}^{-\beta fR}$；

$\beta fR\gg 1$ 时，$F=NkT\left\{\ln\left[\dfrac{N}{8\pi}\left(\dfrac{f}{kT}\right)^3\right]-\dfrac{3}{2}\ln\dfrac{2\pi mkT}{h^2}-1\right\}$；

$\beta fR\ll 1$ 时，$F=NkT\left\{\ln\dfrac{N}{V}-\dfrac{3}{2}\ln\dfrac{2\pi mkT}{h^2}-1\right\}$；

(2) V_{eff} 代表粒子的“有效活动区域”，低温时，$\beta fR\gg 1, V_{\mathrm{eff}}=\dfrac{8\pi R^3}{(\beta fR)^3}\ll V, V=\dfrac{4\pi}{3}R^3$，高温时，$\beta fR\ll 1, V_{\mathrm{eff}}=\left(1-\dfrac{3}{4}\beta fR\right)V\approx V$；

(3) $\beta fR \gg 1$ 时，$S \approx Nk\left\{\frac{3}{2}\ln T - 3\ln\frac{f}{kT}\right\} + S_0$，$p = \frac{Nf}{8\pi}\left(\frac{f}{kT}\right)^2 e^{-\frac{fR}{kT}}$；$\beta fR \ll 1$ 时，$S \approx Nk\left\{\frac{3}{2}\ln T - \ln\frac{N}{V}\right\} + S_0'$，$p = \frac{NkT}{V}$，$S_0$、$S_0''$为与 T、V 无关的常数)

3.10 晶格中有 N 个独立离子，每个离子的自旋为$\frac{1}{2}$，磁矩为 μ_0，系统处于均匀外磁场 B 中，温度为 T，试计算

(1) 配分函数 Z；

(2) 熵 S；

(3) 平均能量 E；

(4) 平均磁矩 $\bar{M}$ 和磁矩的涨落 $\Delta M = \sqrt{\overline{(M-\bar{M})^2}}$；

(5) 晶体的初温和初始磁场分别为 $T_i = 1\text{K}$，$B_i = 1.0\times10^5\text{G}$，然后绝热去磁至磁场 $B_f = 1.0\times10^2\text{G}$，会发生什么现象？

(答：(1) $Z = (e^{\beta\mu_0 B} + e^{-\beta\mu_0 B})^N$；(2) $S = Nk[\ln(e^{\beta\mu_0 B} + e^{-\beta\mu_0 B}) - \beta\mu_0 B\tanh\beta\mu_0 B]$；

(3) $E = -N\mu_0 B\tanh\beta\mu_0 B$；(4) $\bar{M} = N\mu_0\tanh\beta\mu_0 B$，$\sqrt{\overline{(M-\bar{M})^2}} = \sqrt{N}\frac{\mu_0}{\cosh\beta\mu_0 B}$；

(5) 绝热去磁，自旋晶格温度下降，末态温度 $T_f = 1.0\times10^{-3}\text{K}$)

3.11 在长方形的导体空腔内，频率为 ω 的光子数涨落的方均根是多少？它是否总比平均光子数少吗？

(答：$\bar{n} = \frac{1}{e^\lambda - 1}$，式中 $\lambda = \frac{\hbar\omega}{kT}$；$\sqrt{\overline{(\Delta n)^2}} = \bar{n}e^{\frac{\lambda}{2}} > \bar{n}$)

3.12 考虑由 N 个全同的近独立粒子组成的系统，单粒子能级为 $\varepsilon_1, \varepsilon_2, \cdots, \varepsilon_j, \cdots$，简并度为 $\omega_1, \omega_2, \cdots, \omega_j, \cdots$，各能级上的粒子数为 $a_1, a_2, \cdots, a_j, \cdots$，那么整个系统的状态可由各单粒子能级上的粒子数$\{a_j\}$所确定，则

(1) 根据粒子系所适用的统计法证明，由集合$\{a_j\}$所规定的微观状态数(即热力学概率)为

$$W\{a_j\} = \prod_j \frac{(a_j + \omega_j - 1)!}{a_j!(\omega_j - 1)!} \quad (\text{B. E.})$$

$$W\{a_j\} = \prod_j \frac{\omega_j!}{a_j!(\omega_j - a_j)!} \quad (\text{F. D.})$$

$$W\{a_j\} = N!\prod_j \frac{\omega_j^{a_j}}{a_j!} \quad (\text{M. B.})$$

(2) 假设整个系统与温度为 T 的热源相接触，试由正则分布导出诸集合$\{a_j\}$中的最概然集合，并由这个结果计算每个单粒子态被占据的概率，从而导出玻色分布、费米分布和玻尔兹曼分布；

(3) 假设整个系统的能量 E 是常数(微正则系综)，试导出和(2)相同的结果.

(答：(2) $a_j = \frac{\omega_j}{e^{\beta(\varepsilon_j - \mu)} - 1}$(B. E.)，$a_j = \frac{\omega_j}{e^{\beta(\varepsilon_j - \mu)} + 1}$(F. D.)，$a_j = \omega_j e^{-\beta(\varepsilon_j - \mu)}$(M. B.))

3.13 设系统由近独立粒子组成，利用巨正则系综导出非局域系的热力学函数 $\bar{E},\bar{N},p,S$(分玻色分布和费米分布两种情况来讨论).

(答：对玻色系统，巨配分函数对数取为 $\ln\Xi=-\sum_i\omega_i\ln(1-e^{-\beta(\varepsilon_i-\mu)}),\beta=\frac{1}{kT}$；

对费米系统，巨配分函数对数取为 $\ln\Xi=\sum_i\omega_i\ln(1+e^{-\beta(\varepsilon_i-\mu)})$；

则 $\bar{E}=-\left(\frac{\partial\ln\Xi}{\partial\beta}\right)_{\beta\mu,V},\bar{N}=\frac{1}{\beta}\left(\frac{\partial\ln\Xi}{\partial\mu}\right)_{\beta,V},p=\frac{1}{\beta}\left(\frac{\partial\ln\Xi}{\partial V}\right)_{\beta\mu,V},S=k\ln\Xi+\frac{\bar{E}}{T}-\frac{\bar{N}\mu}{T}$)

3.14 设 $\theta_i=e^{-\beta(\varepsilon_i-\mu)}$，试证明近独立粒子系统中单粒子能级 i 上的平均粒子数为

$$\bar{a}_i=\theta_i\frac{\partial\ln\Xi}{\partial\theta_i}$$

其中，Ξ 为系统的巨配分函数. 并由此导出玻色分布和费米分布.

3.15 一系统由近独立粒子组成，每个单粒子能级上有两个轨道，当两个轨道全空时，能量为零；当一个轨道被占据时，能量为 ε；如果两个轨道都被占据，系统的能量为无穷大. 试求单粒子能级 ε 上的粒子的系综平均值.

$\left(答：\bar{a}=\frac{1}{1+\frac{1}{2}e^{\beta(\varepsilon-\mu)}}\right)$

3.16 试分别求出玻尔兹曼分布、玻色分布和费米分布在能级 ε_i 上的粒子数涨落 $\overline{(a_i-\bar{a}_i)^2}$.

(答：$\overline{(a_i-\bar{a}_i)^2}=-\frac{\partial\bar{a}_i}{\partial\alpha}$；对玻尔兹曼分布：$\bar{a}_i=\omega_i e^{-\alpha-\beta\varepsilon_i}$ $\overline{(a_i-\bar{a}_i)^2}=\bar{a}_i$；

对玻色分布：$\bar{a}_i=\frac{\omega_i}{e^{\alpha+\beta\varepsilon_i}-1},\overline{(a_i-\bar{a}_i)^2}=\bar{a}_i+\frac{\bar{a}_i^2}{\omega_i}$；

对费米分布：$\bar{a}_i=\frac{\omega_i}{e^{\alpha+\beta\varepsilon_i}+1},\overline{(a_i-\bar{a}_i)^2}=\bar{a}_i-\frac{\bar{a}_i^2}{\omega_i}$)

3.17 假如系统与一个大热源接触而达到平衡. 现设大热源是：(1) N 个相同的一维谐振子；(2) N 个理想气体分子，且 $N\to\infty$. 试求在这两种热源下，由微正则分布导出正则分布，并证明正则分布与热源的具体情况无关.

(答：(1) $\rho_s\sim\left(1-\frac{E_s}{E_0}\right)^N$，其中，$E_0\approx NkT$；(2) $\rho_s\sim\left(1-\frac{E_s}{E_0}\right)^{\frac{3N}{2}}$，其中，$E_0\approx\frac{3}{2}NkT$；

当 $N\to\infty$ 时，$\rho_s\sim e^{-\frac{E_s}{kT}}$，即 $\rho_s=\frac{1}{Z}e^{-\frac{E_s}{kT}}$，其中，$Z=\sum_s e^{-\frac{E_s}{kT}}$)

3.18 一经典气体系统由 N 个粒子组成，体积为 V，温度为 T. 粒子之间两两相互作用势为 $\phi(r_{ij}),r_{ij}=|\boldsymbol{r}_i-\boldsymbol{r}_j|$，为简单起见，$\phi(r_{ij})$ 为刚球势

$$\phi(r_{ij})=\begin{cases}\infty, & r_{ij}<a\\ 0, & r_{ij}>a\end{cases}$$

(1) 求定容比热容 C_V 对温度 T 和比容 $\frac{V}{N}$ 的依赖关系；

(2) 状态方程的位力展开为

$$\frac{pV}{NkT}=1+\frac{B(T)}{V}+\frac{C(T)}{V^2}+\cdots$$

求第二位力系数 $B(T)$.

$\left(答:C_V=\frac{3}{2}Nk, B(T)=\frac{2\pi}{3}a^3 N\right)$

3.19 由 N 个质量为 m 的粒子组成的经典气体,体积为 V,气体处于温度为 T 的平衡态,粒子之间的相互作用势是硬球势

$$\phi(r)=\begin{cases}\infty, & r<a\\ 0, & r>a\end{cases}$$

其中,r 是两粒子间的距离,求气体的热容量 C_V、压强 p 和 $\left.\frac{\mathrm{d}^2 p}{\mathrm{d}T^2}\right|_n$,其中,$n=\frac{N}{V}$ 为粒子数密度.

$\left(答:C_V=\frac{3}{2}kT; p=\frac{N}{V}kT\left(1+\frac{2\pi a^3}{3}\frac{N}{V}\right); \left.\frac{\mathrm{d}^2 p}{\mathrm{d}T^2}\right|_n=0\right)$

3.20 有一实际气体,气体分子之间的相互作用势为 $\phi(r)=\xi \mathrm{e}^{-\alpha r^2}$,$\alpha>0$. 假如和 kT 相比,ξ 很小(即 $|\xi|/kT\ll 1$),可把配分函数展开成 ξ 的幂级数,求该气体的状态方程(精确到 ξ 的一次方).

$\left(答:pV=NkT+\frac{N^2}{2V}\left(\frac{\pi}{\alpha}\right)^{\frac{3}{2}}\xi\right)$

3.21 考虑具有 N 个吸附位置的一个吸附面,其中每一个位置都能吸附一个气体分子. 设想它与化学势为 μ(由压强 p 和温度 T 确定)的理想气体相接触,并假设一个被吸附的分子与自由态分子相比具有的能量为 $-\varepsilon_0$. 试用巨正则分布确定这种情况下的覆盖比 θ(被吸附的分子数与吸附位置数之比),特别要求出单原子分子情况下的 θ 与 p 的关系.

$\left(答:\theta=\frac{\bar{n}}{N}=\frac{1}{\mathrm{e}^{-\beta(\varepsilon_0+\mu)}+1};对单原子分子\ \theta=\frac{p}{p+p_0(T)},其中\ p_0(T)=kT\left(\frac{2\pi mkT}{h^2}\right)^{\frac{3}{2}}\mathrm{e}^{-\beta\varepsilon_0}\right)$

3.22 由同种原子组成的固体和蒸气被置于体积为 V 的密闭容器中,处于温度为 T 的平衡态,假设固体由 N_s 个原子组成,其配分函数为 $Z_s(T,N_s)=[z_s(T)]^{N_s}$,而蒸气是含有 N_g 个分子的理想气体,证明:对于 $N_g\gg 1, N_s\gg 1$ 时的平衡条件近似为

$$N_g=\frac{z_g(T,V)}{z_s(T)}$$

其中,z_g 是一个气体分子的配分函数. 为简单起见设气体分子是单原子分子,且固体所占的体积和 V 相比可以略去.

3.23 考虑由单原子分子组成的固体和蒸气处于平衡状态,若每个原子由固相变为气相需要提供能量 ϕ,为了简单起见,固体中原子的振动采用爱因斯坦模型,即假设每一个原子都以角频率 ω 在其平衡位置附近做三维简谐振动,用系综法求平衡时蒸气的分子数,并由此求蒸气压方程.

$\left(答:\bar{N}_g=V\left(\frac{2\pi mkT}{h^2}\right)^{\frac{3}{2}}\left(2\sinh\frac{\hbar\omega}{2kT}\right)^3\mathrm{e}^{-\frac{\phi}{kT}}; p=kT\left(\frac{2\pi mkT}{h^2}\right)^{\frac{3}{2}}\left(2\sinh\frac{\hbar\omega}{2kT}\right)^3\mathrm{e}^{-\frac{\phi}{kT}}=\frac{\bar{N}_g}{V}kT\right)$

3.24 吸附在金属上的氦原子可以在二维金属表面上自由运动,氦原子之间无相互作用,把一个氦原子从金属表面移动到氦气中需做功 ϕ,若氦气的体积为 V、压强为 p、温度为 T,并与金属处于热平衡,求平均吸附在单位面积金属表面上的氦原子数是多少?

$\left(答:n=\dfrac{N_s}{A}=\dfrac{p}{kT}\dfrac{h}{\sqrt{2\pi mkT}}e^{\frac{\phi}{kT}}\right)$

3.25 设体系的粒子有两个非简并能级:$\varepsilon_1=0,\varepsilon_2=\varepsilon$,如果体系最多有一个粒子,求体系的巨配分函数、平均粒子数和每个能级的平均占据数.

$\left(答:\Xi=1+\lambda(1+e^{-\beta\varepsilon})\text{,式中 }\lambda=e^{-\alpha}=e^{\beta\mu},\beta=\dfrac{1}{kT};\bar{N}=\dfrac{\lambda}{\Xi}(1+e^{-\beta\varepsilon});\bar{N}_1=\dfrac{\lambda}{\Xi};\bar{N}_2=\dfrac{\lambda}{\Xi}e^{-\beta\varepsilon}\right)$

3.26 设体系的粒子有两个非简并能级:$\varepsilon_1=0,\varepsilon_2=\varepsilon$,如果体系允许最多有两个全同粒子,求体系的巨配分函数、平均粒子数和每个能级的平均占据数.

(答:(1) 若粒子是费米子,$\Xi=(1+\lambda)(1+\lambda e^{-\beta\varepsilon})$,式中 $\lambda=e^{-\alpha}=e^{\beta\mu},\beta=\dfrac{1}{kT};\bar{N}=\dfrac{1}{\lambda^{-1}+1}+\dfrac{1}{\lambda^{-1}e^{\beta\varepsilon}+1},\bar{N}_1=\dfrac{1}{\lambda^{-1}+1},\bar{N}_2=\dfrac{1}{\lambda^{-1}e^{\beta\varepsilon}+1}$;

(2) 若粒子是玻色子,$\Xi=1+\lambda(1+e^{-\beta\varepsilon})+\lambda^2(1+e^{-\beta\varepsilon}+e^{-2\beta\varepsilon})$,其中 $\lambda=e^{\beta\mu},\beta=\dfrac{1}{kT};\bar{N}=\dfrac{\lambda}{\Xi}(1+2\lambda+e^{-\beta\varepsilon}+2\lambda e^{-\beta\varepsilon}+2\lambda e^{-2\beta\varepsilon}),\bar{N}_1=\dfrac{\lambda}{\Xi}(1+2\lambda+\lambda e^{-\beta\varepsilon}),\bar{N}_2=\dfrac{\lambda}{\Xi}(1+\lambda+2\lambda e^{-\beta\varepsilon})\cdot e^{-\beta\varepsilon}$)

3.27 被吸附在液体表面上的分子形成一种二维气体,考虑分子间的相互作用,两分子间的相互作用势为 $\phi(r)$,液面的表面积为 S. 利用正则分布证明二维气体的状态方程可表示为

$$pS=NkT\left(1+\frac{B}{S}\right)$$

其中,$B=-\dfrac{N}{2}\int_0^\infty(e^{-\frac{\phi(r)}{kT}}-1)2\pi r\mathrm{d}r$.

3.28 设一正则复合系统由 A 与 B 两个子系统组成,A 与 B 之间仅有微弱的相互作用,复合系统的能量 $E=E_A+E_B$,E_A 和 E_B 分别为子系统 A 和 B 的能量. 试证明复合系统的熵具有相加性,即 $S=S_A+S_B$.

3.29 设一个系统由 N 个粒子组成,每个粒子有两个能级,态 1 和态 2 的能量分别为 E_1 和 E_2,粒子数分别为 n_1 和 n_2,$N=n_1+n_2$. 系统与一温度为 T 的热源接触,系统发生如下变化:$n_1\to n_1+1,n_2\to n_2-1$,假设 $n_1\gg1$ 和 $n_2\gg1$,试求:

(1) 两能级系统的熵变;

(2) 热源的熵变;

(3) 平衡时比值 $\dfrac{n_2}{n_1}$.

$\left(答:(1)\ \Delta S_S=k\ln\Omega_f-k\ln\Omega_i\approx k\ln\dfrac{n_2}{n_1};(2)\ \Delta S_R=\dfrac{E_2-E_1}{T};(3)\ \dfrac{n_2}{n_1}=e^{-\frac{(E_2-E_1)}{kT}}\right)$

第4章习题

4.1 一体积为 V 的容器盛有稀薄气体,气体的压强为 p,分子的数密度为 n,容器壁上有一面积为 A 的小孔(小孔的直径小于分子的平均自由程),气体通过这一小孔进入真空,则

(1) 证明气体进入真空的速率为 $-\dfrac{\mathrm{d}N}{\mathrm{d}t}=\dfrac{1}{4}An\bar{v}$,其中,$\bar{v}=\sqrt{\dfrac{8kT}{\pi m}}$ 为气体分子的平均速率. 若

保持气体的温度不变，证明气体的压强降低到初始值的一半所需的时间为 $t=4\ln 2\dfrac{V}{A\overline{v}}$；

(2) 若有孔的器壁取为 y-z 平面，证明气体离开小孔后，在 x 方向上的速率分布为

$$f(v_x)\mathrm{d}v_x=\frac{m}{kT}v_x\exp\left(-\frac{m}{2kT}v_x^2\right)\mathrm{d}v_x$$

问在气体离开容器后，气体分子的平均动能有无变化，变化多少？

（答：(2) 离开容器的气体分子的平均动能 $\overline{\varepsilon}=2kT$，比容器内气体分子的平均动能增加了 $\dfrac{kT}{2}$）

4.2 在真空管中，炽热的灯丝产生一个温度为 T、粒子数密度为 n 的电子气体，电子气经一截面为 A 的小孔形成电子束，并进入一电势为 U 的减速电场. 试求在单位时间内能穿过减速电场的电子数.

（答：$\dfrac{\mathrm{d}N}{\mathrm{d}t}=\dfrac{1}{4}n\overline{v}A\exp\left(-\dfrac{eU}{kT}\right)$，其中，$\overline{v}=\sqrt{\dfrac{8kT}{\pi m}}$ 为电子的平均速率）

4.3 质量为 m、电荷为 e 的带电粒子处于平衡态时遵守麦克斯韦速度分布，试用弛豫时间近似证明该物质在弱电场下的电导率为 $\sigma=ne^2\overline{\tau}_0/m$. 其中，$n$ 为粒子密度，$\overline{\tau}_0$ 为平均弛豫时间.

4.4 一个和器壁相接触的等离子体系，处在温度为 T 的热平衡态. 离子和电子的数密度均为 n_0，不考虑粒子之间的碰撞，离子和电子以热速度自由运动，因而会有一部分粒子碰到器壁而被壁完全吸收. 设壁是绝缘的，初始时刻壁不带电，等离子体内部的电位设为零. 问：

(1) 壁和等离子体接触后能保持电中性吗，为什么？

(2) 在足够长时间后，等离子体与壁达到平衡，求壁所带的电位.

（提示：在达到平衡后，单位时间内到达器壁的电子流和离子流相等，以使总电流为零.）

（答：(1) 壁带负电；(2) $V=\dfrac{kT}{4e}\ln\dfrac{m_\mathrm{e}}{m_\mathrm{i}}<0$）

4.5 一宇宙飞船的体积为 V，内充有双原子分子理想气体，分子质量为 m. 飞船壁上有一小孔，小孔面积为 A，孔径小于气体分子平均自由程. 试求飞船内气体温度和分子数密度随时间变化的规律，设 $t=0$ 时飞船内气体的温度为 T_0，分子数密度为 n_0.

（答：$T(t)=T_0\left(1+\dfrac{A}{40V}\sqrt{\dfrac{8kT_0}{\pi m}}t\right)^{-2}$；$n(t)=n_0\left(1+\dfrac{A}{40V}\sqrt{\dfrac{8kT_0}{\pi m}}t\right)^{-10}$）

4.6 试根据初等气体分子运动论导出理想气体准静态绝热过程的泊松方程 $pV^\gamma=$常数（提示：要特别注意分子间碰撞所起的作用，它使得与器壁碰撞的分子所获得的能量能均匀地分配给所有分子的所有自由度上）.

4.7 设一个气体分子通过路程 x 不受碰撞的概率为 $p(x)$，分子通过路程 $\mathrm{d}x$ 受到碰撞的概率 $Q(\mathrm{d}x)$ 与 $\mathrm{d}x$ 成正比，$Q(\mathrm{d}x)=\alpha\mathrm{d}x$，$\alpha$ 为比例常数. 试证明

(1) $p(x)=\mathrm{e}^{-\alpha x}$；

(2) 气体分子的平均自由程 $\overline{l}=\dfrac{1}{\alpha}$.

4.8 边长为 L 的正方形宇宙飞船在太空中以速度 V 沿着平行于一条边的方向运动，周围气体的温度为 T，气体的分子数密度 n 非常小，使得气体分子的平均自由程 $\overline{\lambda}$ 比 L 大得多. 假

设分子与飞船的碰撞为弹性碰撞，试估算由于气体分子碰撞施加于飞船的平均力. 若飞船的质量为 M，不受其他外力作用，且飞船的速度 $V \gg \sqrt{\frac{kT}{m}}$，那么经过多长时间后，飞船的速度降为原来的一半？

（答：平均阻力 $\bar{f}=-2mnAV^2$；经过时间 $t=\frac{1}{2}\frac{M}{mnA}\frac{1}{V}$后，飞船的速度降为原来的一半）

4.9 一个体积为 V 的容器被隔板分成相等的两半，左半充有压力为 p_0 的理想气体，右半为真空，隔板上有一面积为 A 的小孔. 问打开小孔后，经过多少时间左半的压力降为 p_1（假设两边的温度均为 T）.

$\left(\text{答：左半容器的压强 } p(t)=\frac{p_0}{2}\left(e^{-\frac{A}{V}\sqrt{\frac{2kT}{\pi m}}t}+1\right)\text{，当 } p=p_1 \text{ 时，} t=\frac{V}{A}\sqrt{\frac{\pi m}{2kT}}\ln\left(\frac{p_0}{2p_1-p_0}\right),\right.$

$\left.\left(p_0 \geqslant p_1 > \frac{p_0}{2}\right)\right)$

4.10 某气体由 N 个近独立粒子组成，粒子的动能 $\varepsilon=ap^l$，p 为粒子的动量，a 和 l 为常数. 气体粒子处于动量大小在 $p \sim p+\mathrm{d}p$、方向在立体角 $\mathrm{d}\Omega$ 内的概率为

$$\mathrm{d}W = f(p)p^2\mathrm{d}p\mathrm{d}\Omega$$

其中，$f(p)$是动量 p 的函数. 试求气体压强 P 与气体粒子的平均动能密度 u 的关系.

$\left(\text{答：}P=\frac{l}{3}u\text{；当 } l=1 \text{ 时，}P=\frac{1}{3}u\text{；当 } l=2 \text{ 时，}P=\frac{2}{3}u\right)$

4.11 体积为 V 的容器中装有电荷为 e 的带电粒子，系统置于沿 Z 方向的恒定电场 E 中，在温度为 T 时处于热平衡态.

(1) 令 $n(z)$表示高度为 z 处粒子的密度，用平衡态统计力学求$\frac{\mathrm{d}n}{\mathrm{d}z}$与 $n(z)$的比例常数；

(2) 假如此系统的扩散系数为 D，由 D 的定义用(1)中的结果求扩散通量 J_D；

(3) 假定与粒子漂移速度有关的迁移率为 μ，漂移速度 $v=\mu E$，试由迁移率求迁移通量 J_μ；

(4) 当系统达到平衡时，总通量为零，由此导出爱因斯坦关系

$$\mu = \frac{eD}{kT}$$

$\left(\text{答：(1) }\frac{\mathrm{d}n}{\mathrm{d}z}=\frac{eE}{kT}n(z)\text{；(2) }J_D=-D\frac{eE}{kT}n_0 e^{\frac{eEz}{kT}}\text{；(3) }J_\mu=\mu E n_0 e^{\frac{eEz}{kT}}\right)$

4.12 简并电子体系在密度梯度和电场的共同影响下，在一个很低的温度下达到热平衡，则

(1) 化学势 μ 怎样与这个体系的费米能 ε_F 及静电势 $\phi(x)$相联系？

(2) ε_F 如何依赖于电子数密度 n？

(3) 由平衡时电化学势 $\tilde{\mu}$ 不随位置改变的条件，以及(1)、(2)中的考虑，导出这个体系的电导率 σ、扩散系数 D 和费米面上的态密度 N_F 之间的关系.

$\left(\text{答：(1) }\varepsilon_F=\mu+e\phi\text{；(2) }\varepsilon_F=\frac{h^2}{2m}\left(\frac{3n}{8\pi^2}\right)^{\frac{2}{3}}\text{；(3) }D=\frac{2\sigma}{3e^2n}\varepsilon_F=\frac{2\sigma}{3e^2n}\left[\frac{1}{4\pi}\left(\frac{h^2}{2m}\right)^{\frac{3}{2}}\frac{N_F}{V}\right]^2\text{，式中}\right.$

$\left.N_F=4\pi V\left(\frac{2m}{h^2}\right)^{\frac{2}{3}}\varepsilon_F^{\frac{1}{2}} \text{ 为费米面上的态密度}\right)$

4.13 证明对于理想气体，熵

$$S=-kV\int f(\boldsymbol{v})\ln f(\boldsymbol{v})\mathrm{d}\boldsymbol{v}+\text{const}$$

其中,V 为气体的体积,$f(\boldsymbol{v})=n\left(\frac{m}{2\pi kT}\right)^{\frac{3}{2}}\mathrm{e}^{-\frac{mv^2}{2kT}}$ 为麦克斯韦速度分布函数.

4.14 试用细致平衡原理导出费米分布.

(提示:在单位时间内,两个费米子由状态 i 和状态 j 跃迁到状态 k 和状态 l 的跃迁数,与状态 i 和状态 j 被占据的概率 f_i 和 f_j、以及状态 k 和状态 l 未被占据的概率 $1-f_k$ 和 $1-f_l$ 成正比,因此,这种跃迁数可表示为

$$A_{ij}^{kl}f_if_j(1-f_k)(1-f_l)$$

同理,在单位时间内,两个费米子由状态 k 和状态 l 跃迁到状态 i 和状态 j 的跃迁数为

$$A_{kl}^{ij}f_kf_l(1-f_i)(1-f_j)$$

由细致平衡原理得到

$$A_{ij}^{kl}f_if_j(1-f_k)(1-f_l)=A_{kl}^{ij}f_kf_l(1-f_i)(1-f_j)$$

由 $(ij)\to(kl)$ 和由 $(kl)\to(ij)$ 跃迁概率的对称性知

$$A_{ij}^{kl}=A_{kl}^{ij}$$

因此,平衡时应有

$$f_if_j(1-f_k)(1-f_l)=f_kf_l(1-f_i)(1-f_j)$$

由这个函数方程可导出费米分布.)

4.15 试用细致平衡原理导出玻色分布.与费米子不同,玻色子有聚集倾向,由细致平衡原理可得到和上题相应的函数方程为

$$f_if_j(1+f_k)(1+f_l)=f_kf_l(1+f_i)(1+f_j)$$

由这个函数方程可导出玻色分布.

4.16 设气体中含有两种分子,其分子的质量和分子的直径分别为 m_1、m_2 和 d_1、d_2.试求当气体处在温度为 T 的平衡态时,一个质量为 m_1 的第一种分子与质量为 m_2、分子数密度为 n_2 的第二种分子的平均碰撞频率 $\bar{\Theta}_{12}$ 和第一种分子的平均自由程 $\bar{\lambda}_1$.

$\Bigg($答:$\bar{\Theta}_{12}=\sqrt{1+\frac{m_1}{m_2}}n_2\pi d_{12}^2\bar{v}_1$,其中,$d_{12}=\frac{1}{2}(d_1+d_2)$,$\bar{v}_1=\sqrt{\frac{8kT}{\pi m_1}}$ 是第一种分子的平均速率;$\lambda_1=\left[\sqrt{2}n_1\pi d_1^2+\left(1+\frac{m_1}{m_2}\right)^{\frac{1}{2}}n_2\pi d_{12}^2\right]^{-1}\Bigg)$

第5章习题

5.1 证明压强涨落为 Δp 和熵的涨落为 ΔS 的概率为

$$W(\Delta p,\Delta S)\propto\exp\left[\frac{1}{2kT}\left(\frac{\partial V}{\partial p}\right)_S(\Delta p)^2-\frac{1}{2kC_p}(\Delta S)^2\right]$$

从而证明

$$\overline{\Delta p\Delta S}=0,\overline{(\Delta S)^2}=kC_p,\overline{(\Delta p)^2}=-kT\left(\frac{\partial p}{\partial V}\right)_S=\frac{kT}{V\kappa_S}$$

其中,$\kappa_S=-\frac{1}{V}\left(\frac{\partial V}{\partial p}\right)_S$ 为绝热压缩系数.

5.2 证明$\overline{\Delta T\Delta S}=kT$.

5.3 试用涨落的准热力学理论计算$\overline{(\Delta S)^2}$、$\overline{(\Delta p)^2}$和$\overline{\Delta S\Delta p}$的值,并由此证明

$$\overline{(\Delta E)^2}=kC_p\left[T-p\left(\frac{\partial T}{\partial p}\right)_s\right]-kTp^2\left(\frac{\partial V}{\partial p}\right)_S$$

(答:$\overline{(\Delta S)^2}=kC_p$,$\overline{(\Delta p)^2}=-kT\left(\frac{\partial p}{\partial V}\right)_S$,$\overline{\Delta p\Delta S}=0$)

5.4 试用涨落的准热力学理论计算$\overline{(\Delta T)^2}$、$\overline{(\Delta V)^2}$和$\overline{\Delta T\Delta V}$的值,并由此证明

$$\overline{(\Delta E)^2}=kTC_V+kTV\kappa_T\left(\frac{\partial E}{\partial V}\right)_T^2$$

其中,$\kappa_T=-\frac{1}{V}\left(\frac{\partial V}{\partial p}\right)_T$为等温压缩系数.

$\left(\text{答:}\overline{(\Delta T)^2}=\frac{kT}{C_V},\overline{(\Delta V)^2}=-kT\left(\frac{\partial V}{\partial p}\right)_T,\overline{\Delta p\Delta S}=0\right)$

5.5 在介质中静止的质量为m的物体,能从周围介质中吸取能量,因而进入运动状态,计算当它运动时所产生的熵变,熵是增加还是减少?

$\left(\text{答:}\Delta S=\frac{3}{2}k\text{,熵增加}\right)$

5.6 试求一垂直悬挂在空气中的单摆的偏转角φ的方均涨落.

$\left(\text{答:}\overline{(\Delta\varphi)^2}=\overline{\varphi^2}=\frac{kT}{mgl}\right)$

5.7 在黏滞系数$\eta=180\mu\text{Pa}\cdot\text{s}$、温度为27℃的气体中,有一个半径为$R=1\mu\text{m}$的油滴.试求在10s后,油滴位移量的方均根值.忽略重力的影响.

$\left(\text{答:}\sqrt{\overline{r^2}}=\sqrt{\frac{kT}{\pi R\eta}t}=2.7\times10^{-3}\text{cm}\right)$

参考书目

梁希侠,班士良. 2000. 统计热力学. 第一版. 呼和浩特:内蒙古大学出版社

林宗涵. 2007. 热力学与统计物理. 第一版. 北京:北京大学出版社

苏汝铿. 2004. 统计物理学. 第二版. 北京:高等教育出版社

汪志诚. 2003. 热力学·统计物理. 第三版. 北京:高等教育出版社

王诚泰. 1991. 统计物理学. 第一版. 北京:清华大学出版社

王竹溪. 1965. 统计物理学导论. 第二版. 北京:高等教育出版社

熊吟涛. 1981. 统计物理学. 第一版. 北京:人民教育出版社

郑久仁,周子舫. 2005. 热学　热力学　统计物理(物理学大题典⑤). 第一版. 北京:科学出版社,中国科学技术大学出版社

Grerner W, Neise L, Stocker H. 1995. Thermodynamics and Statistical Mechanics. Springer-Verlag New York, Inc. (中译本:W. 顾莱纳,L. 奈斯,H. 斯托克. 2001. 热力学与统计物理学. 钟云霄译. 北京:北京大学出版社)

Kerson Huang. 1962. Statistical Mechanics. New York:John Wiley

Kube R. 1965. Statistcal Mechanics—An Advanced Course with Problems and Solutions. North—Holland Pub. Co. (中译本:久保亮武. 1985. 统计力学——包括习题和解答的高级教程. 吴宝路译. 北京:人民教育出版社)

Landua L D, Lifshitz E M. 1958. Statistical Physics. Pergamon Press(中译本:L. D. 朗道,E. M. 栗弗席兹. 1964. 统计物理学. 杨训恺,等译. 北京:高等教育出版社)

Pathria R K. 1972. Statistical Mechanics. Pergamon Press(中译本:R. K. 帕斯里亚. 1985. 统计力学(上、下册). 湛垦华,方锦清译. 北京:高等教育出版社)

附录Ⅰ 中英文人名对照表

Boltzmann 玻尔兹曼
Bose 玻色
Bragg 布拉格
Brown 布朗
Campbell 坎贝尔
Chandrasekhar 钱德拉塞卡
Clausius 克劳修斯
Debye 德拜
Dirac 狄拉克
Dulong 杜隆
Einstein 爱因斯坦
Fermi 费米
Fick 菲克
Fokker 福克尔
Fourier 傅里叶
Franz 弗兰兹
Frenkel 弗仑克尔
Gauss 高斯
Gibbs 吉布斯
Ising 伊辛
Jeans 金斯
Johnson 约翰孙
Jones 琼斯
Kramers 克拉默斯
Lagrange 拉格朗日
Landau 朗道
Langevin 朗之万
Lennard 伦纳德
Liouville 刘维尔
Loschmidt 洛施密特
Markov 马尔可夫
Maxwell 麦克斯韦
Mayer 迈耶
Newton 牛顿
Nyquist 奈奎斯特
Onnes 昂内斯
Onsager 昂萨格
Pauli 泡利
Perrin 皮兰
Petit 珀蒂
Planck 普朗克
Poincare 庞加莱
Pound 庞德
Purcell 珀塞耳
Rayleigh 瑞利
Richardson 里查森
Schottky 肖特基
Schrödinger 薛定谔
Slater 斯莱特
Smoluchowski 斯莫卢霍夫斯基
Stefan 斯特藩
Stirling 斯特林
Stokes 斯托克斯
Tait 泰特
Tisza 蒂萨
Tyndall 丁铎尔
Wannier 万尼尔
Weiss 外斯
Wiedemann 维德曼
Wien 维恩
Williams 威廉斯
Zermelo 策梅洛

附录 II 基本物理常量

物理常量	符号	数值	单位
真空中的光速	c	299792458	$m \cdot s^{-1}$
真空磁导率	μ_0	$4\pi \times 10^{-7} = 12.566370614 \times 10^{-7}$	$N \cdot A^{-2}$
真空介电常量 $1/\mu_0 c^2$	ε_0	$8.854187817 \times 10^{-12}$	$F \cdot m^{-1}$
万有引力常量	G	6.6742×10^{-11}	$m^3 \cdot kg^{-1} \cdot s^{-2}$
普朗克常量	h	$6.6260693 \times 10^{-34}$	$J \cdot s$
约化普朗克常量	$\hbar$	$1.05457168 \times 10^{-34}$	$J \cdot s$
基本电荷	e	$1.60217653 \times 10^{-19}$	C
电子质量	m_e	$9.1093826 \times 10^{-31}$	kg
质子质量	m_p	$1.67262171 \times 10^{-27}$	kg
阿伏伽德罗常量	N_A	6.0221415×10^{23}	mol^{-1}
法拉第常量	F	96485.3383	$C \cdot mol^{-1}$
摩尔气体常量	R	8.314472	$J \cdot mol^{-1} \cdot K^{-1}$
玻尔兹曼常量	k	$1.3806505 \times 10^{-23}$	$J \cdot K^{-1}$
斯特藩-玻尔兹曼常量	σ	5.670400×10^{-8}	$W \cdot m^{-2} \cdot K^{-4}$
电子伏	eV	$1.60217653 \times 10^{-19}$	J
原子质量单位	m_u	$1.66053886 \times 10^{-27}$	kg

附录 III　统计物理学中常用的积分公式

1. Γ　函　数

(1) Γ 函数

$$\Gamma(\alpha)=\begin{cases}\displaystyle\int_0^\infty x^{\alpha-1}\mathrm{e}^{-x}\mathrm{d}x, & \alpha>0\\ \dfrac{\Gamma(\alpha+1)}{\alpha}, & \alpha<0,\alpha\neq-1,-2,\cdots\end{cases}$$

(2) 性质

$$\Gamma(\alpha+1)=\alpha\Gamma(\alpha)\quad(\alpha\neq 0,-1,-2,\cdots)$$

$$\Gamma(1)=\int_0^\infty \mathrm{e}^{-x}\mathrm{d}x=1$$

$$\Gamma\left(\frac{1}{2}\right)=\int_0^\infty x^{-\frac{1}{2}}\mathrm{e}^{-x}\mathrm{d}x=2\int_0^\infty \mathrm{e}^{-y^2}\mathrm{d}y=\sqrt{\pi}$$

$$\Gamma(n+1)=n\Gamma(n)=n!$$

$$\Gamma\left(n+\frac{1}{2}\right)=\left(n-\frac{1}{2}\right)\left(n-\frac{3}{2}\right)\cdots\frac{1}{2}\Gamma\left(\frac{1}{2}\right)=\frac{1\cdot 3\cdot\cdots\cdot(2n-1)}{2^n}\sqrt{\pi}$$

$$=\frac{(2n-1)!!}{2^n}\sqrt{\pi}$$

2. 高 斯 积 分

$$\int_0^\infty x^{2n}\mathrm{e}^{-\lambda x^2}\mathrm{d}x=\frac{1}{2}\sqrt{\frac{1}{\lambda^{2n+1}}}\int_0^\infty y^{n-\frac{1}{2}}\mathrm{e}^{-y}\mathrm{d}y=\frac{1}{2}\sqrt{\frac{1}{\lambda^{2n+1}}}\Gamma\left(n+\frac{1}{2}\right)$$

$$=\frac{(2n-1)!!}{2^{n+1}}\sqrt{\frac{\pi}{\lambda^{2n+1}}}$$

$$\int_0^\infty x^{2n+1}\mathrm{e}^{-\lambda x^2}\mathrm{d}x=\frac{1}{2\lambda^{n+1}}\int_0^\infty y^n\mathrm{e}^{-y}\mathrm{d}y=\frac{1}{2\lambda^{n+1}}\Gamma(n+1)=\frac{n!}{2\lambda^{n+1}}$$

特例：

$$\int_0^\infty \mathrm{e}^{-\lambda x^2}\mathrm{d}x=\frac{1}{2}\sqrt{\frac{\pi}{\lambda}};\qquad \int_0^\infty x\mathrm{e}^{-\lambda x^2}\mathrm{d}x=\frac{1}{2\lambda};$$

$$\int_0^\infty x^2\mathrm{e}^{-\lambda x^2}\mathrm{d}x=\frac{1}{4}\sqrt{\frac{\pi}{\lambda^3}};\qquad \int_0^\infty x^3\mathrm{e}^{-\lambda x^2}\mathrm{d}x=\frac{1}{2\lambda^2};$$

$$\int_0^\infty x^4\mathrm{e}^{-\lambda x^2}\mathrm{d}x=\frac{3}{8}\sqrt{\frac{\pi}{\lambda^5}};\qquad \int_0^\infty x^5\mathrm{e}^{-\lambda x^2}\mathrm{d}x=\frac{1}{\lambda^3};$$

3. 某些含有玻色分布函数的积分

$$I(\nu)=\int_0^\infty \frac{x^{\nu-1}}{e^x-1}dx=\int_0^\infty x^{\nu-1}\sum_{l=1}^\infty e^{-lx}dx=\Gamma(\nu)\sum_{l=1}^\infty \frac{1}{l^\nu}=\Gamma(\nu)\zeta(\nu)$$

其中，$\zeta(\nu)=\sum\limits_{l=1}^\infty \frac{1}{l^\nu}$ 为黎曼(Riemann)ζ 函数. 当 $\nu=\frac{3}{2},2,\frac{5}{2},3,4$ 等特殊值时，有

$$\zeta\left(\frac{3}{2}\right)\approx 2.612;\quad \zeta(2)=\frac{\pi^2}{6}\approx 1.645;\quad \zeta\left(\frac{5}{2}\right)\approx 1.341;$$

$$\zeta(3)\approx 1.202;\quad \zeta(4)=\frac{\pi^4}{90}\approx 1.082$$

于是得到

$$I\left(\frac{3}{2}\right)=\int_0^\infty \frac{x^{\frac{1}{2}}}{e^x-1}dx\approx 2.315;\quad I(2)=\int_0^\infty \frac{x}{e^x-1}dx=\frac{\pi^2}{6}\approx 1.645$$

$$I\left(\frac{5}{2}\right)=\int_0^\infty \frac{x^{\frac{3}{2}}}{e^x-1}dx\approx 1.783;\quad I(3)=\int_0^\infty \frac{x^2}{e^x-1}dx\approx 2.404$$

$$I(4)=\int_0^\infty \frac{x^3}{e^x-1}dx=\frac{\pi^4}{90}\approx 6.494$$

4. 某些含有费米分布函数的积分

$$J(\nu)=\int_0^\infty \frac{x^{\nu-1}}{e^x+1}dx=\int_0^\infty x^{\nu-1}\sum_{l=1}^\infty (-1)^{l+1}e^{-lx}dx=\Gamma(\nu)\sum_{l=1}^\infty (-1)^{l+1}\frac{1}{l^\nu}$$
$$=(1-2^{1-\nu})\Gamma(\nu)\zeta(\nu)$$

当 $\nu=\frac{3}{2},2,\frac{5}{2},3,4$ 等特殊值时，有

$$J\left(\frac{3}{2}\right)=\int_0^\infty \frac{x^{\frac{1}{2}}}{e^x+1}dx\approx 0.678;\quad J(2)=\int_0^\infty \frac{x}{e^x+1}dx=\frac{\pi^2}{12}\approx 0.823$$

$$J\left(\frac{5}{2}\right)=\int_0^\infty \frac{x^{\frac{3}{2}}}{e^x+1}dx\approx 1.152;\quad J(3)=\int_0^\infty \frac{x^2}{e^x+1}dx\approx 1.803$$

$$J(4)=\int_0^\infty \frac{x^3}{e^x+1}dx=\frac{7\pi^4}{120}\approx 5.682$$

名词索引[①]

① 按名词出现的先后顺序排序，1.1 表示第 1 章第 1 节.